“十四五”时期国家重点出版物出版专项规划项目
航 天 先 进 技 术 研 究 与 应 用 系 列

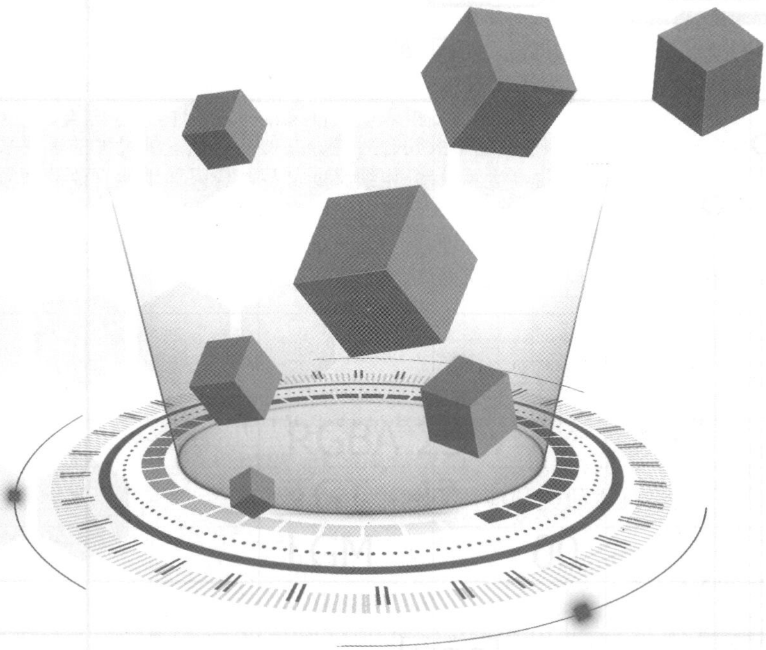

基于 Bayesian 统计推断的粒子滤波技术及应用

翟永智　赵生捷　董宇涵　陈　翔　任　勇◎著

科学出版社　哈爾濱工業大學出版社
HARBIN INSTITUTE OF TECHNOLOGY PRESS

内容简介

本书针对大数据决策理论中涉及的安全可靠风险问题，以及可靠性与精确性的制约折中优化的问题，将研究的重点主要集中于基于 Bayesian 统计推断的粒子滤波算法的研究和应用，在论述粒子滤波算法的同时，主要融入了作者新的研究思想，即点估计观测值+先验概率，同时将多尺度的概念融入粒子滤波中，形成了具有多尺度粒子滤波的算法，利用不同粗细尺度对动态系统状态空间中的一条马尔可夫链进行交替耦合采样，借助于传递和更新状态信息及参数信息来搜索状态和参数的最大联合后验分布似然函数。细尺度的重要采样能保持精度，粗尺度的重要采样能提高运算效率，粗细尺度交替耦合采样则能有效抑制粒子的退化现象。本书为深度学习人工智能并深入研究奠定坚实的理论基础。

本书适合对大数据、统计信号处理、数字孪生系统故障传播根因诊断以及人工智能研究领域感兴趣的高年级本科生、硕士研究生、博士研究生及从事相关领域研究的科研人员参考阅读。

图书在版编目(CIP)数据

基于 Bayesian 统计推断的粒子滤波技术及应用/翟永智等著. —哈尔滨:哈尔滨工业大学出版社,2025.6. —(航天先进技术研究与应用系列). ISBN 978-7-5767-1774-7

Ⅰ. TN713

中国国家版本馆 CIP 数据核字第 202476BF77 号

HITPYWGZS@163.COM

艳|文|工|作|室 13936171227

基于 Bayesian 统计推断的粒子滤波技术及应用

JIYU Bayesian TONGJI TUIDUAN DE LIZI LÜBO JISHU JI YINGYONG

策划编辑 李艳文 范业婷

责任编辑 王晓丹 李长波

出版发行 哈尔滨工业大学出版社

科学出版社

社　　址 哈尔滨市南岗区复华四道街 10 号 邮编 150006

北京东黄城根北街 16 号

传　　真 0451-86414749

网　　址 http://hitpress.hit.edu.cn

印　　刷 哈尔滨市石桥印务有限公司

开　　本 787mm×1092mm 1/16 印张 24 字数 457 千字

版　　次 2025 年 6 月第 1 版 2025 年 6 月第 1 次印刷

书　　号 ISBN 978-7-5767-1774-7

定　　价 138.00 元

前　　言

5G/6G/AI 技术的进步催生了以低延迟、大容量、高速率及大算力为特征的“数字化、信息化及智能化”时代的来临，构建“云-边-雾-端”四维协同的网络架构，为“感存传算”一体化数据驱动和 AIGC 人工智能大型模块化驱动的高效能决策提供坚实的基础支撑。为了实现低风险和精准可靠的一致最优决策，将深度学习与基于 Bayesian 统计推断的粒子滤波相结合，提出了时空状态的演绎模型，借助于该模型，针对大型复杂设备系统运维管控过程中故障传播根因的机理分析、多机动目标跟踪定位、UWB 超宽带室内定位、多源异质异构数据融合、非线性非高斯非平稳复杂系统态势感知、语音信号增强处理等研究领域存在的技术瓶颈，致力于研究多尺度粒子滤波决策精准度与可靠度之间的约束机理、解析算法复杂度与收敛性之间的复杂原理，解决不同应用场景下数字孪生系统自洽纠偏的工程实现难题。

本书以 Bayesian 统计推断的粒子滤波算法复杂机理分析为主体，以粒子滤波扩展算法研究及其工程应用为两翼，并辅以基于深度学习的损失函数作为评价依据，提出数字孪生系统数据交互的时空状态演绎模型。其核心理论具有两个维度：首先，当模型呈现非线性、非高斯与非平稳特征时，粒子滤波采用 MCMC 算法，采用调和平均评估特征性能参数，鲁棒性良好，说明粒子滤波是解决复杂非线性系统估值问题的有效工具；同时，将多尺度粒子滤波算法及其扩展算法部署于状态演绎过程各个环节，实现了系统功能改善、性能提高，尤其将非监督学习、监督学习、强化学习及联邦学习与粒子滤波相结合，采用神经网络权值变化控制粒子多样性，则能够满足复杂系统态势感知精度的刚性需求，仿真测试表明：在置信系数给定的条件下，将特征性能参数的估计精准度自适应调整在与置信水平对应的一致最精确无偏置信区间（UMAU）内。

全书共 7 章，内容简述如下：第 1 章介绍粒子滤波基本概念，给出马尔可夫序列模型的新解释，旨在帮助读者精准理解粒子滤波的深层含义；第 2 章结合 Bayesian 统计推断原理，详细阐述粒子滤波的内在本质和复杂机理；第 3 章重点介绍多尺度粒子滤波算法，运用不同粗细尺度对动态系统状态空间上的马尔可夫链进行交替耦合采样，通过传递、更新状态信息和特征性能参数信息，优化筛选状态及参数的极大联合后验分布似然函数；第 4 章研究多尺度粒子滤波的扩展算法，即拓宽粒子滤波算法的应用范围；第 5 章与第 6 章针对粒子滤波算法在目标跟踪信道估计方面的典型应用，验证其模型参数估计在精准度与可靠度之间的可控优化折中；第 7 章进一步探讨粒子滤波与机器学习相结合的方法在复杂工业场景下机器人高精度自主作业中的应用，针对工件与机器人在动力学耦合作用下的模型参数估计、作业参数优化与自然柔顺加工工程实现的技术瓶颈，提出了时空状态演绎模型和非线性系统的非线性程度评估方法。

本书在以下几方面具有显著创新特色：

(1)提出时空状态演绎模型，采用粒子滤波算法估计特征性能参数，并借助风险函数实现状态界定，为研究复杂应用系统在生命周期内的安全可靠性评估，以及故障传播根因的机理分析提供了可信模型支撑。

(2)提出了多尺度粒子滤波算法，并将该算法与其他相关算法相结合，综合相应其他算法的优势取长补短，构建性能优越的扩展粒子滤波算法，在改善粒子滤波算法估计精度的同时，降低运算复杂度。

(3)将粒子滤波算法与机器学习相结合，建立风险函数，针对状态信息进行模式识别，基于状态空间集合和行动空间集合，在决策函数集合上优化筛选一致最优决策函数，构建时空状态演绎模型，该模型为数字孪生系统中故障传播根因复杂机理分析提供了有效的技术手段。

本书由西安邮电大学翟永智博士、同济大学赵生捷院士、清华大学任勇教授、中山大学陈翔教授、清华大学深圳研究生院董宇涵副教授联合撰写。赵生捷院士担任总体规划，翟永智博士进行全书统稿，董宇涵、陈翔和任勇教授参与第 1 章和第 7 章撰写，此外，任勇教授对相关重点内容进行修改。

本书撰写过程中，加拿大英属哥伦比亚大学(UBC) Julian Cheng 教授(加拿大工程院院士，IEEE Fellow，国家级高层次人才)和东南大学王承祥教授(欧洲科学院院士，IEEE Fellow，国家级高层次人才)给予了相应的技术指导；北京航空航天大学胡庆雷教授(国家级领军人才)以及北京理工大学王美玲教授(国家级领军人才)针对本书所提出的新模型给出了建设性意见和具体建议；中国科学院上海微系统与信息技术研究所张武雄研究员、西安交通大学施虎教授、北京航空航天大学助理教授董斐、清华大学博士生郑斯辉、西安邮电大学江帆教授和杨刚副教授等学者，对第 7 章机器学习算法的构建和仿真测试平台的搭建做了大量卓有成效的工作！

本书编撰过程中，参考了多位学者的相关专著和教材，在此一并深表感谢！相关的项目基础如下：

国家重点研发计划“机器人工艺知识图谱生成与离线编程软件平台”，项目编号：2023YFB4704500；

国家重点研发计划“基于社区典型场景的智慧服务一体化关键技术研究与示范”，项目编号：2023YFC3806000；

国家重点研发计划“AI驱动的6G无线智能空口传输技术”重点专项“面向极致谱效和能效的AI驱动大规模MIMO技术研究与验证”，项目编号：2022YFB2902004；

工程院咨询项目“南海网络信息发展布局战略研究”，项目编号：19-HN-ZD-02；

国家专项“面向大规模高动态微型蜂群的室内协同定位技术”，项目编号：20194242123；

国家自然科学基金重点项目“空间信息网络体系架构及其在气象灾害研究中的应用”，项目编号：91338203；

国家自然科学基金重点项目“非对称广域覆盖信息共享网络理论与技术”，项目编号：60932005；

国家自然科学基金重点项目“面向海洋鱼类识别的视觉数据智能分析理论与关键技术”，项目编号：61936014；

2017KCT-30-02 陕西省宽带无线通信及应用科技创新团队；

2023-CX-TD-13 农业全产业链数据驱动发展创新团队，陕西省重点科技创新团队；

陕西省重点研发计划“基于大数据自洽方法的智慧农业运维优化决策研究”，项目编号：2023-YBNY-222；

上海市2022年度“科技创新行动计划”人工智能科技支撑专项项目“面向城市交通态势感知与风险决策的自主连续学习算法研究”，项目编号：22511105300；

西安电子科技大学中央高校基本科研业务费资助项目，项目编号：K5051308006。

由于时间有限，书中难免存在疏漏及不足之处，请广大读者批评指正。

作者：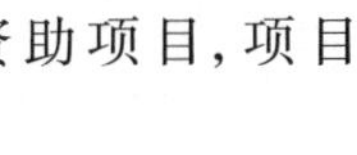

顾问：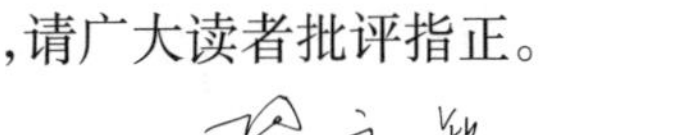

2024年6月

目　　录

第1章 绪 论

联邦 Bayesian(贝叶斯)学习决策方法部署在“云边雾(云计算、边缘计算、零计算)”感存算传与通信一体化系统的决策模块中,使其克服了多智能体协同感知、数据融合、目标跟踪定位以及信道模型参数估计问题中存在的技术壁垒。针对模型参数估计及风险决策的可靠度与精准度之间相互制约的原理,将粒子滤波算法与其他方法相结合,衍生了扩展粒子滤波算法,应用在以上所涉及的问题中,将反映模型特征性能参数的估计精准度控制在给定的置信水平对应的置信区间内。

将粒子滤波方法与机器学习技术相结合,部署在数字孪生系统智能管控运维系统各个环节,借助于时空状态的演绎模型,进行故障传播根因的机理性分析,实现故障分类评价与决策,促进系统功能改善与性能提高。

本书将多尺度的概念、蒙特卡洛(Monte Carlo)方法及优化决策方法引入粒子滤波算法构建过程各个环节,旨在得到多尺度的粒子滤波算法。该算法与包括卡尔曼滤波算法及扩展卡尔曼滤波算法在内的其他传统估计方法相比,多尺度粒子滤波在解决非高斯、非线性系统的状态估值精准性及鲁棒性改善方面有着不可替代的明显优势,因此有必要围绕粒子滤波定义展开讨论。

1.1 粒子滤波定义与扩展概述

粒子滤波是建立在重要采样基础上的 Bayesian 统计推断学习方法,该方法根据建议分布函数获取粒子对(采样值与相对应的权值)的集合,借助于 Monte Carlo 方法将多重连续积分转化为离散迭代求和的形式,借助于粒子对集合,采用调和平均来逼近未知特征性能参数模型选择。显然,粒子滤波估计值综合了新得到的观测数据以及历史经验数据,因此在样本均值相同的条件下,粒子滤波算法在很大程度上能减小样本的方差。

本书系统而深刻地阐述了与粒子滤波算法相关的基本理论,以及粒子滤波的扩展算法在各种典型工程背景问题中的成功应用,围绕这两个层面的内容,将讨论的着眼点集中在基于 Bayesian 统计推断的粒子滤波算法构建的关键技术研究，以及粒子滤波算法与机器学习相互结合，探索其在目标跟踪、故障传播根因机理研究等诸多领域的应用研究。

在探讨分析现有粒子滤波算法的同时，考虑将多尺度的概念融入粒子滤波中，构建了多尺度粒子滤波算法，即采用不同粗细尺度对动态系统状态空间上的一条马尔可夫（Markov）链进行交替耦合采样，借助于传递和更新状态信息及特征性能参数信息来筛选状态与参数的极大联合后验分布似然函数，细尺度的重要采样保持估算精度，粗尺度的重要采样能提高运算效率和粒子滤波的实时性，粗细尺度交替耦合采样不但能有效抑制粒子的退化现象，而且在很大程度上降低了算法的复杂度。

基于 Bayesian 统计推断理论框架的粒子滤波算法在处理非线性、非高斯动态系统的状态估计问题方面有着广泛而重要的应用，例如无线传感器网络（Wireless Sensor Network，WSN）机动目标跟踪系统、时变 MIMO 信道的性能参数以及信道容量的估计等。但到目前为止，现有的粒子滤波算法还存在着一些缺陷，因此限制了其在工程领域应用的深度与广度：如状态估计精度和算法运算效率之间不能进行很好的折中；粒子滤波算法存在退化现象，因此导致算法精度下降；目标状态后验分布似然函数很难收敛到全局最优值；实时性差、收敛速度慢、对初始值敏感等技术问题。针对该技术壁垒，开展了粒子滤波扩展算法研究，并结合典型应用案例，开展了粒子滤波算法扩展算法及其应用的研究，重点对以下几个问题进行详细的论述。

（1）提出了多尺度粒子滤波算法。该算法采用 Gibbs（吉布斯）与 Metropolis-Hastings 采样方法，并与现有的粒子滤波结合，得到多尺度粒子滤波算法，该算法运用不同粗细尺度针对动态系统状态空间上的一条马尔可夫链进行交替耦合采样，得到的多尺度粒子滤波算法与目前国内外文献中出现的粒子滤波算法（SIR、SMC）相比，能将估计精度自适应调整在与给定的置信水平所对应的置信区间内，且大幅度提高了精确性与运算效率，实现了估计精度与精确度之间的优化折中。本书将多尺度粒子滤波算法与完美采样技术相结合，得到了多尺度粒子滤波的完全采样算法。该算法在动态系统的状态空间上引入了 Sandwich（三明治）方法的思想，考虑构造具有单调性的状态转移函数，借助于从状态空间极大值和极小值出发的两条马尔可夫链的耦合来搜索状态空间进入平稳分布的收敛时间，旨在实现对目标的完全跟踪。此外，本书还对完美采样（perfect sampling）进行了一些尝试性的讨论，亟待读者对该方法有一个初步了解。

(2)将多尺度粒子滤波与统计计算方法相结合,提出了基于多尺度粒子滤波的统计计算方法,包括多尺度粒子滤波的最大期望(Expectation Maximization, EM)算法、确定退火EM(Deterministic Annealing Expectation Maximization, DAEM)算法以及q-DAEM算法。该诸多算法通过给观测值添加缺损数据来进行极大似然估计,采用多尺度粒子滤波算法简化统计算法中条件数学期望的计算过程。特别是多尺度粒子滤波的q-DAEM算法,可采用双参数来控制EM方法的估计精度和收敛速度,不仅克服了EM方法中数值计算方面的困难与对初始值的敏感程度,而且使得算法能保持较高的估算精度,并以较快的速率收敛到目标状态和模型参数的全局最优值。

(3)将多尺度粒子滤波与概率矩形区域模型相结合,提出了基于多尺度粒子滤波的概率矩形区域模型。该算法利用多尺度粒子集合来构造参数的充分统计量,基于该充分统计量得到了状态估计方差的一致最小方差无偏估计(Uniformly Minimum Variance Unbiased Estimate, UMVUE),提高了目标状态的估计精度和可靠性。

(4)将多尺度粒子滤波与均值漂移算法相结合,提出了多尺度粒子滤波的均值漂移算法。该算法采用均值漂移算法的迭代过程优化粒子集合,使得在概率矩形区域内,经过优化的少量粒子沿着梯度衰减最快的方向收敛到目标状态的真实值附近。与普通均值漂移算法相比,多尺度粒子滤波的均值漂移算法不但减少了粒子的数量,而且提高了目标状态估计的精确性和实时性。

(5)将多尺度的粒子滤波算法与机器学习结合,机器学习包括无监督学习、有监督学习、强化学习以及分布式联邦学习,基于神经网络输出误差建立系统时空状态的演绎模型,学习系统输入输出联合概率密度极大似然函数,将不同时刻、不同尺度的粒子值作为神经网络的输入,观测值作为目标值进行训练,改善了粒子的多样性;同时,将大量的粒子下沉到各客户端,借助于边缘计算提高粒子滤波算法的实时性与模型参数估计的精准度。

综上所述,将上述多尺度粒子滤波算法及其扩展算法应用于复杂应用场景,在满足估值可靠性刚性需求的约束条件下,使得估值的精准度落在与置信水平对应的平均最短置信区间内。具体应用背景体现在以下四个层面:

(1)对机动目标进行跟踪,在观测值给定的条件下,将多尺度粒子滤波的q-DAEM算法与均值漂移算法相结合,借助概率矩形区域模型,使得目标状态的估计值以较高速率和精度逼近目标状态的真实轨迹,且克服了对初值的敏感性,提高了目标状态估计的可靠性、鲁棒性。

(2)为了提取无线多径衰落信道(从网关到远程数据监控中心,由基站和卫星组成)的状态信息,本书在高斯噪声条件下采用基于多尺度粒子滤波的 EM 或随机逼近的 EM(Stochastic Approxiamtion of Expectation Maximization,SAEM)统计算法实现对信道的盲估计;在混合高斯噪声条件下,采用多尺度粒子滤波的自适应 Bayesian 统计推断方法,从给定的观测值中提取信道的状态信息和参数信息,实现对信道的盲估计及信号检测,解决了估计精度和运算效率不能很好折中的问题。

(3)采用基于多尺度的粒子滤波算法对图像、语音信号进行处理。

(4)将多尺度粒子滤波算法与强化学习方法结合,应用在设备的故障风险根因预测系统中,借助于粒子滤波算法估算其系统的特征性能参数,建立状态空间,借助于强化学习方法构建价值函数,基于价值函数求取损失函数,基于损失函数建立风险函数,引入状态演绎模型,针对状态转移函数,采用多尺度的粒子滤波算法,实现数字孪生系统的可靠性估计。

1.2 粒子滤波算法性能描述

1.2.1 马尔可夫序列模型

粒子滤波算法建立在具有马尔可夫性质的样本空间中,构建该马尔可夫链主要有两种方法, 即 Gibbs 方法与 Metroplis-Hastings 方法。作为有记忆信号中最简单的马尔可夫随机过程模型,粒子滤波算法在强化学习研究方面有着极其重要的应用。因此,为了方便读者对基于重要采样 MCMC 方法的深入理解,一个直观而有效的方法是,有必要借助于等效的方法与等效流程图,给出一个新的解释,使读者对马尔可夫序列的理解更加直观。

马尔可夫链的直观构造

将独立同分布(i. i. d)的离散随机序列作为输入,输入一个线性、非时变、因果稳定的单位理想传输信道,从输出端引入一个反馈线到输入端,则闭环系统的输出端信号必然是对应的马尔可夫序列。

图 1-1 给出了马尔可夫序列产生的电路原理图,即输入是无记忆的独立同分布的序列,经过一个闭环反馈回路,在输出端得到的是一个马尔可夫的有记忆序列。

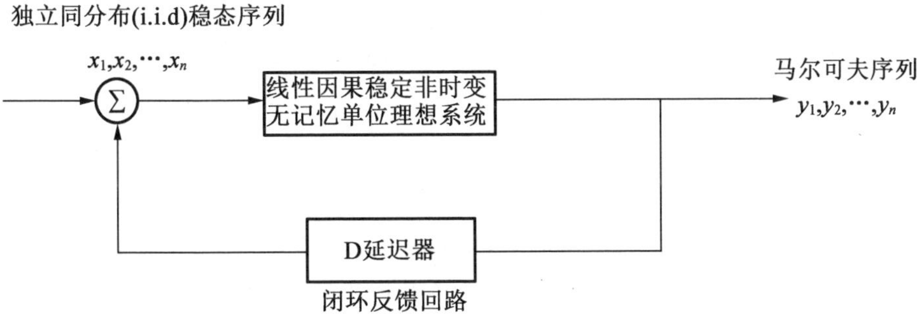

图 1-1 马尔可夫序列构建的原理图

1.2.2 马尔可夫信源熵的等价模型

用非周期与不可约齐次马尔可夫链的稳态分布作为输入,将一步转移概率矩阵作为前向信道状态转移概率, 构造等效的信道,该信道噪声熵即为马尔可夫信源熵。

如图 1-2 所示的马尔可夫信源熵等价的模型中,输入端是稳态分布的独立同分布的模型,将马尔可夫模型的一步转移概率矩阵等价为前向信道的状态转移概率,根据信息论的概念,该马尔可夫信源熵在数值上等于等效信道的噪声熵,即

$$H_{\infty}(Y) = H(Y|X) = \sum_{i=1}^{N} p(x_i)H(Y|x_i)$$

式中,$p(x_i)$,$i=1,2,\cdots,N$ 为稳态分布;信源熵 $H_{\infty}(Y)$ 等于噪声熵 $H(Y|X)$。

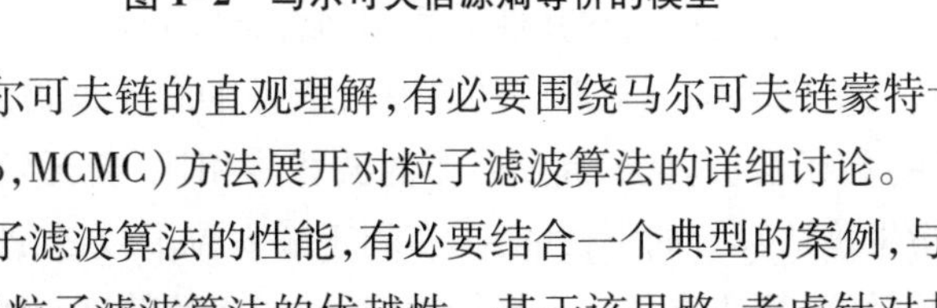

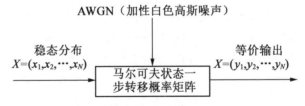

图 1-2 马尔可夫信源熵等价的模型

基于以上马尔可夫链的直观理解,有必要围绕马尔可夫链蒙特卡洛(Markov Chain Monte Carlo,MCMC)方法展开对粒子滤波算法的详细讨论。

为了介绍粒子滤波算法的性能,有必要结合一个典型的案例,与其他算法性能相互比较,凸显粒子滤波算法的优越性。基于该思路,考虑针对非线性、非高斯时变动态系统模型参数的估计问题,如 WSN 中机动目标的跟踪、状态估计及

信道状态盲估计问题，在观测值给定的条件下，为了提取、分析、挖掘目标状态信息和信道状态信息，先后出现了三类不同的处理方法：

（1）基于均方误差的线性估值理论的滤波算法，如最小二乘算法、卡尔曼滤波（Kalman Filter，KF）算法等。理论和仿真实验表明，这些线性算法会导致很大的状态估计误差。

（2）扩展卡尔曼滤波（Extended Kalman Filter，EKF）算法和无迹卡尔曼滤波（Unscented Kalman Filter，UKF）算法。为了实现非线性条件下的跟踪，EKF 算法利用非线性函数的局部线性特性，将非线性模型局部线性化，再利用 KF 算法完成滤波跟踪。在此基础上，又提出了 UKF 算法，该算法的核心思想是通过 Unscented（无迹）变换产生离散的采样点（Sigma 点），并以此来近似表示状态变量的概率密度分布函数。虽然这些算法对状态性能的估计效果有所改善，但它们采用的分别是一阶或二阶泰勒（Taylor）展开式来近似参数的后验均值和协方差，因此，该算法对状态估计效果的改善不是很明显。

（3）基于 Bayesian 统计推断理论框架的分布式粒子滤波算法。该算法能很好地解决机动目标跟踪中的非线性、非高斯问题，特别是在 WSN 中机动目标的跟踪问题和节点定位问题中有着广泛而重要的应用。

图 1-3 为 WSN 机动目标跟踪系统，该系统中的各节点通常探测能力弱、信噪比低，所在的信道会受到复杂环境的干扰，从而使该系统通信环境极为复杂，而且存在能量与可用带宽的限制，因此该系统属于非线性、非高斯时变动态物理模型的范畴。仿真实验和实际测试结果表明，对于非线性、非高斯时变动态系统的状态估计问题，目前普遍采用的粒子滤波算法还存在一些缺陷。例如，状态估计精度与算法运算效率不能很好地折中；粒子存在退化从而导致算法精度下降；状态后验概率密度函数（Probability Density Function，PDF）很难收敛到全局最大值；对初始状态的值敏感等。因此，在观测值给定的条件下，为了提取该系统机动目标的状态信息及其无线多径衰落信道的状态信息，针对现有粒子滤波算法的上述缺陷，本书拟结合多尺度耦合重要采样的新技术，开发多尺度粒子滤波算法，并将多尺度粒子滤波算法与其他算法相结合，试图研究开发基于多尺度粒子滤波的若干新的衍生算法。与现有的具有代表性的粒子滤波算法，如 SIR 粒子滤波算法、SMC 粒子滤波算法、高斯粒子滤波算法相比，新开发的多尺度粒子滤波算法及其衍生算法具有如下性能：①有利于减少粒子数量，改善目标状态估计的实时性，同时优化算法收敛速率与复杂度、性能参数精度与可靠度之间的矛盾问题；②克服经典算法对状态初值的敏感性；③在很大程度上未知参数的后验分

布似然函数以较高的速度和精度收敛到全局最优值。

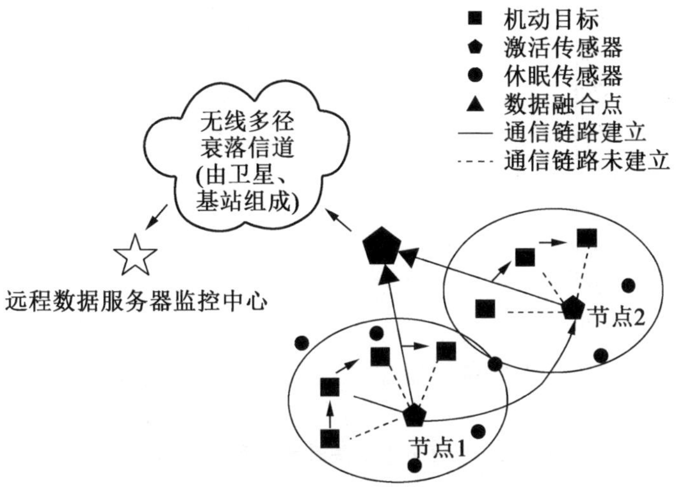

图 1-3 WSN 机动目标跟踪系统

如图 1-4 所示,粒子滤波算法是基于大数据定理的方法,但其估值的精度高于点估计,主要原因是,粒子数据量大,而且粒子滤波算法采用加权平均方法,其估算过程综合了历史数据与新得到的在线观测数据。

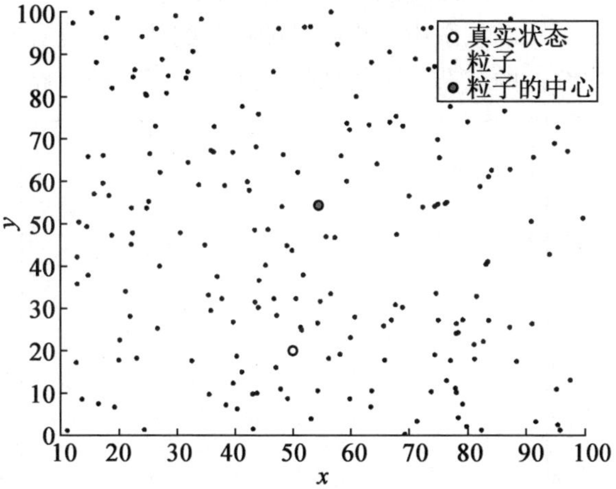

图 1-4 粒子滤波估值示意图

如图 1-5 所示,x、y 坐标采用相对坐标,针对机动目标的估值问题,本书的仿真测试过程采用了粒子滤波算法,实现了动态目标轨迹的精准跟踪。

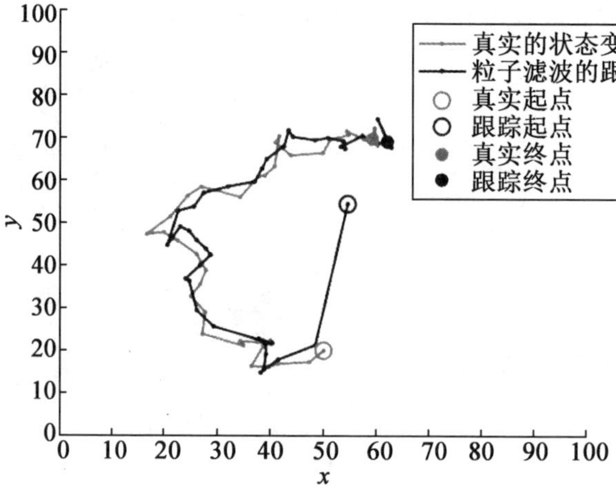

图 1-5　粒子滤波算法对目标轨迹的跟踪

如图 1-6 所示,针对图 1-5 所示的跟踪轨迹坐标得到的误差效果图,从仿真结果来看,初始时刻跟踪误差大,但随着时间的变化,其误差趋于平稳,该算法有很好的鲁棒性。综上所述,基于以上粒子滤波对动态目标的跟踪效果分析,针对 WSN 机动目标跟踪系统的估计问题,考虑到目前现有的粒子滤波算法,着眼于开发基于 Bayesian 统计推断理论的多尺度粒子滤波算法及其扩展算法,旨在提高 WSN 机动目标跟踪系统中各重要性能参数的估算精度;同时在某种程度上为解决非高斯、非线性的复杂系统的估值问题提供了新的思路和手段。

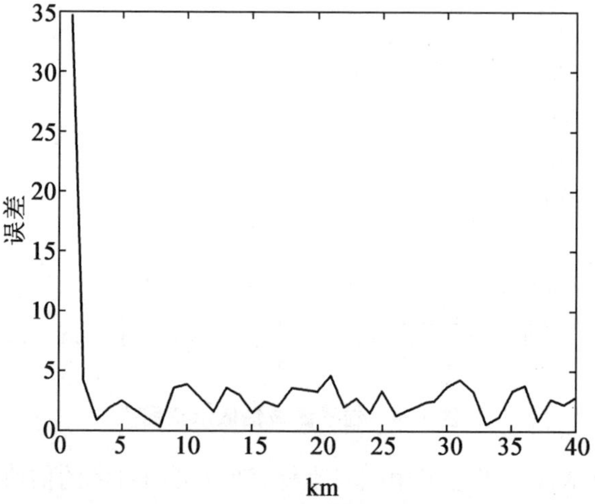

图 1-6　粒子滤波算法对目标轨迹的跟踪误差

1.3 粒子滤波及其应用的分类概述

粒子滤波是建立在 Monte Carlo 方法基础上的 Bayesian 统计推断算法,该算法采用一组粒子集合来近似未知变量的最大后验概率密度函数及模型参数。将多维连续数值积分转化成加权求和的形式,并借助计算机软件来实现。该算法的实现过程包括两个基本的迭代过程:粒子的状态转移过程和粒子的状态更新过程,因此,粒子滤波算法被广泛地应用在非线性、非高斯时变动态系统目标定位、状态演绎描述和模型参数估计问题的研究领域。基本粒子滤波算法最早出现在 19 世纪 60 年代,由 Hammersley 首先提出,以重要采样为基础。重要采样方法是为减小随机变量的方差瓶颈问题而提出的一种随机模拟方法。该方法希望贡献率大的随机数出现的概率大,而贡献率小的随机数出现的概率小。1953 年,Metropolis 等提出了一种构造重要采样转移核的方法。1970 年,Hastings 等对其加以推广,形成了 Metropolis-Hastings 方法,该方法也广泛应用于强化学习方法研究领域。1984 年,Geman 等提出了 MCMC 方法,该方法在统计物理学中得到了充分应用。基于诸如此类的重要采样方法,在 1993 年,Gordon 等提出了重采样的概念和理论,从而对 Hammersley 的算法进行了大幅度的改进,使粒子滤波算法成为新的研究热点。2000~2001 年,美国学者 Doucet 等提出了 SMC 粒子滤波算法。该算法先选择建议分布函数,并对建议分布函数进行重要采样,再利用状态的转移和更新过程得到的一组粒子集合来近似参数的后验分布函数。2003 年,国内学者提出了高斯-埃米尔特(Gauss-Hermite)粒子滤波器,采用高斯-埃米尔特变换函数产生重要采样函数,从而得到粒子的集合。该算法被成功应用于非线性、非高斯时变动态系统的目标跟踪、状态估计、数据融合、目标检测及信道盲均衡等领域。

就目前而言,将粒子滤波与深度学习或者联邦学习(FL)结合,并将其部署在“云边雾”感存算通信一体化数字主线闭环管控系统决策模块中,进行故障传播根因的复杂机理研究,实现故障的分类诊断与评价,旨在降低决策风险,实现性能参数精准估计,为粒子滤波算法以及扩展算法性能改善提供了新的思路和手段。

国内外粒子滤波的研究主要集中在以下三个方面:

(1)选择建议分布函数(重要采样函数)来提高粒子集合对后验分布函数的逼近精度,并且抑制粒子的退化现象。

(2)在重采样阶段,用传统算法改造粒子集合,或优化筛选重采样函数改造粒子集合,克服粒子的贫乏现象,保证粒子的多样性,改善估计精度。

(3)将粒子滤波算法与其他算法相结合,综合各种算法的优点,相互取长补短,改善估计精度,降低运算的复杂度。

因此有必要针对该三个层面的问题展开深入的探讨。

1.3.1 基于不同建议分布函数的粒子滤波算法

众所周知,对于非线性、非高斯时变动态系统的状态估计问题,与基于最小均方误差(Minimum Mean Square Estimation,MMSE)的线性估值理论相比,粒子滤波算法对改善目标跟踪、状态估计的精度及稳健性有明显的优势。影响粒子滤波性能的关键之一是筛选确定建议分布函数。合理选择建议分布函数,能有效减小粒子权值的方差。在某些特殊情况下,甚至可以使粒子权值的估计方差为零。作为粒子滤波的建议分布函数必须满足两个基本条件:一是该函数必须具备采样能力;二是选择的函数必须具备对新状态的数值积分能力。在一般情况下,很难保证所选择的建议分布函数能同时满足以上两个基本条件,因此借助于优化理论来筛选最优的建议分布函数,是目前研究的技术瓶颈。

但基于以往实际经验知识,考虑在以下两种情况下选择合理最优的建议分布函数还是可行的。

(1)当状态空间的目标状态值 x_k 属于有限集合的一个元素时,粒子权值迭代公式中的积分运算可以转换成求和运算的形式。因此,可以直接对建议分布函数进行采样。这种情况特别适合解决目标跟踪定位问题。

(2)当 $p(x_k|x_{k-1}^i,z_k)$(其中,z 为给定的观测值,x 为状态值)为高斯分布函数时,选择高斯分布函数作为建议分布函数直接进行采样。当状态方程是非线性方程而测量方程是线性方程时,这样选择建议分布函数是合理的。

针对大多数的状态空间模型,目前还没有一套成熟的直接得到最优建议分布函数的理论方法。但是可以考虑借助一些特殊的方法逼近最优建议分布函数,目前常见的三种处理方法如下:Ⅰ.借助于线性化技术,采用最优的逼近方法来得到建议分布函数;Ⅱ.借助于非线性 Unscented 变换来得到建议分布函数;Ⅲ.选择状态转移函数作为建议分布函数。

除了高斯粒子滤波算法外,大多数粒子滤波算法普遍存在退化现象。理论分析证明,合理选择建议分布函数能够有效抑制粒子的退化现象,并且能够提高目标状态的估计精度。因此,国内外很多学者从如何优化筛选合适的建议分布函数出发,提出了包括各向同心圆函数粒子滤波算法在内的多种改进型粒子滤波算法,以提高目标状态信息的估算精度,在某种程度上取得了一些可喜的研究成果。

1. 各向同心圆函数粒子滤波算法

胡洪涛等将基于各向同心圆函数的粒子滤波算法成功地应用于有闪烁噪声干扰的目标跟踪动态系统的状态最优估计问题中。该滤波算法的核心思想是，选择各向同心圆函数作为建议分布函数来构造粒子的集合，借助于该粒子集合来搜索目标状态和参数的最大后验似然分布函数，从而得到目标状态和参数的最优估计值。该算法很好地解决了闪烁噪声或类似噪声干扰条件下，非线性动态系统的目标状态跟踪问题，并且有效地抑制了粒子的退化现象。

2. UKF 产生粒子滤波算法

郭文艳等提出了迭代无迹卡尔曼粒子滤波(Unscented Kalman Partied Filtering，UKPF)算法，即采用迭代 UKF 产生粒子滤波算法的建议分布函数。该建议分布函数能将最新的观测数据融入样本过程，并实时修正算法的迭代过程，从而改善滤波性能。与常规的无迹粒子滤波(Unscented Particle Filtering，UPF)、EKF 相比，该算法的优点是，可实时修正、更新使用的新状态观测值，保证了状态估计的精度、可靠性与鲁棒性。该算法存在的主要问题是，计算量大、运算效率低，在目标状态估计和信道状态估计方面存在很大的延迟误差，导致估算精度下降。

3. 高斯-埃米尔特粒子滤波算法

高斯-埃米尔特粒子滤波算法是一种基于高斯-埃米尔特数值积分的递归 Bayesian 统计推断算法。它不涉及 EKF 中雅可比矩阵的计算问题，而且建议分布函数(重要采样函数)是高斯分布函数，通过高斯变点公式来得到递归的状态变量和方差变量的计算公式。这种算法的优点在于，采用一族高斯-埃米尔特滤波器来产生重要概率密度分布函数，包含了新的观测数据。在实际工程问题中，大多数情况下使用系统状态转移概率密度函数作为重要采样函数，但这种方法没有考虑系统状态的最新观测值，因此会给估计过程带来很大的误差。特别是当观测数据出现在分布函数的尾部时，似然函数与转移分布函数相比过于集中，该粒子滤波算法可能失效。显然，高斯-埃米尔特粒子滤波算法在系统转移概率基础上融入了新的观测数据，更加接近系统状态转移的后验概率，其目标是改善目标状态性能参数的估计精度。

4. 基于 UKF 与 STF 改进型粒子滤波算法

邓小龙、Gordon 等提出了一种新的自适应粒子滤波算法。该算法通过融合 UKF 与自适应跟踪滤波(Adaptive Tracking Filtering，ATF)算法形成一种新的建议分布函数，将 UKF 与强跟踪滤波(Strong Tracking Filter，STF)相结合，即用 STF 算法实时在线调节因子来控制滤波器的增益，使 STF 的自适应性、UKF 的高逼近精度特性及粒子滤波“适者生存性”三者有机结合来优化粒子集合。该算法具备稳健性好、跟踪能力强及算法复杂度低的特点，因此，被广泛应用于传感器网络目标定位系统。

5. 基于均值漂移建议分布函数的粒子滤波算法

针对无线传感器网络移动节点定位面临的高精度和实时性要求，罗海勇等将均值漂移(Mean Shift，MS)算法引入联合粒子滤波(Joint Particle Filter，JPF)框架，提出了基于均值漂移和联合粒子滤波的移动节点定位算法。这一算法使用均值漂移算法构建粒子滤波的建议分布函数，借助于有效利用最新观测信息，提高了粒子状态估计的准确性，使采样粒子的状态分布与后验概率分布更接近，减少了状态估计必需的粒子数目。该算法还提出了基于虚拟汉明距离和交互势的权重计算方式，以减少相邻移动节点间的干扰。仿真实验结果表明，基于均值漂移算法和联合粒子滤波的移动节点定位，可获得比基本粒子滤波更高的定位精度，其定位精度与 UPF 相当，而计算量比 UPF 减少 50%左右。

6. 高斯粒子滤波算法

为了解决非线性、非高斯时变动态系统状态的估计问题，Kotecha 和 Djuric 提出了一种新的滤波方法——高斯粒子滤波算法。该方法通过基于重要采样的蒙特卡洛方法得到高斯分布函数，并以此来逼近未知状态变量的后验概率分布函数。在符合高斯假设和一定的粒子数量的情况下，该算法可以获得近似最优解。与其他粒子滤波算法相比，高斯粒子滤波算法不存在粒子退化现象，避免重采样。此外，与 EKF 算法、Unscented 滤波算法、高斯-埃米尔特滤波算法及一般的粒子滤波算法比较，该算法在估计精度、运算时间等方面有很大的优势，而且仅用单个高斯函数在很大程度上可逼近目标状态的最大后验概率分布函数。但在目标状态估计中，该算法不能保证目标跟踪的实时性。

以上介绍的粒子滤波算法都是采用选择合理的建议分布函数来保证目标状态估计的精确性和稳健性的。但是借助鉴别信息选择建议分布函数是世界性的难题，目前没有普遍适用的规律可循，仅借助选择合理的建议分布函数，对目标状态估计精度效果的改善是有限的。同时，除了高斯粒子滤波算法外，以上介绍的其他粒子滤波算法都存在不同程度的粒子退化现象，估计过程需要重采样，从而使粒子失去了多样性，降低了运算效率。因此，当粒子滤波算法出现退化现象时，许多学者致力于改造粒子滤波的重采样过程来提高粒子的多样性。

1.3.2 基于修正重采样过程的粒子滤波算法

粒子滤波在非线性、非高斯时变动态系统的状态估计中得到了广泛的应用，并且取得了很好的效果，但粒子滤波存在退化现象，即粒子经过几步迭代以后，权值会失去对粒子的控制作用。当粒子出现退化现象时,必须进行重采样。具体来说,重采样就是在保持粒子数量不变的情况下,保留粒子集合中权值大的粒子,舍弃权值小的粒子。显然,重采样过程是通过复制权值较大的粒子(独立同分布的采样)得到新的粒子集合。该过程使表示状态的粒子失去了多样性,导致粒子出现贫乏现象,从而影响了状态估计的精度。

为克服粒子的贫乏现象,保证粒子的多样性,提高状态估计精度,胡振涛等、Daum 和 Huang 给出了基于进化采样的改进型粒子滤波算法。该算法在重采样过程中,首先根据马尔可夫的蒙特卡洛技术和遗传算法中的模拟二进制交叉原理生成候选粒子,并利用适应度函数完成对其权值的度量;然后结合当前时刻的重采样粒子构建候选粒子集,提升重采样后粒子的多样性,采用最终粒子的权值来优化粒子集合。新采样粒子的生成过程结合了前一时刻以及当前时刻粒子的采样信息,实现了对先验信息的充分利用,有效改善了重采样过程后粒子多样性减弱而造成的粒子滤波精度下降的问题。显然,该算法提高了状态的估计精度。张洪涛、Bolic 等分别提出了一种新的重采样算法——分区重采样算法。其主要思想是根据多项式重采样与分层重采样算法的特点,将随机数区间划分成若干个区,每个区内的随机数任意排列,而区与区之间按升序排列。与目前常用的其他重采样算法相比,分区重采样算法提高了粒子滤波的平均性能,保证了粒子的多样性。侯代文、Cappe 等分别提出了一种基于完备充分统计量的粒子滤波算法,该算法克服了粒子滤波算法在重采样过程中导致的粒子贫乏现象及算法计算量增大等困难。此外,系统状态的后验概率密度函数可以用充分统计量来描述,而充分统计量易于更新,该算法可借助于充分统计量的传递代替后验概率密度函数的更新,不但避免了重采样过程,而且降低了计算过程的复杂度。

Asmussen 和 Glynn、Beal、Doucet 等提出了 MCMC 粒子滤波算法,该算法是一种简单且行之有效的 Bayesian 统计计算方法。后验随机变量的某些统计量,如均值、后验方差、后验分位数等的计算问题可以归结为关于后验分布的积分问题。但是当后验分布是复杂的、高维的、非标准的分布时,计算这些统计量就可以考虑采用 MCMC 粒子滤波算法。该算法的基本思想是,通过建立一个平稳分布为 $\pi(x)$ 的马尔可夫链来得到 $\pi(x)$ 的样本,然后基于这些样本做各种统计推断。从模拟计算的角度来看,通过构造状态转移核函数,可使已知的概率分布 $\pi(x)$ 为平稳分布。显然,采用 MCMC 粒子滤波算法时,状态转移核函数具有至关重要的作用。因此,MCMC 粒子滤波算法的实现过程可以概括为以下三个步骤:(1)选择合适的状态转移核函数,构造状态空间的马尔可夫链,使 $\pi(x)$ 为平稳分布;(2)从状态空间选取一个状态作为初始状态,用步骤(1)中的马尔可夫链产生点序列,即时间离散、状态连续的随机变量;(3)舍弃到达平稳分布以前的随机变量,借助处于平稳分布状态的随机变量来模拟近似后验参数的统计量,对满条件概率密度分布函数进行 Gibbs 采样获得状态和参数的最优估计值。显然,该算法引入了有效粒子数概念,适时抛弃退化粒子,动态调整粒子数,减少了运算量,不但提高了运行效率,而且保持了粒子的多样性。该算法在不降低原算法估计性能的同时,有效地提高了 MCMC 粒子滤波算法的运行效率。但是该算法的缺点是很难得到粒子进入平稳分布的收敛时间,从而使参数统计特性估计误差增大。

Giremus 等提出了正则粒子滤波(Regularized Particle Filtering, RPF)算法。该算法采用对序列重要重采样(SIR)粒子滤波算法进行改进,选择目标状态转移函数作为建议分布函数,但是,与 SIR 粒子滤波算法不同的是,当粒子退化现象出现时,RPF 算法采用选择各向同性核函数作为重采样函数,得到新的粒子集合。该粒子滤波算法解决了粒子的贫乏问题,保证了状态值的估计精度,但只适合解决低信噪比条件下的目标状态估计问题。Givon 等提出了基于时间尺度分割的粒子滤波算法,该算法结合 Rao-Blackwell(饶-布莱克威尔)算法,借助于平均的原则来改造粒子的重采样过程,减小粒子权值的方差并提高了运算效率。Pitt 和 Shephard 提出了辅助采样重要重采样滤波(Auxiliary Sampling Important Resampling Filter, ASIRF)算法。这些算法是在粒子滤波算法出现退化现象后,考虑选择形状对称函数,如拉普拉斯函数、高斯函数来重新改造原来的粒子集合,提高粒子的多样性的。以上这些算法在信道状态估计和目标状态估计中有着广泛的应用,而且与传统 UKF、EKF 等算法相比,它们对改善状态估计的效果是明显的。虽然这些算法能提高目标状态信息和信道状态信息的估计精度,但仍旧不能避免重采样,而且重采样过程会使算法的耗时增加,从而影响状态估计的实时性及算法估计性能的提高。

1.3.3 粒子滤波的扩展算法

粒子滤波算法虽然有很多优点,但仍存在运算量大、运算效率低、粒子退化现象严重等缺点。为了克服这些缺点,将粒子滤波算法与其他算法相结合,实现算法的优势互补,旨在简化算法的计算过程,降低算法复杂度,提高状态估计的精确性、稳健性、运算效率及实时性。

1. 粒子滤波与统计计算方法相结合

有学者将粒子滤波算法与统计算法相结合,来简化统计算法的计算过程。Pernkopf 和 Bouchaffra、Georghiades 和 Han 提出了一种基于 SMC 的 EM 统计计算方法。EM 统计算法最初由 Dempster 等提出,主要用来进行极大似然估计。该算法的每一次迭代过程都可以分为两个步骤,即 E 步(求期望)和 M 步(极大化)。它在目标跟踪、状态估计及系统可靠性估计方面都有广泛而重要的应用。乔向东等将EM算法应用在复杂环境的机动目标跟踪问题中,采用添加缺损参数来获得目标状态的最优估计值。在利用EM算法进行迭代运算的过程中,每次迭代的计算量随着测量值的增长呈线性增长,该算法最终收敛到最大后验概率准则下的最优估计值。虽然EM算法简单稳定,但对于E步,很难得到关于参数期望值的显式表达式,即使是得到一个次优化的可行解也很困难。为了克服EM算法中存在的数值积分计算方面的困难,考虑采用粒子滤波算法来近似后验分布中的积分运算,旨在简化E步的均值求取过程。基于这样的思想,Septier等将粒子滤波算法与EM算法、SAEM算法相结合,提取了无线多径衰落信道的状态信息和参数信息,并对信道进行了盲估计。该算法提高了信道参数估计的精确性、可靠性和鲁棒性。孟勃和朱明针对复杂背景下运动目标状态信息的跟踪预测问题,提出了一种基于EM算法的改进型粒子滤波算法。该算法将EM算法与MCMC算法相结合,对目标建立自适应的运动模型,采用转弯的运动模型来描述被跟踪目标的转弯机动,并将模型参数作为待估参数;在观测数据给定的条件下,采用EM算法对参数进行极大似然估计,对转弯速率序列进行估计,从而获得对目标状态信息的精确预测。

EM算法的最大特点是稳定简单,将粒子滤波算法与EM算法相结合,克服了EM算法中数值计算方面的困难,使EM算法在信道状态估计和目标状态估计方面有着越来越广泛的应用。但该算法有如下缺点:①粒子滤波所用粒子数量大,导致运算效率降低;②EM算法收敛速度慢,存在后验积分,即数值计算方面的困难;③EM算法不能保证收敛到全局最大值;④EM算法对目标状态的初始值很敏感。

2. 粒子滤波算法与线性算法相结合

针对工程中出现的非线性、非高斯的动态系统的特征参数估计问题,一种行之有效的方法是,将粒子滤波算法与线性(如小波变换、卡尔曼滤波等)算法相结合,旨在提高状态估计的精度。其中卡尔曼滤波仿真效果如图1-7所示。

粒子滤波算法与小波变换算法相结合得到的扩展算法,是将小波变换算法的去噪原理应用于粒子滤波算法的过程中,从而降低了粒子权值的方差,提高了粒子滤波的精度、稳定性与稳健性。该算法被有些学者应用于非接触式的人眼状态的跟踪问题中,这对于机动车驾驶员的疲劳度检测有重要意义。为了解决机动车驾驶员眼睛跟踪方法对头部旋转、光照变化及人眼运动的强非线性变化过程过于敏感的问题,张祖涛和张家树提出了一种将UKF算法和小波变换算法相结合的改进型粒子滤波算法,用来跟踪机动车驾驶员眼睛的状态。该算法首先将UKF算法得到的滤波状态均值和方差用于粒子滤波算法中的下一时刻采样；然后利用小波变换算法的去噪原理，降低粒子滤波重要性权值的方差，旨在提高实际驾驶条件下机动车驾驶员眼睛跟踪的准确性和稳健性。Mien Van 等在 2015 年针对发动机轴承缺陷分类，提出了基于粒子群优化的小波核局部 Fisher 鉴别分析方法，针对轴承运维过程缺陷分析面临的特征提取和降维多模态问题，提出了小波核局部 Fisher(费舍)判别分析方法，借助于 Morlet 小波与粒子群优化方法结合，实现了轴承运转故障的精准估计。但是，在该算法中如果小波阈值选择不适当，在很大程度上会导致粒子滤波产生很大的估计误差。卡尔曼滤波器跟踪误差如图 1-8 所示，最小二乘估计误差如图 1-9 所示。

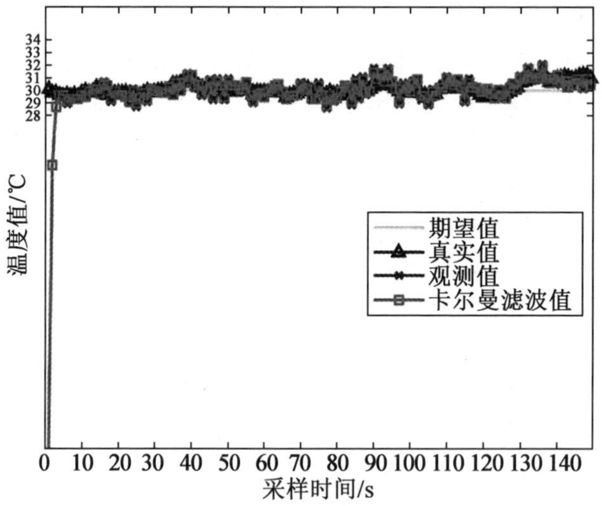

图 1-7　卡尔曼滤波算法误差精度

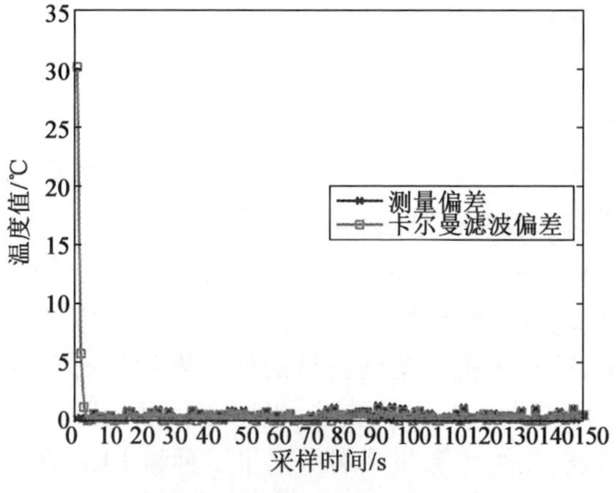

图 1-8　卡尔曼滤波器跟踪误差

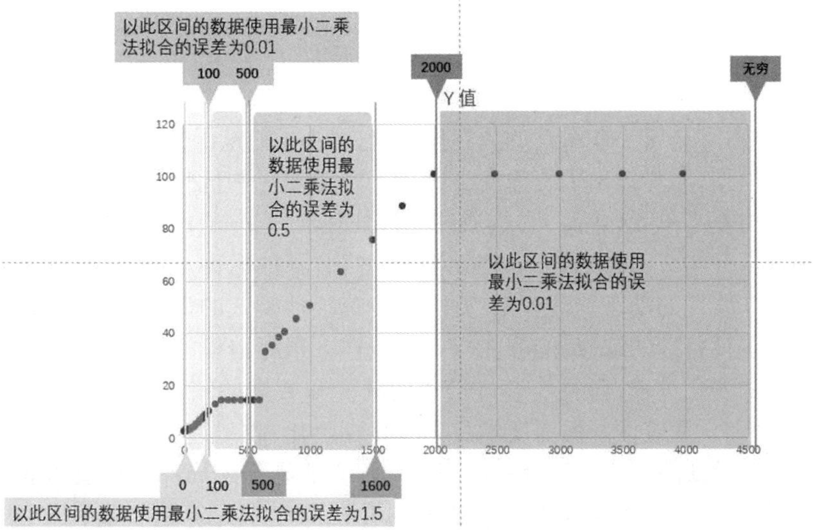

图1-9 最小二乘估计误差

李良群等提出了一种基于迭代扩展卡尔曼的粒子滤波新算法。该算法利用迭代 EKF 的最大后验概率估计,产生粒子滤波的重要性密度函数,使重要性密度函数能够融入最新观测信息,且更加符合真实状态的后验概率分布。该算法综合了 KF 和粒子滤波算法的优点,用 KF 算法或 EKF 算法作为建议分布函数,保证了目标状态估计、跟踪的实时性。

针对具有加性高斯白噪声的非线性动态系统的数字通信的状态估计问题、目标跟踪问题、数据融合问题,文献[34-36]提出了一种基于粒子滤波的近似递归的高斯滤波器,即平方根求积分卡尔曼滤波器(Square-Root Quadrature Kalman Filter,SRQKF)。该滤波器是在求积分卡尔曼滤波器(Quadrature Kalman Filter,QKF)基础上的平方根实现形式,使用统计线性回归的方法,通过一套参数化高斯密度的高斯-埃尔米特积分点来线性化非线性函数。滤波器采用平方根的实现方法,不仅增强了数值的稳健性,确保了状态协方差矩阵的半正定性,而且在一定程度上提高了估计精度。仿真实验表明,SRQKF 的估计精度比 QKF 提高了约 12%;SRQKF 和 QKF 算法的精度均高于 UKF 和 EKF 算法,但这二者的计算复杂度均比 UKF 和 EKF 算法高。

3. 粒子滤波算法与非线性算法相结合

除将粒子滤波与线性算法结合外,研究人员还将其与非线性算法,如深度学习算法、模糊算法、支持向量机算法等相结合来提高算法的估计精度、鲁棒性和运算效率。

Real、Müller 和 Insua、Kathirvalavakumar 和 Thangave、Aggarwal 等、Andrieu 和 De Freitas 将粒子滤波算法与深度学习结合,借助于 Bayesian 统计推断理论,利用卷积神经网络最佳逼近原理来提高对信道状态的估计和性能模拟。众所周知,深度学习算法属于非线性的数学模型,它引入了能量函数的概念来研究网络的动力学模型,同时提出了将深度学习用于联想记忆和优化计算的新途径。深度学习是由基本单元(神经元)构成的并行处理器,它一般由线性组合器和激活函数两大部分构成,其中激活函数放于线性组合器的后面。该算法利用已知的样本近似非线性的动态物理模型,克服了传统统计模式的识别需要事先确定信道状态的统计特性的缺点,能够在一定的条件下很好地模拟无线时变衰落信道状态信息的变化过程,而且能容许信道的畸变和数据的缺损,具有高度的容错性、灵活性和自适应性。但深度学习算法存在泛化、收敛速度慢,以及容易陷入局部极小值等缺陷。为了弥补一般深度学习算法易陷入局部极小值的缺陷,陈养平等提出了一种新的基于粒子滤波的卷积深度学习算法。这种算法采用 UKF 产生粒子,以较少的粒子逼近状态的后验概率分布,搜索到经验风险函数的最小值。该算法适用于在线的、非线性的、非高斯的深度学习。李春鑫等针对粒子滤波算法的粒子贫乏现象和计算量大的问题,提出了一种改进型粒子滤波算法,并将其应用到目标跟踪技术中。该算法利用径向基深度学习的最佳逼近特性,旨在改善先验概率密度的估计精度,消除噪声引起的估计误差;利用支撑向量回归法,可采用较少粒子来实现对目标的高精度跟踪。该算法的主要优点是,提高了粒子的估计精度,同时减少了粒子的数量,提高了目标的跟踪效率。

为了解决目标数未知或随时间变化时模糊观测的多目标跟踪问题,何友等将多目标状态和模糊观测数据表示为随机集合的形式,利用模糊观测的似然函数融合模糊数据,建立了模糊观测的概率假设密度(Probability Hypothesis Density,PHD)粒子滤波算法。该算法首先利用粒子滤波预测和更新随机集的 PHD,然后估计目标数 N,最后找出 N 个 PHD 最大的点就是多目标的状态估计。仿真结果表明,模糊观测多目标跟踪的 PHD 粒子滤波能稳健跟踪目标数未知或随时间变化时的目标状态和目标数。

支持向量机(Support Vector Machine,SVM)是利用统计学习理论成果发展起来的新一代学习机。该方法建立在统计学习理论和结构风险最小原理的基础上,根据有限的样本信息实现模型的复杂性和学习能力之间优化折中,旨在获得最好的泛化能力。其主要优点如下:①有限样本情况下,它可得到现有信息下的最优解,而不仅仅局限于样本数趋于无穷大时的最优值。②从理论上讲,该算法借助于二次型优化算法得到全局最优值,解决了在深度学习算法中无法避免的局部极值问题。该算法在解决小样本、非线性及高维模式识别问题中表现出许多特有的性能。为了提高跟踪性能的精确性和实时性,有学者将粒子滤波与支持向量机算法相结合,提出了基于粒子滤波的支持向量机算法。借助于粒子滤波算法,采用少数粒子来提取动态系统的状态信息。粒子滤波和支持向量机结合的核心思想是,用粒子滤波产生的有限采样值来逼近模型后验分布的统计特性,从而降低小样本下的估计风险,提高状态估计的精确性和鲁棒性。

4. 粒子滤波算法与均值漂移、Rao-Blackwell 等算法相结合

粒子滤波进行状态估计需要大量的粒子,会导致算法运算效率降低,为此考虑将其分别与均值漂移算法、易处理的子结构方法相结合来减少粒子数量,旨在提高估计精度和运算效率。

均值漂移算法是一种确定性的目标跟踪算法,该算法由于实时性高而被广泛应用在视频目标的跟踪中,寻找目标的最优匹配值。但该算法容易收敛到局部极值点,并且在某些遮挡的情况下不能保证跟踪的鲁棒性。粒子滤波算法虽然能保证目标状态信息的估计精度和目标跟踪过程的鲁棒性,但是粒子滤波的复杂度高,估算过程需要的粒子数量大,从而导致运算效率低,不能改善目标状态跟踪的实时性。为了克服均值漂移算法和粒子滤波算法各自的缺点,充分利用两种算法的优点,Comaniciu、Meer 等提出了基于粒子滤波的均值漂移算法。理论推导和仿真实验表明,将均值漂移算法和粒子滤波算法相结合,可使粒子集合以很高的概率沿着梯度衰减最快的方向收敛到目标状态的最优估计值。显然,粒子集合经过均值漂移算法处理后,可大幅度减少粒子滤波算法所需要的粒子数量,且估计精度没有任何损失。因此,该算法保证了目标状态跟踪的精确性、鲁棒性和实时性。

针对目标剩余信息少且干扰严重的情况,大多数粒子会收敛到干扰物上,使遮挡后的目标难以恢复。马丽等基于目标的颜色特征,对均值漂移算法做出改进,提出了在遮挡情况下改进型粒子滤波算法。该算法借助于均值漂移算法的迭代过程来优化粒子的集合,同时,基于粒子滤波的均值漂移算法在重采样之后将粒子收敛到靠近目标真实状态的区域内,改善了传统粒子滤波的退化现象,保证了目标点的权值达到最高,增强了其抗干扰的能力,克服了部分遮挡问题。

针对文献[57-61]中出现的多目标跟踪问题和随机变量模型的选择问题,文献[62-64]提出了基于粒子滤波的目标跟踪的平滑、预测算法及粗细尺度的粒子滤波算法。理论可以证明,在相同仿真条件下,这些算法的估计精度提高了30%左右。

基于蒙特卡洛方法的粒子滤波算法需要对高维状态空间进行采样,这就很难保证运算效率的提高。一个行之有效的算法是采用易处理的子结构算法,该算法建立在重要采样算法的基础上,不是对全部变量计算满条件分布,而是在部分变量的条件下利用计算边缘概率密度函数的算法来提取参数的信息。这一算法对于线性状态变量,采用 KF 算法;对于非线性状态变量,采用粒子滤波算法。经过这样的处理,降低了算法复杂度。该算法在一些特定场合,如混合高斯模型、固定参数的估计及 Dirichlet(狄利克雷)模型等中得到了广泛应用。2002年,Rao-Blackwellised 粒子滤波器首次应用于机器人即时定位与地图构建(Simultaneous Localization and Mapping,SLAM),并命名为 Fast SLAM 算法。该算法将 SLAM 问题分解成机器人定位问题和基于位置姿态估计的应用场景特征位置估计问题,用粒子滤波算法进行整个路径规划的位置姿态的估计,用 EKF 估计环境特征的位置,每一个 EKF 对应一个环境特征。该算法融合 EKF 和概率方法的优点,不但降低了计算的复杂度,而且具备良好的鲁棒性。

5. 粒子滤波算法与 HMM 算法、完美采样相结合

将粒子滤波算法与隐形马尔可夫模型(Hidden Markov Model,HMM)算法、完美采样相结合,其目标是降低算法复杂度。文献[69-73]将 MCMC 粒子滤波算法与基于狄利克雷过程(Dirichlet Process,DP)的 HMM 算法相结合,使用 Viterbi(维特比)算法采用网格路径来搜索目标状态和参数的最大后验联合概率密度函数,再得到各随机变量的满条件分布,然后用 Gibbs 重要采样,通过迭代的方法来获得参数的最优估计值。MCMC 算法与 HMM 算法相结合的算法被广泛用在语音信号处理、音乐图像处理、目标检测、频率跟踪、数字通信、语音识别、特征识别及非线性控制等方面。此外,该方法还在快速实时目标状态估计中有明显的优势,其关键步骤是用粒子滤波重要采样算法将隐藏的状态变量转换成时间离散、状态连续的马尔可夫过程。在初始状态概率已知的条件下,采用释放概率密度函数来估算目标状态后验概率密度分布的似然函数。Paisley 和 Carin 将粒子滤波算法与基于折棍子(sticking-breaking)先验分布的 HMM 模型相结合,借助于中国餐馆定理(Chinese Restaurant District,CRD)方法来提取语音信息,取得了很好的估计效果。

以上介绍的各种算法都不同程度地存在估计误差,而完美采样方法在理论上可以完全消除估计误差,因此,有学者将其与粒子滤波结合来实现对机动目标的完全精确跟踪。从理论上讲,完美采样是一种理想的采样方法,该方法是基于过去耦合(Coupling From the Past,CFTP)算法的协议,通过获取被跟踪目标的状态空间来对目标状态进行重要采样,通过构造单调的状态转移更新函数来搜索目标状态空间进入平稳分布的收敛时间。一旦搜索到收敛时间,就可以直接对目标进行采样。该方法能确保采样值恰好来自目标本身,可以完全消除估计误差。因此,有且只有完美采样方法才能从真正意义上实现对动态目标的完全精确跟踪。Djuric 等、Holmes 和 Dension 将粒子滤波算法与完美采样方法相结合,提出了基于粒子滤波的完美采样算法。该算法利用 Sandwich 算法来搜索目标状态空间进入平稳分布的收敛时间。这缩短了完美采样算法进入平稳分布的收敛时间,提高了运算效率。因此,该算法被广泛应用在航天器跟踪、卫星跟踪、天体跟踪、自组织 Adhoc 网络研究和网络的流量性能等研究领域。但该算法也存在缺点,如果被跟踪目标的状态转移函数是非单调的,或分布是非高斯的概率密度函数,那么很难搜索到目标进入平稳状态的收敛时间。

6. 粒子滤波算法与神经网络的结合

(1)将神经网络与粒子滤波算法相结合,采用神经网络训练输入-输出最大似然函数,调整神经网络的权值实现粒子的多样化,主要思想是,将广义回归的神经网络(GRNN)与粒子滤波算法相结合,应用 Parzan 非参数估计,建立样本的概率密度似然函数,对建议分布函数进行抽样获得粒子集合,将观测值作为目标向量,采用监督神经网络进行训练,当神经网络达到平衡状态后,基于最小误差条件下,调整粒子使得粒子样本趋于最优值,同时该网络动态地调整粒子权值,从而实现了优化粒子对集合的目标。该网络具备很强的非线性映射能力和柔性网络结构以及良好的容错性和鲁棒性,特别适合于解决非线性非高斯的系统估值问题。

(2)将监督学习神经网络与粒子滤波相结合,针对基于神经网络控制的倒立摆闭环控制系统,建立基于倒立摆的观测方程与状态控制方程,借助于监督学习神经网络,采用粒子集合对神经网络权值进行估计,得到误差小的系统,再对该系统进行极点优化配置,实现动态性能优化目标。

综上所述,粒子滤波可将实际工程中的复杂数值计算问题变成离散迭代求和形式,且能保证估算精度,降低各种影响因素带来的决策风险。因此,粒子滤波算法与其他算法相结合,取长补短,在进一步扩展这些算法的应用范围的同时,可简化算法的计算过程,降低算法的复杂度,提高估计精度、鲁棒性及运算效率,提高解决实际工程问题的能力。

1.4 粒子滤波算法及其应用

图 1-3 中的 WSN 机动目标跟踪系统是一种集传感器技术、模式识别、深度学习、无线通信技术及分布式信息处理技术集于一体的新型智能网络跟踪系统。目前 WSN 机动目标跟踪系统已经被成功应用于军事、航天等领域。WSN 机动目标跟踪系统可实现对机动目标的跟踪、定位,对数据的实时感知、采集和信号处理,并可将解算处理后的数据通过由网关/基站、面向物联网应用的低轨卫星

系统的无线多径衰落信道传送到远程数据监控中心进行评估。粒子滤波算法及其扩展算法在 WSN 中的应用主要体现在无线多径衰落信道的估计问题及机动目标的状态估计问题中,具体可以概括如下:无线多径衰落信道的状态信息估计、检测;机动目标的跟踪、定位、数据融合及导航等。

1. 粒子滤波算法在无线多径衰落信道状态信息估计与检测中的应用

粒子滤波算法在无线多径衰落信道中的应用主要体现在信道状态信息和参数的提取方面。Lin 等采用粒子滤波算法对选择性衰落信道进行盲估计,即在载频噪声偏移随机变量服从布朗运动的条件下,采用粒子滤波算法,旨在提取频率偏移噪声和相位噪声的均值和方差。该算法对信道盲估计效果明显好于 KF 算法。

Wu 等将 EM 算法与粒子滤波算法相结合,应用在直接序列码分多址(Direct Sequence-Code Division Multiple Access,DS-CDMA)的频率选择性衰落信道中,实现了迭代联合信道的估计和多用户检测。对于 DS-CDMA 的频率选择性衰落信道,为了实现迭代联合信道估计、符号检测、相位恢复,消除子信道间耦合干扰,提高信噪比及降低误码率。Aggarwal 等采用 SMC 粒子滤波算法,从给定的观测值中提取 MIMO 系统衰落信道的参数与信息,实现次最优信号检测。针对低信噪比、具有长脉冲响应的无线多径衰落稀疏信道的状态估计问题,Rabaste 和 Chonavel 采用 MCMC 粒子滤波算法来提取信道状态信息的参数。该算法同时也用来提取时变信道的多普勒频移信息和延迟信息。该算法的优点在于,借助匹配滤波器得到关于噪声的相关函数及未知参数的充分完备统计量,提高了该信道的振幅与时间延迟等参数的估计精度。但是在信噪比高的衰落信道的状态参数估计中,该算法的效果不能很好地控制在与预先给定的置信水平对应的置信区间内。

Yang 和 Wang 首先研究了正交频分复用模型(Offset Frequency Division Model,OFDM),在分析非线性滤波方法的基础上,引入粒子滤波并应用于 OFDM 系统中,借助载频偏移与相频偏移实现了 OFDM 信道的盲估计和盲均衡,提高了信道状态信息参数的估计精度。在信道抽头数量和功率谱时延未知的情况下,为了精确估计 OFDM 信道的状态信息,Peters 等提出了一种基于 Bayesian 统计推断学习模型的后验分布的超马尔可夫链(Trans-Dimensional Markov Chain,TDMC)算法,对信道的长度、功率时延谱的衰减速率及信道系数进行联合估计。该算法包括以下三个方面:①提出了基本的生灭 TDMC 算法;②采用随机逼近方法开发了一种自适应的学习算法来改善关于两个模型子空间的马尔可夫链的混合速率;③采用条件路径采样建议(conditional path sampling proposals)逼近方法来近似 TDMC 算法参数的最优建议分布函数。

针对文献[85-89]给出的衰落信道的信号检测问题、盲识别问题及盲接收问题,文献[90-92]提出,在平坦衰落信道盲检测的自适应 Bayesian 接收技术的基础上,在信道状态信息二阶统计特性完全未知的条件下,在衰落信道中采用基于 SMC 的自适应 Bayesian 统计推断方法进行信道的盲接收。该方法的思想是:首先,用小波分析算法分解信道的衰落过程;其次,采用基于 SMC 的粒子滤波算法提取小波系数和传输符号,实现信号去噪与数据压缩;最后,借助小波的重构技术得到信道参数的统计特性,提高参数信息的估计精度。此外,有的学者还提出了一个新的基于小波收缩的重采样技术,可借助于该技术动态地选择小波系数,以便更好地适应信道的各种衰落过程,实现信道的盲估计、盲接收。该盲接收技术不但适用于平坦衰落信道,而且对选择性衰落信道同样具备良好的估算性能。

2. 粒子滤波算法在机动目标的跟踪、定位、数据融合及导航中的应用

将粒子滤波算法应用在机动目标的跟踪、定位、数据融合及导航中,其目的是提高目标状态的估计精度,改善目标状态信息和参数信息估计的可靠性和鲁棒性,即从给定的观测值中,提取目标的参数信息和状态信息的最优估计值。

墨尔本大学的研究小组利用 SMC 粒子滤波算法建立了基于随机集理论的多目标跟踪最优滤波器,不但将 Mahler 提出的概率假设密度滤波方法进行了推广,而且在近几年相继提出了能提供闭合解的 PHD 滤波,以及针对被动雷达观测系统的通过高斯粒子采样的 PHD 滤波。

田淑荣、庄泽森等提出了一种基于粒子滤波的多传感器联合概率数据互联的粒子滤波算法,并将该算法应用于解决非线性、非高斯应用场景中多传感器多目标动态系统的跟踪问题。它采用广义论证理论合成规则,对每个传感器发送的观测数据进行排列组合,以形成等效量测点,并计算所有等效量测点的联合似然函数。在此基础上,结合联合概率数据互联的思想计算各个粒子权值,以获得最终的跟踪结果。仿真结果表明,与单体传感器联合概率数据互联粒子滤波算法相比,该算法对位置跟踪的估计精度能提高 20 m 左右。

为综合利用雷达和红外成像传感器信息,提高目标跟踪精度,熊伟等将粒子滤波算法应用于制导与目标跟踪的数据融合问题中,提出了一种基于雷达和红外成像传感器数据融合的交互多模态目标跟踪算法。该算法首先对红外图像进行处理;其次基于上述处理结果,利用交互多模算法对雷达观测信息进行目标跟踪;最后采用分布式基于粒子滤波的数据融合算法得到最终目标的跟踪结果。该算法在有效提高跟踪精度的同时,减少了解算的复杂度。

为提高纯方位跟踪性能，降低粒子滤波算法的运算量，Nordlund 和 Gustafsson 提出了快速 Marginalized（边缘化）粒子滤波算法。该算法在原有 Marginalized 粒子滤波算法的基础上，对线性部分的处理方法进行简化，并结合纯方位跟踪模型，给出了该算法实现的具体步骤。与标准粒子滤波算法相比，快速 Marginalized 粒子滤波算法在很大程度上提高了线性部分的计算精度，同时减少了 Marginalized 粒子滤波算法所需的计算量。

基于“当前”统计模型，邓小龙等提出了双站无源被动跟踪改进型粒子滤波算法。该算法使用 EKF 建议分布函数，融合双站测量数据，包含了残差重采样步骤及 MCMC 等技巧，对高度机动的目标进行跟踪。实验数据表明，该改进粒子滤波算法能有效地跟踪高速机动目标的动态特性。

周翟和等利用高斯粒子滤波技术和直接滤波模型实现了捷联惯性导航系统（Strapdown Inertial Navigation System，SINS）、全球定位系统（Global Positioning System，GPS）组合导航的数据融合。学者们首先对高斯粒子滤波进行改进，选取合适的重要采样函数并简化滤波流程；其次直接采用惯导参数 GPS 伪距离变量建立组合导航，提取非线性模型的状态信息；最后给出高斯粒子滤波在 SINS、GPS 组合导航中的具体使用方法。该使用方法假设状态变量的后验概率密度函数近似于多维高斯分布函数，将其作为重要采样函数来产生目标状态的粒子集合，最终得到状态的滤波结果与高斯分布函数的相关参数。与常规粒子滤波算法相比，采用高斯粒子滤波算法没有独立的重采样过程，算法实现过程简单，运算效率高，易于并行实现，尤其适合解决组合导航目标跟踪问题。为了解决复杂背景下多信息的融合问题，胡昭华等将颜色与运动这两种信息融入粒子滤波器，提出了分层采样的方案，解决了利用单一信源带来的跟踪不稳定问题。与典型的基于边缘特征的或基于颜色信息的粒子滤波器相比，该算法实现过程简单，并能够有效解决由于目标形状或颜色模糊而产生的跟踪难题。该算法能在复杂背景下稳健可靠地跟踪目标，但运算效率不高。

从粒子滤波在目标跟踪、定位、数据融合和导航中的应用效果来看，尽管粒子滤波算法精度高，但其运算复杂度高，算法的实时性差，同时由于粒子的退化而导致的粒子贫乏现象的出现，影响了估计精度的提高。

3. 粒子滤波算法在系统可靠性估计中的应用

航空飞行器和航天运载器是技术密集的高度复杂系统，通常由多个不同功能的部件构成，各部件之间关系复杂。随着技术的发展，整体系统的功能和性能不断增强，同时也带来了可靠性、安全性和可用性等方面的问题。飞行器综合健康管理（Integrated Vehicle Health Management，IVHM）技术就是在这种背景下提出的一种全新的管理飞行器健康状态的方法。针对故障预测问题,梁军、张磊等提出了一种基于粒子滤波的故障预测算法。在状态的估计阶段,该算法采用联合估计和粒子滤波结合评估对象系统的故障演绎时空模型以及未知模型参数的后验分布。在状态的预测阶段,该算法采用两种不同的计算方法:一种是对状态变量当前时刻的后验分布进行迭代采样,从而获得未来时刻状态变量的先验分布;另一种是采用数据驱动的方法,预测未来一段时间内对象系统的量测信息,从而将未来时刻状态变量的先验分布的预测问题转化为一个求解后验分布的状态估计问题。最后,采用高斯混合模型近似随机变量分布密度,将两种方法的计算结果在一个统一的预测框架内进行有效交互,进一步提高预测的准确性和可靠性。在算法的决策阶段,在获取了故障演化模型的状态变量分布的基础上,结合一定的故障判据来近似估算对象系统的剩余寿命分布。故障预测仿真实验结果证明了该算法的有效性。

4. 粒子滤波算法在统计处理中的应用

在自举(Bootstrap)方法的基础上,Dahlbom 提出了基于 Bootstrap 方法的一种新的粒子滤波算法。该算法是利用现有的资料去模仿未知分布的重采样过程。获得 Bootstrap 分布的途径很多,但实际中一般用粒子滤波算法逼近,并借助计算机来完成其统计模拟计算。另外,还有一种更有效的算法——Bayesian Bootstrap 算法(随机加权法),该方法是一种关于估计误差的统计处理方法。仿真结果表明,该算法有如下优点:①易于计算,即可用计算机产生服从 Dirichlet 分布的随机变量;②在小子样情况下,借助时间尺度的粒子滤波算法实现随机加权法。

Campillo 和 Rossi 提出了借助基于 MCMC 方法的粒子滤波算法,从给定的状态观测值中提取目标状态信息,实现信道的盲估计和盲检测。其基本思想是,通过对建议分布函数的采样来构造关于状态和参数的粒子集合,并用粒子集合近似状态和参数的最大后验联合分布似然函数,再借助于满条件分布的变点问题提取状态与参数的最优估计值。基于 MCMC 方法的粒子滤波算法使 Bayesian 统计方法中困难的计算问题,如约束参数问题、变点问题、截尾数据以及分组数据等变得简单直观。

基于本节的讨论可知,粒子滤波算法采用不同于独立采样的重要采样技术来获取粒子集合,并借助于该集合来逼近状态和参数的最大后验分布似然函数。粒子滤波算法特别适用于非线性、非高斯时变动态模型的状态估计问题,以及从非线性、非高斯的复杂系统中提取未知参数的统计特性。该方法在信道的盲估计、系统的可靠性估计、复杂干扰环境下信息的提取及统计方法中数据的处理等方面,有着广泛而重要的应用。

尽管粒子滤波算法有很多优点,但是从某种程度上说,该算法仍存在着运算量大、运算效率低、粒子退化等严重缺陷问题。针对该缺陷,学者们将粒子滤波算法与其他算法相结合,并应用于复杂系统的状态和参数估计问题中,有效地解决了以上遇到的部分问题。实验仿真的数据分析表明,粒子滤波及其扩展算法还存在估计精度与运算效率之间难以很好折中的问题,具体包括:①算法不能保证收敛到全局最大值;②算法收敛速度慢;③算法对初始状态值很敏感;④算法运算效率低,复杂度高;⑤算法所需要的粒子数量很大。本书通过研究粒子滤波算法及其扩展算法,亟待能够有效解决粒子滤波算法面临的复杂度与收敛效率、精准度与可靠度的优化折中问题。

1.5 粒子滤波与强化学习结合在数字孪生可靠性估计中的应用

在数字孪生系统中,面向如图 1-10 所示大型复杂设备运维过程智能管控问题,立足于复杂场景故障传播根因机理性研究,针对可靠性估计,本书提出并定义了时空状态的演绎模型的概念,基于时空状态集合,构建特定的行动空间,在价值函数或者损失函数的约束条件下,借助于强化学习方法,在样本空间到行动空间的某一特定子类决策函数族中,筛选一致最优决策函数,或者扩大到随机决策函数中,才能搜索到一致最优的决策函数,实现离散状态的转移,针对该状态的转移矩阵具有马尔可夫性质。

图 1-10 所示为大型设备智能运维管控示意图,借助于自洽的方法实现了物理实体与虚拟空间的映射,针对设备在故障根因传播导致运维健康状态的变化,该变化过程借助于时空状态的演绎模型来描述。其模型具有普遍的适用性。在该系统中,设备安全可靠性与性能参数的精准性估计是相互制约此消彼长的矛盾问题,采用基于粒子滤波的强化学习方法,实现故障的传播根因与故障发生的精准定位。此外,粒子滤波与分布式的联邦学习相互结合,实现了上行链路与下行链路通信过程的物理层的量化设计。仿真测试结果表明,基于粒子滤波的联邦学习可实现减小误差、节省有效载荷以及提高信息传输速率的目标。

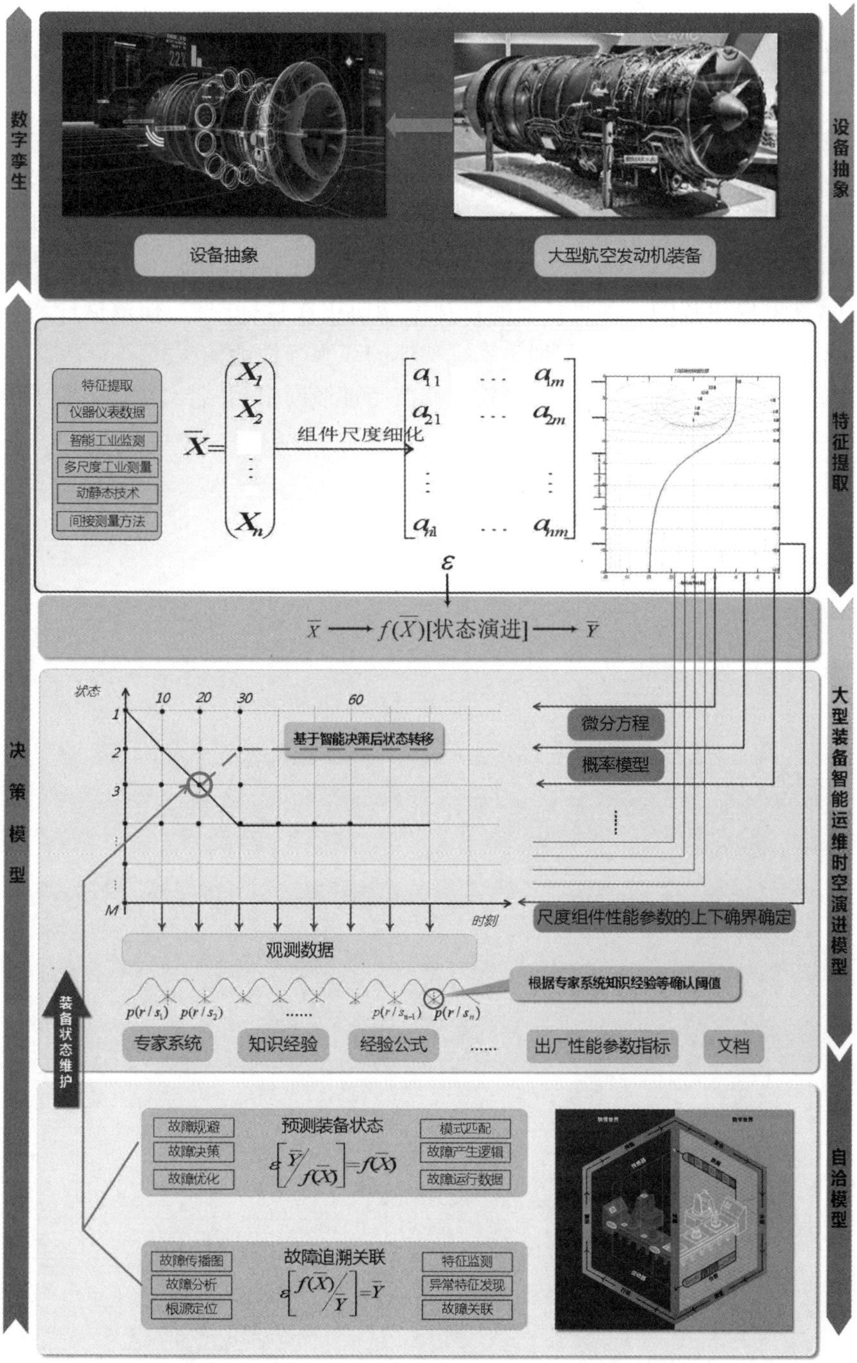

图 1-10 大型设备智能运维管控原理图(彩图见附录)

1.6 本章小结

本章基于 Bayesian 统计推断原理，重点介绍了基于 MCMC 方法的粒子滤波定义、研究和应用的进展，粒子滤波集合包括样本值与对应的权值，借助于加权平均来估算系统性能参数，不但提高了精度，而且该算法具备良好的鲁棒性。

粒子滤波算法与其他算法结合，取长补短，克服了自身的一些缺陷，扩大了粒子滤波的应用范围。并将扩展的算法成功应用在目标跟踪、信道估计和数字孪生系统可靠性估计方面，实现了系统功能的改善与性能的提高。

随着机器学习技术的进步，将粒子滤波与神经网络相结合，优化了粒子的结构，改善了性能参数的估算精度。

第 2 章　粒子滤波的基本原理

本章将重点介绍粒子滤波的基本原理，亟待对粒子滤波算法中存在的一些复杂机理性问题进行详细探讨。此外，还将介绍序列重要采样(Sequential Important Sampling，SIS)滤波算法、ASIRF 算法、RPF 算法及高斯粒子滤波算法这四种目前常用的滤波算法，并分别对这些粒子滤波算法的优缺点及在实际工程中的应用进行分析。

2.1　概念的介绍

1. Bayesian 统计推断理论

Bayesian 统计推断理论是由著名统计学家贝叶斯提出的。该理论与经典的点估计估值理论最大的区别在于：Bayesian 统计推断理论认为，分布函数的参数也属于随机变量，也服从某种分布，也就是所谓的共轭先验分布，其共轭先验分布的参数定义为超参数，超参数的获取主要取决于知识经验和历史数据。因此模型特征性能参数的估计值不但包含实时的观测数据，而且综合考虑历史经验数据，因此该估计值的精准度在很大程度上要高于点估计算术的平均值。

2. 先验信息提取的共轭先验分布

先验信息是在概率密度的分布函数中考虑过去历史数据提供的经验成分信息，即从数据仓库的海量数据中，基于历史经验与知识并辅助于专家系统，提取共轭先验分布的参数信息(超参数)，将实时观测数据与历史数据相结合，采用调和平均估算参数的统计特性，即估算均值、协方差矩阵、高阶矩等，旨在降低决策风险、提高智能化的控制精度。随着机器学习人工智能技术的发展，采用泛化能力强、收敛速度快的神经网络，可训练出很精准的先验分布模型。

2.2　粒子滤波的引入

粒子滤波属于 Bayesian 统计推断理论框架的一种典型序贯重要采样算法。

该算法建立在重要采样基础上，根据重要采样函数（建议分布函数）建立粒子对集合（包括样本值和对应的权值），基于该粒子对集合，借助于样本与权值的加权平均估算模型特征性能参数的估计值；借助于粒子权值与单位延迟采样函数的线性组合建立概率密度分布的似然函数近似表达式；采用样本加权求和的 Monte Carlo 方法近似 Bayesian 统计推断方法中所涉及的多重积分数值运算。显然，粒子滤波算法克服了 Bayesian 统计推断方法中存在的数值计算方面的困难，使该算法不仅适用于任何形式的状态空间模型，而且能获得状态空间的最小估计方差。由大数定理可以证明，只要粒子数量足够大，必然能更精确地近似 Bayesian 统计推断的数值积分。

为了阐明粒子滤波的基本原理，不妨先回顾一下 Bayesian 统计推断原理。

（1）对于贝叶斯的分布函数，设参数 θ 的概率密度分布函数为 $p(x,\theta)$，其中 $\theta\in\Theta$，属于分布函数的参数结构。在 Θ 中，不同的 θ 对应于不同的分布。贝叶斯学派认为，该概率密度函数是随机变量 θ 给定某个值时，x 的条件概率密度分布函数，表明 x 与参数 θ 之间有某种相关性，其相关的程度用函数 $p(x|\theta)$ 来表示。

（2）根据参数 θ 的先验信息确定先验分布函数为 $\pi(\theta)$，使后验函数与先验函数属于同一分布族。

（3）根据 Bayesian 统计推断理论，样本的产生可分为两个步骤：首先从先验分布函数 $\pi(\theta)$ 中产生观察值 θ；然后从条件概率密度分布函数 $p(x|\theta)$ 中产生样本观测值 $x=(x_1,x_2,\cdots,x_n)$；最后可得到样本联合条件概率密度函数，即用参数的统计量控制 x，旨在降低决策估计的风险。

$$p(x|\theta)=\prod_{i=1}^{n}p(x_i|\theta) \tag{2-1}$$

式（2-1）包含了联合分布综合总体样本的信息，因此被称为样本似然函数。

（4）因为 θ 是设想出来的，所以仍然是未知的。要将先验信息与样本信息综合，在某种程度上不能简单地依靠设想，而必须应用 $\pi(\theta)$，因此样本 X 与参数 θ 的联合分布函数为

$$h(x,\theta)=p(x|\theta)\pi(\theta) \tag{2-2a}$$

显然，式（2-2a）将先验信息与样本信息综合得到参数和状态的联合分布函数，目前，可考虑采用具有很强的非线性映射能力和柔性网络结构以及高容错性和鲁棒性的广义神经网络（GRNN）来训练该联合分布的函数。

（5）为了估计未知的参数 θ，将联合分布函数进行如下分解，即

$$h(x,\theta)=\pi(\theta|x)m(x) \tag{2-2b}$$

式中,$m(x)$为 x 的边缘分布概率密度函数,即

$$m(x)=\int_{\Theta}h(x,\theta)\,\mathrm{d}\theta=\int_{\Theta}p(x|\theta)\pi(\theta)\,\mathrm{d}\theta \tag{2-2c}$$

式中,$m(x)$为一个多维连续积分,它不含 θ 的任何先验信息。因此,能用来对参数 θ 做出统计决策的只能考虑采用条件分布函数 $\pi(\theta|x)$,其计算公式为

$$\pi(\theta|x)=\frac{h(x,\theta)}{m(x)}=\frac{p(x|\theta)\pi(\theta)}{\int_{\Theta}p(x|\theta)\,\pi(\theta)\,\mathrm{d}\theta} \tag{2-3}$$

式(2-3)是在样本给定的条件下关于特征性能参数 θ 的条件分布函数,称为 θ 的后验分布函数。显然,式(2-3)是在样本给定的条件下集中了有关 θ 的一切信息,即用样本值作为条件来控制参数的分布,从而实现统计特性的改变。该信息包括样本信息与先验信息,要比先验分布函数 $\pi(\theta)$ 更接近于真实分布。因此使用后验分布函数 $\pi(\theta|x)$对 θ 做统计决策在很大程度上更加精确。

基于以上五个步骤,在获得总体样本 $\boldsymbol{X}=[X_1,X_2,\cdots,X_n]$ 基础上,借助于 Bayesian 公式将未知待估特征性能参数的认知度从 $\pi(\theta)$ 调整到 $\pi(\theta|x)$。

式(2-2c)是一个连续高维积分,直接估算该式中涉及的多重连续积分存在着数值计算方面的瓶颈,该问题导致了 Bayesian 统计推断方法难以解决实际的工程问题。因此,针对实际非线性系统的状态估计问题,必须借助基于 Monte Carlo 方法的粒子滤波技术来克服 Bayesian 统计推断原理中存在的数值计算方面的技术壁垒问题。

2.2.1 粒子滤波算法的实现

对于粒子滤波算法,本节考虑结合一个动态系统模型状态估计问题来阐明粒子滤波算法的实现过程。设一个非线性的动态系统中目标的状态方程和观测方程分别为

$$x_k=f_k(x_{k-1},v_{k-1}) \tag{2-4}$$

$$y_k=h_k(x_k,w_k) \tag{2-5}$$

式(2-4)为目标状态方程,式(2-5)为目标观测方程。一般而言,状态方程用直角坐标方程来描述,而观测方程用极坐标方程来描述。其中,x_k 为目标的状态值,为一个隐形的马尔可夫过程;y_k 为系统的观测值,采样序列是相互独立的;w_k、v_k 均为独立同分布的加性高斯白噪声,并且相互独立。

设向量 $\boldsymbol{X}=[x_1,x_2,\cdots,x_k]$,$\boldsymbol{Y}=[y_1,y_2,\cdots,y_k]$,$\boldsymbol{y}_{0:k}$ 为已知观测值向量矩阵,

$\boldsymbol{x}_{0:k}$ 为状态向量。根据 Bayesian 统计推断公式,关于目标状态信息的最大似然函数为

$$p(x_k|y_{0:k})=C_k p(x_k|y_{0:k-1})p(y_k|x_k) \tag{2-6a}$$

在 Bayesian 统计推断理论框架下,在其目标状态的初始状态矩阵与初始方差矩阵给定的条件下,很容易获得关于目标状态转移更新的迭代方程式。为了得到该方程的最优可行的封闭解,建议按照以下步骤进行:①在当前的 k 时刻,在所有观测值给定的条件下,得到状态分布的概率密度函数 $p(x_k|y_{0:k})$;②在 $k+1$ 时刻,给定所有的观察值,状态信息估计分布函数可表示为 $p(x_{k+1}|y_{0:k})$。

设 C_k 为给定的归一化常数,则

$$C_k=[p(x_k|y_{0:k})p(y_k|x_k)]^{-1} \tag{2 - 6b}$$

$$p(x_{k+1}|y_{0:k})=\int p(x_{k+1}|x_k)p(x_k|y_{0:k})\mathrm{d}x_k \tag{2 - 6c}$$

$$p(x_{k+1}|x_k)=\int\delta(x_{k+1}-f(x_k,v_k))p(v_k)\mathrm{d}v_k \tag{2-6d}$$

$$p(y_{k+1}|x_{k+1})=\int\delta(y_{k+1}-h(x_k,w_k))p(w_k)\mathrm{d}w_k \tag{2-6e}$$

式(2-6b)表示归一化的常数,式(2-6c)是关于目标状态的后验分布函数,式 (2-6d)是跟踪目标的状态转移函数,式(2-6e)是目标状态的更新函数。在初始状态的先验概率密度分布函数 $p(x_0)$ 给定的条件下,式(2-6a)~(2-6e)表达式为 Chapman- Kolmogorov 方程。采用以上两个步骤就可以得到目标状态信息关于时间的迭代方程。

以上描述的迭代关系涉及高维积分运算,但是,直接计算高维积分值存在很多技术瓶颈,因此考虑借助 Monte Carlo 方法实现离散化,Monte Carlo 方法的基本思想是,对目标进行重要采样,得到关于目标状态的粒子集合,借助于粒子集合,将连续的积分转换为迭代离散加权求和形式,加权求和过程考虑借助于计算机软件辅助实现(FPGA)。

其核心思想是,基于粒子对集合,借助于 Monte Carlo 方法,将高维连续积分转化为离散求和迭代形式,并辅助于软件硬件数据处理模块,近似估算其连续的积分值。本节围绕该思路展开讨论:

重要采样与独立同分布(i. i. d)采样有着本质的区别,当然也有别于完美采样(理想采样),而且被跟踪目标的状态信息的分布函数 $p(x)$ 在大多数情况下是未知的,因此直接对 $p(x)$ 进行采样显然存在技术层面的难题。为了实现对目标状态的估算,目前普遍采用的行之有效的方法是,将目标状态转移函数作为重要

采样函数(建议分布函数),然后对该函数进行重要采样,一旦选择了重要采样函数 $q(x)$,便可以直接从 $q(x)$ 中抽取样本 $x^{(i)}$,$i=1,2,\cdots,n$,并借助于状态更新函数和状态转移函数计算对应于粒子的权值。为了减小状态估计的方差,对样本采用归一化的权值进行加权,且权值满足如下表达式,即

$$\frac{w^{(i)} \propto p(x^{(i)})}{q(x^{(i)})} \tag{2-7}$$

$$q(x)\sum_{i=1}^{n} w^{(i)} = 1 \tag{2-8}$$

一般而言,建议分布函数与目标状态集的分布函数 $p(x)$ 之间总是存在不同程度的差别,显然,对于改善估计精度而言,实际工程遇到的问题中希望两者之间的误差 $\| p(x)-q(x) \|^2$ 越小越好。为了实现该目的,考虑借助于最小鉴别信息原理,求解如下的优化问题,即

$$\begin{aligned} & \min\|p(x) - q(x)\|^2 \\ \text{s.t} \quad & \int_{-\infty}^{\infty} p(x)\log\frac{p(x)}{q(x)}\mathrm{d}x \leqslant \varepsilon, \qquad \|\varepsilon\| \leqslant \delta \\ & p(x) \geqslant 0, \qquad q(x) \geqslant 0, \delta \geqslant 0 \end{aligned}$$

该优化问题的解取决于 ε,当 ε 取很小的正整数时,该问题得到的解是不可行的,但目前还没有行之有效的手段和优化方法来缩小建议分布函数和目标状态信息分布函数之间的差别。实际经验表明,建议分布函数的选择要尽量接近状态的分布函数,目前比较流行的办法是使建议分布函数比后验概率分布函数的拖尾在某种程度上要重一些。

针对 Metropolis-Hastings 重要采样,重要函数建议选择形状对称函数,如高斯分布函数、拉普拉斯分布函数及各向同性函数等。在重要函数选定后,对该函数直接进行采样得到一个齐次的马尔可夫状态空间,针对该空间,借助状态转移函数和状态更新函数可获取关于目标状态的粒子对集合。该集合直观的模型图可表示为图 2-1 所示的矩阵,即时空粒子对的示意图。

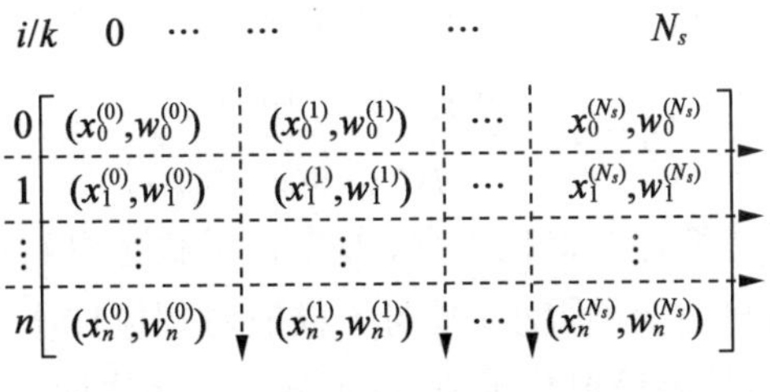

图 2-1　粒子对的时空更新示意图

如图 2-1 所示,横向箭头线表示粒子对的空间更新过程,而竖向箭头线表示时间的更新过程。借助于该时空更新图,进行如下的数学处理:

该集合中的每个粒子对包含两个基本元素:一个元素来自重要采样函数所获取的样本,另一个元素是对应于样本的归一化权值,即

$$\{x_k^{(i)},w_k^{(i)},i=1,2,\cdots,N_s;k=0,1,\cdots,n\}$$

其中,N_s 为粒子的数目。在该粒子集合的基础上,采用粒子的加权平均值来近似式(2-6c)表示的连续积分,即

$$p(x_{n+1}|y_{0:n})=\int p(x_{n+1}|x_n)p(x_n|y_{0:n})\mathrm{d}x_n\approx\sum_{i=1}^{N_s}w_{n+1}^{(i)}f[\delta(x-x_{n+1}^{(i)})]$$

显然,提高估算目标状态精度行之有效的方法是,使得来自建议分布函数的采样点落在 $p(x)$ 高概率附近的相关区域。但是,该采样方法在实际遇到的工程问题中很难实现,因此为了提高状态估计的精度,在基于粒子集合的状态空间中,建立粒子随时间变化的迭代公式,考虑到粒子的迭代运算与重要采样序列有着密切的联系,因此,目标状态的粒子集合中的每一个元素都要采用迭代公式实现更新。

针对重要采样序列,下一个时刻 $i+1$ 的粒子对为$\{x^{(i+1)},w^{(i+1)}\}$,而当前时刻 i 的粒子对为$\{x^{(i)},w^{(i)}\}$,则从当前时刻 n 到下一个时刻 $n+1$ 的状态转移函数为

$$q(x_{n+1}|y_{0:n})=q(x_{0:n}|y_{0:n})q(x_{n+1}|x_{0:n},y_{0:n}) \tag{2-9}$$

式(2-9)将状态转移函数作为重要采样函数,使粒子状态的更新过程变得简单易行。但随之出现的问题是,选择状态转移函数作为重要采样函数,将使该函数不能修正该时刻以前的粒子轨迹,从而影响了目标状态估计的实时性。此外,当从重要函数中抽取的样本序列表示的目标状态空间具有马尔可夫性质时,该序列被称为遗传序列。用该遗传序列可以很方便地确定粒子权值的迭代公式。设在 t 时刻,$x_t^{(i)}$、$x_t^{(i+1)}$ 是来自建议分布函数 $q(x_{k+1}|x_{0:k},y_{0:k})$ 的遗传序列,则对应于 $x_t^{(i+1)}$ 的权值迭代公式为将连续的时间 $t(0\leqslant t<\infty)$ 离散化为$\{k,k=0,1,\cdots,n,\cdots\}$,则在 $k=0,1,\cdots,n,\cdots$ 时刻,粒子权值的迭代公式为

$$w_{k+1}^{(i)}\propto w_k^{(i)}\frac{p(y_{k+1}|x_{k+1}^{(i)})p(x_{k+1}^{(i)}|x_k^{(i)})}{q(x_{k+1}^{(i)}|x_{0:k}^{(i)},y_{0:k+1})} \tag{2-10}$$

众所周知,粒子滤波存在退化现象,即在粒子状态更新过程中,经过若干次迭代后,粒子的权值将会变得很小,减弱了权值对相应样本的控制作用,影响了粒子的多样性。为了消除该退化现象,保证样本的多样性,目前普遍使用的采样方法是重采样方法,即保留那些权值大的粒子,舍弃那些权值小的粒子,或者采

用 GRNN 神经网络,适当调整粒子的多样性。但是经过重采样处理后,在表示状态的粒子总体数量保持不变的情况下,权值大的粒子出现的频率过高,使得粒子失去了多样性,从而导致粒子贫乏现象的出现。

如图 2-2 所示,重采样后新产生的粒子对集合为 $\{x_{ik}^{i*}\}_{i=1}^{N_s}$,权值大的粒子出现的频率很高,权值小的粒子被丢弃。

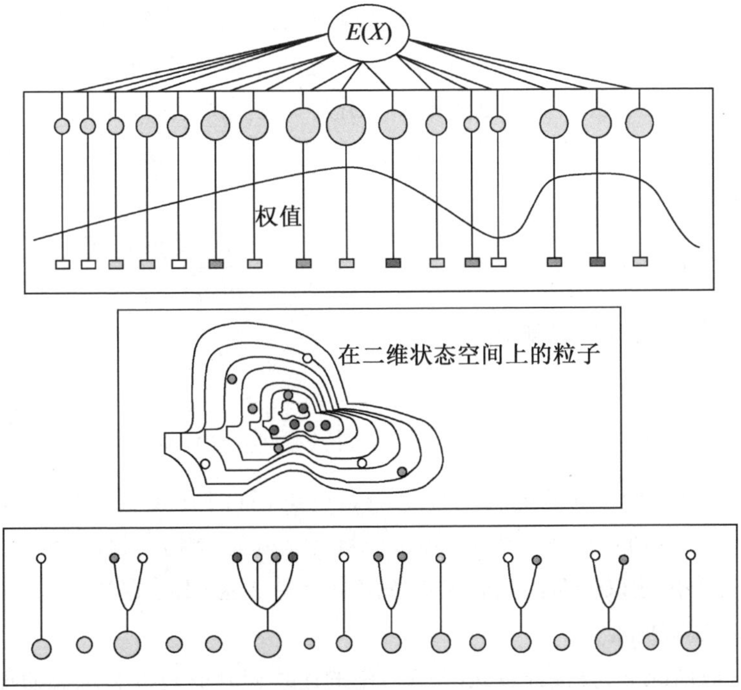

图 2-2　重采样后的粒子集合状态

为了产生新的粒子集合,重采样过程考虑从近似离散表达式 $p(x_k|z_{1:k})$ 抽取 N_s 次,得到一组粒子对,其相应的后验分布函数的近似表达式为

$$p(x_k|z_{1:k}) \approx \sum_{i=1}^{N_s} w_k^i \delta(x_k - x_k^{(i)}) \tag{2-11}$$

式中,$w_k^j = \Pr(x_k^{i*} = x_k^i)$。显然,$w_k^j = 1/N_s$,表示粒子出现的频率,其中 N_s 为采样的数目。

另外一个需要强调的重要问题是,如果粒子滤波退化现象严重,究竟需要多少粒子才能保证估算的精度?保证估算精度的有效粒子数量的阈值可由下式给出,即

$$N_{\mathrm{eff}}=\frac{N_s}{1+\mathrm{Var}(w_k^{*i})} \tag{2-12}$$

式(2-12)是一个经验公式。

2.2.2 粒子滤波算法的重要采样原理

从以上讨论可以看出,粒子滤波的核心问题是重要采样函数的选择。在实际工程问题中,直接对状态空间的分布函数进行采样在某种程度上是不可行的,因此必须构造关于状态空间的重要采样函数。在观测值给定的条件下,为了得到关于目标状态的最优估计值,可选取使粒子方差最小的概率密度函数作为重要采样函数,即

$$q(x_k|x_{k-1}^i,z_k)_{\mathrm{opt}}=p(x_k|x_{k-1}^i,z_k)=\frac{p(z_k|x_k,x_{k-1}^i)p(x_k|x_{k-1}^i)}{p(z_k|x_{k-1}^i)} \tag{2-13}$$

式中,z_k 为第 k 时刻的观测值。

粒子权值的迭代公式为

$$w_k^i \propto w_{k-1}^i p(z_k|x_{k-1}^i)=w_{k-1}^i\int p(z_k|x_k^i)p(x_k^i|x_k^i)\mathrm{d}x_k^i \tag{2-14}$$

式(2-13)在权值给定的条件下是最优的,针对该最优的建议分布函数 $q(x_k|x_{k-1}^i,z_k)_{\mathrm{opt}}$ 所得的每一个采样值,一旦 x_{k-1}^i 确定,相应的粒子权值 w_k^i 也随之确定。此外,建议分布函数必须具备两个主要功能:①采样功能;②对新状态积分值的估算功能。

在一般情况下,直接计算式(2-14)中的连续积分值是没有现成的理论可寻的,但是对以下两种情形可以进行简单的数学处理,具体如下。

第一种情形:在状态值 x_k 是时间离散、状态连续并且数量有限的具有马尔可夫性质的状态空间,且在 $p(x_k|x_{k-1}^i,z_k)$ 很容易采样的条件下,式(2-14)积分可以直接转化为求和的形式来计算。一个实际的典型案例是,当目标状态值 x_k 是一个数量有限的状态空间,且该状态空间具有跳跃式马尔可夫性质时,相应系统目标的状态估计就可以直接采用粒子滤波算法。

第二种情形:当 $p(x_k|x_{k-1}^i,z_k)$ 是高斯分布的概率密度函数,且动态系统的状态方程和观测方程是非线性模型时,也可以使用式(2-13)表达的最优采样方案进行采样。

对于其他情形,这样的最优采样过程一般是不可行的,只能考虑选择次优采样概率密度函数来近似。一种处理方法是使用局部线性化方法,即用高斯分布

函数近似 $p(x_k|x_{k-1}^i,z_k)$；另一种处理方法是用 Unscented 变换构造一种高斯分布特性函数来近似 $p(x_k|x_{k-1}^i,z_k)$。

一般而言，选择建议分布函数最简单的方法为

$$q(x_k|x_{k-1}^i,z_k)=p(x_k|x_{k-1}^i) \tag{2-15}$$

式(2-15)表明，将状态转移函数作为建议分布函数，在很大程度上可以简化粒子的权值迭代过程，即

$$w_k^i \propto w_{k-1}^i p(z_k|x_k^i) \tag{2-16}$$

式(2-15)表示的建议分布函数的选择方案简单直观，且容易实现。因此，在很多实际工程问题中被广泛采用。

2.3　粒子滤波的基本类型

基于重要采样的粒子滤波算法有很多，如改进型的 MCMC 算法、SMC 粒子滤波算法、完美采样算法、HMM 算法、Bootstrap 算法、Rao-Blackwellised 粒子滤波器及 UPF 算法等。这些算法可以当作一般 SIS 算法的特例。以上算法已经在第 1 章做了介绍，这里不再重复。除了这些算法以外，目前最新出现的粒子滤波算法可以归纳为以下四种：序列重要采样粒子滤波算法、ASIRF 算法、RPF 算法和高斯粒子滤波算法。

2.3.1　序列重要采样粒子滤波算法

SIR 粒子滤波算法是一种 MCMC 算法。在目标状态方程和观测方程的具体表达式给定的条件下，很容易采用 SIS 算法获得 SIR 算法。对于每一个时刻的目标状态采样值，可以借助于噪声的分布函数与该时刻以前的状态估计值来提取。其具体实现步骤如下：

(1)将式(2-13)中的 $q(x_k|x_{k-1}^i,z_{1:k})$ 分布作为重要采样函数，对其进行采样。

(2)从函数 $p(x_k|x_{k-1}^j)$ 中采样得到样本 x_k^j。

(3)用噪声概率密度分布函数 $p_v(v_{k-1})$ 逼近粒子状态转移函数 $p(x_k|x_{k-1}^j)$，抽取样本 v_{k-1}^j，可以直接得到粒子权值的具体表达式，即

$$w_k^j \propto w_{k-1}^j p(z_k|x_k^j) \tag{2-17}$$

借助于似然函数 $p(z_k|x_k)$ 来逐点逼近被跟踪目标的状态信息。当出现退化现象时，必须进行重采样。重采样的过程是在保持粒子数量不变的条件下，复制

权值大的粒子，舍弃权值小的粒子，复制粒子的过程是独立同分布的采样过程，因此这些复制粒子的权值表达式为

$$w_k^j \propto p(z_k | x_k^j) \tag{2-18}$$

式(2-18)表达的是一个迭代过程，它表明给定的权值在重采样阶段是经过归一化处理的结果。对于 SIR 粒子滤波算法，从重要采样函数中抽取的样本和测量值是相互独立的，因此，不需要知道任何观察值的先验分布就可以搜索到被跟踪目标状态的最优估计值。从以上估算过程可以看出，对于每一次迭代过程都需要重采样，因此该滤波算法的效率不高。此外，该算法对干扰信息很敏感且鲁棒性差。但是 SIR 粒子滤波算法显著的优点是：重要采样的权值容易被估计，而且重要采样值的获得比较容易。具体的仿真程序见附录 2。

2.3.2 ASIRF 算法

ASIRF 算法是将标准的 SIR 算法作为一个变量，借助于对 SIS 进行推理得到的。该算法的关键是选择 $q(x_k, i | z_{1:k})$ 作为建议分布函数，从建议分布函数中采样得到一个粒子对，即 $\{x_k^j, i^j\}_{j=1}^{M_s}$，这里 i^j 指的是在 $k-1$ 时刻的时间索引值。根据 Bayesian 统计推断理论，得到如下比例关系式，即

$$\begin{aligned} p(x_k, i | z_{1:k}) &\propto p(z_k | x_k) p(x_k, i | z_{1:k-1}) \\ &= p(z_k | x_k) p(x_k | i, z_{1:k-1}) p(i | z_{1:k-1}) \\ &= p(z_k | x_k) p(x_k | x_{k-1}^i) w_{k-1}^i \end{aligned} \tag{2-19}$$

ASIRF 算法是从联合概率密度分布函数 $p(x_k, i | z_{1:k})$ 中抽取的样本，如果省略粒子(x_k, i)的时间索引，便可归结为是从边缘概率密度分布函数 $p(x_k | z_{1:k})$ 中抽取的样本 $\{x_k^j\}_{j=1}^{N_s}$。抽取样本 $\{x_k^j, i^j\}$ 的重要采样函数满足如下比例关系式：

$$q(x_k, i | z_{1:k}) \propto p(z_k | \mu_k^i) p(x_k | x_{k-1}^i) w_{k-1}^i \tag{2-20}$$

式中，μ_k^i 为给定样本 x_{k-1}^i 条件下关于目标状态 x_k 的特征值，即

$$\mu_k^i = E[x_k | x_{k-1}^i] \quad 或 \quad \mu_k^i = p(x_k | x_{k-1}^i)$$

因此，式(2-20)可改写成如下形式，即

$$q(x_k, i | z_{1:k}) = q(i | z_{1:k}) q(x_k | i, z_{1:k}) \tag{2-21}$$

同时定义

$$q(x_k, i | z_{1:k}) \overset{\triangle}{=\!=} p(x_k | x_{k-1}^i) \tag{2-22}$$

显然，从式(2-20)可以得到如下表达式：

$$q(i | z_{1:k}) \propto p(z_k | \mu_k^i) w_{k-1}^i \tag{2-23}$$

因此，给样本$\{x_k^j, i^j\}_{j=1}^{M_s}$分配的对应权值与式(2-19)和式(2-20)的比值成比例，即粒子权值迭代公式为

$$w_k^j = w_{k-1}^{i^j} \frac{p(z_k | x_k^i) p(x_k^i | x_{k-1}^{i^j})}{q(x_k^j, i^j | z_{1:k})} = \frac{p(z_k | x_k^j)}{p(z_k | \mu_k^{i^j})} \tag{2-24}$$

与 SIR 粒子滤波算法相比，ASIRF 算法的优势在于，在当前测量值给定的条件下，采用 $k-1$ 时刻的采样值来产生估计点，从而能很好地接近目标状态的真实值。因此，ASIRF 算法可以看作目标前一时刻的重采样值，即基于密度分布特征值(期望值 μ_k^j)的点估计。这种情况适用于过程噪声很小的情况，使用期望值能很好地近似样本，但在样本方差很大的情况下，采用这样的滤波算法是不合适的。

2.3.3　RPF 算法

众所周知，粒子滤波存在退化现象，出现退化现象的原因是，粒子滤波的重要采样值来自离散分布而非连续分布。为了克服粒子的退化现象，必须用重采样。重采样会导致状态粒子失去多样性，从而出现状态粒子的贫乏现象。粒子贫乏具体表现为，状态空间一个估计点被 N_s 个点拥有，采用这样的粒子集合来近似目标状态的最大后验似然分布函数会导致估计精度的下降。可考虑对 RPF 算法进行修正来解决该问题，下面来讨论这一修正过程。

RPF 算法与 SIR 滤波算法的不同之处在于重采样阶段，即 SIR 粒子滤波算法的重采样来自离散分布，而 RPF 算法的重采样来自后验概率密度函数的连续分布。为了得到该近似的连续分布函数，克服粒子的贫乏现象，RPF 算法的重采样过程选用如下函数，即

$$\hat{p}(x_k | z_{1:k}) \approx \sum_{i=1}^{N_s} w_k^i K_h(x_k - x_k^i) \tag{2-25}$$

式中，$w_k^i(i=1,2,\cdots,N_s)$为相应的归一化权值；

$$K_h(x) = \frac{1}{h^{n_x}} K\left(\frac{x}{h}\right) \tag{2-26}$$

为变尺度核概率密度函数，其中 $h > 0$，为核的带宽(尺度参数)；n_x 为状态矢量的维数。

核概率密度函数是一个对称函数，即

$$\int \boldsymbol{x} K(\boldsymbol{x}) \mathrm{d}\boldsymbol{x} < 0, \quad \int \|\boldsymbol{x}\|^2 K(\boldsymbol{x}) \mathrm{d}\boldsymbol{x} < \infty$$

核密度函数 $K(\cdot)$ 与带宽的选择标准是，使状态的真实后验概率密度函数与式(2-23)所表示的近似密度函数的均方误差达到最小，即

$$\mathrm{MMSE}(\hat{p}) = E\left[\int [\hat{p}(x_k | z_{1:k}) - p(x_k | z_{1:k})]^2 \mathrm{d}x_k\right] \tag{2-27}$$

式中，$\hat{p}(\cdot | \cdot)$ 为由式(2-25)给定的近似后验分布函数。在特殊情况下，所有的采样都含有相同的权值，式(2-26)表示的核概率密度函数由文献[56]给出，即

$$K_{\mathrm{opt}} = \begin{cases} \dfrac{n_x+2}{2c_{n_x}}(1-\|\boldsymbol{x}\|^2), & \|\boldsymbol{x}\|<1 \\ 0, & \text{其他} \end{cases} \tag{2-28}$$

式中，c_{n_x} 为在 $\mathbf{R}^{n_x}$ 空间超球体的体积。针对单位方差矩阵的高斯概率密度函数，最优带宽表达式为

$$h_{\mathrm{opt}} = A N_s^{\frac{1}{n_x+4}} \tag{2-29}$$

$$A = [8c_{n_x}^{-1}(n_x+4)(2\sqrt{\pi})^{n_x}]^{\frac{1}{n_x+4}} \tag{2-30}$$

当粒子滤波出现退化现象时，可借助于以上重采样方法克服粒子贫乏现象，从而保证目标状态的估算精度。但该重采样过程选择的函数是各向同性核函数，因此当且仅当系统的噪声为高斯分布时，RPF 算法对目标状态的估计是最优可行的。对于其他干扰噪声，结果是次最优的。特别是在样本贫乏现象严重的情况下，重采样过程选用各向同性核函数可以得到很好的估计效果。针对 RPF 算法，建议根据如下步骤进行。

(1) $[x_k^{i*}, w_k^j]_{i=1}^{N_s} = \mathrm{RPF}\lfloor \{x_{k-1}^i, w_{k-1}^i\}_{i=1}^{N_s}, z_k \rfloor$。

当 $i=1:N_s$ 时，对建议分布函数进行采样：

$$x_k^i \sim q(x_k | x_{k-1}^i, z_k) \tag{2-31}$$

(2) 给状态值分配相应的权值 w_k^i。

计算总的权值为

$$t = \mathrm{SUM}\lfloor \{w_k^i\}_{i=1}^{N_s} \rfloor \tag{2-32}$$

(3) for $i=1:N_s$

归一化权值

$$w_k^i = t^{-1} w_k^i \tag{2-33}$$

计算重合粒子数目 $\hat{N}_{\mathrm{eff}}$ 并与 N_{T} 进行比较。若 $\hat{N}_{\mathrm{eff}}<N_T$，计算粒子 $\{x_k^i, w_k^i\}_{i=1}^{N_s}$ 的方

差 S_k。

计算 $\boldsymbol{D}_k$，使 $\boldsymbol{D}_k\boldsymbol{D}_k^{\mathrm{T}}=S_k$。

（4）重采样，即独立同分布采样。

for $i=1:N_s$，对各向同心圆函数进行采样

$$c^i \sim K \tag{2-34}$$

$$x_k^i = x_k^i + h_{\mathrm{opt}}\boldsymbol{D}_k c^i \tag{2-35}$$

end for

end if

2.3.4　高斯粒子滤波算法

高斯粒子滤波算法借助于粒子集合来近似未知状态变量的方差与均值。与其他粒子滤波算法相比，高斯粒子滤波算法选择高斯分布函数作为重要采样函数。理论计算与实验仿真测试结果表明，在动态系统噪声约束条件松弛的条件下，高斯粒子滤波算法对目标状态有很好的估计效果。特别是在重要函数的参数配置合理的情况下，该滤波算法能使未知参数的 Fisher 信息接近离散参数方差下确界。同时，高斯粒子滤波算法不需要重采样，而且能保持状态粒子的多样性。关于高斯粒子滤波算法的特点，文献[10]做了比较详细的说明，本节不再赘述。高斯粒子滤波算法的具体实现过程如下。

针对一个时变的动态目标跟踪系统，考虑借助如下状态方程和观测方程进行描述，即

状态方程：

$$x_n = f(x_{n-1}, u_n) \tag{2-36}$$

观测方程：

$$y_n = h(x_{n-1}, v_n) \tag{2-37}$$

式中，n 为当前时刻；x_n 为系统的状态变量，其分布函数为$p(x_n|x_{n-1})$；y_n 为含有噪声的给定观测值，通常由雷达探测器网络给定；$f(\cdot)$、$h(\cdot)$为给定的函数；u_n、v_n 分别为相互独立同分布的随机噪声。

在状态观测值给定的条件下，考虑采用高斯粒子滤波算法提取目标状态信息。设初始状态的先验概率密度分布函数为 $p(x_0)$，M 个粒子来自于建议分布函数 $\pi(x_n)$，在后验分布函数的参数共轭先验分布函数给定的条件下，根据 Bayesian 统计推断理论，得粒子的权值表达式为

$$w^{(j)} = [p(x_n^{(j)})]/[\boldsymbol{\pi}(x_n^{(j)})]$$

设权值集合为 $W=\{w^{(1)},w^{(2)},\cdots,w^{(M)}\}$，根据 Monte Carlo 方法，将积分 $E_p(g(x_n))=\int g(x_n)p(x_n)\mathrm{d}x_n$ 采用如下加权求和形式来近似，即

$$\hat{E}_p(g(x_n))=\frac{\sum_j w^{(j)}g(x_n^{(j)})}{\sum_j w^{(j)}} \tag{2-38}$$

根据强大数定理

$$\hat{E}_p(g(x_n))\rightarrow E_p(g(x_n))$$

当粒子数量 $M\rightarrow\infty$ 时，后验概率密度分布函数可以近似表示为

$$p(x_n)\mathrm{d}x_n\approx\frac{\sum_{j=1}^{K}w^{(j)}\delta_{x_n^{(j)}}(\mathrm{d}x_n)}{\sum_{j=1}^{M}w^{(j)}} \tag{2-39}$$

式中，$\delta(\cdot)$为 Dirac 函数。在离散序列中，随机变量 $\boldsymbol{x}$ 的高斯概率密度函数为

$$N(\boldsymbol{x};\boldsymbol{\mu},\boldsymbol{\Sigma})=(2\pi)^{-m/2}|\boldsymbol{\Sigma}|^{-1/2}\exp\left(-\frac{1}{2}(\boldsymbol{x}-\boldsymbol{\mu})^{\mathrm{T}}\boldsymbol{\Sigma}^{-1}(\boldsymbol{x}-\boldsymbol{\mu})\right) \tag{2-40}$$

式中，$\boldsymbol{\Sigma}$ 为协方差矩阵。

在观测值给定的条件下，目标状态值的后验概率密度函数为

$$p(x_n|\boldsymbol{y}_{0:n})=C_np(y_n|x_n)p(x_n|\boldsymbol{y}_{0:n-1})\approx C_np(y_n|x_n)N(x_n;\bar{\mu}_n,\bar{\Sigma}_n) \tag{2-41}$$

从式(2-41)可看出，高斯粒子滤波算法的观测值更新过程可用高斯分布来近似，即

$$\hat{p}(x_n|\boldsymbol{y}_{0:n})=N(x_n;\bar{\mu}_n,\bar{\Sigma}_n) \tag{2-42}$$

对于高斯粒子滤波算法，分布函数 $p(x_n|x_{n-1})$ 中的参数，即式(2-42)中的均值 $\bar{\mu}_n$ 和 $\bar{\Sigma}_n$ 的解析表达式是很难得到的，可借助 Monte Carlo 方法，利用重要采样函数 $\pi(x_n|\boldsymbol{y}_{0:n})$ 的样本值 $x_n^{(i)}$ 与对应权值组成的粒子集合来近似。

对于高斯粒子滤波算法，建议分布函数为高斯分布函数，即

$$p(x_n|\boldsymbol{y}_{0:n-1})=N(x_n;\bar{\mu}_n,\bar{\Sigma}_n) \tag{2-43}$$

式(2-43)表示的概率密度函数很容易采样，而且可以得到时间上完全更新的采样值。另外一种选择建议分布函数的方法为

$$p(x_n|\boldsymbol{y}_{0:n-1})=N(x_n;\bar{\mu}_{n|n},\bar{\Sigma}_{n|n}) \tag{2-44}$$

$\bar{\mu}_{n|n}$ 与 $\bar{\Sigma}_{n|n}$ 借助于 EKF 或者 UKF 获取。

考虑到受复杂环境的影响，在目标状态的观测值与对应的状态值之间为非线性对应关系的情况下，本节采用式(2-43)表示的函数为建议分布函数(即高斯分布函数)，对式(2-36)和式(2-37)表示的非线性动态系统进行仿真。本次测试选择噪声为混合高斯噪声，采用 500 个粒子，在 0~100 s 进行仿真。图 2-3(a)所示为高斯粒子滤波算法动态目标的状态值，图 2-3(b)所给的两条曲线分别表示高斯粒子滤波算法与 SIR 粒子滤波算法对目标状态估计的误差。其中，高斯粒子滤波算法的估计误差为 39.129 2，SIR 粒子滤波算法的估计误差为 47.862 2。从图 2-3 中可以看出，高斯粒子滤波算法对非线性系统的状态估计误差比 SIR 粒子滤波算法的估计方差降低了约 18%。主要原因是，高斯粒子滤波算法避免了重采样，且保持了粒子的多样性；而 SIR 粒子滤波算法存在退化现象，且采用重采样使粒子失去了多样性，从而影响了估计精度。

当系统的干扰噪声是非高斯噪声，系统模型为非线性模型的条件下，拟采用粒子滤波算法实现对目标跟踪定位，如图 2-4、图 2-5 所示；其中图 2-5 表示误差预测精度。

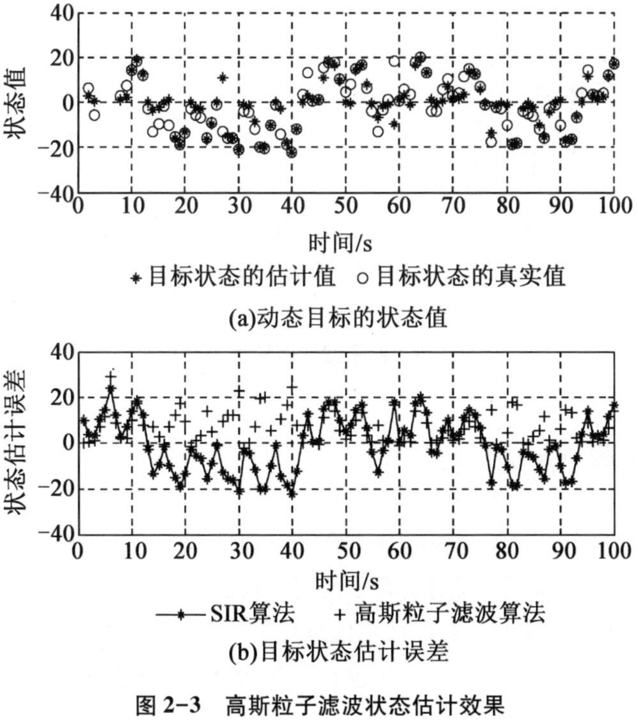

图 2-3　高斯粒子滤波状态估计效果

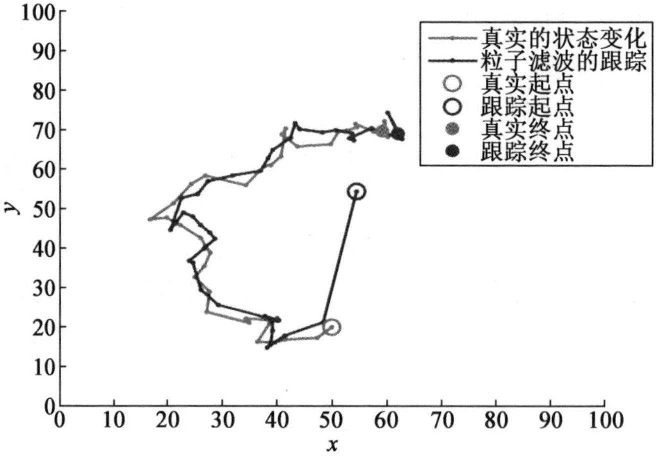

图 2-4　粒子滤波算法的目标跟踪效果

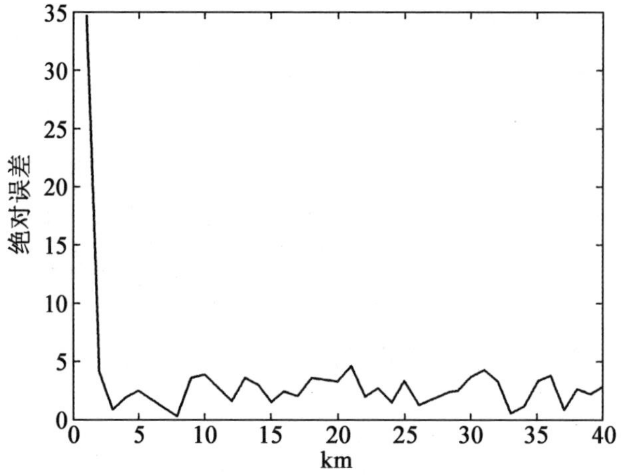

图 2-5　粒子滤波跟踪误差精度

2.4　本章小结

本章详细讨论了粒子滤波的基本理论和基本概念,对四种常用的粒子滤波算法的优缺点、适用条件、范围及算法实现的具体步骤做了详细阐述。理论和实验仿真表明,与基于 MMSE 的线性估值理论算法相比,粒子滤波算法对非线性、非高斯时变动态系统的状态估计问题有明显的优势,而且分布式的粒子滤波算法借助于计算机很容易实现。

粒子滤波算法是建立在重要采样基础上的、属于 Bayesian 统计推断理论框架的一种近似算法。该算法首先对建议分布函数直接进行采样，并借助于状态转移迭代函数和状态更新迭代函数得到粒子集合；然后采用该粒子集合来近似目标状态和参数的最大联合后验似然分布函数，并求取各状态和参数的满条件分布函数；最后对得到的满条件分布函数分别进行 Gibbs 采样，并借助于大数定理获取状态和参数的最优估计值。

粒子滤波采用加权平均代替算术平均来近似后验分布函数中状态和参数的统计特性，即用粒子的权值来减小状态和参数的估计误差，该过程是一种自适应迭代过程。

虽然粒子滤波算法有助于改善非线性、非高斯时变动态系统的状态估计精度，但目前文献中出现的粒子滤波算法仍存在一些问题亟待解决，主要体现在以下三个方面：①粒子滤波算法因其复杂度高而导致运算效率低。②除了高斯粒子滤波算法以外，绝大多数粒子滤波算法存在退化现象，这会导致粒子贫乏问题。为克服粒子贫乏问题，必须进行重采样，但重采样会使粒子失去多样性，影响状态估计的精度。③从粒子滤波的数学角度来分析，粒子滤波算法如同卡尔曼滤波算法一样，收敛性尚未得到很好的解决，若能有效解决收敛问题，则对粒子的退化现象有很大的抑制作用。同时如何评价粒子滤波的性能也需要更多的数学理论分析研究。

第 3 章　多尺度粒子滤波算法

针对目前粒子滤波算法中存在的缺陷，如算法的复杂度高、运算效率低及粒子退化而导致的粒子贫乏现象等，本章借助于目前常用的两种重要采样方法，即 Gibbs 采样方法与 Metropolis-Hastings 采样方法来建立状态转移的马尔可夫链，与此同时，将多尺度的概念引入马尔可夫链，旨在控制马尔可夫转移过程，基于不同尺度的采样样本构造完备充分统计量，借助于完备充分统计量实时估算性能参数族和统计特性。形成了基于多尺度粒子滤波的算法，利用不同粗细尺度对动态系统状态空间上的一条马尔可夫链进行交替耦合采样，通过传递和更新状态信息及特征参数信息来搜索状态与参数的最大联合后验分布似然函数。细尺度的重要采样保持估算精度，粗尺度的重要采样能提高运算效率，粗细尺度交替耦合采样不但能有效抑制粒子的退化现象，而且在很大程度上降低了运算的复杂度。随着时空状态的演绎过程进入稳态分布，采用 Sandwich 分布从理论上对完美采样方法进行了一些探索性的讨论。

3.1　MCMC 重要采样方法

粒子滤波是建立在重要采样基础上的一种 Bayesian 统计推断方法。重要采样与独立同分布(i. i. d)采样是完全不同的两种采样方法，重要采样方法希望贡献率大的随机数出现的概率大，贡献率小的随机数出现的概率小，即相邻两个采样点之间是有相关性的。重要采样方法能降低随机变量的方差，提高状态和参数估计的精度和鲁棒性。其中，MCMC 方法是最近发展起来的一种简单且行之有效的 Bayesian 统计推断方法，其核心问题是如何构造各状态之间的转移核函数。目前，普遍采用的构造状态转移核函数的方法主要有 Gibbs 采样和 Metropolis-Hastings 采样。本章针对这两种采样方法分别进行详细讨论。

3.1.1　Gibbs 采样

Gibbs 采样是建立在 MCMC 方法基础上的，该方法的思想直观简单，具体实现过程如下：

设 $\boldsymbol{X}=[X_1,X_2,\cdots,X_n]$ 的概率密度函数为 $\pi(\boldsymbol{x})$，对任意固定 $T\subset N$，T 表示粒子集合的子集，N 表示粒子集合的全集。在给定 $\boldsymbol{X}_{-T}=\boldsymbol{x}_{-T}$ 的条件下，定义随机变量 $\boldsymbol{X}'=[X_1',X_2',\cdots,X_n']$：$\boldsymbol{X}'_{-T}=\boldsymbol{X}_{-T}$，而 $\boldsymbol{X}'_{-T}$ 具有概率密度函数 $\pi(\boldsymbol{x}'_T|\boldsymbol{x}_{-T})$，对于任意一个可测集合 B，存在如下表达式，即

$$P(\boldsymbol{X}'\in B)=\int_B\pi(\boldsymbol{x}'_{-T})\pi(\boldsymbol{x}'_T|\boldsymbol{x}'_{-T})\mathrm{d}\boldsymbol{x}'_{-T}=\int_B\pi(\boldsymbol{x}')\mathrm{d}\boldsymbol{x}'=\pi(B)\quad(3-1)$$

显然，$\boldsymbol{X}'$ 的概率密度函数为 $\pi(\boldsymbol{x})$。式(3-1)定义了一个由 $\boldsymbol{X}$ 到 $\boldsymbol{X}'$ 的转移核函数，而且其相应的平稳分布为 π，如此构造的 MCMC 方法称为 Gibbs 采样。然而，在 Gibbs 采样构造之初，考虑到 $\boldsymbol{X}$ 的概率密度函数为 $\pi(\boldsymbol{x})$，这在遇到的实际工程问题中往往是很难实现的，但这并不影响 Gibbs 采样方法的实现。在实际应用中，建议对 $i=1,2,\cdots,n$ 重复使用 Gibbs 采样，在一般条件下，其相应的迭代分布依概率收敛到 p。下面是单元素的 Gibbs 采样的具体步骤。

在给定初始点 $\boldsymbol{x}^{(0)}=(x_1^{(0)},\cdots,x_n^{(0)})$ 后，假定第 t 次迭代开始时的估计值为 $\boldsymbol{x}^{(t-1)}$，则第 t 次迭代分为如下 n 步。

步骤 1，根据满条件分布 $\pi(\boldsymbol{x}_1|x_2^{(t-1)},\cdots,x_n^{(t-1)})$ 抽取 $x_1^{(t)}$；

步骤 2，根据满条件分布 $\pi(\boldsymbol{x}_i|x_1^{(t)},\cdots,x_{i-1}^{(t)},x_{i+1}^{(t-1)},\cdots,x_n^{(t-1)})$ 抽取 $x_i^{(t)}$；

……

步骤 n，根据满条件分布 $\pi(\boldsymbol{x}_n|x_1^{(t)},\cdots,x_{n-1}^{(t)})$ 抽取 $x_n^{(t)}$；

记 $\boldsymbol{x}^{(t)}=(x_1^{(t)},\cdots,x_n^{(t)})$，则 $\boldsymbol{x}^{(1)},\boldsymbol{x}^{(2)},\cdots,\boldsymbol{x}^{(t)},\cdots$ 是马尔可夫链的状态值，其当前状态 $\boldsymbol{x}$ 在下一个时刻转移到 $\boldsymbol{x}'$ 状态的转移函数为

$$p(\boldsymbol{x},\boldsymbol{x}')=\pi(\boldsymbol{x}_1|\boldsymbol{x}_2,\cdots,\boldsymbol{x}_n)\pi(\boldsymbol{x}_2|\boldsymbol{x}_1',\boldsymbol{x}_3,\cdots,\boldsymbol{x}_n)\cdots\pi(\boldsymbol{x}_n|\boldsymbol{x}_1',\cdots,\boldsymbol{x}_{n-1}')\tag{3-2}$$

在判断 Gibbs 采样的收敛性时，建议采用 Sandwich 算法，即当状态空间的转移核函数为单调函数时，在给定的具有马尔可夫性质的状态空间 $\boldsymbol{x}^{(1)},\boldsymbol{x}^{(2)},\cdots,\boldsymbol{x}^{(t)},\cdots$ 上，分别选取从最大值和最小值出发的两条马尔可夫链，借助这两条链的耦合来搜索 Gibbs 采样的收敛时间。文献[111]给出了判断收敛时间的两种方法，但由于存在数值计算方面的困难，因此在工程上难以进行量化实现。当状态空间转移函数为非单调函数时，要判断状态进入平稳分布的收敛时间，到目前为止，还没有切实可行的方法，因此，该算法只限理论意义讨论。

3.1.2　Metropolis-Hastings 采样

Metropolis-Hastings 采样方法的基本思想是，考虑选择一个不可约的状态转

移概率函数 $q(\cdot,\cdot)$ 和一个接受函数，$0<\alpha(\cdot,\cdot)\leqslant 1$，对任意一个组合 $(\boldsymbol{x},\boldsymbol{x}')$，$\boldsymbol{x}\neq\boldsymbol{x}'$，定义

$$p(x,x')=q(x,x')\alpha(x,x'),\quad x\neq x' \tag{3-3}$$

则 $p(x,x')$ 形成了一个转移核。该方法很直观，如果链在当前时刻 t 处于状态 x，即 $X^{(t)}=x$，则首先基于函数 $q(\cdot|x)$ 产生一个潜在 $\alpha(\cdot,\cdot)$ 的状态转移 $(x\to x')$，然后根据概率 $\alpha(x,x')$ 决定是否转移。换言之，潜在的转移点 x' 找到以后，根据概率 $\alpha(x,x')$ 接受 x' 作为链在下一个时刻的状态值；以概率 $1-\alpha(x,x')$ 拒绝转移到状态 x'，从而下一时刻仍处于状态 x。因此，基于状态 x'，从均匀分布 $[0,1]$ 上抽取一个随机数 u，则

$$X^{(t+1)}=\begin{cases}x', & u\leqslant\alpha(x,x')\\ x, & u>\alpha(x,x')\end{cases} \tag{3-4}$$

通常情况下，该分布函数 $q(\cdot|x)$ 称为重要采样函数。

选择重要采样函数是为了使后验概率密度分布函数 $\pi(x)$ 收敛到平稳分布。因此在状态转移函数 $q(\cdot|x)$ 给定的条件下，适当选择一个 $\alpha(\cdot,\cdot)$，使相应的 $p(x,x')$ 为其平稳分布，一个最常用的选择方式为

$$\alpha(x,x')=\min\left\{1,\frac{\pi(x')q(x',x)}{\pi(x)q(x,x')}\right\} \tag{3-5}$$

在式(3-5)的基础上，有如下重要关系式，即

$$p(x,x')=\begin{cases}q(x,x'), & \pi(x')q(x',x)\geqslant\pi(x)q(x,x')\\ q(x,x')\dfrac{\pi(x')}{\pi(x)}, & \pi(x')q(x',x)<\pi(x)q(x,x')\end{cases} \tag{3-6}$$

由式(3-6)产生的马尔可夫链是可逆的，即

$$\pi(x)p(x,x')=\pi(x')p(x',x)$$

而且 $\pi(x)$ 是式(3-6)确定的马尔可夫链的平稳分布函数。对于重要采样函数，通常选择对称的建议分布函数，如各向同性函数、高斯函数。此外，对称建议分布的一个特例 $q(x,x')=q(|x-x'|)$，称为随机移动的 Metropolis 算法。

在常用的 MCMC 算法中，目前普遍使用的重要采样方法是单元素的 Metropolis-Hastings 方法。直接产生整个关于 $\boldsymbol{X}$ 的状态空间几乎不可能，但是借助满条件分布运算，将 $\boldsymbol{X}$ 根据其分量进行逐个采样得到关于 $\boldsymbol{X}$ 的状态空间，则相对简单得多。因此，考虑 $X_i|X_{-i}(i=1,2,\cdots,n)$ 的条件分布，选择一个转移核 $q(x_i\to x_i'|x_{-i})$，固定 $X_{-i}'=X_{-i}=x_{-i}$ 不变，由 $q(x_i\to x_i'|x_{-i})$ 产生一个可能的 x_i'，然后根据如下概率

$$\alpha(x_i \to x_i' \mid x_{-i}) = \min\left\{1, \frac{\pi(x')q_i(x_i' \to x_i \mid x_{-i})}{\pi(x)q_i(x_i \to x_i' \mid x_{-i})}\right\} \tag{3-7}$$

来判定是否接受 x_i' 作为状态空间的下一个状态,这是与 Gibbs 采样方法的显著不同之处。

从以上两个重要采样过程可看出,与 Gibbs 采样相比,Metropolis-Hastings 采样方法只是增加了一个状态转移的判决条件。

3.2　多尺度粒子滤波算法的引入

根据第 2 章的讨论可知,目前文献中出现的粒子滤波算法存在一些缺陷。针对这些粒子滤波算法存在的缺陷,本节将多尺度条件下的 MCMC 重要采样算法和粒子滤波算法相结合,提出了多尺度粒子滤波算法。该算法是建立在 Gibbs 采样与 Metropolis-Hastings 采样基础上的一种 MCMC 耦合算法。其基本思想是:首先,借助于 Metropolis-Hastings 采样得到关于被跟踪目标的状态空间,其具有马尔可夫性质的状态空间;其次,在该状态空间上,用不同的粗细尺度在表示状态空间的一条马尔可夫链上进行交替耦合采样,来传递与更新后验概率密度分布的状态信息和参数信息,旨在搜索目标和状态的联合最大似然后验分布函数;最后,将上一步得到的最大似然后验分布函数按照采样的粗细尺度进行分解,得到各采样尺度上的状态和参数联合转移分布核函数的内积。

为了进一步阐明多尺度粒子滤波算法的思想及其具体实现过程,考虑采用阵列天线,对于单一的机动目标 CA,采用测向传感器[借助到达方向角(Arrive of Angle,AOA)]对机动目标进行跟踪,将检测到的目标状态观测值(图 3-1)实时传送到数据融合中心进行处理,设观测值输出表达式为

$$y_k = \phi_k x_k + v_k, \quad k = 1, 2, \cdots, N \tag{3-8}$$

式中,y_k 为给定的目标状态观测值;$v_k \sim N(0, \sigma^2)$ $(k = 1, 2, \cdots, N)$ 为独立同分布的高斯白噪声;$x_k \in \{+1, -1\}$ 为传输的二进制符号;ϕ_k 为测向传感器的测向矢量增益函数。

设 $\boldsymbol{R}$ 表示信号自相关矩阵,$(\sigma_0^2, \{\sigma_k^2\}_{k=1}^K)$ 分别为各传感器的协方差,$(\boldsymbol{\phi}_0, \{\boldsymbol{\phi}_k\}_{k=1}^K)$ 为传感器测向矢量增益,即 $\boldsymbol{\phi} = (\boldsymbol{\phi}_0, \{\boldsymbol{\phi}_k\}_{k=1}^K)$。信号的输出向量为

$$\boldsymbol{X}(k) = \boldsymbol{a}^{\mathrm{H}}\boldsymbol{S}(k) + \sum_{k=1}^{K} \boldsymbol{v}(k)\boldsymbol{d}(k) + \boldsymbol{Q}(k) \tag{3-9}$$

式(3-9)中,等号右侧第一项为第 k 个传感器上所获取的信息,其中 $\boldsymbol{a}^{\mathrm{H}}$ 为

波达增益，$S(k)$为输入信号集合；第二项为各子信道之间的耦合干扰，其中 $v(k)$ 为子信道耦合干扰信号，$d(k)$为各个到波达方向增益；第三项 $\boldsymbol{Q}(k)$为全局高斯白噪声矩阵。为了消除各子信道之间的耦合干扰，目前普遍采用的技术是波束形成与迫零(Zero-Force，ZF)方法。此外，为了使结论更具有普遍适用性，考虑再增加一个传感器测向二阶约束条件，即

$$(\boldsymbol{\phi}_0-\bar{\boldsymbol{\phi}})^* \boldsymbol{C}^{-1}(\boldsymbol{\phi}_0-\bar{\boldsymbol{\phi}}) \leqslant 1 \tag{3-10}$$

式中，$\bar{\boldsymbol{\phi}}$ 为传感器信噪比最大的信号传输方向；$\boldsymbol{C}$ 为传感器方向角变化的一个正定矩阵，因此，$\boldsymbol{C}>\mathbf{0}$，有向传感器方向角的变化范围在一个椭球体的区域内变化。当以上参数设定以后，为了从给定的目标状态观测值中提取目标的状态信息，建议按照以下三个步骤进行估算：

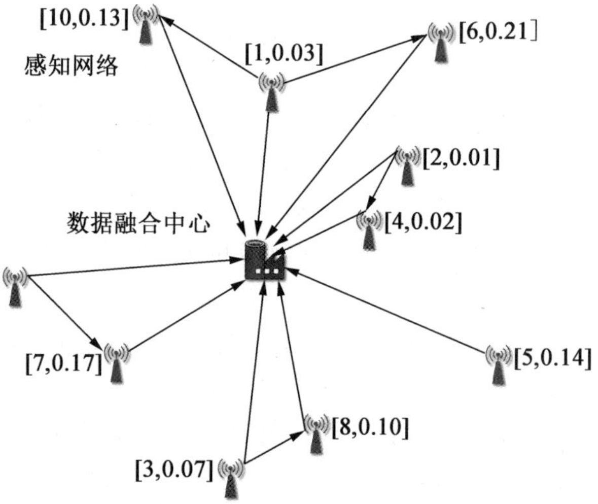

图 3-1　目标监测跟踪数据处理

步骤 1，建立关于目标状态和未知参数的后验概率密度联合分布函数。

步骤 2，根据联合分布密度函数，利用分层或者网络 Bayesian 统计推断学习方法，借助于混合重要采样分别计算目标状态和各参数的满条件分布函数，并将各参数的满条件分布函数作为建议分布函数。

步骤 3，针对步骤 2 中各参数的满条件分布密度函数进行 Gibbs 采样，得到各随机变量的最优估计值。

根据以上三个步骤的要求，设未知参数的集合为$\{\boldsymbol{C},\phi,\sigma,\boldsymbol{X},\boldsymbol{R}\}$，其中 $\boldsymbol{X} \triangleq [x_1,x_2,\cdots,x_n]$是未知的目标状态向量，$\boldsymbol{Y} \triangleq [y_1,y_2,\cdots,y_n]$是给定的观测值向

量。自相关参数 $\boldsymbol{R}$ 可以用输出信号的运算值来近似，即

$$\boldsymbol{R} \approx \hat{\boldsymbol{R}} = \frac{1}{N}\sum_{n=1}^{N} y_n y_n^*$$

在观测值向量 $\boldsymbol{Y}$ 给定的条件下，根据 Bayesian 统计推断理论，关于目标状态的满条件分布似然函数的表达式为

$$\underset{\boldsymbol{Y},\boldsymbol{C},\phi,\sigma}{\operatorname{argmax}} P(\boldsymbol{X} \mid \boldsymbol{Y},\boldsymbol{C},\phi,\sigma) \tag{3-11}$$

显然，对式(3-11)取对数，得到对数似然函数，针对对数似然函数求取极大似然估计，即可得到目标状态的最优估计值。为了获得该似然函数的极大值，对概率密度函数 $p(\boldsymbol{X} \mid \boldsymbol{Y},\boldsymbol{C},\phi,\sigma)$ 进行分解，即

$$\begin{aligned} p(\boldsymbol{X} \mid \boldsymbol{Y},\boldsymbol{C},\phi,\sigma) &= p(\boldsymbol{X},\boldsymbol{C},\phi,\sigma \mid \boldsymbol{Y}) / p(\boldsymbol{C},\phi,\sigma \mid \boldsymbol{Y}) \propto p(\boldsymbol{X},\boldsymbol{C},\phi,\sigma \mid \boldsymbol{Y}) \\ &\propto p(\boldsymbol{Y} \mid \boldsymbol{X},\phi,\sigma,\boldsymbol{C}) p(\phi) p(\sigma) p(\boldsymbol{C}) \end{aligned}$$

以上分布中各超参数的共轭先验分布分别是：ϕ 服从均匀分布，σ^2 服从伽马分布，即 $\Gamma(\alpha,\beta) = (\alpha-1)!\ \mathrm{e}^{-\beta}\sum_{i=0}^{\alpha-1}\beta^i/i!$。根据 Bayesian 统计推断原理，关于状态和参数联合分布的后验概率密度似然函数的表达式为

$$p(\boldsymbol{X},\phi,\sigma^2,\boldsymbol{C} \mid \boldsymbol{Y}) \propto p(\boldsymbol{Y} \mid \boldsymbol{X},\phi,\sigma^2,\boldsymbol{C}) \times p(\phi) p(\sigma^2) p(\boldsymbol{X}) p(\boldsymbol{C}) \tag{3-12}$$

式中，左端和右端有相同的概率密度分布，只是相差一个比例常数。$p(\boldsymbol{Y} \mid \boldsymbol{X},\phi,\sigma^2,\boldsymbol{C})$ 关于 $p(\phi)$、$p(\sigma^2)$ 和 $p(\boldsymbol{X})$ 的先验分布很容易获得，$p(\boldsymbol{C})$ 基于知识经验服从均匀分布。基于以上假设，为了快速精确地搜索到式(3-11)表示的后验概率密度似然函数的最大值，同时降低数值计算的复杂度，考虑借助于多尺度粒子滤波算法实现。

3.3　多尺度粒子滤波算法的原理

考虑一个动态目标跟踪的模型选择系统，在目标状态观测值给定的条件下，为了从给定的观测值中提取目标状态和参数的最优估计值，考虑对目标的状态空间采用不同的粗细尺度进行采样，旨在搜索状态和参数的最大后验联合似然分布函数。借助于该函数，显然，采用优化理论可获得目标状态的最优估计值。特别是当目标状态空间进入平稳分布后，最大后验联合似然分布函数遵循如下定理。

根据文献[126]的随机过程的平衡分布定理：对于一个马尔可夫状态空间，用多种不同粗细尺度对状态空间上的一条马尔可夫链进行重要采样，当系统进

入平稳分布后,后验联合分布函数等于各尺度采样条件下分别得到的分布函数的内积。多尺度粒子滤波算法及其扩展算法可行性的理论证明与说明见附录3。

根据上述定理,不失一般性,可采用粗细两种尺度对状态空间进行 MCMC 耦合采样,搜索目标状态和参数的最大后验联合分布似然函数。

设 $q(\cdot)$ 为状态与参数的联合转移建议分布核函数,$\boldsymbol{\pi}(\boldsymbol{x},\theta|y)$ 为系统进入平稳分布的后验联合分布函数。多尺度粒子滤波算法具体的实现过程可以分为以下几个步骤。

步骤 1,对状态空间进行重要采样,得到一条时间离散、状态连续的不可约、非周期、非常返齐次的马尔可夫的状态空间。设随机序列 $\{X_n,n\geqslant 0\}$ 表示的状态空间为 $i_0,i_1,\cdots,i_n,i_{n+1}\in S,n\in\mathbf{N}$,$S$ 表示状态,$\mathbf{N}$ 表示正整数集合,其状态转移函数为

$$P\{X^{n+1}|X^0=i_0,X^1=i_1,\cdots,X^n=i_n\}=P\{X^{n+1}|X^n=i_n\}$$

在多尺度粒子滤波算法中,对状态空间采用 Metropolis-Hastings 重要采样方法来实现状态和参数的转移更新过程。

步骤 2,设状态空间为 $\boldsymbol{X}=[X^1,X^2,\cdots,X^n]$,采用粗细两种尺度进行交替采样来传递、更新目标状态和参数的信息,即

$$\begin{matrix}(\phi,\sigma^2,\boldsymbol{X})^{(1)}\xrightarrow{\text{MCMC}}(\phi,\sigma^2,\boldsymbol{X})^{(2)} & \xrightarrow{\text{合并}} & \cdots \\ (\widetilde{\phi},\widetilde{\sigma}^2,\widetilde{\boldsymbol{X}})^{(1)}\xrightarrow{\text{MCMC}}(\widetilde{\phi},\widetilde{\sigma}^2,\widetilde{\boldsymbol{X}})^{(2)} & & \cdots\end{matrix} \tag{3-13}$$

式(3-13)表示状态和参数的更新过程,其中上标表示时间更新。状态和参数的转移过程由建议分布核函数 $q(\cdot)$ 给出,即

$$q((\boldsymbol{X},\phi,\sigma,\widetilde{\boldsymbol{X}},\widetilde{\phi},\widetilde{\sigma})\rightarrow(\boldsymbol{X}^*,\phi^*,\sigma^*,\widetilde{\boldsymbol{X}}^*,\widetilde{\phi}^*,\widetilde{\sigma}^*)) \tag{3-14}$$

式(3-14)表示相应的状态与参数的转移函数,但能否转移取决于以下接受函数:

$$1\wedge\frac{\pi(X^*,\phi^*,\sigma^*|Y)\widetilde{\pi}(\widetilde{X}^*,\widetilde{\phi}^*,\widetilde{\sigma}^*|Y)\times q((X^*,\phi^*,\sigma^*,\widetilde{X}^*,\widetilde{\phi}^*,\widetilde{\sigma}^*)\rightarrow(X,\phi,\sigma,\widetilde{X},\widetilde{\phi},\widetilde{\sigma}))}{\pi(X,\phi,\sigma|Y)\widetilde{\pi}(\widetilde{X},\widetilde{\phi},\widetilde{\sigma}|Y)\times q((X,\phi,\sigma,\widetilde{X},\widetilde{\phi},\widetilde{\sigma})\rightarrow(X^*,\phi^*,\sigma^*,\widetilde{X}^*,\widetilde{\phi}^*,\widetilde{\sigma}^*))} \tag{3-15}$$

式(3-15)表示状态与参数接受概率分布函数,其中 $a\wedge b=\min(a,b)$。

步骤 3,根据随机过程的平稳分布定理,将状态空间的平稳分布函数分解成各尺度下平稳分布函数的内积,即

$$\pi(\boldsymbol{X},\theta,\sigma,\boldsymbol{C}|\boldsymbol{Y})\times\pi(\widetilde{\boldsymbol{X}},\widetilde{\theta},\widetilde{\sigma},\widetilde{\boldsymbol{C}}|\boldsymbol{Y})\times\cdots\times\pi(\cdot) \tag{3-16}$$

步骤 4，分解转移函数的核，将合并的建议分布转移核函数分解为各粗细尺度分别表示的转移核函数的乘积，即

$$\begin{aligned}&q((\boldsymbol{X},\phi,\sigma,\widetilde{\boldsymbol{X}},\widetilde{\phi},\widetilde{\sigma})\to(\boldsymbol{X}^*,\phi^*,\sigma^*,\widetilde{\boldsymbol{X}}^*,\widetilde{\phi}^*,\widetilde{\sigma}^*))\\&=q((\boldsymbol{X},\phi,\sigma)\to(\widetilde{\boldsymbol{X}}^*,\widetilde{\phi}^*,\widetilde{\sigma}^*))\times q((\widetilde{\boldsymbol{X}},\widetilde{\phi},\widetilde{\sigma})\to(\boldsymbol{X}^*,\phi^*,\sigma^*))\end{aligned} \tag{3-17}$$

式(3-17)将状态与参数的建议分布核函数写成了各采样尺度下内积的形式，其中，带 ~ 表示粗尺度采样，不带 ~ 表示细尺度采样，* 表示转移后的状态。状态转移核函数 $q((\boldsymbol{X},\phi,\sigma)\to(\widetilde{\boldsymbol{X}}^*,\widetilde{\phi}^*,\widetilde{\sigma}^*))$ 表示在当前的细尺度状态 $(\boldsymbol{X},\phi,\sigma)$ 给定的条件下，采用粒子滤波算法来产生粗尺度样本 $(\widetilde{\boldsymbol{X}}^*,\widetilde{\phi}^*,\widetilde{\sigma}^*)$；而 $q((\widetilde{\boldsymbol{X}},\widetilde{\phi},\widetilde{\sigma})\to(\boldsymbol{X}^*,\phi^*,\sigma^*))$ 表示在当前的粗尺度样本 $(\widetilde{\boldsymbol{X}},\widetilde{\phi},\widetilde{\sigma})$ 给定的条件下，采用粒子滤波算法来产生细尺度样本 $(\boldsymbol{X}^*,\phi^*,\sigma^*)$。

步骤 5，粗化细尺度的状态值，用粗化的细尺度状态值控制各参数的后验满条件分布。在粗尺度下，采用基于 Gibbs 采样的粒子滤波算法来提取各参数在粗尺度下的信息，即

$$q((\boldsymbol{X},\phi,\sigma)\to(\widetilde{\boldsymbol{X}}^*,\widetilde{\phi}^*,\widetilde{\sigma}^*))=I(\widetilde{\boldsymbol{X}}^*=C\boldsymbol{X})\times\widetilde{\pi}(\widetilde{\phi}^*,\widetilde{\sigma}^*|\widetilde{\boldsymbol{X}}^*,\boldsymbol{Y}) \tag{3-18}$$

式中，$\widetilde{\boldsymbol{X}}^*=\boldsymbol{C}\boldsymbol{X}$ 为粗化函数；$I(\cdot)$ 为示性函数；$\boldsymbol{C}$ 为粗化比例因子。用粗化函数对当前的细尺度状态样本值 $\boldsymbol{X}$ 进行粗化，取算术平均值作为充分统计量，即

$$I(\widetilde{\boldsymbol{X}}^*=C\boldsymbol{X})=\frac{1}{N}\sum_{i=1}^{N}x_i \tag{3-19}$$

式中，N 为粗化比例大小。

在各参数的共轭先验分布函数给定的条件下，根据 Bayesian 统计推断公式可得到如下结论：

$$\widetilde{\pi}(\widetilde{\phi}^*,\widetilde{\sigma}^*|\widetilde{\boldsymbol{X}}^*,\boldsymbol{Y})\propto p(\boldsymbol{Y}|\widetilde{\boldsymbol{X}}^*,\widetilde{\phi}^*,\widetilde{\sigma}^*)p(\widetilde{\phi}^*|\widetilde{\sigma}^*)p(\widetilde{\sigma}^*) \tag{3-20}$$

根据式(3-19)，$\pi(\widetilde{\phi}^*,\widetilde{\sigma}^*,\widetilde{\boldsymbol{X}}^*|\widetilde{\boldsymbol{Y}}^*)$ 为观测值给定的条件下，状态和参数的后验联合分布似然函数。对该似然函数分别求各参数和目标状态的满条件分布函数，得

$$\widetilde{\pi}(\widetilde{\phi}^*|\widetilde{\boldsymbol{Y}}^*,\widetilde{\boldsymbol{X}}^*,\widetilde{\sigma}^*)\propto\widetilde{\pi}(\widetilde{\boldsymbol{Y}}^*|\widetilde{\phi}^*,\widetilde{\sigma}^*,\widetilde{\boldsymbol{X}}^*)\propto\widetilde{\pi}(\widetilde{\boldsymbol{Y}}^*|\widetilde{\boldsymbol{X}}^*,\widetilde{\sigma}^*)p(\widetilde{\sigma}^*) \tag{3-21}$$

$$\widetilde{\pi}(\widetilde{\sigma}^*|\widetilde{\boldsymbol{Y}}^*,\widetilde{\boldsymbol{X}}^*,\widetilde{\phi}^*)\propto\widetilde{\pi}(\widetilde{\boldsymbol{Y}}^*|\widetilde{\phi}^*,\widetilde{\sigma}^*,\widetilde{\boldsymbol{X}}^*)\propto\widetilde{\pi}(\widetilde{\boldsymbol{Y}}^*|\widetilde{\boldsymbol{X}}^*,\widetilde{\phi}^*)p(\widetilde{\phi}^*) \tag{3-22}$$

对式(3-21)与式(3-22)进行 Gibbs 采样获取粗尺度的参数。粗化过程利用细尺度样本的充分统计量,取算数平均或进行求和运算。

步骤 6,在粗尺度参数给定的条件下,采用后验分布获取细尺度样本的状态值。$q((\widetilde{\boldsymbol{X}},\widetilde{\phi},\widetilde{\sigma})\to(\boldsymbol{X}^*,\phi^*,\sigma^*))$表示在当前粗尺度$(\widetilde{\boldsymbol{X}},\widetilde{\phi},\widetilde{\sigma})$给定的条件下,要从粗尺度样本中提取细尺度的信息$(\boldsymbol{X}^*,\phi^*,\sigma^*)$,就必须对先验概率密度分布函数$\pi(\widetilde{\boldsymbol{X}}|\hat{\phi}^+,\hat{\sigma}^+)$进行重要采样。其中,$(\phi^+,\sigma^+)$分别是变量$(\widetilde{\phi},\widetilde{\sigma})$的确定性函数。当给定$\widetilde{\boldsymbol{X}}=\boldsymbol{CX}$后,采用调整参数函数$(\phi^+,\sigma^+)$,借助满条件密度函数$\pi(X^*|\hat{\phi}^+,\hat{\sigma}^+,\widetilde{\boldsymbol{X}}=\boldsymbol{CX}^*)$来产生合适的细尺度状态$x^*$。$x^*$的具体状态和参数的更新建议分布函数为

$$q((\widetilde{\boldsymbol{X}},\widetilde{\sigma},\widetilde{\phi})\to(\boldsymbol{X}^*,\sigma^*,\phi^*))=\pi(\boldsymbol{X}^*|\sigma^+,\phi^+,\widetilde{\boldsymbol{X}}=\boldsymbol{CX}^*)\pi(\sigma^*,\phi^*|\boldsymbol{X}^*,\boldsymbol{Y}) \tag{3-23}$$

根据式(3-23),细尺度状态的先验分布转移函数受粗化函数$\widetilde{\boldsymbol{X}}=C\boldsymbol{X}$的约束,必须借助于调整控制函数$(\phi^+,\sigma^+)$来产生合适的细尺度状态$x^*$。一旦$x^*$给定,便可针对各参数的满条件分布似然函数,采用 Gibbs 采样提取细尺度参数信息。理论推断与仿真实验结果表明,当且仅当$\pi(\boldsymbol{X}|\hat{\phi}^+,\hat{\sigma}^+)$是多维正态分布时,该算法能得到最优的估计效果。

步骤 7,采用粒子滤波算法,分别从粗细尺度采样值的核函数中提取目标状态信息和参数信息。为了从粗细尺度的转移分布核函数,即$q((\boldsymbol{X},\phi,\sigma)\to(\widetilde{\boldsymbol{X}}^*,\widetilde{\phi}^*,\widetilde{\sigma}^*))$与$q((\widetilde{\boldsymbol{X}},\widetilde{\phi},\widetilde{\sigma})\to(\boldsymbol{X}^*,\phi^*,\sigma^*))$中提取目标状态的信息,选择建议分布函数进行重要采样,得到粒子的集合,并借助于 SMC 粒子滤波算法来逼近未知参数的最大后验概率密度分布函数。在观测值给定的条件下,首先,构造建议分布采样函数,从该函数中抽取样本;其次,计算对应于粒子的权值;再对权值进行归一化运算;最后,运用粗细尺度的粒子集合来搜索目标状态和参数的最大联合分布似然函数。

3.4 多尺度粒子滤波目标识别与跟踪算法实现

多尺度粒子滤波算法在很大程度上解决了经典粒子滤波算法在估计精度和运算效率之间不能很好折中的瓶颈问题。将该算法广泛应用在非线性、非高斯时变动态系统的目标跟踪、目标状态的估计问题的研究领域，不但能保证目标状态信息的估计精度，而且能很好地降低算法的复杂度。同时，借助于不同粗细尺度的交替采样来传递、更新后验分布中状态信息和参数信息，抑制了粒子的退化现象。显而易见，无论是从理论上还是从解决实际工程问题的角度出发，多尺度粒子滤波算法都使 Bayesian 统计推断方法中很多看似困难复杂的问题变得简单直观而且容易实现。特别是针对带约束参数的模型问题、多变点问题、截尾数据和分组数据的处理问题及 EM 算法问题等，多尺度粒子滤波算法提供了一种解决问题的新思路。例如，将多尺度粒子滤波算法与小波变换、EM 算法相结合，应用在非线性动态系统的模型选择、故障检测诊断、可靠性估计及数据融合问题中，能显著地降低运算的复杂度，在很大程度上克服了这些问题中存在的多维数值积分计算方面存在的技术壁垒。

为了阐明多尺度粒子滤波算法的实现过程，本章将考虑结合一个动态模型目标状态估计的低典型案例，阐明多尺度粒子滤波算法的具体实现步骤。

针对 3.2 节中所描述的动态目标跟踪系统，在观测值给定的条件下，采用多尺度粒子滤波算法来提取目标状态信息的最优估计值。根据 3.3 节的结论，目标状态信息的最优估计值的提取可以按照以下步骤进行：①在初始状态和目标状态的观测值给定的条件下，建立关于目标状态和参数的后验联合似然分布函数；②对建议分布函数进行重要采样，获得具有马尔可夫性质的状态空间；③在该状态空间中，选择一条马尔可夫链，用不同粗细尺度对该马尔可夫链进行交替耦合采样更新、传递后验分布的参数和状态，从而搜索到目标状态和参数的联合后验似然分布函数的极大值；④给出各超参数的共轭先验分布函数，并分别求取各参数和状态的满条件分布；⑤建立粒子权值的迭代公式，用粒子集合来逼近各参数和状态的概率密度函数；⑥针对以上各参数的满条件分布进行 Gibbs 采样就可以获得目标状态的最优估计值。

考虑选择高斯函数作为建议分布函数，然后再进行 Metropolis-Hastings 采样得到基于细尺度样本的空间 $x^{(1)},x^{(2)},\cdots,x^{(t)},\cdots$。在观测值 $\boldsymbol{Y}\triangleq[y_1,y_2,\cdots,y_n]$ 给定的条件下，首先对细尺度采样值进行粗化，即对细尺度样本取算术平均值或进行求和运算，并将该粗化结果作为条件来控制关于参数的条件分布函数；再对该条件分布函数进行采样，以获取粗尺度的参数样本。为了提取粗尺度条件下的参数样本，设系统干扰为加性高斯白噪声，目标状态的粗化尺度为 $\widetilde{X}^{*(k)}$，超参数 σ 的共轭先验分布为倒伽马分布 $\chi^{-2}(v,\lambda)$，超参数 ϕ 的分布为均匀分布 $U(0,1)$，则根据 Bayesian 统计推断原理得到未知参数的联合后验分布函数为

$$
\begin{aligned}
& p(\phi,\sigma^2 \mid \widetilde{\boldsymbol{X}}^{*(k)},\boldsymbol{Y}) \\
& \propto (\widetilde{\sigma}^2)^{-1/2}\exp\left[-\frac{1}{2\widetilde{\sigma}^2}\sum_{k=1}^{n}(y_t-\widetilde{\phi}x_t^{(k)})^2\right](\widetilde{\sigma}^2)^{-(v+2)/2}\exp\left(-\frac{v\lambda}{2\widetilde{\sigma}^2}\right) \\
& \propto \pi^{(k+1)}(\widetilde{\phi}\mid\widetilde{\sigma}^2)\pi^{(k+1)}(\widetilde{\sigma}^2)
\end{aligned} \tag{3-24}
$$

根据式(3-24)分别求得粗尺度参数 $\widetilde{\sigma}^*$ 和 $\widetilde{\phi}^*$ 的满条件分布，即

$$
\pi^{(k+1)}(\widetilde{\sigma}^2) \sim \chi^{-2}\left\{v+n-1,\frac{1}{v+n-1}\left[v\lambda+\sum_{t=1}^{n}y_t^2-\frac{1}{n}\left(\sum_{t=1}^{n}y_t\widetilde{x}_t^{(k)}\right)^2\right]\right\} \tag{3-25}
$$

$$
\pi^{(k+1)}(\widetilde{\phi}\mid\widetilde{\sigma}^2) \sim N\left(\frac{1}{n}\sum_{t=1}^{n}y_t\widetilde{x}_t^{(k)},\frac{\widetilde{\sigma}^2}{n}\right) \tag{3-26}
$$

状态与参数的转移更新迭代核函数为 $q((\boldsymbol{X},\phi,\sigma,\widetilde{\boldsymbol{X}},\widetilde{\phi},\widetilde{\sigma})\rightarrow(\boldsymbol{X}^*,\phi^*,\sigma^*,\widetilde{\boldsymbol{X}}^*,\widetilde{\phi}^*,\widetilde{\sigma}^*))$。

用 Gibbs 采样方法获取参数的最优估计值，同时构造关于粗尺度参数$(\widetilde{\sigma}^2,\widetilde{\phi})$的确定性函数 $f(\widetilde{\sigma}^*)$、$g(\widetilde{\phi}^*)$，旨在控制关于细尺度目标状态的后验分布函数。对式(3-25)与式(3-26)进行 Gibbs 采样得到参数估计值$(\widetilde{\sigma}^2,\widetilde{\phi})$，再借助于粗尺度参数来构造关于目标状态的满条件后验分布函数，即

$$
\begin{aligned}
& p(\boldsymbol{X}\mid g(\widetilde{\phi}^{(k+1)*}),f(\sigma^{2(k+1)*}),\boldsymbol{Y}) \\
& =\prod_{t=1}^{n}p(x_t\mid y_t,g(\widetilde{\phi}^{(k+1)*}),f(\widetilde{\sigma}^{2(k+1)*})) \\
& \propto\prod_{t=1}^{n}\exp\left\{-\frac{1}{2f(\widetilde{\sigma}^{2(k+1)*})}[y_t-g(\widetilde{\phi}^{(k+1)*})x_t]\right\}
\end{aligned} \tag{3-27}
$$

对式(3-27)用 Gibbs 方法进行细尺度状态采样，从而得到关于目标状态的

细尺度最优采样值 $x^{*(i)}$。与 $x^{*(i)}$ 对应的权值迭代公式为

$$w_k^i = w_{k-1}^i p(z_k | x_k^{*(i)}) \tag{3-28}$$

式中，w_k^i 为对应粒子的权值。根据后验概率密度分布函数获取目标状态的估计值为

$$p(x_k | y_{1:k}) \approx \sum_{i=1}^{N_s} w_k^i \delta(x_k - x_k^{*(i)}) \tag{3-29}$$

式(3-29)中，当 N_s 很大时，依分布收敛于目标状态的后验概率密度分布函数。

具体算法实现步骤如下。

(1)选择建议分布函数 $\pi(x_n, \Theta | \boldsymbol{y}_{0:n})$，求其参数和对应状态的满条件分布，分别对其进行 Gibbs 采样，得到关于状态的采样值为 $\{x_n^{(j)}\}_{j=1}^{M}$，构造参数族：$\Theta = (\mu, \Sigma, \theta)$。

(2)借助于各参数的满条件分布获取建议分布函数，采用 2:1和 4:1的粗尺度进行重要采样，得到粗尺度的参数样本（$(\widetilde{\cdot})$ 表示粗尺度参考族）；借助于粗尺度的样本，构造粗尺度样本的函数，作为条件来控制关于状态的条件概率密度函数；借助于该函数，构造细尺度的粒子对集合。

(3)计算对应于样本粒子权值的迭代公式：

$$\widetilde{w}_n^{(j)*} = \frac{p(y_n | x_n^{(j)*}) N(x = x_n^{(j)*}, \bar{\mu}, \bar{\Sigma})}{\pi(y_n | x_n^{(j)*})}$$

(4)对粒子权值进行归一化处理：

$$w_n^{(j)*} = \frac{\widetilde{w}_n^{(j)*}}{\sum_{l=1}^{M} \widetilde{w}_n^{(l)*}}$$

(5)采用细尺度粒子集合来近似期望与方差：

$$\hat{\mu}_n \approx \sum_{j=1}^{N} w_n^{(j)*} x_n^{(j)*}$$

$$\hat{\Sigma}_n \approx \sum_{j=1}^{M} w_n^{(j)*} (x_n^{(j)*} - \hat{\mu}_n)(x_n^{(j)*} - \hat{\mu}_n)^{\mathrm{T}}$$

基于以上五个步骤，采用多尺度粒子滤波算法从动态目标的观测值中提取目标状态的最优估计值，相对点估计，在给定相同置信水平的条件下，粒子滤波算法能缩短平均置信区间的长度，实现估计可靠性，由于采用加权的平均值近似均值与方差等性能参数，因此提高了估算的精度。但是，粒子滤波同样属于一种

近似处理技术的范畴,不可能完全消除目标状态的估算误差。如果亟待对目标状态的实现完美跟踪,则必须采用完全耦合的多尺度粒子滤波算法——完美采样算法,该算法仅仅局限于理论的探讨,目前无论从理论层面还是应用层面都没有突破性进展。

3.5 多尺度粒子滤波算法的深入讨论

在多尺度粒子滤波算法的基础上,考虑借助于引入完美采样算法和 Sandwich 算法,构建基于多尺度粒子滤波的完美采样算法。完美采样算法起源于 CFTP 算法的思想,该方法属于有限状态 MCMC 方法的协议范畴。针对一平稳分布的状态序列,考虑直接对状态信息进行采样,必须搜索目标状态空间进入平稳分布的收敛时间。该算法能保证采样值恰好直接来自目标本身,单纯从理论角度分析,在很大的程度上,该算法可以完全消除被跟踪的动态目标状态估计的误差,因此可概括为一种理想的完美采样算法。该算法需要解决的核心问题是,必须确切知道目标状态空间进入平稳分布的收敛时间。为了缩短搜索目标状态空间进入平稳分布的收敛时间,本节采用从目标状态空间最大值和最小值出发的两条马尔可夫链的耦合来得到目标状态空间进入平稳分布的收敛时间,即利用 Sandwich 算法来缩短收敛时间,同时结合多尺度粒子滤波算法来解决完美采样算法中数值计算方面的困难,从而提出多尺度粒子滤波的完美采样算法。

3.5.1 时空状态空间演绎模型的引入

在介绍完美采样算法之前,先引入时空状态空间演绎模型的概念。设马尔可夫链的状态空间 $S=\{s_1,s_2,\cdots,s_k\}$,在时刻 t 的状态用 $x^{(t)}$ 表示,参数空间用 Θ 表示,则在状态空间$(\boldsymbol{x},\Theta)$上,目标状态转移更新过程如图 3-2 所示。图 3-2 表明,状态和参数更新是交替的,从而构成了时间离散、状态连续的状态空间。而且,该状态空间具备非周期、不可约及正常返特征的马尔可夫链。若 $P(x^{(t)}=s_i\,|\,x^{(0)}=s_j)>0$,则马尔可夫链是不可约的。如果马尔可夫链是非正常返的,那么对状态空间的任意一个状态被访问次数的数学期望值是无限的。如果马尔可夫链是非周期的,则针对任意的状态 i,访问次数的最大公约数满足如下的表达式,即

$$\mathrm{GCD}\{T>0:P(x^{(t+T)}=s_i\,|\,x^{(t)}=s_i)>0\}=1 \tag{3-30}$$

如果状态空间满足式(3-30)的条件,则马尔可夫链存在唯一的平稳分布函

数 $\pi(\cdot)$。

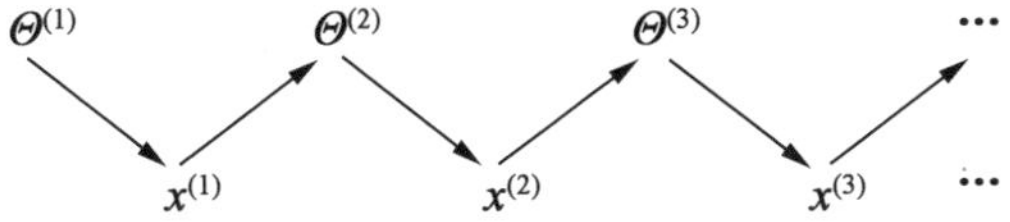

图 3-2　参数驱动目标状态的转移更新过程

3.5.2　完美采样算法

针对一个动态目标跟踪系统,对目标进行重要采样处理后,得到的样本构成了时间离散、状态连续的具有马尔可夫性质的状态空间。如果各状态相互之间的更新转移分布核为单调函数,则该状态空间变量构成了一个具有偏序性质的集合。

设状态空间 S 上各状态具有偏序的性质,即 $x<y,x,y\in S$($<$ 为偏序关系的符号),且满足 $\Phi(x,R)\leqslant\Phi(y,R)$,则 $\Phi(x,R)$ 是单调映射函数。设 $x^{\max}$ 和 $x^{\min}$ 分别是状态空间 S 上的最大元素和最小元素,对于偏序 $x^{\min}<x<x^{\max}$, $\forall x$,必然存在一个单调的状态更新映射函数 $\Phi(\cdot,R)$。因此,当使用 CFTP 算法时,只需要监控从 $x^{\max}$ 和 $x^{\min}$ 出发的两条马尔可夫链的耦合状况,在某种程度上即得到状态空间进入平稳分布的收敛时间。因为从其他状态出发的马尔可夫链都落在这两条链的包络所界定的范围内,这就是所谓的 Sandwich 算法。显然,在每次遍历具有偏序性质的状态空间集合中的各元素时,只需考虑从状态空间最大值和最小值出发的两条马尔可夫链的耦合,旨在搜索到目标状态进入平稳极限分布的收敛时间。本节将以一个四状态空间为例来阐明该算法实现的具体过程。

设一个包含四个状态的偏序集合为 $s_1<s_2<s_3<s_4$,很容易证明式(3-30)表示的状态转移函数是单调递增的,即

$$\Phi(0,R)\leqslant\Phi(1,R)\leqslant\Phi(2,R)\leqslant\Phi(3,R) \tag{3-31}$$

对于 CFTP 算法,只需要监控从状态 $s_1=0$ 和状态 $s_4=3$ 出发的两条马尔可夫链,必然会搜索到状态空间进入平稳分布的收敛时间,设状态空间为

$$((X^{(1)},\Theta^{1}),(X^{(2)},\Theta^{2}),\cdots,(X^{(N)},\Theta^{N1})) \tag{3-32}$$

在状态空间中,参数与状态的转移更新如图 3-2 所示。

如图 3-2 所示,参数与状态交替转换可实现状态和参数的更新,目标状态更新转移函数分别为

$$
(x^{(t)},R^{(T+1)})=\begin{cases}0, & R^{(t+1)}\in[0,0.2)\\ 1, & R^{(t+1)}\in[0,0.4)\wedge x^{(t)}=3\\ x^{(t)}, & R^{(t+1)}\in[0.4,0.6)\wedge x^{(t)}\in\{0,1\}\\ 2, & R^{(t+1)}\in[0.4,1)\wedge x^{(t)}=3\\ 3, & R^{(t+1)}\in[0.4,0.8)\wedge x^{(t)}=2\\ x^{(t)}, & R^{(t+1)}\in[0.6,1)\wedge x^{(t)}\in\{0,1\}\\ 1, & R^{(t+1)}\in[0.8,1)\wedge x^{(t)}=2\end{cases}\tag{3-33}
$$

式中，$\wedge$ 为与逻辑关系。

同理，对于偏序关系 $x<y$，若 $\Phi(x,R)\geqslant\Phi(y,R)$，则状态空间是单调递减的，同样只需要用 Sandwich 算法即可搜索到状态空间进入平稳分布的收敛时间。具体实现方法如下。

(1) Gibbs 耦合算法。

标准 CFTP 的 Gibbs 耦合算法适用于比较大的状态空间，而且状态更新函数不需要满足单调和逆单调的性质。

设状态空间 $x^{(t)}$ 为 $x_1^{(t)},x_2^{(t)},\cdots,x_M^{(t)}$，令 $S^{(T)}=\{S_1^{(t)},S_2^{(t)},\cdots,S_M^{(t)}\}\in\{-1,1\}^M$ 作为 $x^{(t)}$ 的支撑，针对任何时刻 t 与 $i=1,2,\cdots,M$，分别存在如下分布函数：

$$
L_i^{(t)}(x_i=1)=\min_{x^{(t)}\in S_{-i}^{(t)}}\{P(x_i=1\mid x_{-i}^{(t)})\}\tag{3-34}
$$

$$
U_i^{(t)}(x_i=1)=\max_{x^{(t)}\in S_{-i}^{(t)}}\{P(x_i=1\mid x_{-i}^{(t)})\}\tag{3-35}
$$

式(3-34)和式(3-35)表示从两个极值出发的耦合链来搜索状态空间的收敛时间，其中状态 $S_i^{(t)}$ 的更新函数为

$$
S_i^{(t)}=\Phi(S_{-I}^{(t)},R_i^{(t)})=\begin{cases}\{1\}, & R_i^t\leqslant L_i^t(x_i=1)\\ \{-1\}, & R_i^t\leqslant U_i^t(x_i=1)\\ \{-1,1\}, & \text{其他}\end{cases}\tag{3-36}
$$

式中，$R_i^{(t)}$ 为来自(0,1)均匀分布密度上的随机数。当且仅当状态空间收敛到一个状态时，表明目标已经趋于平稳状态，基于该状态即可实现对目标的完美采样。

(2) 来自连续状态的完美采样。

同样，CFTP 算法也可针对连续状态空间进行完美采样，但是直接使用 CFTP 算法存在数值计算方面的困难。连续状态空间是无限不可数的，因此，马尔可夫链在短时间内不会出现耦合现象。为了得到有限的状态空间，考虑将连

续状态空间离散化,使连续系统变为时间离散、状态连续的状态空间。文献[75,76]中研发了几种针对连续系统的完美采样算法,如 Γ 的函数耦合算法、拒绝耦合算法与 Metropolis-Hastings 耦合算法。该算法的共同特征是通过更新状态函数的转移方案,将紧支撑的子空间变成单一的状态。当子空间单元等于整个支撑时,就等价于实现了连续状态空间向离散状态空间的转换过程。为了阐明该问题,接下来考虑结合拒绝耦合算法来详细讨论该转化过程。

考虑 $p(y|x)$ 表示马尔可夫的转移核,设 $x,y\in S$,$p(y|x)=cg(x|y)$,c 是归一化的常数,$g(x|y)$ 可以代替 $p(y|x)$ 成为转移函数,因此 $g(x|y)$ 是已知的,同时假设 $g(x|y)$ 的上确界函数为 $h(x)$,即

$$g(x|y)\leqslant h(x),\quad \forall y\in S \tag{3-37}$$

针对概率密度函数 $h(x)/\nu$,设 $\nu=\int h(x)\mathrm{d}x$,则在时刻 t 给定状态为 y,在时刻 $t+1$,将函数 $h(x)/\nu$ 作为建议分布函数,构造如下拒绝函数,即

$$R<\frac{g(x|y)}{h(x)} \tag{3-38}$$

根据式(3-38)可以得到如此结论,即变量 R、x 和状态 y 满足式(3-38),$R\sim U(0,1)$,在时刻 $t+1$,若满足式(3-38)的条件,则接受状态 x,否则仍旧保持状态 y。基于如此的转移规则,状态空间的子集必然收敛到单个状态 x。借助于该过程实现对连续状态空间的离散化。

3.5.3　基于多尺度粒子滤波完美采样算法

为了改善完美采样算法的运算效率,即缩短搜索状态空间进入平稳分布的收敛时间,考虑采用 Sandwich 算法来缩短收敛时间,同时结合多尺度粒子滤波算法来解决该方法中存在的数值计算的问题,考虑提出多尺度粒子滤波的完美采样算法。该算法的基本思想是,将多尺度的粒子滤波引入 Sandwich 算法的两个后验分布函数的似然函数的估计,旨在提高传统完美采样算法的运算效率,同时保证收敛时间的估算精度。

考虑 K 个用户同步加性高斯白噪声的传感器目标检测系统,该系统的信道模型为

$$y(t)=\sum_{k=1}^{K}A_k b_k s_k(t)+n(t),\quad t\in[0,T] \tag{3-39}$$

式中,$y(t)$ 为接收信号;$s_k(t)$ 为第 k 个用户的相反的特征波形;A_k 为第 k 个用户信号的幅度;$b_k\in\{-1,1\}$ 为第 k 个用户传输的比特数;$n(t)$ 为均值为 0、方差为

σ^2 的加性高斯白噪声；T 为传输符号的延迟时间。考虑从式(3-39)给定的观测值 $y(t)$ 中提取信号 $\boldsymbol{b}^{\mathrm{T}}=[b_1,b_2,\cdots,b_k]$，未知参数的空间为 Θ，根据 Bayesian 统计推断原理，信号的满条件后验似然分布函数为

$$
\begin{aligned}
& p(\boldsymbol{b} \mid y(t), t \in [0,T]) \\
& \propto \exp\left(-\frac{1}{2\sigma^2}\int_0^T \left[y(t) - \sum_{k=1}^{K} A_k b_k s_k(t)\right]^2 \mathrm{d}t\right) \\
& \propto \exp\left[-\frac{1}{2\sigma^2}\left(2\sum_{k=1}^{K} A_k y_k b_k - \sum_{k=1}^{K}\sum_{l=1}^{K} A_k A_l \rho_{k,l} b_k b_l\right)^2\right]
\end{aligned}
\tag{3-40}
$$

式中，$\rho_{k,l}$ 为第 k 个特征波形和第 l 个特征波形的互相关系数，$\rho_{k,l} = \int_0^T s_k(t)s_l(t)\mathrm{d}t$；$y_k$ 表示第 k 个匹配滤波器的输出信号，$y_k = \int_0^T s_k(t)s_l(t)\mathrm{d}t$。

设在信道的接收端，接收信号是多维随机变量的分布函数，接收信号各分量的满条件分布函数为

$$
p(b_i = 1 \mid \boldsymbol{b}_{-i}, y(t), t \in [0,T]) = \exp\left\{1 + \left[\frac{2}{\sigma^2}\left(-A_i y_i + \sum_{k=1,k\neq i}^{K} A_i A_k \rho_{i,k} b_k\right)\right]\right\}
\tag{3-41}
$$

对 $i=1,2,\cdots,K$，令 $\beta_{i,k}=A_iA_k\rho_{i,k}$，注意到对所有的 i、k，若 $\beta_{i,k}<0$，则信号的幅度 A_i 被认为是正定的；若 $\beta_{i,k}>0$，则两信号存在负相关性。此外，状态空间满条件 Sandwich 分布的具体形式可以表示为关于支撑 b_{-i} 的最大和最小分布函数。通过检查 $\beta_{i,k}=A_iA_k\rho_{i,k}$ 的符号，很容易分别确定关于 b_{-i} 的最大和最小分布函数。在时刻 t，Sandwich 分布为

$$
L_i^{(t)}(b_i = 1) = \exp\left\{1 + \left[\frac{2}{\sigma^2}\left(-A_i y_i + \sum_{k\in I_{i1}^{(t)}} |\beta_{i,k}| + \sum_{k\in I_{i2}^{(t)}} \beta_{i,k} b_k^{(t)}\right)\right]\right\}^{-1}
\tag{3-42}
$$

$$
U_i^{(t)}(b_i = 1) = \exp\left\{1 + \left[\frac{2}{\sigma^2}\left(-A_i y_i + \sum_{k\in I_{i1}^{(t)}} |\beta_{i,k}| + \sum_{k\in I_{i2}^{(t)}} \beta_{i,k} b_k^{(t)}\right)\right]\right\}^{-1}
\tag{3-43}
$$

式中，$I_{i1}^{(t)} \subset \{1,2,\cdots,i-1,i+1,\cdots,K\}$ 表示在当前时刻 t 没有发生合并的 $\{b_k^{(t)}\}_{k=1,k\neq i}^{K}$ 分量元素的索引；$I_{i2}^{(t)} \subset \{1,2,\cdots,i-1,i+1,\cdots,K\}$ 是在时刻 t 发生合并的 $\{b_k^{(t)}\}_{k=1,k\neq i}^{K}$ 分量元素的索引。

下面应用多尺度粒子滤波算法来获得式(3-42)和式(3-43)的最大后验概率密度分布函数。

设建议分布函数 $q(\cdot)$ 为高斯分布，对高斯分布进行 Metropolis-Hastings 采样，得到如下模型状态与特征性能参数的转移、传递和更新过程：

$$\begin{array}{l}(\boldsymbol{b},\Theta)^1 \xrightarrow{\text{MCMC}} (\boldsymbol{b}^*,\Theta^*)^2 \xrightarrow{\text{合并}} (\boldsymbol{b},\Theta)^3 \xrightarrow{\text{MCMC}} (\boldsymbol{b}^*,\Theta^*)^4 \xrightarrow{\text{合并}} \cdots \\ (\widetilde{\boldsymbol{b}},\widetilde{\Theta})^1 \xrightarrow{\text{MCMC}} (\widetilde{\boldsymbol{b}}^*,\widetilde{\Theta}^*)^2 \qquad (\widetilde{\boldsymbol{b}},\widetilde{\Theta})^3 \xrightarrow{\text{MCMC}} (\widetilde{\boldsymbol{b}}^*,\widetilde{\Theta}^*)^4\end{array} \tag{3-44}$$

接受函数为

$$1 \wedge \frac{\pi(\boldsymbol{b}^*,\Theta^*|y)\widetilde{\pi}(\widetilde{\boldsymbol{b}}^*,\widetilde{\Theta}^*|y)\times q((\boldsymbol{b}^*,\Theta^*,\widetilde{\boldsymbol{b}}^*,\widetilde{\Theta}^*)\to(\boldsymbol{b},\Theta,\widetilde{\boldsymbol{b}},\widetilde{\Theta}))}{\pi(\boldsymbol{b},\Theta|y)\widetilde{\pi}(\widetilde{\boldsymbol{b}},\widetilde{\Theta}|y)\times q((\boldsymbol{b},\Theta,\widetilde{\boldsymbol{b}},\widetilde{\Theta})\to(\boldsymbol{b}^*,\Theta^*,\widetilde{\boldsymbol{b}}^*,\widetilde{\Theta}^*))} \tag{3-45}$$

则建议分布核函数为

$$\begin{aligned}&q((s,\Theta,\widetilde{s},\widetilde{\Theta})\to(\boldsymbol{b}^*,\Theta^*,\widetilde{\boldsymbol{b}}^*,\widetilde{\Theta}^*))\\&=q((\boldsymbol{b},\Theta)\to(\widetilde{\boldsymbol{b}}^*,\widetilde{\Theta}^*))\times q((\widetilde{\boldsymbol{b}},\widetilde{\Theta})\to(\boldsymbol{b}^*,\Theta^*))\end{aligned} \tag{3-46}$$

式(3-46)表示状态空间的粗细尺度的交替采样过程。

为了得到状态的细尺度采样值，首先必须构造粗化函数 C 和参数控制函数 Θ^+，计算细尺度的后验概率密度函数，即

$$q((\widetilde{\boldsymbol{b}},\widetilde{\Theta})\to(\boldsymbol{b}^*,\Theta^*))=\pi(\boldsymbol{b}^*|\Theta^+,\widetilde{\boldsymbol{b}}=C\boldsymbol{b})\pi(\Theta^*|y,\boldsymbol{b}^*) \tag{3-47}$$

对式(3-47)进行采样，旨在得到式(3-42)和式(3-43)的近似值，其目标是搜索到状态空间演绎进入平稳分布的收敛时间。

3.6　多尺度粒子滤波对目标跟踪与声源定位仿真

本次实验采用文献[178 -179]中提出的应用场景，针对动态时变有源声源信号的跟踪定位问题，采用具有生灭过程性质的有源信号的检测方法，借助于 Rao-Blackwellization 技术，将卡尔曼方法与粒子滤波相互结合，实现了针对声源信号的定位与跟踪，本次实验采用图 3-3、图 3-4 所示传感器网络。

如图 3-3 所示，油路管道的声源追踪定位系统，采用十字阵列声源传感器数据采集系统。但是，为了研究多传感器感知网络的机动目标定位系统，考虑采用图 3-4 以及图 3-5 的传感器网络Ⅰ和Ⅱ，实现对声源目标的跟踪与定位，设在时刻 t 来自声源传感器 m_t 的信号为 $s_{m_t}(t)$，则在接收端收集的传感器表达式为

$$\boldsymbol{s}(t)=[s_1(t),\cdots,s_{m_t}(t)]\in\mathbf{C}^{m_t\times 1}$$

式中，$s_m(t)$是一个宽带信号，即

$$s_m(t)=\varepsilon_m(t)\mathrm{e}^{\mathrm{j}\xi_m(t)} \tag{3-48}$$

且该变量是独立同分布(i. i. d)随机变量，$\varepsilon_m(t)$为振幅，$\xi_m(t)$为相位，该项为服从[0, 2π]上的均匀分布，设第 m 个声源来自两维空间方向，定义如下表达式，即

$$\boldsymbol{\theta}_t^m=[\varphi_t^m,\psi_t^m]^{\mathrm{T}},\quad m=1,\cdots,m_t \tag{3-49}$$

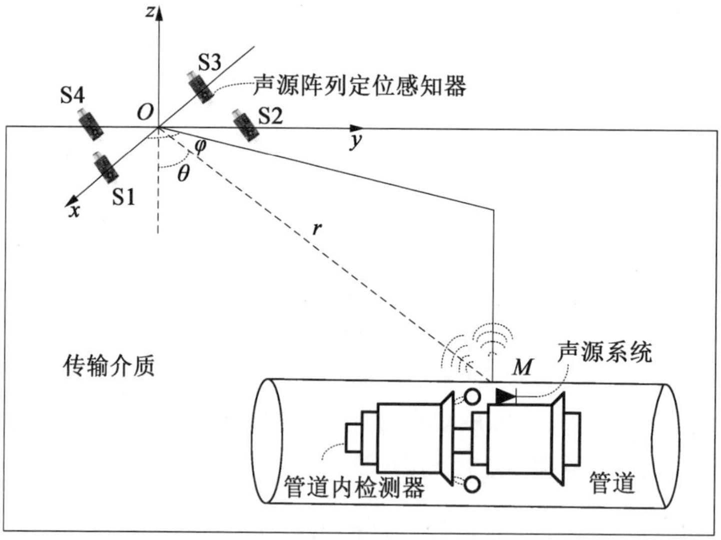

图 3-3　声源定位示意图

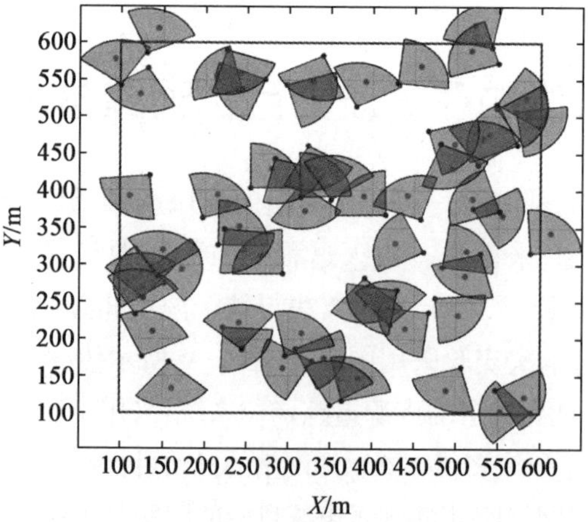

图 3-4　传感器网络 I 拓扑结构

如图 3-4 和图 3-5 所示，为了实现节省功率目标，考虑采用智能的传感器网络，实现对声源目标的跟踪定位，传感器拓扑结构自适应地发生改变，实现对机动目标的跟踪定位，式(3-49)中 $\varphi_t^m \in [0,2\pi]$，$\psi_t^m \in \left[-\frac{\pi}{2},\frac{\pi}{2}\right]$ 分别表示方位角与仰角，$\boldsymbol{u}_t^m$ 表示从源头到定位点的单位方向矢量，将其分解为如下表达式：

$$\boldsymbol{u}_t^m=-\frac{1}{\rho_0 c_0}\begin{bmatrix}\cos\psi_t^m\cos\varphi_t^m\\ \cos\psi_t^m\sin\varphi_t^m\\ \sin\psi_t^m\end{bmatrix}$$

式中，ρ_0、c_0 表示声波在周围环境传播时的密度和速度。则接收信号模型表示为

$$\boldsymbol{y}(t)=\sum_{m=1}^{m_t}\begin{bmatrix}1\\ \boldsymbol{u}_t^m\end{bmatrix}s_m(t-\tau_t^m)+\begin{bmatrix}\boldsymbol{n}_p(t)\\ \boldsymbol{u}_v(t)\end{bmatrix} \tag{3-50}$$

式中，$\boldsymbol{n}_p(t)\in\mathbf{C}$ 和 $\boldsymbol{u}_v(t)$ 分别为对应的压力和速度噪声；τ_t^m 为传感器到坐标原点的第 m 个波时间延迟。考虑到波速相对的传播速度慢，因此，设波达角(DOA)在每一个步长时间内传播过程是平稳的。则针对第 k 个对应的步长，源信号的表达式为

$$\boldsymbol{S}_k=[s(kN+1),\cdots,s(kN+N)]$$

式中，$\boldsymbol{S}_k\in\mathbf{C}^{m_k\times N}$，则噪声与接收到的数据矩阵表示为

$$\boldsymbol{N}_k=[n(kN+1),\cdots,n(kN+N)]$$

$$\boldsymbol{Y}_k=[y(kN+1),\cdots,y(kN+N)]$$

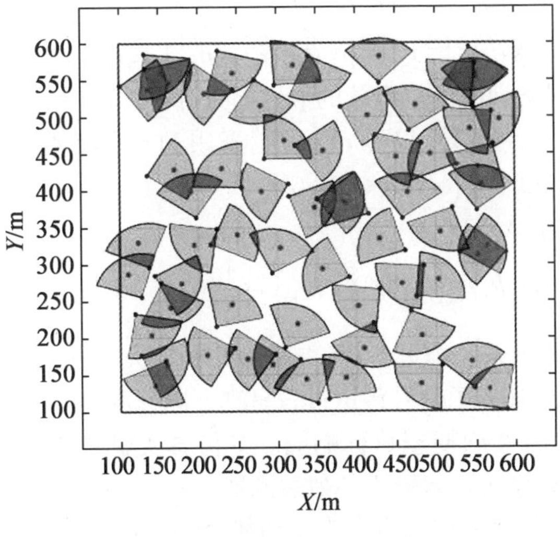

图 3-5 传感器网络 II 拓扑结构

则从传感器获取的信号的表达式为

$$\boldsymbol{Y}_k=\boldsymbol{A}(\boldsymbol{\theta}_k)\boldsymbol{S}_k+\boldsymbol{N}_k \tag{3-51}$$

而声源动态模型即状态转移表达式为

$$\boldsymbol{x}_{m,k}=\boldsymbol{F}\boldsymbol{x}_{m,k-1}+\boldsymbol{G}\boldsymbol{v}_k \tag{3-52}$$

式中，$\boldsymbol{F}$ 与 $\boldsymbol{G}$ 分别定义为系数矩阵，则后验概率密度似然函数为

$$p(\boldsymbol{X}_k|\boldsymbol{Y}_{1:k-1})=\int p(\boldsymbol{X}_k|\boldsymbol{X}_{k-1})p(\boldsymbol{X}_{k-1}|\boldsymbol{Y}_{1:k-1})\mathrm{d}\boldsymbol{X}_{k-1}$$

状态的更新函数为

$$p(\boldsymbol{X}_k|\boldsymbol{Y}_{1:k-1})\propto p(\boldsymbol{Y}_k|\boldsymbol{X}_k)p(\boldsymbol{X}_k|\boldsymbol{Y}_{1:k-1}) \tag{3-53}$$

设重要采样函数为

$$\boldsymbol{X}_k^{(i)}\sim q(\boldsymbol{X}_k^{(i)}|\boldsymbol{X}_{k-1}^{(i)},\boldsymbol{Y}_{1:k-1}) \tag{3-54}$$

相应的 k 时刻对应于样本的权值迭代公式为

$$w_k^{(i)}=w_{k-1}^{(i)}\frac{p(\boldsymbol{Y}_k|\boldsymbol{X}_k^{(i)})p(\boldsymbol{X}_k^{(i)}|\boldsymbol{X}_{k-1}^{(i)})}{q(\boldsymbol{X}_k^{(i)}|\boldsymbol{X}_{k-1}^{(i)},\boldsymbol{Y}_{1:k-1})} \tag{3-55}$$

当设测量噪声为加性白色高斯噪声时，其对数似然函数为

$$L(\boldsymbol{Y}_k|\boldsymbol{X}_k)=(\pi^{-4N})(\det\pi\Gamma_k)^{-N}\exp\{-N\mathrm{trace}(\Gamma_k^{-1}\hat{\boldsymbol{R}}_k)\} \tag{3-56}$$

建立关于波达方向的状态空间状态演绎模型的数学表达式

$$\dot{\boldsymbol{\theta}}_k=\dot{\boldsymbol{\theta}}_{k-1}+\Delta Tv_k \tag{3-57a}$$

$$\boldsymbol{\theta}_k=\boldsymbol{\theta}_{k-1}+\Delta T\dot{\boldsymbol{\theta}}_k-\frac{\Delta T^2}{2}v_k \tag{3-57b}$$

基于该状态方程，借助于卡尔曼滤波算法与粒子滤波算法，则

$$p(\boldsymbol{X}_k|\boldsymbol{X}_{k-1},\boldsymbol{Y}_k)=p(\dot{\boldsymbol{\theta}}_k|\dot{\boldsymbol{\theta}}_{k-1},\boldsymbol{\theta}_k,\boldsymbol{Y}_k)p(\boldsymbol{\theta}_k|\boldsymbol{Y}_k) \tag{3-58}$$

借助于神经网络训练定位系统的似然函数，优化调整粒子的多样性。

设 $p(\boldsymbol{X}_k^{(i)}|\boldsymbol{X}_{k-1}^{(i)})=q(\boldsymbol{X}_k^{(i)}|\boldsymbol{X}_{k-1}^{(i)},\boldsymbol{Y}_{1:k-1})$，采用 Stiefel 流形和权值优化筛选粒子滤波算法

$$\begin{aligned}w_k^{(i)}&=w_{k-1}^{(i)}p(\boldsymbol{Y}_k|\boldsymbol{X}_k^{(i)})\\&=w_{k-1}^{(i)}\det(\boldsymbol{\Pi}_k\hat{R}_k\boldsymbol{\Pi}_k+\hat{\sigma}^2\boldsymbol{\Pi}_k^0)^{-1}\exp\left[-\frac{1}{2\sigma^2}\mathrm{tr}(\boldsymbol{Y}_k-\boldsymbol{X}_k^{(i)})^{\mathrm{T}}(\boldsymbol{Y}_k-\boldsymbol{X}_k^{(i)})\right]\end{aligned} \tag{3-59}$$

式中，$p(\boldsymbol{Y}_k|\boldsymbol{X}_k^{(i)})$ 表示系统的更新，其物理意义表示状态模型演绎中释放概率密度似然函数，考虑到其声源信号传送过程呈现不同程度的非线性特性，建议将观测值作为学习过程存在的期望目标响应。本仿真实验建议采用图 3-6 所示的 BP 神经网络训练该系统输入输出的似然函数。

图 3-6 所示的神经网络具有自学习的能力、非线性模式的映射能力以及强的泛化能力，借助于该神经网络对状态演绎模型输入输出的联合分布似然函数

进行模拟。

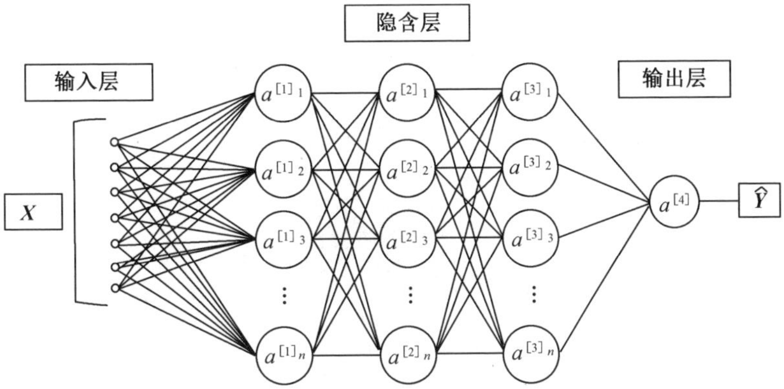

图 3-6　神经网络调整粒子的多样性

图 3-7 表示对声源信号的定位与跟踪结果,该算法同样适用于其他传感器模型的多目标跟踪,在初始值给定的条件下,将状态转移函数作为建议分布函数。

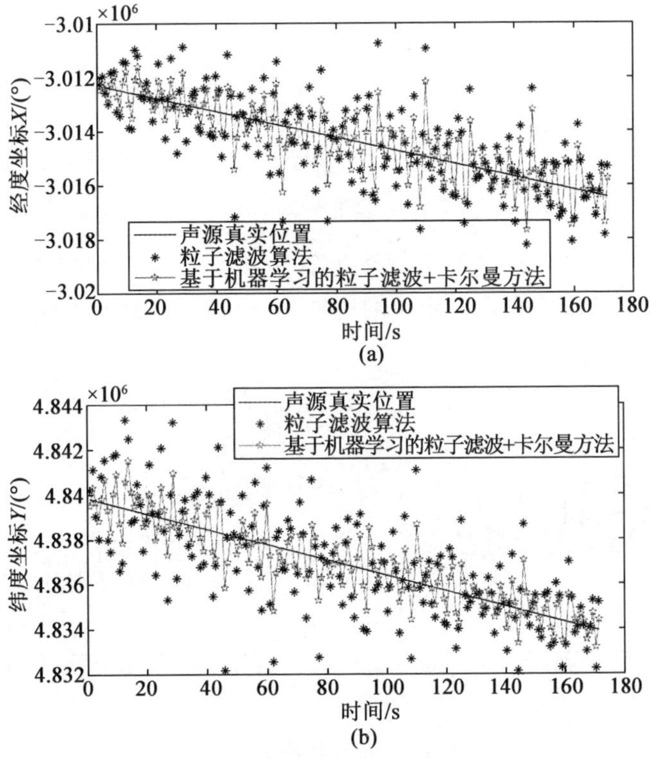

图 3-7　声源定位仿真结果 I（彩图见附录）

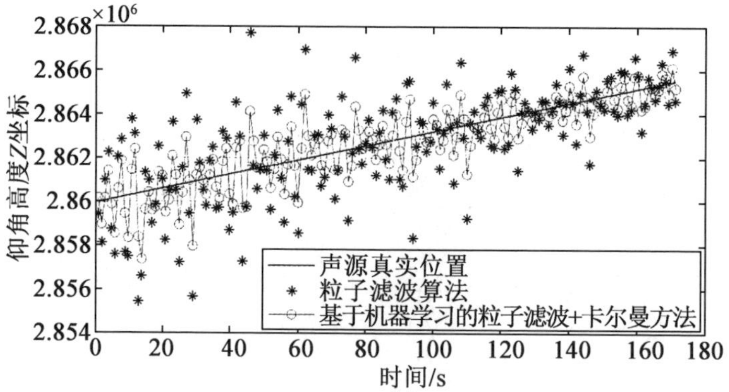

(c)

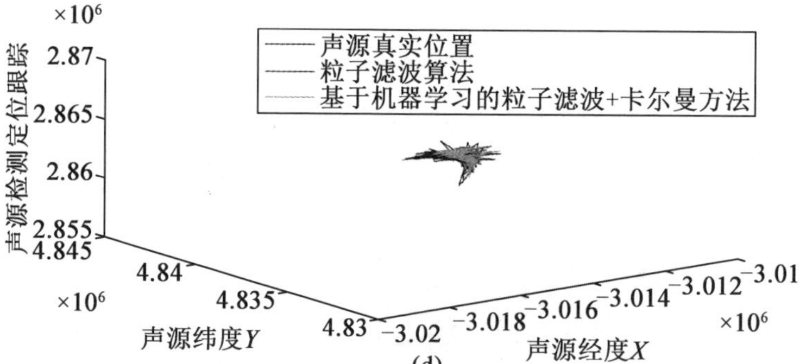

(d)

续图 3-7

图 3-8 与图 3-9 表示基于粒子滤波算法和基于神经网络的多尺度粒子滤波算法。针对声源信号的跟踪定位的仿真测试结果,其中包括声目标源跟踪定位三维效果图。

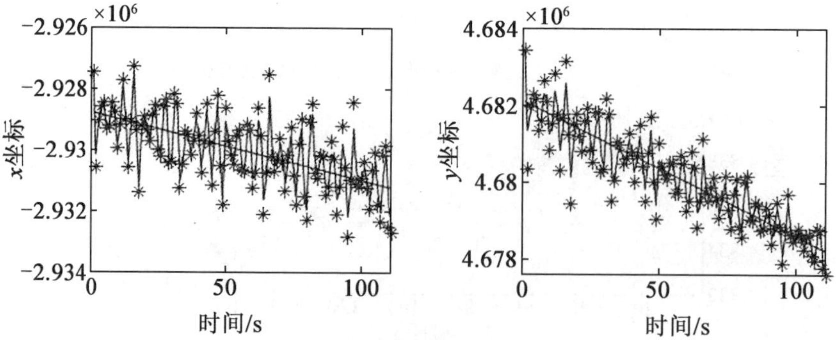

图 3-8 声源定位仿真结果 II

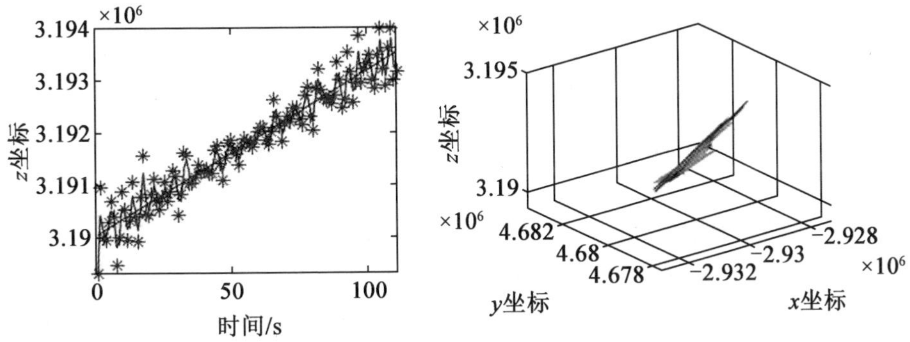

续图 3-8

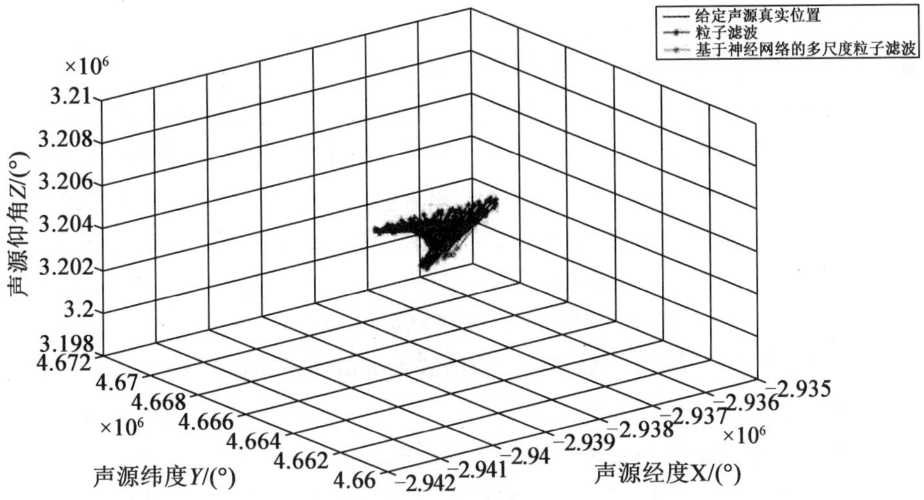

图 3-9　声源跟踪三维效果图(彩图见附录)

3.7　多尺度粒子滤波算法的总结和性能分析

多尺度粒子滤波算法是将多尺度重要耦合采样的思想与 Bayesian 统计推断学习方法相结合的一种推断算法。与经典粒子滤波算法最大的区别是,多尺度粒子滤波算法是在状态空间的一条马尔可夫链上,采用不同的粗细尺度进行交替耦合采样,传递、更新关于目标状态后验分布函数的参数信息与状态信息,从而搜索到目标状态和参数的极大联合后验分布似然函数,然后借助于不同尺度下的粒子集合来近似该函数。该算法的性能体现在以下几个方面。

1. 采用不同尺度交替耦合采样，降低了算法的复杂度，提高了运算效率

为了说明多尺度粒子滤波算法，本章定义了不同粗细尺度的状态空间，同时，设关于动态目标构成的状态空间具有非周期、不可约与正非常返的性质。因此，若各状态可达，且状态中各元素具有偏序性质，则该集合是具有自反、传递、对称性质的闭包。

在支撑函数中选取不同的粗细尺度交替进行采样，具体过程如下。设细尺度的样本数量 $m=2^n$，则在每次矩阵乘法的计算过程中，需要的乘法次数为 $m\cdot m\cdot m$，加法次数为 $m\cdot(m-1)\cdot(m-1)$。为了得到参数的估计值，对样本容量为 m 的细尺度样本进行粗化，如采用 2∶1或 4∶1比例进行粗化，得到关于参数的充分统计量（这个统计量是关于状态细尺度的样本值的函数，可以是算术平均值或求和的值）；以此充分统计量为条件，来控制关于参数的后验分布函数；对该后验分布进行 Gibbs 采样就可提取粗尺度的参数。显然，这一粗化处理使矩阵维数降低了一半，导致乘法计算次数为 $m\cdot m\cdot m/2$，加法计算次数为 $(m-1)\cdot(m-1)\cdot m/2$；同时在状态空间的一条马尔可夫链上进行采样来搜索后验似然函数的最大值，避免了各尺度下数条马尔可夫链的采样，并可得到多尺度粒子滤波算法的复杂度与普通粒子滤波算法复杂度的比值 η，其粗略的计算公式为

$$\eta\approx\frac{O(m\cdot m\cdot m/2+(m-1)(m-1)\cdot(m/2))}{O(m\cdot m\cdot m+m(m-1)(m-1))}\times\alpha\times100\% \tag{3-60}$$

式中，$O(\cdot)$ 为复杂度函数（包括算法所需要的加法与乘法次数）；α 为小于 1 的经验系数。

2. 粗细尺度的交替耦合采样抑制了粒子的退化

多尺度粒子滤波算法借助于调整粗尺度参数的函数，旨在控制关于目标状态的后验满条件分布函数，得到细尺度的状态估计值，从而降低了估计风险；采用粗化函数，粗化细尺度的状态采样值，采用关于粗尺度变量的解析函数来控制关于各参数的满条件后验分布函数，分别得到各细尺度下的各参数最优估计值。如此交替耦合采样，避免了最大后验分布函数收敛到局部极大值点，从而动态自适应地调整了粒子的权值，不但抑制了粒子权值的退化现象，而且改善了粒子的多样性。

3. 多尺度粒子算法与完美采样算法的结合

考虑一个稳态分布的状态序列，要直接对状态信息进行采样，在某种程度上必须搜索状态空间进入平稳状态的收敛时间。一旦确定了状态链的收敛时间，便可直接对目标进行采样，即完美采样算法。该算法能保证采样的目标恰好来自目标本身，单纯从理论分析，可以完全消除状态估计的误差，因此属于一种理

想采样方法。为了提高完美采样算法的运算效率，即缩短搜索状态空间进入平稳分布的收敛时间，本章利用 Sandwich 算法来缩短收敛时间，同时结合多尺度粒子滤波算法来解决这一方法中数值计算方面的困难，从而提出了多尺度粒子滤波的完美采样算法。该算法的基本思想是，将多尺度的粒子滤波引入 Sandwich 算法的两个后验分布函数的估计中，旨在提高完美采样算法的运算效率，同时保证收敛时间的估算精度。

此外，需要强调的是，借助于多尺度交替耦合采样得到的粒子权值，多尺度粒子滤波算法对独立同分布采样、重要采样和完美采样三种采样方式建立了联系，因此考虑可借助于调整粒子的权值来修正样本，根据要求精度来控制参数与状态的估计精度。由于篇幅所限，本章对此将不展开讨论。

3.8　本章小结

本章基于两个重要采样算法——Gibbs 采样与 Metropolis-Hastings 采样，提出了用不同的粗细尺度交替采样的多尺度重要采样算法，然后将多尺度重要采样算法与粒子滤波算法相结合，提出了多尺度粒子滤波算法。该算法首先是在状态空间的一条马尔可夫链上，用不同的粗细尺度进行交替采样来搜索目标状态和参数的最大联合后验似然分布函数；其次，求取状态和参数的满条件分布；最后，用 Gibbs 采样和 Metropolis-Hastings 采样算法得到状态和参数的最优估计。其中，细尺度保持了估计精度，粗尺度提高了运算效率，多尺度交替耦合采样避免了粒子的退化。多尺度粒子滤波算法能很好地克服目标状态估算过程中估计精度和运算效率不能很好折中的矛盾，同时也增强了粒子滤波算法应用于解决实际工程问题的可行性。

另外，为使采样值直接来自运动目标的本身，本章还将多尺度粒子滤波算法与完美采样算法及 Sandwich 算法相结合，得到多尺度粒子滤波的完美采样算法。对于一个平稳分布的状态序列，要直接对状态信息进行采样，就必须搜索状态空间进入平稳分布的收敛时间。本章提出了多尺度粒子滤波的完美采样算法，该算法将多尺度粒子滤波引入 Sandwich 算法的两个后验分布函数的似然函数的估计问题中，即采用从状态空间极大值和极小值出发的两条马尔可夫链的耦合来搜索整个状态空间进入平稳分布的收敛时间。该算法不但提高了完美采样算法的运算效率，而且使完美采样算法能用于解决实际的工程问题。

结合一个有具体工程背景的目标跟踪动态物理模型，应用这两种重要采样方法讨论了多尺度粒子滤波算法实现的详细过程；最后将多尺度粒子滤波算法与完美采样算法相结合，提出了多尺度粒子滤波的完美采样算法，并对多尺度粒子滤波的完美采样算法难点问题从理论上进行了一些简单的探索。并结合目标跟踪的典型案例进行了仿真实验,实验结果表明:多尺度粒子滤波算法实现了估计精度与复杂度之间的优化折中。

要使多尺度粒子滤波算法有更广的应用范围,且能很好地解决复杂的工程问题,还应该考虑将多尺度粒子滤波算法进一步扩展,即将其与 EM 算法、DAEM 算法、q-DAEM 算法、概率矩形区域模型及均值漂移算法等相结合,亟待新的扩展算法,将在第 4 章进行详细展开。

第 4 章 多尺度粒子滤波的扩展算法

为了进一步解决非高斯、非线性时变动态系统中的状态估计问题，本章考虑以 WSN 中机动目标状态估计问题与无线多径信道的状态估计问题为研究背景，将多尺度粒子滤波算法分别与 EM、DAEM 及 q-DAEM 统计计算方法相结合，构建了多尺度粒子滤波的 EM 算法、多尺度粒子滤波的 DAEM 算法和多尺度粒子滤波的 q-DAEM 算法；将多尺度粒子滤波分别与概率矩形区域模型、均值漂移算法相结合，提出了多尺度粒子滤波的概率矩形区域模型与多尺度粒子滤波的均值漂移算法。诸如此类的算法族在某种程度上很好地解决了 WSN 机动目标跟踪系统中的状态估计精度和运算效率不能优化折中的矛盾问题，有效地解决了该系统中非线性、非高斯的状态估计问题。

4.1 扩展算法的前提条件

WSN 技术在机动目标跟踪定位、UBW 室内地位系统等的应用中具有明显的优势，实现了目标状态跟踪精度和可靠度之间的优化折中，跟踪实时性好以及跟踪保密性强等。但该技术在很大程度上也存在一系列缺陷，不能很好地满足实际工程问题刚性需求，如 WSN 规模较大，参与目标跟踪的传感器节点很多，单个设计节点成本必须尽可能低廉，以降低整个跟踪系统成本；要求跟踪算法设计功耗低，以延长整个监控网络的使用寿命，使野外无固定电源或者更换电源不方便的场所长时间跟踪目标成为可能； WSN 的无线通信带宽有限，使大量数据图像视频呈现传输受限，不但该系统干扰环境复杂而且涉及多变点估计处理的问题，需要数据传输和处理的可靠性高；要求系统具有较强的实时性；为了实现远程监控，还必须对由卫星和基站组成的无线多径衰落信道的状态信息进行估计。针对 WSN 机动目标跟踪系统的上述问题，本章将多尺度粒子滤波算法与其他算法相结合，探索适合 WSN 机动目标跟踪系统的基于多尺度粒子滤波的扩展算法。同时需要强调的是，目前智能 WSN 存在的技术问题还很多，因此在仿真模拟实验时，普遍采用的是类似 Massive MIMO 系统，该做法在很大程度上并不影响研究结果的真实性能。

为了方便研究问题，在正式讨论该扩展算法族之前，首先针对 WSN 机动目标跟踪系统做如下五项预先假设。图 4-1 描述的是概率矩形区域模型，图 4-2 描述了 WSN 机动目标的运动轨迹。建议设为单机动目标。

(1) 目标观测值和真实位置值之间有一定的误差。在图 4-1 中，带箭头波浪线表示目标运动的真实轨迹，矩形的中心表示给定的目标观测值。图 4-1 中取目标运动轨迹上的三个点，矩形的中心点是给定的目标观测值，箭头所指的是目标状态的最优估计值。在每个矩形区域内，目标的位置在 xOy 平面内出现的概率密度函数为

$$f(x(t),y(t))=\frac{1}{2\pi\sigma_x(t)\sigma_y(t)}\exp\left\{-\frac{[z_x(t)-\mu_x(t)]^2}{2\sigma_x^2(t)}\right\}\left\{-\frac{[z_y(t)-\mu_y(t)]^2}{2\sigma_y^2(t)}\right\} \tag{4-1}$$

式中，$\mu(\cdot)$ 为状态的最优估计值；$z_x(t)$ 和 $z_y(t)$ 为给定的观测值的横向分量和纵向分量。

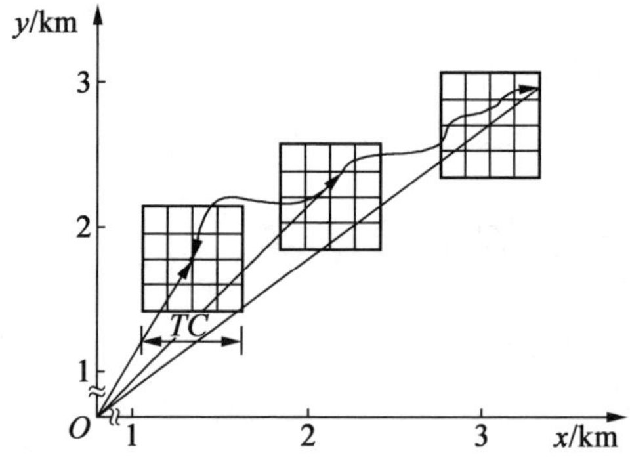

图 4-1　概率矩形区域模型

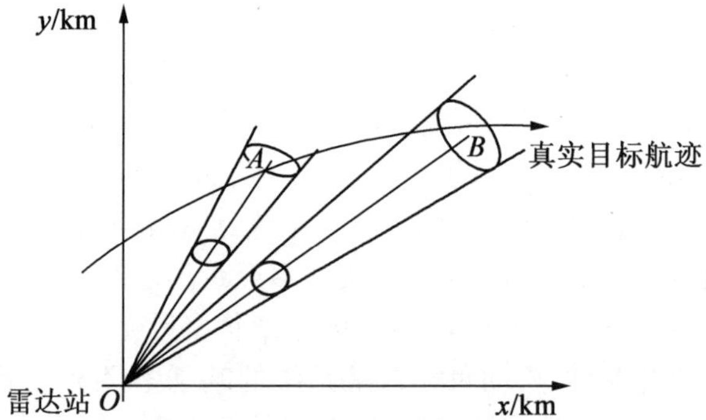

图 4-2　WSN 机动目标的运动轨迹示意图

(2) 直接求取目标状态轨迹的真实值是很困难的工程问题，但在观测值给定的条件下，可以借助一些算法来提取目标状态的最优估计值。在粒子数量足

够大的条件下,利用 Slutsky 定理和大数定理可以证明,最优估计值和真实值的误差服从渐近正态分布,至于偏离正态分布的程度可以用高阶累量方法来估算。

(3)对于图 4-2 中表示的目标轨迹坐标系选择问题,考虑选择直角坐标系来描述目标的运动轨迹,有些场合也可以选择极坐标系。大量的测试表明,目标在 x 轴和 y 轴方向运动的统计特性是相互独立的。因此,只需要研究目标状态在一维情况下的统计特性,再扩展到二维,就可以完整地描述机动目标的运动状态。

(4)影响目标跟踪精度和状态估计精度的主要因素是来自系统周围环境的干扰噪声(内干扰、外干扰以及 AWGN)。为了研究问题的方便,将该系统的噪声在大数定理的条件下作为高斯白噪声来处理,但该处理方法未考虑算法误差对估算结果产生的影响。为了使系统干扰噪声模型设置更加合理,建议将估算误差折合到系统的干扰噪声中加以综合考虑,因此设定为 $n_j(i) \sim (1-\varepsilon)N(0,\sigma_1^2)+\varepsilon N(0,\sigma_2^2)$,该式表示混合高斯噪声模型,其中 ε 为任意小的正数。

(5)在观测值与置信水平给定的条件下,模型参数估计值将会落在与给定的置信水平对应的置信区间内,当参数的共轭先验分布已知时,考虑采用截尾数据和分组数据,借助于引进添加数据,采用截断分布采样方法提取目标的状态信息。

围绕该思路,在观测值给定的条件下,为了在上述概率矩形区域内提取目标状态信息,本章后面试图将多尺度粒子滤波算法与 EM 算法、q-DAEM 算法、DAEM、概率矩形区域模型及均值漂移算法相结合,着眼于开发适合 WSN 系统的基于多尺度粒子滤波的若干扩展算法。

4.2 多尺度粒子滤波的统计算法

实际工程问题中,虽然 EM 算法没有 DAEM 与 q-DAEM 算法应用的那样广泛,但 EM 算法对于有潜在数据的动态系统的状态信息估计问题有着非常重要的理论意义。究其原因,在统计领域内,主要涉及两大类计算问题:一类是极大似然估计问题;另一类是 Bayesian 统计推断方法。就计算方法角度层面而言,这两类问题是可以合并讨论的。基于大样本的极大似然点估计方法类似于 Bayesian 统计推断的后验众数的计算。Bayesian 统计推断方法解决统计问题的思路不同于经典的统计方法,其一个显著特点是,在保证决策风险尽可能小的情况下,尽量应用所有可能的信息。这不仅是现场实验的信息,而且包括现场实验之前的信息。该算法目前大体归纳为两类:一类是直接应用于后验分布以得到后验均值或后验众数的估计,以及该估计的渐近方差及其近似;另一类是数据添加算法,该算法是最近几年发展很快而且已经在工程实践中被广泛应用的算法。

该算法不是直接对复杂的后验分布进行极大化或进行模拟,而是在观测数据的基础上添加一组隐形变量数据(潜在数据)。

在观测数据给定的条件下,直接估算未知特征性能参数存在技术上实现的困难,因此,考虑给已知的观测值增加一些潜在数据(缺损数据),构成完全数据。简化关于未知性能参数的后验分布统计规律,该方法结合神经网络为压缩感知和机器学习聚类等问题的研究奠定了坚实的理论基础。

4.2.1 EM 算法

EM 算法是一种迭代算法,最初由 Dempster(登普斯特)等提出,主要用来求后验分布的众数(极大似然估计)。EM 算法的每一次迭代由两步组成:①E 步是添加缺损数据,求条件数学期望;②M 步是对 E 步得到的表达式借助于优化方法求极大值运算。

采用 $p(\theta|\boldsymbol{Y})$ 表示 θ 的基于观测数据的后验密度分布函数,称为观测后验分布;$p(\theta|\boldsymbol{Y},\boldsymbol{Z})$ 表示添加数据 $\boldsymbol{Z}$ 后得到的关于 θ 的后验概率密度分布函数,称为添加后验分布;$p(\boldsymbol{Z}|\theta,\boldsymbol{Y})$ 表示在给定 θ 和观测数据 $\boldsymbol{Y}$ 下,潜在数据 $\boldsymbol{Z}$ 的条件分布密度函数。该算法的目的是计算观测后验分布 $p(\theta|\boldsymbol{Y})$ 的众数。EM 算法实现步骤如下:

记 θ_n 为第 $n+1$ 次迭代开始时后验众数的估计值,则第 $n+1$ 次迭代分为 E 步和 M 步。

E 步:对 $p(\theta|\boldsymbol{Y},\boldsymbol{Z})$ 或 $\log p(\theta|\boldsymbol{Y},\boldsymbol{Z})$ 关于变量 $\boldsymbol{Z}$ 计算条件数学期望,即

$$
\begin{aligned}
Q(\theta|\theta_{n-1},\boldsymbol{Y}) &\triangleq E_z[\ln(p(\theta|\boldsymbol{Y},\boldsymbol{Z}))|\theta_{n-1},\boldsymbol{Y}] \\
&= \int \ln(p(\theta|\boldsymbol{Y},\boldsymbol{Z}))p(\boldsymbol{Z}|\theta_{n-1},\boldsymbol{Y})\,\mathrm{d}\boldsymbol{Z}
\end{aligned}
\tag{4-2a}
$$

M 步:将 $Q(\theta_n|\theta_{n-1},\boldsymbol{Y})$ 极大化,即找到一个点 θ_n,使

$$
Q(\theta_n|\theta_{n-1},\boldsymbol{Y}) = \max_{\theta} Q(\theta|\theta_{n-1},\boldsymbol{Y}) \tag{4-2b}
$$

如此形成了一次迭代 $\theta_{n-1}\to\theta_n$,将以上 E 步和 M 步进行迭代直至 $\|\theta_n-\theta_{n-1}\|$ 或 $\|Q(\theta_n|\theta_{n-1},\boldsymbol{Y})-Q(\theta_{n-1}|\theta_{n-1},\boldsymbol{Y})\|$ 充分小时停止。显然,对于 M 步,由于等同于完全数据处理,通常借助最优化理论求取极大值。在 E 步中,需要估算后验参数的条件数学期望,但要得到该期望的显式表示是不可能的,即使近似也很困难,为了逼近 E 步的后验分布的数学期望,本章采用的是多尺度粒子滤波的 EM 算法。

4.2.2 多尺度粒子滤波的 EM 算法

基于多尺度粒子滤波的 EM 算法可分解为以下几个步骤。

E 步：

E1 步：对后验分布 $p(\boldsymbol{Z}|\theta_{n-1},\boldsymbol{Y})$ 采用多尺度粒子滤波算法，设建议分布函数 $\pi(x)$ 为高斯分布函数，状态转移函数为 $q(\cdot|\cdot)$，选择 2∶1 和 4∶1 的粗化比例，不带符号～的变量表示细尺度样本，带符号～的变量表示粗尺度样本，带符号 * 的变量表示转移后的样本。

对高斯分布函数 $\pi(x)$ 进行 Metropolis-Hastings 采样，得到如下状态和参数的传递更新过程：

$$\begin{array}{l}(z,\theta)^1 \xrightarrow{\text{MCMC}} (z^*,\theta^*)^2 \xrightarrow{\text{合并}} (z,\theta)^3 \xrightarrow{\text{MCMC}} (z^*,\theta^*)^4 \xrightarrow{\text{合并}} \cdots \\ (\tilde{z},\tilde{\theta})^1 \xrightarrow{\text{MCMC}} (\tilde{z}^*,\tilde{\theta}^*)^2 \qquad (\tilde{z},\tilde{\theta})^3 \xrightarrow{\text{MCMC}} (\tilde{z}^*,\tilde{\theta}^*)^4\end{array} \tag{4-2c}$$

式(4-2c)中的数字上标表示时间更新。在状态空间(细尺度表示)的一条马尔可夫链上，采用粗细两种尺度的交替采样。其中，MCMC 采样的接收函数为

$$1\wedge\frac{\pi(z^*,\theta^*|y)\pi(\tilde{z}^*,\tilde{\theta}^*|y)\times q((z^*,\theta^*,\tilde{z}^*,\tilde{\theta}^*)\to(z,\theta,\tilde{z},\tilde{\theta}))}{\pi(z,\theta|y)\pi(\tilde{z},\tilde{\theta}|y)\times q((z,\theta,\tilde{z},\tilde{\theta})\to(z^*,\theta^*,\tilde{z}^*,\tilde{\theta}^*))} \tag{4-2d}$$

则状态转移分布核函数为

$$q((z,\theta,\tilde{z},\tilde{\theta})\to(z^*,\theta^*,\tilde{z}^*,\tilde{\theta}^*))=q((z,\theta)\to(\tilde{z}^*,\tilde{\theta}^*))\times q((\tilde{z},\tilde{\theta})\to(z^*,\theta^*)) \tag{4-2e}$$

根据式(4-2d)可得到细尺度的缺损变量的估计值 $z_1,z_2,\cdots,z_M$。

E2 步：采用粗细尺度样本条件下的状态转移函数和状态更新函数，计算对应于粒子 x_i 的权值 $w^{(i)}$。

E3 步，计算后验条件数学期望：

$$\hat{Q}(\theta|\theta_{n-1},\boldsymbol{Y})=\sum_{i=1}^{M}\tilde{w}^{(i)n}\ln p(\theta|z_{0:M}^{(i)n*},\boldsymbol{Y}) \tag{4-2f}$$

式中，$z_{0:M}^{(i)n*}$ 为缺损参数细尺度的采样值；$\tilde{w}^{(i)n}=\dfrac{w^{(i)n}}{\sum_{l=1}^{M}w^{(l)n}}$ 为归一化的粒子权值，

其中 $w^{(i)n}=\dfrac{p(z_{0:M}^{(i)n*}|\tilde{\theta}_{n-1}^*,\boldsymbol{Y})}{\pi(z_{0:M}^{(i)n*}|\tilde{\theta}_{n-1}^*,\boldsymbol{Y})}$ 为权值，$\pi(z_{0:M}^{(i)n*}|\tilde{\theta}_{n-1},\boldsymbol{Y})$ 为建议分布函数。从 $w^{(i)n}$ 的表达式可以看出，分子分母中的参数用粗尺度样本表示，而状态值用细尺度样本表示，而且参数和状态样本交替使用，抑制了粒子的退化现象。根据中心极限定理，只要 M 足够大，$\hat{Q}(\theta|\theta^{(i)},\boldsymbol{Y})$ 就可以依分布收敛于 $Q(\theta|\theta^{(i)},\boldsymbol{Y})$。

M 步：因为 $p(z_{0:M}^{(i)n*}|\theta_{n-1},\boldsymbol{Y})$ 为指数族分布函数，所以很容易用拉格朗日定

理来求取 $\hat{Q}(\theta|\theta^{(i)},\boldsymbol{Y})$ 的极大值。

多尺度粒子滤波的 EM 算法有两点需要考虑：一是确定 M，即粒子的数量，从估计精度来看，粒子数量越大，估计精度越高；但 M 过大，运算效率会降低，从而影响估计的实时性。一般而言，在开始时 M 不需要很大。二是判断收敛性，在多尺度粒子滤波过程中，若要求 θ_{n-1} 收敛到一点是不可能的，因为粒子滤波本身就是近似估计，收敛性的判断只能借助仿真结果来进行，即如果经过若干步迭代后，迭代值在直线 $\theta=\theta^*$ 附近的小范围内波动，在理论上可认为处于收敛状态。此时，为了增加估计精度，可以增加 M 的值，再运行一段时间，就可以停止。显然，多尺度粒子滤波算法的 EM 统计算法有如下两个优点：①简化了 EM 算法中 E 步的数值计算过程；②采用多尺度粒子滤波减少了粒子的数量 M，在保证精度的同时，提高了运算效率。但该算法对状态初始值很敏感，容易收敛到局部最大值，而且收敛速度慢。为了提高该算法的收敛速度，目前普遍采用的可行办法是多尺度粒子滤波的 DAEM 算法。

4.2.3 基于多尺度粒子滤波的 DAEM 算法

将多尺度粒子滤波算法与 DAEM 统计计算方法结合，分别针对各粗细尺度样本数据集合，添加相应的缺损参数，建立完全数据集合，考虑到粗细尺度粒子所占的比列，考虑 M 个混合分布不同的粗细尺度粒子集合，借助于权值优化参数方法修正 EM 算法。

DAEM 算法是为了克服 EM 算法收敛到极大值的速率慢的缺陷，在某种程度上说是借助于加权参数而提出的一种修正算法，即采用加权参数控制 EM 算法收敛速率，旨在使得 EM 算法以较高的速率收敛到极大值，其具体实现过程如下：

基于重要采样函数，采用不同粗细尺度对重要采样函数进行采样，构建不同尺度、期望值相同但方差不同的粒子集合。(详细讨论过程本节不再赘述)针对一个有限不同尺度粒子混合模型，设 $\boldsymbol{Y}$ 为 d 维随机变量，$\boldsymbol{y}$ 为来自 $\boldsymbol{Y}$ 的样本向量，则混合模型表达式为

$$p(\boldsymbol{y}|\theta)=\sum_{m=1}^{M}\pi_m p(\boldsymbol{y}|\theta_m) \tag{4-3}$$

式中，$p(\boldsymbol{y}|\theta)$ 为关于条件 θ_m 的概率密度分布函数；$(\pi_1,\pi_2,\cdots,\pi_M)$ 为不同粗细尺度粒子的混合概率，且 $\sum_{m=1}^{M}\pi_m=1$；θ_m 为第 m 个元素的条件参数，$m=1,2,\cdots,M$；$\theta=\{\theta_1,\theta_2,\cdots,\theta_M,\pi_1,\pi_2,\cdots,\pi_M\}$ 为混合模型的完全参数集合。设 $y=(y^{(1)},y^{(2)},\cdots,y^{(N)})$ 是来自变量 $\boldsymbol{Y}$ 的样本，设定为已知的随机变量；而 $\boldsymbol{X}$

是离散的辅助随机变量,表示关于变量 $\boldsymbol{y}$ 的潜在数据。设 M 个可能的潜在变量的概率集合为 $\{p(x = x_1) = \pi_1, \cdots, p(x = x_M) = x_M\}$ 。

针对 EM 算法,M 步是计算完全数据的最大值的过程,用最优化的方法很容易实现,但对于 E 步,估计条件数学期望是非常困难的。为了简化 E 步的计算,考虑添加一些潜在的数据,即在已知数据 $\boldsymbol{y}$ 给定的条件下,将潜在的缺损数据 $\boldsymbol{x}$ 与观测值合并,构成完全数据,从完全数据中提取参数的最大值,即

$$\begin{aligned}\theta^* &= \text{argmax}_\theta \ln(p(\boldsymbol{y} \mid \theta)) \\ &= \text{argmax}_\theta \ln \sum_x p(\boldsymbol{y}, \boldsymbol{x} \mid \theta)\end{aligned} \tag{4-4}$$

对于 E 步,最大对数似然函数为

$$Q(\theta, \theta^{(k)}) = E_x[\ln p(\boldsymbol{y}, \boldsymbol{x} \mid \theta) \mid \boldsymbol{y}, \theta^{(k)}] \tag{4-5}$$

对于 M 步,最大值表达式为

$$\theta^{(k+1)} = \text{argmax}_\theta Q(\theta, \theta^{(k)}) \tag{4-6}$$

在每一次迭代中,E 步需要计算缺损数据的数学期望;而 M 步提供未知参数的更新估计值,M 步的估计能使 E 步给定的数学期望值达到最大,因为根据 Jensen(詹森)不等式,该对数似然函数是迭代次数的增函数。

此外,考虑如下的约束条件:

$$\sum_{i=1}^{N} p(x_i) = 1$$

$$p(x_1) \geqslant 0, p(x_2) \geqslant 0, \cdots, p(x_N) \geqslant 0$$

该约束条件在几何意义上可解释为,在概率紧支的凸区域内,$p(x_i) \geqslant 0$ 表示半空间交集,$\sum_{i=1}^{N} p(x_i) = 1$ 表示空间的超平面。$Q(\cdot)$ 函数为凸函数,因此借助 Matlab 软件的 CVX 工具包,即得到模型参数的最优可行解。

若 $\boldsymbol{Y}$ 中样本是独立同分布的(i. i. d),则条件数学期望为

$$Q(\theta, \theta^{(k)}) = \sum_{i=1}^{N} \sum_{m=1}^{M} w_m^{(i)} p(y^{(i)}, x^{(i)} \mid \theta) \tag{4-7}$$

式(4-7)可以借助最优化理论,运用拉格朗日因子增广方法来估算 $w_m^{(i)}$,即

$$w_m^{(i)} = \frac{p(y^{(i)}, x^{(i)} = x_m \mid \theta_m^{(k)})}{\sum_{x^{(i)}} p(y^{(i)}, x^{(i)} \mid \theta_m^{(k)})} = \frac{\pi_m^{(k)} p(y^{(i)} \mid \theta_m^{(k)})}{\sum_{x^{(i)}} \pi_j^{(k)} p(y^{(i)} \mid \theta_m^{(k)})} \tag{4-8}$$

对式(4-7)和式(4-8)做实验仿真分析,得到的结论是,如果 $\theta^{(k)}$ 的初始值不在最优值附近,EM 算法将收敛到一个局部的最大值。出现该现象的原因是 EM 算法对状态初始值有敏感性,而且 EM 算法收敛速度慢。为了提高 EM 算法的收敛速度,考虑给 EM 算法增加一个参数 β ,利用 β 值来控制 EM 算法的迭代

过程,旨在提高统计算法的收敛速度,这就是所谓的 DAEM 算法。对于 DAEM 算法,首先得到关于缺损参数的后验对数分布的数学期望,其相应表达式为

$$\begin{aligned}F(\theta,\theta^{(k)}) &= \sum_{x} p(\boldsymbol{x}|\boldsymbol{y},\theta^{(k)})\ln\frac{p(\boldsymbol{x},\boldsymbol{y}|\theta)}{p(\boldsymbol{x}|\boldsymbol{y},\theta)}\\ &= Q(\theta,\theta^{(k)}) + H(\boldsymbol{x},\theta^{(k)})\end{aligned} \tag{4-9}$$

式中,$H(\boldsymbol{x},\theta^{(k)})$ 为关于 θ 的常数项。

在式(4-9)的基础上,增加一个参数 β 来控制统计算法的退火速度,即收敛速度。对于 β 容许取值范围内的每一个值,首先采用 *DAEM* 算法得到关于潜在参数的后验估计 $p(\boldsymbol{x}|\boldsymbol{y},\theta^{(k)})$,然后计算未知参数的更新值 $\theta^{(k+1)}$,设

$$\ln p(\boldsymbol{y}|\theta) = F_{\beta}(\theta,\theta^{(k)}) \tag{4-10}$$

则基于给定的 $\theta^{(k+1)}$ 和 β ,有如下表达式,即

$$F_{\beta}(\theta,\theta^{(k)}) = \beta Q(\theta,\theta^{(k)}) + H(\boldsymbol{x},\theta^{(k)}) \tag{4-11}$$

式中,$Q(\theta,\theta^{(k)})$ 、$H(\boldsymbol{x},\theta^{(k)})$ 与式(4-9)中的含义相同。当 $\beta = 1$ 时,该算法退化为一般的 EM 算法;当 $\beta < 1$ 时,式(4-11)中的 $Q(\theta,\theta^{(k)})$ 项为负值,DAEM 算法借助于计算似然函数的最大值来搜寻最优的 θ ,但不能得到函数 $Q(\theta,\theta^{(k)})$ 的下确界。另外,式(4-11)中,函数 $F_{\beta}(\theta,\theta^{(k)})$ 包括 $Q(\theta,\theta^{(k)})$ 和 $H(\boldsymbol{x},\theta^{(k)})$ 两项。其中,$H(\boldsymbol{x},\theta^{(k)})$ 是关于 θ 的常数项,因此曲线 $F_{\beta}(\theta,\theta^{(k)})$ 的平滑度只能由 $Q(\theta,\theta^{(k)})$ 项的相对幅度来确定。显然,用 β 值控制函数 $F_{\beta}(\theta,\theta^{(k)})$ 的平滑度,能够使函数 $F_{\beta}(\theta,\theta^{(k)})$ 很容易逃逸局部最大值;当 $\beta = 1$ 时,$\theta^{(k+1)}$ 以很高的概率趋近于最大值。对于给定的 β ,最优化问题满足如下的表达式:

$$\begin{cases}\max\limits_{g(\boldsymbol{x},\theta^{(k)})} F(\theta,\theta^{(k)})\\ \text{s.t.} \sum\limits_{x} g(\boldsymbol{x},\theta^{(k)}) = 1\\ g(\boldsymbol{x},\theta^{(k)}) \geqslant 0, k = 1,2,\cdots,N\end{cases} \tag{4-12}$$

应用拉格朗日方法得到如下结论:

$$g^{*}(\boldsymbol{x},\theta^{(k)}) = \frac{p((\boldsymbol{y},\boldsymbol{x}|\theta^{(k)}))^{\beta}}{\sum\limits_{x} p((\boldsymbol{y},\boldsymbol{x}|\theta^{(k)}))^{\beta}} \tag{4-13}$$

对于受参数 β 约束的 EM 算法,当参数 β 固定时,E 步和 M 步与 EM 算法几乎相同;当参数 β 趋近于 1 时,针对每个参数重复相同的步骤,旨在提高统计算法的收敛速度。就 DAEM 算法而言,M 步是完全参数的最优化估计,很容易实现。但是对于 E 步,直接估计缺损参数的条件数学期望,因为涉及计算多维连续积分,所以存在数值计算方面的困难。为了克服 DAEM 算法在数值计算方面

的困难，本书借助多尺度粒子滤波的 DAEM 算法来简化 E 步条件数学期望的估算过程。

4.2.4　多尺度粒子滤波的 DAEM 算法在目标跟踪中的应用案例

针对 WSN 机动目标跟踪系统，采用智能感知网络对动态目标进行采样，得到机动目标状态观测值构成的矩阵为

$$\boldsymbol{r}=(r_{ij})_{m\times n},m=1,2,\cdots;n=1,2,\cdots \tag{4-14}$$

在无线多径衰落信道中，设 r_{ij} 为独立同分布的随机变量，目标状态值 μ 为隐形的随机变量，且 $\mu_i \sim N(\mu,\tau^2)$ 。目标状态值 μ_i 位于如图 4-1 所示的矩形区域的中心位置，状态观测值 r_{ij} 为箭头所指的位置。考虑一个机动目标，目标在直角坐标系 x 轴和 y 轴上运动状态的统计特性是相互独立的。因此先讨论一维情形，然后推广到二维复杂情形仔细研究。

设参数集合为 $\theta=\{\mu,\ln\sigma,\ln\tau,\zeta,\boldsymbol{h},\varepsilon\}$。对于选择性衰落信道，信号经过传输后的表达式为 $\boldsymbol{r}=\mathrm{e}^{\mathrm{j}(\zeta_k+2\pi k\varepsilon/N)}\boldsymbol{s}_k^{\mathrm{T}}\boldsymbol{h}+b_k$，即为信号的给定观测值。其中，$\boldsymbol{s}_k=[s_1,\cdots,s_{s-L+1}]$ 是信号矢量；$\boldsymbol{h}=[h_1,h_2,\cdots,h_{L-1}]$ 是信道的状态信息矢量；ζ_k 是相位噪声；ε 是载频偏移噪声；b_k 是高斯白噪声。$\boldsymbol{Z}=(\mu_1,\mu_2,\cdots,\mu_m)$ 表示目标的状态，为潜在的数据。设目标的状态函数为 $\mu_n=f(\mu_{n-1},u_n)$，其中 u_n 为噪声，$n=\sum_{i=1}^{m}n_i$ 。未知模型参数集合为 $\theta=\{\mu,\ln\sigma,\ln\tau,\zeta,\boldsymbol{h},\varepsilon\}$ ，设其相应的 Jeffreys 先验分布函数[125]为

$$p(\mu,\ln\sigma,\ln\tau,\zeta,\boldsymbol{h},\varepsilon)\propto\tau \tag{4-15}$$

根据 Bayesian 统计推断原理，模型参数的联合后验分布函数为

$$p(\mu_1,\cdots,\mu_m,\ln\sigma,\ln\tau,\zeta,\boldsymbol{h},\varepsilon|\boldsymbol{r})\propto p(\mu,\ln\sigma,\ln\tau)\prod_{i=1}^{m}p(\mu_i|\mu,\tau,\boldsymbol{h})\prod_{i=1}^{L}h_i\times\prod_{i=1}^{m}\prod_{j=1}^{n_i}p(r_{ij}|\mu_i,\sigma,\zeta,\varepsilon)\,p(\varepsilon)\,p(\zeta) \tag{4-16}$$

针对式(4-16)取对数，得到如下对数似然函数表达式，即

$$p(\mu_1,\cdots,\mu_m,\ln\sigma,\ln\tau,\zeta,\boldsymbol{h},\varepsilon|\boldsymbol{r})\propto -n\ln\sigma-(m-1)\ln\tau-\frac{1}{2\tau^2}\sum_{i=1}^{m}(\mu_i-\mu)^2-\frac{1}{2\sigma^2}\sum_{i=1}^{m}\sum_{j=1}^{n_i}(\mu_i-r_{ij})^2-\ln p(\varepsilon)-\ln p(\zeta) \tag{4-17}$$

对式(4-17)直接计算条件数学期望存在数值计算方面的困难,因此采用DAEM 算法。对于 DAEM 算法,在 E 步,将隐形变量(目标状态)$\boldsymbol{Z}=(\mu_1,\mu_2,\cdots,\mu_m)$作为缺损参数,添加到状态观测中,与目标状态观测值一起构成完全变量来计算条件数学期望。在给定 $\boldsymbol{r}$ 和 $\theta^{(t)}$ 的条件下,μ_i 的共轭先验分布函数为

$$(\mu_i/\theta^{(t)},\boldsymbol{r})\sim N(\hat{\mu}_i^{(t)},V_i^{(t)}) \tag{4-18}$$

式中

$$\hat{\mu}_i^{(t)}=\left(\frac{\mu}{(\tau^{(t)})^2}+\frac{n_i}{(\sigma^{(t)})^2}\hat{r}_i\right)\Big/\left(\frac{1}{(\tau^{(t)})^2}+\frac{n_i}{(\sigma^{(t)})^2}\right) \tag{4-19}$$

$$V_i^{(t)}=\left(\frac{1}{(\tau^{(t)})^2}+\frac{n_i}{(\sigma^{(t)})^2}\right)^{-1} \tag{4-20}$$

式中,$\hat{r}_i=\frac{1}{n_i}\sum_{j=1}^{n_i}r_{ij}$,因此,对于任意与 μ_i 无关的变量 C,有如下表达式:

$$\begin{aligned}E[(\mu_i-C)^2|\theta^{(t)},\boldsymbol{r}]&=[E(\mu_i|\theta^{(t)},\boldsymbol{Y})-C]^2+\mathrm{Var}(\mu_i|\theta^{(t)},\boldsymbol{r})\\&=(\mu_i^{(t)}-C)^2+V_i^{(t)}\end{aligned} \tag{4-21}$$

令 C 分别等于 μ 和 y_{ij},得到统计算法的 Q 函数,即在输出值 $\boldsymbol{r}$ 和参数 $\theta^{(t)}$ 给定条件下关于缺损参数的条件数学期望的表达式。

当目标状态信息在无线多径时变衰落信道环境中传输时,为了从接收信号中提取目标状态信息和信道状态信息,首先,根据 Bayesian 统计推断方法,估算关于状态信息和参数信息的最大联合后验似然分布函数;其次,分别估算状态和各参数的满条件似然分布函数;最后,分别对各满条件似然分布函数进行 Gibbs 采样,分别提取目标状态信息、信道状态信息及模型特征参数的最优估计值 。利用 Bayesian 统计推断方法估算状态参数,必然涉及高维连续积分的计算,而直接计算高维积分存在技术实现的困难。为了降低数值计算的复杂度,可以考虑采用 Rao-Blackwellization 算法。该算法采用部分变量的条件分布,而不是满条件分布来提取参数和状态的最优估计值。对于线性变化的参数,采用卡尔曼滤波器算法;对于非线性变化的参数,采用多尺度粒子滤波算法来降低统计算法的复杂度。多尺度粒子滤波算法非常适合解决非线性系统的参数估计问题,该算法不但能提高状态和参数的估计精度,而且能降低运算的复杂度。因此,将多尺度粒子滤波算法和 DAEM 算法相结合,用多尺度粒子滤波算法来简化 DAEM 算法中条件数学期望的数值计算是合理的选择,具体实现过程如下。

针对 DAEM 算法,先给出 Q 函数的一般形式,即

$$Q(\theta,\theta^{(t)})=\int\ln p(\mu_{1:n},r_{1:n}|\theta)\,p(\mu_{1:n}|\theta^{(t)},r_{1:n})\,\mathrm{d}\mu_{1:m} \tag{4-22}$$

显然,式(4-22)描述的是一个多参数的高维连续积分。本章采用多尺度粒子滤波算法来逼近该积分,可将式(4-22)改写为如下表达式,即

$$\hat{Q}(\theta,\theta^{(t)})=\sum_{i=1}^{M(t)}\widetilde{w}^{(i),t}\ln(\mu_{1:m}^{(i)t},r_{i:m}|\theta) \tag{4-23}$$

式中,在第 n 次迭代过程中,$\left\{\widetilde{w}^{(i),t}=\dfrac{w^{(i),t}}{\sum_{j=1}^{M(t)}w^{(j),t}}\right\}_{i=1}^{M(t)}$ 为粒子的归一化权值;$\mu_{1:m}^{(i)t}$ 为潜在的变量,其采样值来自重要采样函数,权值迭代公式为

$$w_k^{(i),t}=\frac{p(r_k|\mu_{1:k}^{(i)t},r_{1:k})\,p(\mu_k^{(i)t}|\mu_{1:k}^{(i)t})}{\pi(\mu_{1:k}^{(i)t}|\mu_{1:k-1}^{(i)t},r_{1:k})}w_{k-1}^{(i),t} \tag{4-24}$$

式中,$\pi(\mu_{1:k}^{(i)t}|\mu_{1:k-1}^{(i)t},r_{1:k})$ 为重要采样函数,用来产生$\{\mu_{1:m}^{(j),n}\}_{i=1}^{M(n)}$,因此

$$\hat{p}(\mu_{1:m}|r_{1:m})=\sum_{i=1}^{M(t)}\widetilde{w}_k^{(i),t}\delta(\mu_{1:m}-\mu_{1:m}^{(i)t}) \tag{4-25}$$

同时,各参数联合后验分布函数的近似表达式为

$$\hat{p}(\mu_{1:m},\theta|r_{1:m})=\sum_{i=1}^{M(t)}\widetilde{w}_k^{(i),t}\delta(\mu_{1:m}-\mu_{1:m}^{(i)t},\theta-\theta^{(i)t}) \tag{4-26}$$

式中,$\delta(\cdot)$ 为多维 Dirac 函数;$\theta=(\mu,\ln\sigma,\ln\tau,\zeta,h,\varepsilon)$ 为参数空间;$r_{1:m}$、$\mu_{1:m}$ 分别为 $1\sim m$ 个观测值与期望值;$\theta^{(i)t}$ 为第 t 时刻的第 i 个参数值。为了降低运算的复杂度,可以考虑将 Gibbs 采样和 Metropolis-Hastings 采样结合,由式(4-17)导出各参数的满条件分布函数,则各模型参数的满条件分布函数分别为

$$\begin{cases}(\mu|\sigma,\tau,\boldsymbol{r},\varepsilon,\boldsymbol{h},\zeta)\sim N(\hat{\mu},\tau^2/m)\\(\sigma^2|\mu,\tau,\boldsymbol{r},\varepsilon,\boldsymbol{h},\zeta)\sim\chi^{-2}(m,\hat{\sigma}^2)\\(\tau|\sigma,\mu,\boldsymbol{r},\varepsilon,\boldsymbol{h},\zeta)\sim\chi^{-2}(m-1,\hat{\tau}^2)\end{cases} \tag{4-27}$$

式中,N 为正态分布;χ^{-2} 为倒伽马分布,1 集中第一个参数表示自由度,相应的第二个参数为非中心的参数。再对式(4-27)分别进行 Gibbs 采样。显然,式(4-27)将多参数的联合概率密度函数分别转化为各参数的满条件分布函数。将式(4-27)表达的三个式子作为采样函数,简单方便。但是在具体工程问题中,若对式(4-27)三个表达式直接采样,因为涉及的参数很多,所以处理预算的复杂度大,算法效率不高。因此做如下处理:将式(4-27)中的 $N(\hat{\mu},\tau^2/m)$ 作为重要采样函数,对其进行采样可以获取样本值 $\mu^{(i)}$。将式(4-24)中的 $\pi(\mu_{1:k}^{(i)t}|\mu_{1:k-1}^{(i)t},r_{1:k})$ 用 $N(\hat{\mu},\tau^2/m)$ 代替,得到粒子的集合$\{\mu^{(i)},\widetilde{w}_k^{(i)}\}_1^M$。为了提高运算效率,考虑用 Metropolis-Hastings 采样。设 $\mu\rightarrow\mu^{(i)}$ 的转移概率为

$q(\mu,\mu^{(i)}=N(\hat{\mu},\tau^2/m))$，而且以概率 $\alpha(\mu,\mu^{(i)})$ 转移到状态 $\mu^{(i)}$。为了使后验分布 $\pi(\mu)$ 为该状态空间的平稳分布，目前很多文献中常用的接受函数为

$$\alpha(\mu,\mu^{(i)})=\min\left\{1,\frac{\pi(\mu^{(i)})q(\mu^{(i)},\mu)}{\pi(\mu)q(\mu,\mu^{(i)})}\right\} \tag{4-28}$$

基于式(4-27)和式(4-28)，构建了一个时间离散、状态连续的马尔可夫状态空间。在该状态空间上，首先借助 Metropolis-Hastings 方法，采用不同粗细尺度进行采样，来搜索状态和参数的最大联合后验分布函数；然后分别计算状态和各参数的满条件分布函数；最后分别对满条件分布进行 Gibbs 采样，旨在分别得到状态和参数的最优估计值。

此外，在目标状态的粒子集合给定的条件下，根据式(4-13)，得到 DAEM 算法的权值更新公式，即

$$w_n^{(i)}(t)=\frac{(p_n(\mu^{(i)t})p(\boldsymbol{y}|\theta_m^{(i)t}))^{\beta}}{\sum_{j=1}^{N}(p_j(\mu^{(i)t})p(\boldsymbol{y}|\theta_j^{(i)t}))^{\beta}} \tag{4-29}$$

需要强调的是，式(4-29)中的各参数取值都来自于重要采样函数，表示多尺度粒子滤波的 DAEM 算法的权值更新公式。

为了采用多尺度粒子滤波算法来估算式(4-23)中的未知变量，在初始状态给定的条件下，首先，采用 MCMC 方法建立具有马尔可夫性质的状态空间，并判断其收敛情况；其次，当该状态空间进入平稳分布时，选取状态空间的一条马尔可夫链，在该条马尔可夫链上，采用不同粗细尺度进行交替耦合采样来传递和更新状态信息和参数信息，搜索状态与参数的最大联合后验似然分布函数；最后借助于 Gibbs 采样，分别得到式(4-27)中的各表达式。本章用三个尺度对建议分布函数进行采样。

先对 $N(\hat{\mu},\tau^2/m)$ 进行采样，得到 $\mu^{(i)}$，$i=1,2,\cdots,M$，再用迭代公式(4-17)计算对应的权值。为了计算 $\hat{\mu}$、$\hat{\sigma}^2$、τ^2、ζ、h、ε，先对 $\mu^{(i)}$ $(i=1,2,\cdots,M)$ 进行稀释，即用粗尺度进行采样，可以看出计算量降低了很多。粗细尺度交替的重要采样过程为

$$\begin{array}{llll}
(\mu,\theta)^{(1)}\xrightarrow{\text{MCMC}}(\mu,\theta)^{(2)} & & (\mu,\theta)^{(3)}\xrightarrow{\text{MCMC}}(\mu,\theta)^{(4)} & \\
(\tilde{\mu},\tilde{\theta})^{(1)}\xrightarrow{\text{MCMC}}(\tilde{\mu},\tilde{\theta})^{(2)} & \xrightarrow{\text{SWAP}} & (\tilde{\mu},\tilde{\theta})^{(3)}\xrightarrow{\text{MCMC}}(\tilde{\mu},\tilde{\theta})^{(4)} & \xrightarrow{\text{SWAP}}\cdots \\
(\approx\!\mu,\approx\!\theta)^{(1)}\xrightarrow{\text{MCMC}}(\approx\!\mu,\approx\!\theta)^{(2)} & & (\approx\!\mu,\approx\!\theta)^{(3)}\xrightarrow{\text{MCMC}}(\approx\!\mu,\approx\!\theta)^{(4)} &
\end{array} \tag{4-30}$$

式中，$(\cdot)$、$(\widetilde{\cdot})$、$(\widetilde{\widetilde{\cdot}})$ 分别为细尺度的采样、以 2∶1 的粗化比例进行的采样和以 4∶1 的粗化比例进行的采样。在交替 Metropolis-Hastings 采样过程中，各参数的接受函数分别为

$$\alpha(\mu,\mu^{(i)})=\min\left\{1,\frac{\pi(\mu^{(i)*},\theta^*|\boldsymbol{r})\,\pi(\widetilde{\mu}^{(i)*},\widetilde{\theta}^*|\widetilde{\boldsymbol{r}})\times q((\mu^{(i)*},\theta^*,\widetilde{\mu}^{(i)*},\widetilde{\theta}^*)\to(\mu^{(i)},\theta,\widetilde{\mu}^{(i)},\widetilde{\theta}))}{\pi(\mu^{(i)},\theta|\boldsymbol{r})\,\pi(\widetilde{\mu}^{(i)},\widetilde{\theta}|\widetilde{\boldsymbol{r}})\times q((\mu^{(i)},\theta,\widetilde{\mu}^{(i)},\widetilde{\theta})\to(\mu^{(i)*},\theta^*,\widetilde{\mu}^{(i)*},\widetilde{\theta}))}\right\} \tag{4-31}$$

$$\alpha(\sigma,\sigma^{(i)})=\min\left\{1,\frac{\pi(\sigma^{(i)*},\theta^*|\boldsymbol{r})\,\pi(\widetilde{\widetilde{\sigma}}^{(i)*},\widetilde{\theta}^*|\widetilde{\boldsymbol{r}})\times q((\sigma^{(i)*},\theta^*,\widetilde{\widetilde{\sigma}}^{(i)*},\widetilde{\theta}^*)\to(\sigma^{(i)},\theta,\widetilde{\widetilde{\sigma}}^{(i)},\widetilde{\theta}))}{\pi(\sigma^{(i)},\theta|\boldsymbol{r})\,\pi(\widetilde{\widetilde{\sigma}}^{(i)},\widetilde{\theta}|\widetilde{\boldsymbol{r}})\times q((\sigma^{(i)},\theta,\widetilde{\widetilde{\sigma}}^{(i)},\widetilde{\theta})\to(\sigma^{(i)*},\theta^*,\widetilde{\widetilde{\sigma}}^{(i)*},\widetilde{\theta}))}\right\} \tag{4-32}$$

$$\alpha(\tau,\tau^{(i)})=\min\left\{1,\frac{\pi(\tau^{(i)*},\theta^*|\boldsymbol{r})\,\pi(\widetilde{\widetilde{\tau}}^{(i)*},\widetilde{\theta}^*|\widetilde{\boldsymbol{r}})\times q((\tau^{(i)*},\theta^*,\widetilde{\widetilde{\tau}}^{(i)*},\widetilde{\theta}^*)\to(\tau^{(i)},\theta,\widetilde{\widetilde{\tau}}^{(i)},\widetilde{\theta}))}{\pi(\tau^{(i)},\theta|\boldsymbol{r})\,\pi(\widetilde{\widetilde{\tau}}^{(i)},\widetilde{\theta}|\widetilde{\boldsymbol{r}})\times q((\tau^{(i)},\theta,\widetilde{\widetilde{\tau}}^{(i)},\widetilde{\theta})\to(\tau^{(i)*},\theta^*,\widetilde{\widetilde{\tau}}^{(i)*},\widetilde{\theta}))}\right\} \tag{4-33}$$

当且仅当建议分布函数都选择正态分布函数时，借助于式(4-31)～(4-33)得到的最大值才是参数的最优估计值。为了得到参数 μ、σ、τ 的最优估计值，在表示状态空间的一条马尔可夫链上，采用三个尺度来交替传递参数 μ、σ、τ 的信息，从而得到关于目标状态的满条件后验似然分布函数，然后借助 Gibbs 采样来提取参数。根据式(4-27)、式(4-31)～(4-33)分别获得以下的参数估算结果：

$$\begin{cases}\hat{\mu}=\sum\limits_{i=1}^{m}w^{(i)}\mu^{(i)}\\ \hat{\sigma}^2=\dfrac{1}{N}\sum\limits_{j=1}^{N}\sum\limits_{i=1}^{m}w^{(i)}\sum\limits_{j=1}^{n_i}(r_{ij}-\mu^{(i)})^2\\ \hat{\tau}^2=\dfrac{1}{N}\sum\limits_{j=1}^{N}w^{(i)}\sum\limits_{i=1}^{m}(\mu^{(i)}-\mu)^2\end{cases} \tag{4-34}$$

用式(4-34)的三个参数估计值分别替代式(4-19)对应的参数 μ、σ、τ，则 $Q(\theta|\theta^{(t)},\boldsymbol{r})$ 可以表示如下：

$$Q(\theta|\theta^{(t)},\boldsymbol{r})=-n\ln\sigma-(m-1)\ln\tau-\frac{1}{2\tau^2}\sum_{i=1}^{m}[(\hat{\mu}_i^{(t)}-\mu)^2+V_i^{(t)}]-$$

$$\frac{1}{2\sigma^2}\sum_{i=1}^{m}\sum_{j=1}^{n_i}((r_{ij}-\hat{\mu}_i^{(t)})^2+V_i^{(t)})^2+C_1 \tag{4-35}$$

其中，

$$V_i^{(t)}=\left(\frac{1}{(\tau^{(t)})^2}+\frac{n_1}{(\sigma^{(t)})^2}\right)^{-1}$$

在 M 步中，对式(4-35)采用 DAEM 算法极大化，即

$$\begin{cases}\mu^{(t+1)}=\underset{\mu}{\operatorname{argmax}}Q(\mu\,|\,\theta^{(t)},\boldsymbol{r})\\ \sigma^{(t+1)}=\underset{\sigma}{\operatorname{argmax}}Q(\sigma\,|\,\theta^{(t)},\boldsymbol{r})\\ \tau^{(t+1)}=\underset{\tau}{\operatorname{argmax}}Q(\tau\,|\,\theta^{(t)},\boldsymbol{r})\end{cases} \tag{4-36}$$

对 Q 函数的各个参数分别直接求导，令导数等于零，得到各参数的估计值为

$$\begin{cases}\hat{\mu}_x^{(t+1)}=\dfrac{\sum\limits_{i=1}^{N}w_n^{(i)}(k)\mu_x^{(t)}(k)}{\sum\limits_{i=1}^{N}w_n^{(i)}(k)}\\ \hat{\sigma}_x^{(t+1)}=\dfrac{\sum\limits_{i=1}^{N}w_n^{(i)}(k)\sigma_x^{(t)}}{\sum\limits_{i=1}^{N}w_n^{(i)}(k)}\\ \hat{\tau}_x^{(t+1)}=\dfrac{\sum\limits_{i=1}^{N}w_n^{(i)}(k)\tau_x^{(t)}(k)}{\sum\limits_{i=1}^{N}w_n^{(i)}(k)}\end{cases} \tag{4-37}$$

上面讨论的是一维坐标的情形，对于本书所研究的问题而言，只要将一维情况推广到二维情况即可。以上分析表明，$Q(\theta\,|\,\theta^{(t)},\boldsymbol{r})$ 函数属于指数分布族，因此可以考虑采用各参数的充分统计量代替各参数来提高估计的精度。理论计算与实验仿真表明，多尺度粒子滤波的 DAEM 算法收敛速度高，但该算法对初始状态值很敏感，不能保证算法收敛到全局最大值。为了使算法以高的速率收敛到全局最大值，本章引入双参数的 q-DAEM 统计算法与多尺度粒子滤波算法结合，因此，接下来有必要讨论多尺度粒子滤波的 q-DAEM 算法。

4.2.5 q-DAEM 算法

q-DAEM 算法的基本思想是，给 EM 算法引入双参数 β 和 q 来控制统计算

法的收敛过程，在初始状态值给定的条件下，该算法能以高的速率收敛到后验似然函数的全局最大值。该算法是建立在 Tsallis（查理斯）熵原理基础上的一种统计计算方法。Tsallis 熵属于统计力学范畴的概念，该熵为变形算法定义的函数的表达式为

$$\ln_q x \triangleq \frac{x^{1-q}-1}{1-q}$$

$$\ln_q\left(\frac{y}{x}\right)=x^{1-q}(\ln_q y-\ln_q x)$$

$$\lim_{q\to 1}\ln_q x=\ln x \tag{4-38}$$

此外，将函数 $\ln_q x$ 对 x 求导，得

$$\mathrm{d}\ln_q x/\mathrm{d}x=x^{-q} \tag{4-39}$$

当 $0<x<1$ 时，函数 $\ln_q(x)$ 的导数比函数 $\ln(x)$ 的导数要大得多。容易证明，$\ln_q(\cdot)$ 是单调递增的函数。因此，统计计算方法的最大似然对数函数的估计问题可以改写成如下形式：

$$\theta^*=\underset{\theta}{\operatorname{argmax}}\ln_q(\boldsymbol{r}\,|\,\theta)=\underset{\theta}{\operatorname{argmax}}\sum_r \ln_q(\boldsymbol{r},\mu\,|\,\theta) \tag{4-40}$$

从式（4-40）的分析可得到如下结论，q-DAEM 算法是受双参数 q 和 β 控制的 EM 算法，若 $q\to 1$，式（4-40）就退化为 EM 算法。当 $\beta\to 1$ 时，q-DAEM 算法就退化为 DAEM 算法。受双参数 q 和 β 控制的 q-DAEM 算法与 DAEM 算法的主要区别在于，除了用参数 β 提高收敛速度外，再引入参数 q，使统计算法以高速度收敛到全局最大值，从而克服了统计算法对状态初始反应敏感的特性，在很大程度上提高了算法的收敛速度，且保证了目标状态估计值能收敛到全局最大值。显然，该算法的迭代过程受控于内外两个循环，外部循环受参数 β 的控制，而内部循环受参数 q 的控制。当 β 从一个大于 1 的值（β_0）减小到 1 时，内循环控制环使 q 从一个大于 1 的值迅速减小到 1，实现了一个退火的完整过程，以此来减小算法对状态初始值敏感的依赖特性。借助于该退火过程，有效温度能迅速递减，而且每个 β 值，都不断地重复着如此的退火过程。如果算法收敛到一个局部最大值点，则在下一个 β 对应的循环过程中，算法就有可能跳出局部最大值点从而快速收敛到全局最大值点。

退火过程算法是基于统计力学原理的，而统计力学可以看作统计推断的一种形式，在推断过程中，采用最大熵的原理来估算基于部分信息的概率分布函数。理论分析证明，寻找 EM 算法和 q-DAEM 算法的下确界等效于估算在不完全信息条件下潜在变量条件概率的最优值。在标准最大熵方法中，考虑在某种约束条件下借助于求 Shannon（香农）熵最大值来获得参数的最佳概率分布，受

Tsallis 熵在非广延统计力学中成功应用的启发,本章考虑修正标准最大熵原理,即用计算 Tsallis 熵来代替计算 Shannon 熵。正是基于这样的修正结果,出现了一个很有趣的现象,即最大熵原理和似然函数下界最大化问题有相同的结果。此外,采用修正标准最大熵原理可以建立统计力学与 q-DAEM 算法之间的基本联系,并且可将该思想与粒子滤波算法结合应用到目标状态的估算中。对 EM 算法中的 M 步计算过程加以改造,使该算法在给定任何初始值的条件下,能以最快的收敛速度收敛到全局最大值,下面就此方法展开定量讨论。

设缺损参数的后验分布为 $\pi(\mu_i)$,给定的观测矢量为 $\boldsymbol{r}$,参数集合为 θ。因为本章给出的似然函数属于指数分布族,所以考虑使用参数的完备充分统计量,并结合多尺度粒子滤波算法来得到 M 步参数迭代更新的最大值。因此,最大化 Tsallis 熵 $H_q(p)$ 满足如下表达式,即

$$\begin{cases} \max_{p(\mu|\boldsymbol{r},\theta)} & H_q(p) = -\dfrac{1-\sum\limits_{\mu} p(\mu|\boldsymbol{r},\theta)^q}{1-q} \\ \text{s.t} & \sum\limits_{\mu} p(\mu|\boldsymbol{r},\theta) = 1 \\ & -\sum\limits_{\mu} p(\mu|\boldsymbol{r},\theta)^q \ln_q p(\boldsymbol{r},\mu|\theta) = U_q \end{cases} \tag{4-41}$$

式中,U_q 为能量约束。针对式(4-41)中的分布函数,根据 Bayesian 统计推断原理并结合多尺度粒子滤波算法进行如下处理,即

$$p(\mu|\boldsymbol{r},\theta) \propto p(\mu|\boldsymbol{r},\theta)p(\mu)p(\theta) \tag{4-42}$$

式(4-42)可采用粒子对集合得到其对应的近似表达式,即

$$\hat{p}(\mu|\boldsymbol{r},\theta) = \sum_{i=1}^{M} \widetilde{w}_k^{(i)} \delta(\mu_{0:k} - \mu_{0:k}^{(i)}) \tag{4-43}$$

式中,粒子权值的迭代公式为

$$w_k^{(i)} \propto \frac{p(r_k|\mu_{0:k}^{(i)}, r_{0:k})p(\mu_k^{(i)}|\mu_{0:k-1}^{(i)})}{\pi(r_k|\mu_{0:k}^{(i)}, r_{0:k})} w_{k-1}^{(i)} \tag{4-44}$$

式(4-44)中,缺损参数 $\mu_k^{(i)}$ 来自于建议分布(重要采样)函数 $\pi(\mu_k^{(i)}|\mu_{0:k}^{(i)}, k_{0:k})$。一般而言,目前普遍采用的行之有效的方法是选用状态转移函数作为重要采样函数(建议分布函数),但该建议分布函数没有考虑实时在线的状态观测值,从而会导致粒子出现严重的退化现象。为了克服该技术瓶颈,建议采用多尺度粒子滤波算法(详细过程见第 3 章)。

为了衡量式(4-43)对后验概率密度分布函数的近似程度,根据中心极限定理(CLT)可以证明

$$(\hat{p}(\mu|\boldsymbol{r},\theta)-p(\mu|\boldsymbol{r},\theta))\xrightarrow{d}N(0,1)$$

即服从渐近正态性。因此，式(4-41)表示的最优化问题可重新修正为

$$\begin{cases}\max_{p(\mu|\boldsymbol{r},\theta)} \quad H_q(p)=-\dfrac{1-\sum\limits_{\mu}\hat{p}(\mu|\boldsymbol{r},\theta)^q}{1-q}\\ \text{s. t} \quad \sum\limits_{\mu}\hat{p}(\mu|\boldsymbol{r},\theta)=1\\ \quad -\sum\limits_{\mu}\hat{p}(\mu|\boldsymbol{r},\theta)^q\ln_q\hat{p}(\mu|\boldsymbol{r},\theta)=U_q+|e|\end{cases} \tag{4-45}$$

式中，e 为任意小的一个正整数。因为采用了近似的分布模型，该修正使 q-DAEM 算法更具有普遍的适用性。为了估算式(4-45)的最优估计值，考虑将多尺度粒子滤波的 q-DAEM 算法与式(4-45)表示的最优化问题相结合，旨在阐明 q-DAEM 算法与统计力学之间的内在联系，即退火算法。

4.2.6　多尺度粒子滤波的 q-DAEM 算法

为了估算目标状态和参数的最优值，针对式(4-45)引入拉格朗日乘法因子 λ 和 β，得

$$J_q(p)=H_q(p)+\lambda\left[1-\sum_{\mu}p(\hat{\mu}|\boldsymbol{r},\theta)\right]+$$
$$\beta\left[U_q+\sum_{\mu}\hat{p}(\hat{\mu}|\boldsymbol{r},\theta)^q\ln_q\hat{p}(\hat{\mu}|\boldsymbol{r},\theta)+e\right] \tag{4-46}$$

将式(4-46)对参数 p 求导，得

$$\frac{\mathrm{d}J_q(p)}{\mathrm{d}p}=\sum_{\mu}\left[\frac{q}{1-q}p^{q-1}+\beta qp^{q-1}\ln p(\boldsymbol{r},\mu|\theta)-\lambda\right] \tag{4-47}$$

令式(4-47)等于零，即

$$\frac{\mathrm{d}J_q(p)}{\mathrm{d}p}=0$$

由此解出 $p(\mu|\boldsymbol{r},\theta)$，然后将该结果代入式(4-46)中，得到如下表达式：

$$p^*(\mu|\boldsymbol{r},\theta)=\frac{\exp_q(\beta\ln_q(\mu|\boldsymbol{r},\theta))}{\sum\limits_{\mu}\exp_q(\beta\ln_q(\mu|\boldsymbol{r},\theta))} \tag{4-48}$$

令

$$\sum_{\mu}\exp_q(\beta\ln_q(\boldsymbol{r},\mu|\theta))=Z(\theta)=\left[\frac{\lambda(1-q)}{q}\right]^{\frac{1}{1-q}} \tag{4-49}$$

$\theta=\theta^{(k)}$ 表示的参数集合是上次迭代的结果。如式(4-48)所示，当 $\theta=\theta^{(k)}$

时,将得到 q-DAEM 退火算法似然函数的下确界。

为了进一步说明 q-DAEM 算法与统计力学之间的内在联系机理,对式(4-48)两端取对数,得

$$\ln p^*(\mu|\boldsymbol{r},\theta)=\ln\frac{\exp_q(\beta\ln_q(\mu,\boldsymbol{r}|\theta))}{\sum\limits_{\mu}\exp_q(\beta\ln_q(\mu,\boldsymbol{r}|\theta))}=Z^{q-1}(\beta\ln_q(\mu,\boldsymbol{r}|\theta)\ -\ln_q Z)$$

对以上结果变形得

$$-\frac{1}{\beta}\ln_q Z=-\ln p^*(\mu|\boldsymbol{r},\theta)+\frac{1}{\beta}Z^{1-q}p^*(\mu|\boldsymbol{r},\theta) \tag{4-50}$$

式(4-50)两边同乘 $p^*(\mu|\boldsymbol{r},\theta)$,并对 μ 求和,结合式(4-50)可以得到如下结论,即

$$W(\theta)=U_q-\frac{(1-q)\lambda}{q\beta}H_q(\theta)=U_q-T_qH_q(\theta) \tag{4-51}$$

在式(4-51)中,定义有效温度为 $T_q=\frac{(1-q)\lambda}{q\beta}$,同时定义

$$W(\theta)\ \triangleq -\frac{1}{\beta}\sum_{\mu}p^*(\mu|\boldsymbol{r},\theta)^q\ln_q Z \tag{4-52}$$

$$H_q(\theta)\ \triangleq -\frac{1}{\beta}\sum_{\mu}p^*(\mu|\boldsymbol{r},\theta)^q\ln_q p^*(\mu|\boldsymbol{r},\theta)^q \tag{4-53}$$

显然,式(4-51)与统计力学的关系式 $E=U-TS$ 有相同的表达形式,其中 E 表示自由能量,U 表示系统的总能量,T 表示温度,S 表示系统的熵。对于给定的某一温度 T,方程 $E=U-TS$ 表示自由能量的最小化过程。由于自由能量的最小化过程必然会导致熵配置的最大化过程,所以在参数未知的情况下,要实现熵的最大化,必须对每一个有效温度关于参数 θ 做迭代运算,即对于每一个给定的温度 T_q,设参数 θ 的当前估计值为 $\theta^{(k)}$,观测值 $\boldsymbol{r}$ 给定的条件下,得到如下结论,即

$$W(\theta)=U_q(\theta,\theta^{(k)})-T_qH_q(\theta,\theta^{(k)})$$

其中,借助于迭代 $\theta^{(k)}$ 可得到 $W(\theta)$。该公式表明,在每一次迭代过程中,似然函数呈现递增的趋势,而 $W(\theta)$ 是递减的。为了简化 q-DAEM 算法,用多尺度粒子滤波算法得到的 $\hat{p}(\mu|\boldsymbol{r},\theta)$ 来近似 $p(\mu|\boldsymbol{r},\theta)$,再扩展到二维,考虑借助概率矩形区域模型(这一模型将在 4.3 节中讨论),对传感器检测范围内出现的机动目标进行状态估计。

对于传感器检测范围内出现的单机动目标,当观测值 $\boldsymbol{r}$ 给定时,可运用多尺度粒子滤波的 q-DAEM 算法重新估算 4.2.1 节给出的问题,其具体的实现过程如下:

考虑目标状态信息的后验概率密度分布函数为

$$\hat{p}(\boldsymbol{\mu},\boldsymbol{h}|\boldsymbol{r},\theta_{k-1})=\sum_{j=1}^{M}\widetilde{w}^{(j),n}\delta(\boldsymbol{\mu}-\boldsymbol{\mu}^{(j),n})p(\boldsymbol{h}|\boldsymbol{\mu}^{(j),n},\boldsymbol{r},\theta_{k-1}) \tag{4-54}$$

式(4-54)表示参数的联合后验概率分布函数,其中 $\theta_n=\{\mu,\delta,\tau\}$ 为待估参数集合。关于信道增益参数的满条件分布函数为

$$p(\boldsymbol{h}|\boldsymbol{\mu}^{(j),n},\boldsymbol{r},\theta_{k-1})\propto p(\boldsymbol{r}|\boldsymbol{h}^{(i),n},\boldsymbol{\mu}^{(i),n}) \tag{4-55}$$

式(4-55)的具体显式表达式为

$$p(\boldsymbol{r}|\boldsymbol{h}^{(i),n},\boldsymbol{\mu}^{(i),n})=\prod_{i=1}^{M}\frac{1}{(2\pi)^{1/2}\sigma}\exp\left\{-\frac{[r_{ij}-\boldsymbol{h}^{(i),n}*\boldsymbol{\mu}^{(i),n}]^2}{2\sigma}\right\} \tag{4-56}$$

式中,$\boldsymbol{h}^{(i),n}*\boldsymbol{\mu}^{(i),n}$ 表示目标状态最优值与系统状态传递函数的时域卷积。对式(4-56)采用多尺度粒子滤波算法来近似,即选用高斯分布函数作为建议分布函数,构造目标的状态空间集合。

采用粗细尺度交替采样的状态更新函数、状态转移函数来求取粒子权值 $\widetilde{w}^{(i),n}$ 的迭代公式。根据式(4-52)与式(4-53)来计算多尺度粒子滤波的 q-DAEM 算法的统计权值 w,即

$$w_n^{(i)}=\frac{\exp_q(\beta\ln_q(\hat{p}_n(\boldsymbol{\mu}^{(i),n})\hat{p}(\boldsymbol{\mu}^{(i),n},\boldsymbol{h}|\boldsymbol{r},\theta_{k-1})))}{\sum_{j=1}^{M}\exp_q(\beta\ln_q(\hat{p}_n(\boldsymbol{\mu}^{(j),n})))\hat{p}(\boldsymbol{\mu}^{(j),n},\boldsymbol{h}|\boldsymbol{r},\theta_{k-1})} \tag{4-57}$$

接下来的步骤是对各参数的采样值分别用粒子权值与统计权值进行加权,旨在对参数的统计特性进行估计。首先,对采样值用粒子权值进行加权,得到参数的如下估计值表达式:

$$\begin{cases}\boldsymbol{\mu}_x^{(t+1)}=\sum_{i=1}^{m}\widetilde{w}_k^{(i)}\hat{\boldsymbol{\mu}}_i^{(t)}\\ \boldsymbol{\sigma}_x^{(t+1)}=\left[\sum_{i=1}^{m}\sum_{j=1}^{n_i}\widetilde{w}_k^{(i)}(r_{ij}-\hat{\mu}_i^{(t)})^2+V_i^{(t)}\right]^{1/2}\\ \boldsymbol{\tau}_x^{(t+1)}=\left\{\sum_{i=1}^{m}[\widetilde{w}_k^{(i)}(\mu_i^{(t)}-\mu^{(t+1)})^2+V_i^{(t)}]\right\}^{1/2}\end{cases} \tag{4-58}$$

其次,采用统计权值 w 对式(4-58)的三个表达式分别进行统计加权,最后得到后验分布参数的最优估计值,即

$$\begin{cases}\hat{\mu}_x = \dfrac{\sum_{i=1}^{N} w_n^{(i)}(k)\mu_x^{(t+1)}(k)}{\sum_{i=1}^{N} w_n^{(i)}(k)} \\ \hat{\sigma}_x = \dfrac{\sum_{i=1}^{N} w_n^{(i)}(k)\sigma_x^{(t+1)}}{\sum_{i=1}^{N} w_n^{(i)}(k)} \\ \hat{\tau}_x = \dfrac{\sum_{i=1}^{N} w_n^{(i)}(k)\tau_x^{(t+1)}(k)}{\sum_{i=1}^{N} w_n^{(i)}(k)}\end{cases} \tag{4-59}$$

显然,用多尺度粒子滤波的 q-DAEM 算法对采样值分别进行粒子加权与统计加权,来逼近未知参数的统计特性,可保证参数与状态以最快的速率收敛到全局最大值,如此处理办法不但提高了参数与状态估计的精度,而且抑制了粒子的退化现象。

4.3 多尺度粒子滤波的概率矩形区域模型

在 WSN 机动目标跟踪中,为了对机动目标进行跟踪,同时减小跟踪误差,本节引入概率矩形区域模型,借助该模型,考虑采用多尺度粒子滤波算法从给定的观测值中提取关于目标状态信息的最优值,在某种程度上相当于在概率矩形区域内预测机动目标运动的最佳位置。基于该思想,目标预测值和真实值的距离误差相当于系统的干扰噪声,借助于 Butterworth(巴特沃斯)滤波器去噪的过程相当于寻找目标状态最优值的过程。随机过程理论表明,在概率矩形区域内,从给定的初始状态出发,沿着网格在二维平面搜索目标状态最优值的过程是服从二维布朗运动的随机过程。

为了借助于该模型估算目标状态的最优值,并提高目标状态的估计精度和可靠性,首先将概率矩形等间隔网格化,其次对网格中的每一个节点用一个存在死区的开关量来代替,最后在该网格上寻找目标状态的最优估计值。显然,采用如此的近似处理方法,目标状态估算过程引入了非线性的变化因素。为了阐明非线性环节因素对系统的状态传递函数的影响,根据控制理论极限环的思想,采用等倾方法,在网格平面上寻找一个稳定的状态极限环。借助于该极限环,在该概率矩形区域内寻找目标状态的最优估计值。理论证明,该矩形区域内存在一个稳定的极限环，在极限环内，如果初始值选择恰当，就可以搜到目标状态的最优估计值。基于该理论，利用多尺度粒子滤波算法获得参数统计特性的完备充分统计量，并以此来估算关于目标状态统计特性的一致最小方差无偏估计（UMVUE），从而提高了目标状态估计的精准度和可靠性。

设 r_{ij} 在 x 轴和 y 轴方向分解，其坐标为 $r=(x,y)$。注意到在 x 轴和 y 轴，目标运动状态的统计特性不但是相互独立的，而且是完全等效的，因此只需要考虑在 x 轴的统计特性。

为了使用充分统计量来估算目标的状态参数，根据 Rao-Blackwell Lehmann-Scheffe 定理，设概率分布的统计结构为 $R=\{R(\boldsymbol{X},\theta),\theta\in\Theta\}$，其中 $X_1,X_2,\cdots,X_n$ 为独立同分布（i. i. d）的 n 维随机变量，$\omega=g(\theta)$ 为分布参数的一个函数。设 $\hat{g}(\boldsymbol{X})$ 为 $g(\theta)$ 的一个无偏估计，$T(\boldsymbol{X})$ 为参数的充分统计量，可得到以下结论：

$$\overline{\omega}=E[g(\boldsymbol{X})\,|\,T(\boldsymbol{X})] \tag{4-60}$$

也就是说，$\overline{\omega}$ 是 ω 的无偏估计量，且

$$\mathrm{Var}_\theta\overline{\omega}\leqslant\mathrm{Var}_\theta[g(\boldsymbol{X})],\quad \theta\leqslant\Theta \tag{4-61}$$

若 $T(\boldsymbol{X})$ 为一个完全统计量，则对于每个 $\theta\in\Theta$，$\overline{\omega}$ 有唯一最小方差估计。$(\overline{\boldsymbol{X}},S_x^2)$ 是 $(\mu_x,\sigma_x^2,\tau^2)$ 完备的充分统计量，为了提高估计的精度，考虑采用粒子集合诱导函数来代替点估计的均值和方差作为参数集合 $\{\mu_x,\sigma_x^2,\tau^2\}$ 的完备充分统计量。有的文献中将多元随机变量方差共轭先验分布定义为 Normal-Inverse-Wishart 分布。

设 $x_1,x_2,\cdots,x_n$ 为独立同分布的随机变量 $\boldsymbol{X}$ 的观测值，且 $x_i\sim N(\mu,\sigma_x^2)$，$i=1,2,\cdots,n$，其中 μ 和 σ_x 均未知，考虑估计如下的概率分布：

$$g(\mu,\sigma_x)=P\{\boldsymbol{X}\geqslant x_0\}$$

$(\overline{\boldsymbol{X}},S^2)$ 是期望和方差的完备充分统计量，根据 Rao-Blackwell Lehmann-Scheffe 定理可知，存在唯一的 σ_x^2 的无偏最小方差估计，是其相应的完备充分统计量的函数。理论证明，σ_x^2 的 UMVUE 为

$$\hat{g}(\boldsymbol{X},S)=\begin{cases}0, & \varepsilon(\overline{\boldsymbol{X}},S)\leqslant 0\\ I_{\varepsilon(X,S)}\left(\dfrac{n}{2}-1,\dfrac{n}{2}-1\right), & 0<\varepsilon(\overline{\boldsymbol{X}},S)<1\\ 1, & \varepsilon(\overline{\boldsymbol{X}},S)\geqslant 1\end{cases} \tag{4-62}$$

其中，

$$\varepsilon(\overline{\boldsymbol{X}},S)=\frac{1}{2}\left[\frac{\overline{\boldsymbol{X}}\sqrt{n}}{(n-1)S}+1\right] \tag{4-63}$$

$I_{\varepsilon(\bar{X},S)}\left(\frac{n}{2}-1,\frac{n}{2}-1\right)$ 为正则不完全的 Beta 函数,即

$$I_{\varepsilon(\bar{X},S)}\left(\frac{n}{2}-1,\frac{n}{2}-1\right)=\frac{1}{B(n/2-1,n/2-1)}\times\int_0^{\varepsilon(\bar{X},S)}u^{\left(\frac{n}{2}-1\right)-1}\mathrm{d}u \tag{4-64}$$

如图 4-1 所示,目标在概率矩形区域内的最优位置(x,y)的概率分布为

$$P_{\mu_x,\sigma_x}\{\boldsymbol{X}\geqslant x_0\},\quad P_{\mu_y,\sigma_y}\{\boldsymbol{Y}\geqslant y_0\}$$

考虑到 x 轴和 y 轴的统计特性相互独立,只需考虑 x 轴的情况。为计算 $P_{\mu_x,\sigma_x}\{\boldsymbol{X}\geqslant x_0\}$,引入潜在变量 $\boldsymbol{X}-x_0$,$\boldsymbol{X}$ 的观测值为 $x_1,x_2,\cdots,x_m$,则观测值和最优估计值的误差为 x_i-x_0,$i=1,2,\cdots,m$,而且 $x_i-x_0\sim N(\mu_x-x_0,\sigma_x^2)$。$x$ 轴和 y 轴相互独立,因此 $P_{\mu_y,\sigma_y}\{\mu_y,\sigma_y\}$ 的 UMVUE 和 $P_{\mu_x,\sigma_x}\{\mu_x,\sigma_x\}$ 的 UMVUE 是完全相同的,只是将 x 用 y 代替。

基于以上讨论,再来研究概率矩形区域模型的统计问题。设矩形有区域 a、b、c 和 d,且 x 轴和 y 轴的统计特性相互独立,则

$$\Pr(a\leqslant\boldsymbol{X}\leqslant b;c\leqslant\boldsymbol{Y}\leqslant d)=\Pr_{\mu_x,\sigma_x}(a\leqslant\boldsymbol{X}\leqslant b)\times\Pr_{\mu_y,\sigma_y}(c\leqslant\boldsymbol{Y}\leqslant d) \tag{4-65}$$

$$\Pr_{\mu_x,\sigma_x}(a\leqslant\boldsymbol{X}\leqslant b)=\Pr_{\mu_x,\sigma_x}(\boldsymbol{X}\geqslant a)-\Pr_{\mu_x,\sigma_x}(\boldsymbol{X}\geqslant b) \tag{4-66}$$

$$\hat{\Pr}_{\mu_x,\sigma_x}(a)=\begin{cases}0, & \varepsilon(\bar{\boldsymbol{X}}-a,S_x)\leqslant 0\\ I_x(\boldsymbol{X}-a,S_x)\left(\frac{n}{2}-1,\frac{n}{2}-1\right), & 0<\varepsilon(\bar{\boldsymbol{X}}-a,S_x)<1\\ 1, & \varepsilon(\bar{\boldsymbol{X}}-a,S_x)\geqslant 1\end{cases} \tag{4-67}$$

其中,

$$\varepsilon(\bar{\boldsymbol{X}}-a,S_x)=\frac{1}{2}\left[\frac{(\bar{\boldsymbol{X}}-a)\sqrt{n}}{(n-1)S_x}+1\right] \tag{4-68}$$

$$I_x(\mu,\nu)=\frac{1}{B(\mu,\nu)}\times\int_0^{\varepsilon x}u^{\mu-1}(1-\mu)^{\nu-1}\mathrm{d}\mu \tag{4-69}$$

因此 $\hat{\Pr}_{\mu_x,\sigma_x}(a)$ 为 $\hat{\Pr}_{\mu_x,\sigma_x}(\boldsymbol{X}\geqslant a)$ 的 UMVUE,使参数分布族的 BIM 信息量达到离散参数方差下确界(此问题的证明由 Patricio S. Larose 完成)。

为了提高目标状态信息的估计精度,可借助多尺度粒子滤波的 q-DAEM 算法来求取参数集$(\mu_x,\sigma_x^2,\tau^2)$。为此,对式(4-35)求一阶导。考虑到 $r_{ij}=(x,y)$,利用第 3 章的方法,很方便得到 $t+1$ 时刻的诸多参数迭代表达式,即

$$\begin{cases}\hat{\mu}_x^{(t+1)} = \dfrac{\sum\limits_{i=1}^{N} w_n^{(i)}(k)\mu_x^{(t+1)}(k)}{\sum\limits_{i=1}^{N} w_n^{(i)}} \\ \hat{\sigma}_x^{(t+1)} = \dfrac{\sum\limits_{i=1}^{N} w_n^{(i)}\sigma_x^{(t+1)}(k)}{\sum\limits_{i=1}^{N} w_n^{(i)}} \\ \hat{\tau}_x^{(t+1)} = \dfrac{\sum\limits_{i=1}^{N} w_n^{(i)}\tau_x^{(t+1)}(k)}{\sum\limits_{i=1}^{N} w_n^{(i)}}\end{cases} \tag{4-70}$$

考虑用式(4-70)中的$\{\hat{\mu}_x,\hat{\sigma}_x\}$分别代替式(4-67)中的$\overline{\boldsymbol{X}}$、$S_x$，作为关于目标状态后验概率密度分布函数的完备充分统计量。对于 y 轴方向情形，处理方法与 x 轴方向完全类似。根据 Rao-Blackwell Lehmann-Scheffe 定理，概率矩形区域模型的 Pr(D)的 UMVUE 为

$$\Pr(D) = \Pr_{\mu_x,\sigma_x}(a \leqslant \boldsymbol{X} \leqslant b) \times \Pr_{\mu_y,\sigma_y}(c \leqslant \boldsymbol{Y} \leqslant d) \tag{4-71}$$

一般而言，Beta 分布函数不容易求得，而高斯分布函数和 F 分布函数很容易通过查表求得，因此，可借助数理统计知识把 Beta 分布函数转化为 F 分布函数。为了估算

$$\hat{\Pr}(\hat{X}_{t/t},\hat{\Sigma}_{t/t}) = I_{g(\hat{X}_{t/t},\Sigma_{t/t})}(v_1,v_2) \tag{4-72}$$

设

$$v_1 = v_2 = \frac{n}{2} - 1$$

同时做变换

$$x = \frac{v_2}{v_2 + v_1 F} \tag{4-73}$$

则 x 是自由度为$(v_1/2, v_2/2)$的 Beta 变量。由此可知

$$Q(F;v_1,v_2) = I_x\left(\frac{v_2}{2},\frac{v_1}{2}\right) \tag{4-74}$$

式(4-74)的显式表达式为

$$Q(F;v_1,v_2)=\frac{v_1^{v_1/2}v_2^{v_2/2}}{B(v_1/2,v_2/2)}\int_F^{\infty}\frac{F^{\frac{v_1}{2}-1}}{(v_2+v_2F)\frac{v_1+v_2}{2}}\mathrm{d}F \tag{4-75}$$

其中,$Q(F;v_1,v_2)$为 F 分布的上侧概率。通过查阅 F 分布表,得到对动态目标的精准估计值。

4.4 粒子滤波在受野值破坏非线性时间序列中的应用仿真

基于本章提出的算法,考虑采用文献[179]提供的非线性时空模型描述目标跟踪,并提出了标准粒子滤波算法中在线野值检测步骤。

考虑在两维空间移动的动态目标跟踪问题,采用 N 个传感器组成的感知网络,设目标传输的信号属于可接收与可测量的序列,Cristina 给出的目标跟踪的状态模型方程与观测模型方程分别为

$$\boldsymbol{x}_t=\boldsymbol{Q}\boldsymbol{x}_{t-1}+\boldsymbol{n}_t$$

$$\boldsymbol{y}_{k,t}=10\lg\frac{P_0}{\|\boldsymbol{r}_t-\boldsymbol{s}_k\|^{\gamma}}+\boldsymbol{v}_{k,t},\quad k=1,\cdots,N$$

式中,状态矢量为 $\boldsymbol{x}_t=[x_{1,t},x_{2,t},\dot{x}_{1,t},\dot{x}_{2,t}]^{\mathrm{T}}\in\mathbf{R}^4$,其目标的速度矢量为 $\boldsymbol{v}_{k,t}=[\dot{x}_{1,t},\dot{x}_{2,t}]$,目标状态的转移矩阵为 $\boldsymbol{Q}=\begin{bmatrix}\boldsymbol{I}_2 & T_s\boldsymbol{I}_2\\ \boldsymbol{0}_2 & \boldsymbol{I}_2\end{bmatrix}$,该矩阵由 2×2 单位矩阵和零矩阵构成;$\boldsymbol{n}_t$ 为 4×1 零均值、方差为 Σ_n 的高斯噪声矢量;$\boldsymbol{y}_{k,t}=[y_{1,t},\cdots,y_{N,t}]\in\mathbf{R}^{d_y}$ 为来自第 k 个传感器的观测向量;P_0 为目标传输信号的功率;γ 为独立于环境的传播因子。

基于以上定义的变量,根据目标状态转移概率密度函数与观测方程的概率密度函数分别为

$$\Pr\{X_t\in A\,|\,X_{t-1}=x_{t-1}\}=\int_A\tau_t(x_t\,|\,x_{t-1})\,\mathrm{d}x_t$$

$$\Pr\{Y_t\in A'\,|\,X_t=x_t\}=\int_{A'}\lambda_t(y_t\,|\,x_t)\,\mathrm{d}y_t$$

式中,A 为 $\mathbf{R}^{d_x}$ 维空间的 Borel 子集合。

基于以上定义的变量,得到如下的高斯分布的概率密度函数,即

$$\tau_0(x_0)=N(x_0;m_0,\Sigma_0)$$

$$\tau_t(x_t\,|\,x_{t-1})=N(x_0;Qx_{t-1},\Sigma_n)$$

$$\lambda_{k,t}(y_{k,t}\mid x_{t-1})=N\left(y_{k,t};10\lg\frac{P_0}{\|\boldsymbol{r}_t-\boldsymbol{s}_k\|^{\gamma}},\sigma_v^2\right)$$

选择建议分布函数为

$$\tau_t(x_t\mid x_{t-1}^{(i)})=N(x_0;Qx_{t-1}^{(i)},\Sigma_n),\quad i=1,\cdots,M$$

采用神经网络和浓度测量结合针对野值进行检测,参考文献[179]表达式(9),即

$$F(\boldsymbol{y}_t,\boldsymbol{Y}_t)=\frac{1}{M}\sum_{i=1}^{M}\exp(-(\boldsymbol{y}_t-\boldsymbol{y}_t^{(i)})^{\mathrm{T}}\boldsymbol{\Sigma}^{-1}(\boldsymbol{y}_t-\boldsymbol{y}_t^{(i)}))$$

式中,将该式定义为 $(\boldsymbol{y}_t-\boldsymbol{y}_t^{(i)})^{\mathrm{T}}\boldsymbol{\Sigma}^{-1}(\boldsymbol{y}_t-\boldsymbol{y}_t^{(i)})$ 神经网络的能量函数,借助于粒子集合,建议采用如下的神经网络优化粒子,提高目标检测精准性。

如图 4.3 所示的 BP 神经网络,与粒子滤波算法结合,借助于神经网络的权值来调整粒子的多样性。

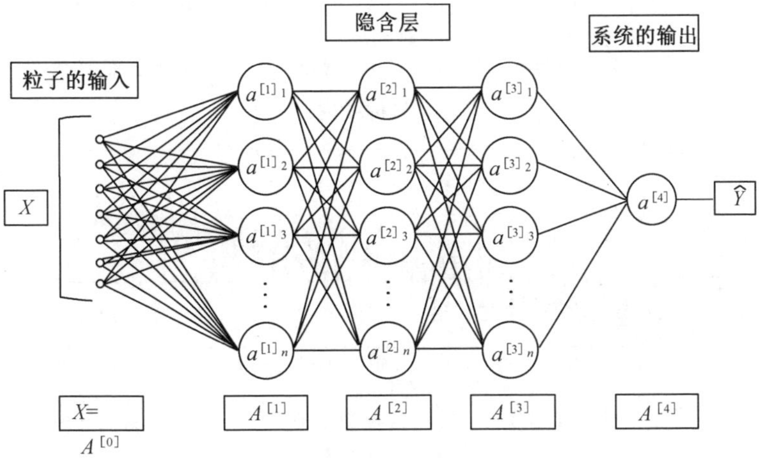

图 4-3　BP 神经网络

设在目标状态观测值给定的条件下,将观测值作为神经网络的目标,借助于监督学习,调整多尺度粒子的多样性,借助于不同尺度的粒子估算目标的状态值。

设目标的运动轨迹 $y(n)=0.463x(n)+n,n\sim\varepsilon N(0,3.156^2)+(1-\varepsilon)N(0,1.156^2)$,即噪声为混合高斯噪声。考虑采用多尺度粒子滤波的 q-DAEM 跟踪算法,借助概率矩形区域模型对目标状态(用经纬度表示)进行仿真,其结果如图 4-4 所示。

如图 4-4 所示,与目前普遍存在的粒子滤波算法(高斯粒子滤波算法、SIR 粒子滤波算法)相比,多尺度粒子滤波的完美采样算法基本准确地跟踪了该目标的真实轨迹。高斯粒子滤波算法、SIR 粒子滤波算法及多尺度粒子滤波的完美采样算法的估计误差分别为 4.728 6、4.298 及 1.432。显然,基于多尺度粒子

滤波的完美采样算法有明显的优势。从理论上讲，当搜索到目标状态空间进入平稳分布的收敛时间后，多尺度粒子滤波的完美采样算法就可以完全精确地跟踪目标运动的真实轨迹，但是仍然存在误差，究其原因是，虽然多尺度粒子滤波的完美采样算法提高了完美采样算法的运算效率，但采用多尺度粒子滤波搜索到的目标状态空间进入平稳分布的收敛时间和状态空间实际收敛时间仍有微小的偏差，该偏差会导致目标状态的估计误差。

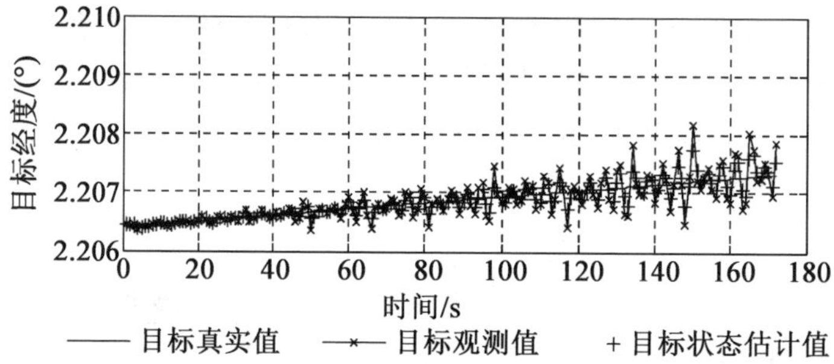

(a)目标经度

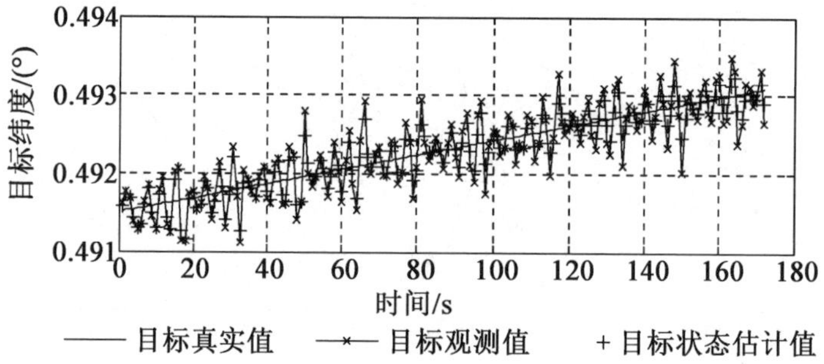

(b)目标纬度

图 4-4 机动目标的运动跟踪轨迹

如图 4-5 所示，与目前普遍存在的粒子滤波算法（高斯粒子滤波算法、SIR 粒子滤波算法）相比，多尺度粒子滤波的完美采样算法基本准确地跟踪了该目标的真实轨迹。

高斯粒子滤波算法、SIR 粒子滤波算法及多尺度粒子滤波的完美采样算法的估计误差分别为 4.728 6、4.298 及 1.432。显然，多尺度粒子滤波的完美采样算法有明显的优势。从理论上讲，当搜索到目标状态空间进入平稳分布的收敛时间后，多尺度粒子滤波的完美采样算法就可以完全精确地跟踪目标运动的真实轨迹，但是仍然存在估计误差。分析其深层次的原因：虽然多尺度粒子滤波的完美采样算法提高了完美采样算法的运算效率，但采用多尺度粒子滤波搜索到的目标状态空间进入平稳分布的收敛时间和状态空间实际收敛时间仍有微小的偏差，该偏差会导致目标状态的估计误差。

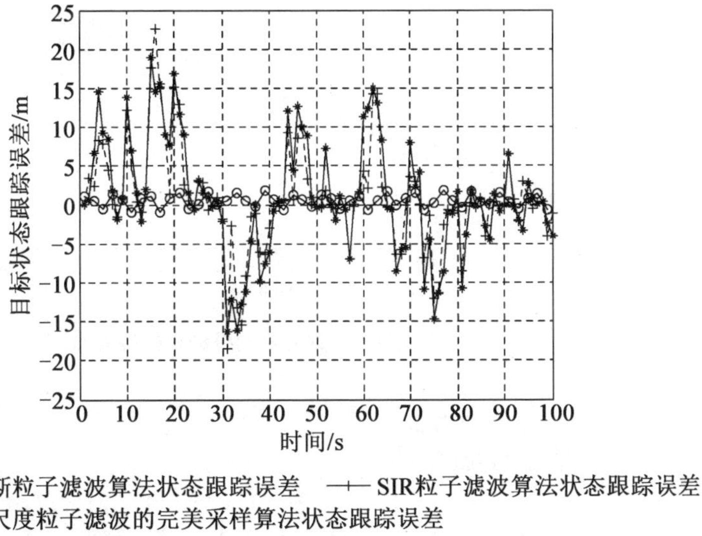

图 4-5　跟踪误差算法性能的对比图

目前 LSTM 与粒子滤波算法结合，改善粒子滤波功能，该方法综合长短记忆序列的数据，考虑了数据之间的相关性，基于机动目标的点迹生成模块得到的坐标集合，该方法对改善目标定位精度呈现了良好的性能。为了比较验证各种算法的性能，本实验测试采用的是最小二乘、粒子滤波以及 LSTM+粒子滤波方法。

方法 1：最小二乘方法

最小二乘方法是针对线性系统模型参数估值问题而普遍采用的最佳处理方案，但该方法只对 Gaussian-Markov 系统模型的状态估计问题而言是最优的，以及在近似的线性函数条件下，最小二乘方法的估计值是模型特征参数的最好线性无偏估计（BLUE）。基于该理论，本仿真采用三次多项式分别拟合时间（time）-经度（longitude）与纬度（latitude）之间的函数动态变化规律，并使用最小二乘方法，基于测量值对其模型参数进行拟合求解，但实际拟合效果较差。

如图 4-6 和 4-7 所示，分析其拟合效果较差的主要原因是，仿真过程所给定的系统呈现非线性的特征，所叠加的噪声为高斯白噪声，因此估计值偏离给定值的幅度较大，因为最小二乘方法对非线性系统而言，估计值不是最优的。

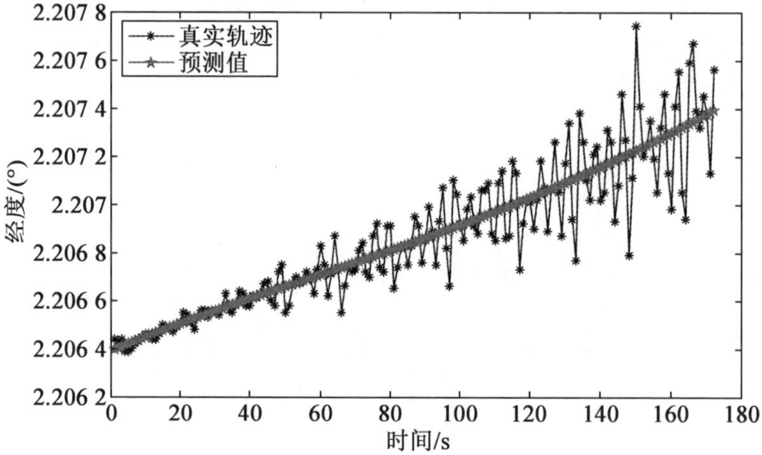

图 4-6　基于最小二乘方法的机动目标经度跟踪

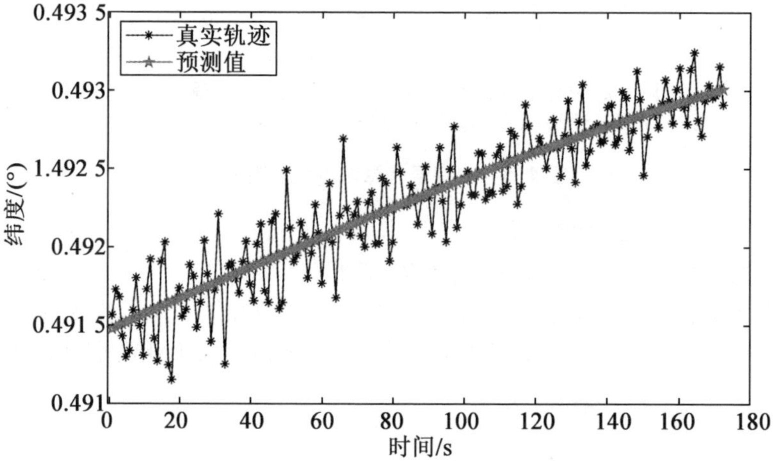

图 4-7　基于最小二乘方法的机动目标纬度跟踪

方法 2:加权最小二乘方法

加权最小二乘方法是针对不满足 BLUE 性质的条件下,提出了修正版最小二乘方法,其基本思想是,将其方差表达式采用正定的非奇异对称矩阵代替最小二乘方法中目前普遍采用的单位向量矩阵,迫使其满足高斯-马尔可夫模型(Gaussian-Markov)条件,得到模型参数的最优估计值。加权的最小二乘方法对截尾样本的次序统计量的线性函数的模型参数估计是最优的。本次仿真采用三次多项式分别拟合时间(time)-经度(longitude)与纬度(latitude)之间的函数关系,基于上一时刻和当前时刻经纬度数据之间的相关性,并使用加权最小二乘提取模型特征参数最优估计值。虽然实际拟合效果有所改善,但后期误差仍保持较大的变化态势。

如图 4-8 与图 4-9 所示,分析其原因,是因为仿真过程给线性系统观测值所叠加的噪声为混合高斯噪声,从本质上而言,混合高斯噪声不属于高斯白噪声的范畴,不能保证协方差矩阵满足正定对称的性质。因此,本次实验测试虽然采用加权的最小二乘方法,但不能实现对特征性能参数的最优估计。顺便提一下,针对线性系统+非高斯噪声估值问题,目前普遍考虑采用估计性能优越的扩展的卡尔曼滤波器(EKF),鉴于该方法在很多文献和解决实际工程问题中都能找到成功的应用案例,本节不予展开详细的讨论。

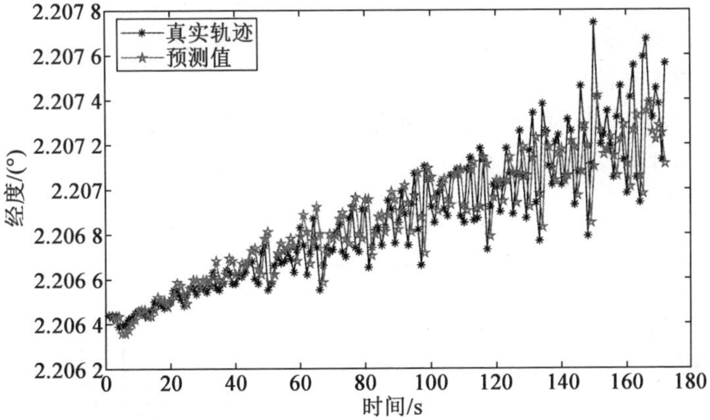

图 4-8　基于加权最小二乘方法的机动目标经度跟踪

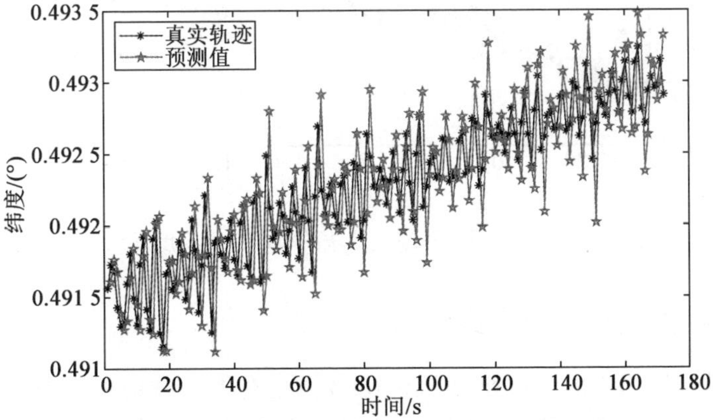

图 4-9　基于加权最小二乘方法的机动目标纬度跟踪

方法 3：粒子滤波

考虑非线性、非高斯以及非平稳系统模型的状态估值问题，采用粒子滤波方法。基于粒子滤波对动态目标轨迹进行预测以及状态的估计，对相邻时刻状态轨迹之间的相关性借助于数据生成的技术进行训练拟合，将拟合结果作为目标跟踪过程的状态转移方程，采用该状态转移方程构建建议分布函数（重要采用函数），获取粒子集合，拟合效果较好，但前期误差略大。

如图 4-10 和图 4-11 所示，粒子滤波采用的重要采样方法获取粒子的集合，粒子集合来自于建议分布函数，但建议分布函数的筛选过程，因为简化过程导致了粒子的退化现象，影响了粒子多样性，粒子之间记忆性的减弱使得模型参数估计误差增大。所以要改善其粒子样本的性能，必须考虑将粒子滤波方法与神经网络结合，利用神经网络的权值控制粒子的权值，在很大程度上其目标是为了改善粒子的多样性。

此外，针对非线性、非高斯以及非平稳模型的状态估值问题，本节尝试引入神经网络的训练方法进行仿真实验，即方法 4 和方法 5。

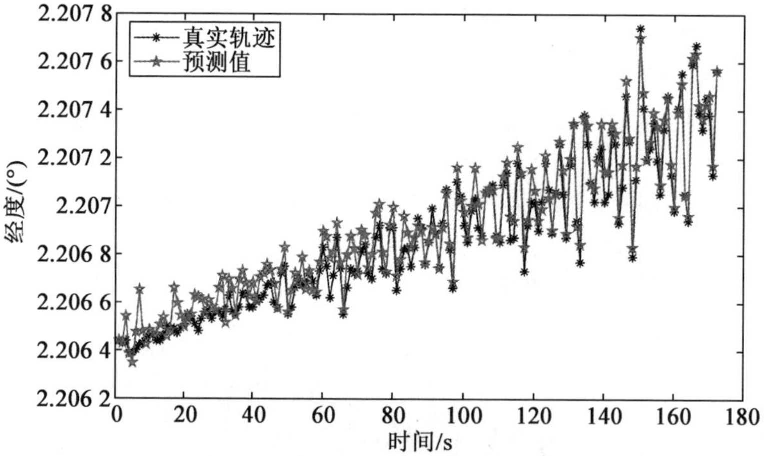

图 4-10　基于粒子滤波算法的机动目标经度跟踪

方法 4：多层感知机神经网络

基于神经网络中的多层感知机（MLP）模型对上一时刻和当前时刻经纬度之间的相关性强弱进行拟合，MLP 包括输入层、隐藏层和输出层各一层，隐藏层包含 64 个单元。该方法改善了特征参数预测性能，但出现一定的滞后性。

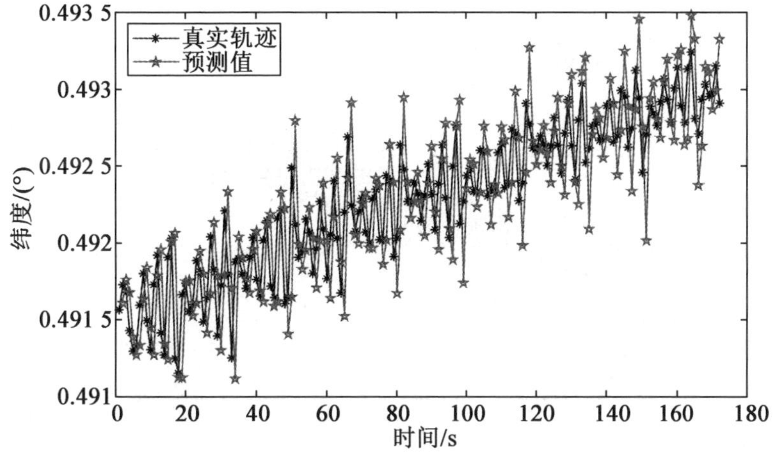

图 4-11　基于粒子滤波算法的机动目标纬度跟踪

如图 4-12 和图 4-13 所示，GRNN 神经网络组成的多层感知机，其收敛速率高、逼近能力强、鲁棒性好以及容错性强，属于广义回归的神经网络范畴，针对非线性（噪声为混合高斯噪声系统模型）的时间序列，对其系统模型的性能参数有很好的逼近能力。目前，针对数字孪生系统中故障根因诊断问题，考虑将粒子滤波方法与该神经网络结合，旨在改善系统状态预测估计精度和决策风险，凸显了很好的估算性能。

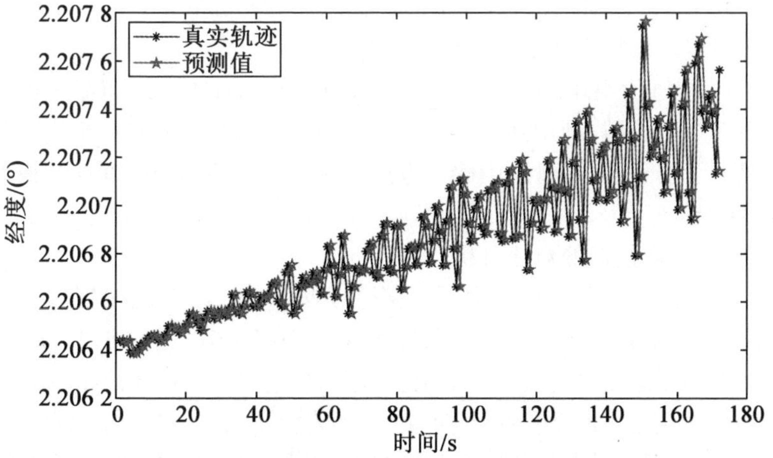

图 4-12　基于 GRNN（广义递归神经网络）神经网络的机动目标经度跟踪

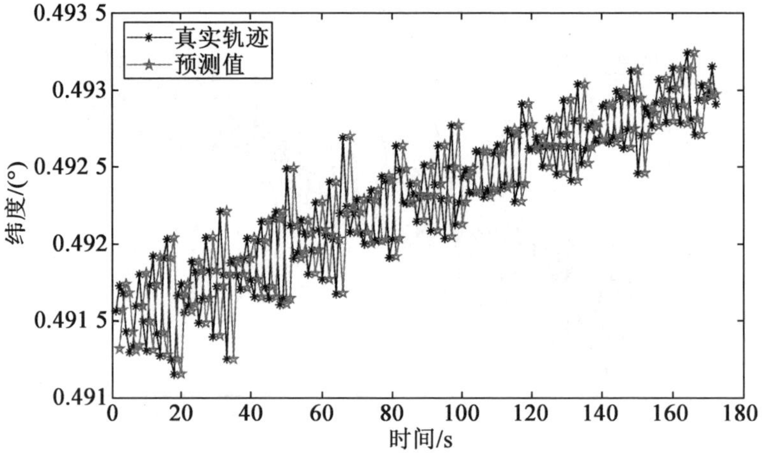

图 4-13　基于 GRNN 的机动目标纬度跟踪

方法 5：长短期记忆神经网络 LSTM+粒子滤波

长短期记忆神经网络 LSTM 属于一种典型的循环神经网络（RNN），该方法能将信息从过去的时间步长转化为将来时刻步长，其核心是该算法的更新函数的构建，该函数由三个门函数组成，即输入门函数、遗忘门函数以及输出门函数。借助于深度神经网络，基于神经网络中的长短期记忆（LSTM）模型进行预测，利用最近三个时刻的数据预测当前时刻目标的经纬度坐标，LTSM 模型包括输入层、隐藏层和 LSTM 层各一层，其中 LTSM 层共有 128 个单元。基于仿真预测效果，该方法对误差估算性能的改善最为显著。

如图 4-14 与图 4-15 所示，将粒子滤波方法与 LSTM 长短期记忆神经网络结合，采用三个门函数，利用强的记忆性，提取样本之间相关信息，抑制了粒子退化现象，保持了粒子的多样性，因此该方法针对非线性的离散时间序列模型有很好的估值性能。

误差模型性能估计的对比分析：

针对非线性、非高斯以及非平稳系统模型的估值问题，基于观测数据，仿真测试结果表明：最小二乘方法、加权最小二乘方法以及多层感知机的方法，其对应的估值性能明显不如粒子滤波方法和长短时间记忆序列神经网络+粒子滤波的方法。因为粒子滤波与长短期记忆神经网络 LSTM+粒子滤波考虑了样本之间的记忆性质，采用重要采样方法，构建粒子集合提取模型参数的估计值。在该仿真实验测试环节，本节考虑针对最小二乘方法、粒子滤波方法以及长短期记忆神经网络 LSTM+粒子滤波方法，这三种具有代表性典型方法的误差性能进行对比研究分析，并对误差部分进行局部放大,放大部分误差变化趋势表明:LSTM 神经网络+粒子滤波方法对非线性非高斯系统模型的估计误差最小。理论分析表明:调整 LSTM 权值控制粒子的权值,能有效地抑制粒子的退化现象。尤其值得强调的是,长短期记忆神经网络 LSTM 与粒子滤波方法结合,采用三个门函数记忆特性,能有效地抑制粒子的退化现象,保证粒子的多样性。考虑到 LSTM 设计方案具有很强的记忆性,并结合粒子滤波方法,旨在实现模型特征性能参数估计精度与可靠度之间的优化折中。总而言之,为了改善粒子滤波方法的性能,考虑将粒子滤波方法与神经网络结合,训练建议分布函数(重要采样函数),借助于神经网络的权值控制调整粒子的权值,保持粒子的多样性,抑制粒子的退化现象,使得粒子滤波算法能更好解决非高斯、非线性以及非平稳系统模型参数的估计问题。

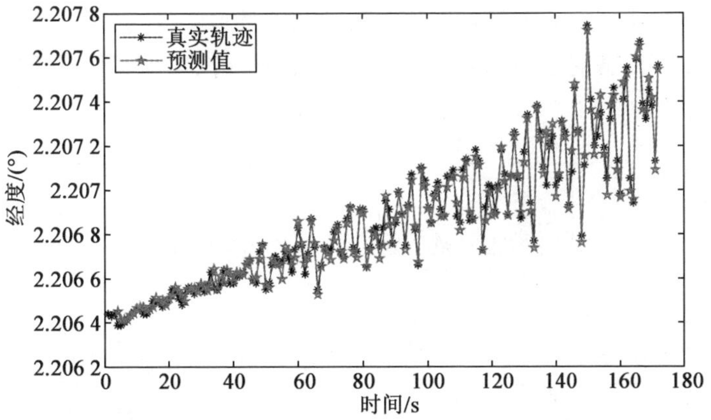

图 4-14　长短期记忆神经网络 LSTM+粒子滤波目标经度跟踪

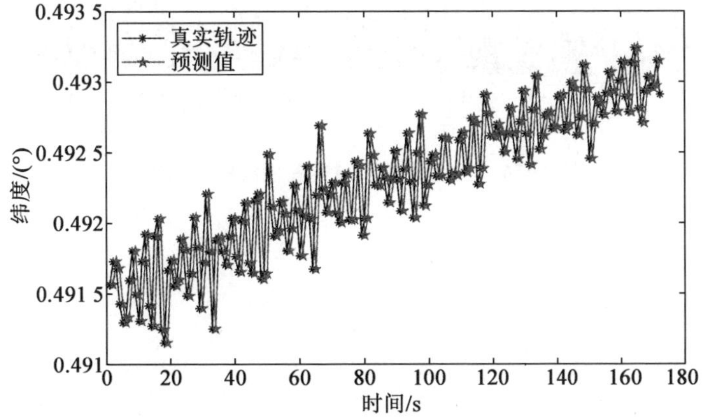

图 4-15　长短期记忆神经网络 LSTM+粒子滤波目标纬度跟踪

如图 4-16 与图 4-17 所示为经度和纬度误差对比图，将粒子滤波与 LSTM 结合，实现对机动目标定位与航迹的预测，该系统的模型选择基本可归结为非线性+非高斯类型范畴，其相应的估计值基本离散均匀分布在目标真实运动轨迹的两侧。测试表明，经纬度误差服从二维正态分布，且方差小。为了进一步的分析仿真结果，在观测值$\boldsymbol{Y}_t$ 给定的条件下，设定置信水平 α，其相应的误差表达式为

$$(\boldsymbol{y}_t-\boldsymbol{y}_t^{(i)})^T\boldsymbol{\Sigma}^{-1}(\boldsymbol{y}_t-\boldsymbol{y}_t^{(i)})\leqslant\chi^2_{1-\alpha}(M),\quad M\geqslant 0,\boldsymbol{\Sigma}^{-1}>=0,$$
$$t=0,1,\cdots,N;i=1,\cdots,L;N,L\geqslant 0$$

其中$\boldsymbol{\Sigma}^{-1}>=0$ 为正定非奇异矩阵；M 为自由度；$\boldsymbol{y}_t$ 表示时刻 t 目标观测值向量；$y_t^{(i)}$ 表示 t 时刻第 i 个粒子的集合。该不等式在集合意义上表示表示一个多维的椭球体，该椭球可作为衡量目标状态估算精度约束条件，采用神经网络与粒子滤波算法的结合，实现了动态目标定位以及状态估计，实现了估算精准度与可靠度之间的优化折中。

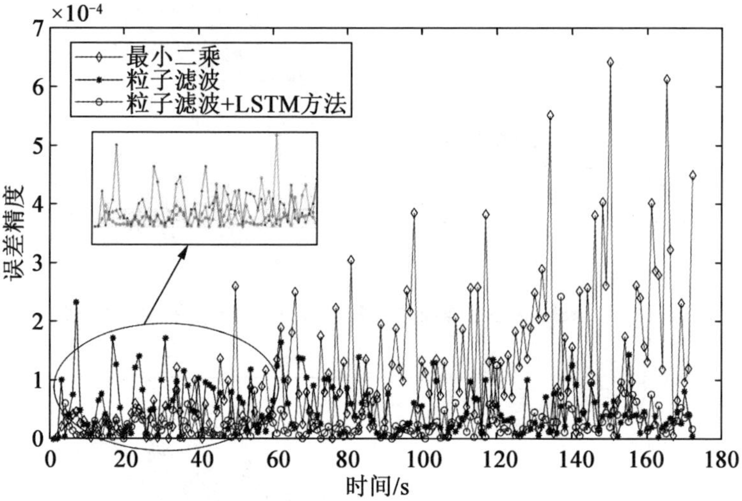

图 4-16　经度数据预测误差性能的对比图

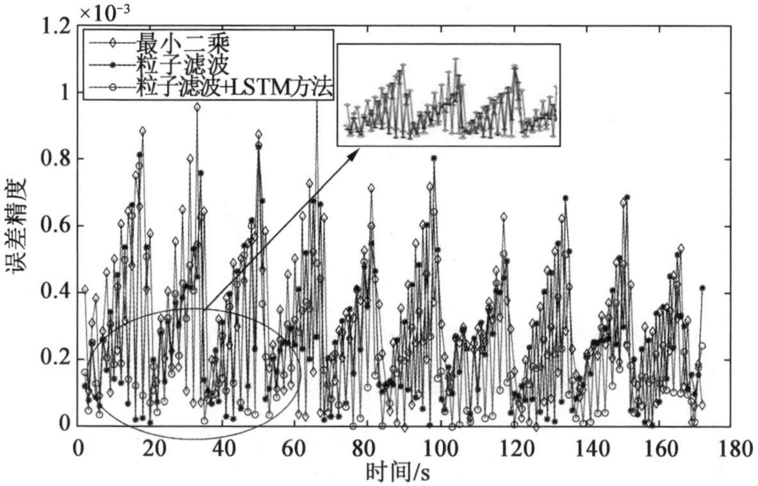

图 4-17　纬度度数据预测误差性能的对比图

4.5　多尺度粒子滤波的均值漂移算法

在 WSN 机动目标跟踪定位系统中，运用多尺度粒子滤波算法可对机动目标的状态信息进行精确的跟踪、预测和估计，但粒子滤波的计算复杂度高、运算效率低，导致目标状态估计和跟踪的实时性较差，从而影响了目标跟踪估计效果。为了改善目标状态跟踪和状态估计的实时性，本节将多尺度粒子滤波算法与均值漂移算法相结合，充分利用均值漂移算法计算量小，可以实现对机动目标的实时跟踪，并且提高了目标状态实时估计的精准性和鲁棒性。

4.5.1　动态目标跟踪定位系统模型与实验仿真

本节考虑将多尺度粒子滤波的 q-DAEM 算法与均值漂移算法相结合，借助概率矩形区域模型，从给定的观测值中提取目标的状态信息和参数信息，旨在实现对机动目标的实时跟踪。

设如图 4-18、图 4-19 所示的机动目标（矩形框为核函数的剖面图），用 WSN 对该机动目标进行监测跟踪。设目标在从位置 1 运动到位置 2 的过程中，与 y 轴的夹角变化为 $\theta_1 \to \theta_2$。为了实现对目标的跟踪，设位置 1 和位置 2 的角度变化值不能超过 $\pi/2$，用状态方程和观测方程来描述被跟踪目标的状态空间模型，其中，目标的转弯速率为 ϕ。

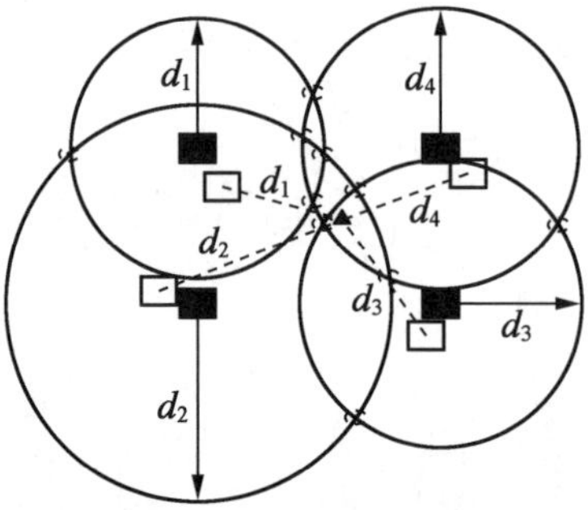

图 4-18 机动目标的位置跟踪定位 1

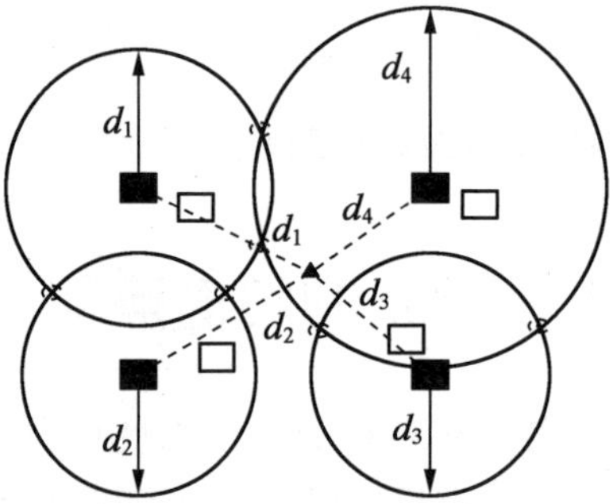

图 4-19 机动目标的位置跟踪定位 2

将该目标设定在一个矩形的概率区域内，实现准确的跟踪定位，其示意图如图 4-20 所示。

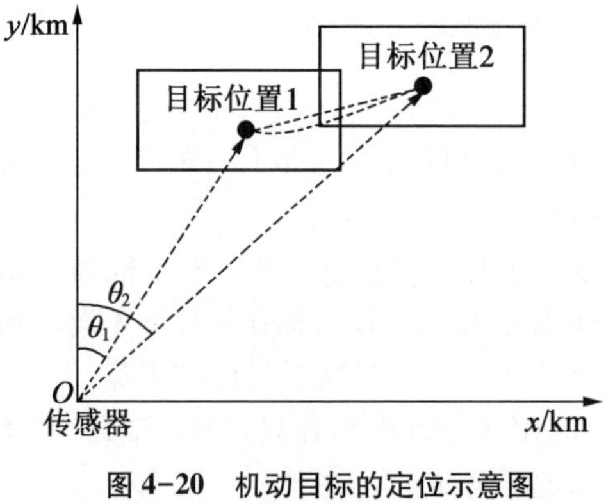

图 4-20 机动目标的定位示意图

如图 4-18~4-20 所示，针对一个室内或者室外机动目标，受复杂干扰环境影响的条件下，将该机动时空状态的演绎过程模型采用具有马尔可夫性质状态方程进行描述，将粒子滤波算法与矩形概率统计模型结合，改善机动目标的定位精度。因此围绕该思路，将目标转弯速率建模为三个状态的数据集合，即右转 R、直向 S 和左转 L，即状态方程为

$$\boldsymbol{X}_{k+1}=\boldsymbol{A}(\phi_{k+1})\boldsymbol{X}_k+\boldsymbol{\Gamma}x_k \tag{4-76}$$

式中，$\boldsymbol{X}_k=(x_k \quad \phi_{k+1})^{\mathrm{T}}$；$\boldsymbol{x}_k=(x \quad \dot{x} \quad y \quad \dot{y})^{\mathrm{T}}$，其中，$x$ 和 y 分别为目标在直角坐标系（笛卡儿坐标系）下的位置，$\dot{x}$ 和 $\dot{y}$ 分别为速度在 x 轴和 y 轴上的分量；

$$\boldsymbol{A}(\phi_{k+1})=\begin{bmatrix} 1 & \dfrac{\sin(\phi T)}{\phi} & 0 & -\dfrac{1-\cos(\phi T)}{\phi} & 0 \\ 0 & \cos(\phi T) & 0 & -\sin(\phi T) & 0 \\ 0 & \dfrac{1-\cos(\phi T)}{\phi} & 1 & \dfrac{\sin(\phi T)}{\phi} & 0 \\ 0 & \sin(\phi T) & 0 & \cos(\phi T) & 0 \\ 0 & 0 & 0 & 0 & 1 \end{bmatrix} \tag{4-77}$$

噪声的分布矩阵为

$$\boldsymbol{\Gamma}=\begin{bmatrix} T^2/2 & 0 \\ T & 0 \\ 0 & T^2/2 \\ 0 & T \\ 0 & 0 \end{bmatrix}$$

转弯的速率 $\phi=a_{\mathrm{typ}}/\sqrt{\dot{x}^2+\dot{y}^2}$，其中，$a_{\mathrm{typ}}>0$ 是机动加速度，可以预先给定初始值，则传感器网络的测量方程为

$$\boldsymbol{Y}_k=h(\boldsymbol{X}_k)+e_k=\arctan\left(\frac{x_k}{y_k}\right)+e_k \tag{4-78}$$

式（4-78）中，e_k 为均值为 0、协方差为 R_k 的过程序列噪声。

显然，以上状态方程和观测方程所描述的状态空间属于非线性动态模型。为了对目标实现实时跟踪，接下来有必要讨论定位技术仿真实验。

利用 INS 定位技术初始定位准确的优势，对 UWB 定位存在的 NLOS 误差进行检测和缓解，辅助 UWB 技术对室内消防员进行精确定位。利用卡尔曼滤波实现 INS 辅助 UWB 技术获取室内消防员精确的位置信息，首先由 INS 定位技术获取消防员最初的位置信息，对此时 UWB 定位获取的消防员位置信息进行检测，然后在融合滤波器中用噪声矩阵和检测结果构成的残差矩阵相乘，即可实现实时检测并缓解 UWB 定位的 NLOS 误差。

图 4-18 所示的仿真实验验证的是在 NLOS 误差较大时对比不同定位算法的定位精度，在模拟 UWB 室内定位时，人为加入 50 个 1.2 m 的随机误差代替 NLOS 误差，也分为两种情况进行实验：一种是两个 UWB 定位基站 A3 和 A4 被遮挡时进行实验，另一种是四个 UWB 定位基站 A1、A3、A4 和 A6 被遮挡时进行实验，具体的实验结果如图 4-21、图 4-22 所示。

该仿真实验主要验证在 NLOS 误差较小时对比不同定位算法的定位精度，在模拟 UWB 室内定位时，人为加入 50 个 0.6 m 的随机误差代替 NLOS 误差，按照实验也分为两种情况进行实验：一种是两个 UWB 定位基站 A3 和 A4 被遮挡时进行实验，另一种是四个 UWB 定位基站 A1、A3、A4 和 A6 被遮挡时进行实验，具体的实验结果如图 4-21 和图 4-22 所示。

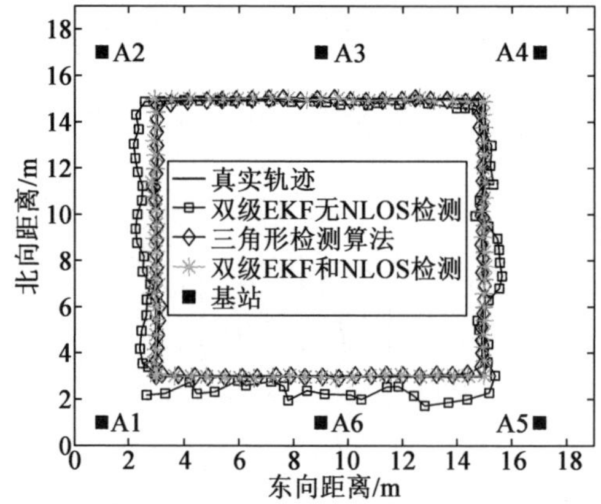

图 4-21 两个 UWB 基站处于 NLOS 环境的实验轨迹图

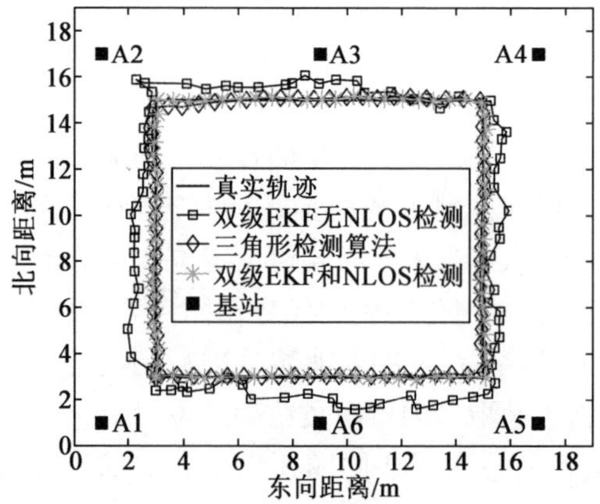

图 4-22 四个 UWB 基站处于 NLOS 环境的实验轨迹图

4.5.2 均值漂移算法

均值漂移算法是在概率空间中求解概率密度极大值的优化算法，通过对目标点赋予大的权值，而对非目标点赋予相对较小的权值，使目标区域成为密度极值区，从而将目标跟踪同均值漂移算法联系起来。因此，均值漂移算法是一种基于核密度估计的无参快速模式匹配算法。为了阐明均值漂移算法，设目标状态空间样本集合为$\{x_i\}$，$i=1,2,\cdots,n$，$x_i \in \mathbf{R}^d$，属于欧几里得空间，$\boldsymbol{X}=[x_1,x_2,\cdots,x_n]^{\mathrm{T}}$是一个向量，其范数定义为$\|\boldsymbol{x}\|^2=\sum_{i=1}^{n} x_i^2$，$K:\boldsymbol{X}\to\mathbf{R}$被称为核算子，若存在一个剖面函数$K:(0,\infty)\to\boldsymbol{R}$，则有

$$K(\boldsymbol{x})=k(\|\boldsymbol{x}\|^2) \tag{4-79}$$

式中，k为状态变量范数的函数，满足对称性。

该核函数为$K(\boldsymbol{x})$，窗函数的宽度为h，表示对目标的分辨力。则x_i的概率密度函数近似为如下表达式：

$$\hat{f}_{h,k}(\boldsymbol{x})=\frac{1}{nh^d}\sum_{i=1}^{n} K\left(\frac{\boldsymbol{x}-x_i}{h}\right) \tag{4-80}$$

此外，常见的核函数有均匀分布核函数、高斯核函数和Epanechnikov（叶帕涅奇尼科夫）核函数。该核函数具有连续性、局部可微性及快速衰减性。k满足如下性质：Ⅰ.k是非负的；Ⅱ.k是非增的函数，若$x_1<x_2$，则$k(x_1)\geqslant k(x_2)$；Ⅲ.k是分段连续的，并且该函数满足绝对收敛的条件，即$\int_0^{\infty} k(x)\,\mathrm{d}x<\infty$。

为了计算该密度梯度函数，定义$g(\boldsymbol{x})=-k'(\boldsymbol{x})$，令$G(\boldsymbol{x})=Cg(\|\boldsymbol{x}\|^2)$，$C$为常数，则存在如下表达式：

$$\begin{aligned}
\hat{\nabla} f_{h,k}(\boldsymbol{x}) &= \nabla\hat{f}_{h,k}(\boldsymbol{x}) \\
&= \frac{2}{nh^{d+2}}\sum_{i=1}^{n}(\boldsymbol{x}-x_i)k'\left(\left\|\frac{\boldsymbol{x}-\boldsymbol{x}'}{h}\right\|^2\right) \\
&= \frac{2}{nh^{d+2}}\sum_{i=1}^{n}(\boldsymbol{x}-x_i)g\left(\left\|\frac{\boldsymbol{x}-\boldsymbol{x}'}{h}\right\|^2\right) \\
&= \frac{2}{Ch^2}\frac{\sum_{i=1}^{n} x_i g\left(\left\|\frac{\boldsymbol{x}-x_i}{h}\right\|^2\right)}{\sum_{i=1}^{n} g\left(\left\|\frac{\boldsymbol{x}-x_i}{h}\right\|^2\right)}\hat{f}_{h,G}(x) \\
&= \frac{2}{Ch^2}\boldsymbol{M}_{h,G}(\boldsymbol{x})\hat{f}_{h,G}(\boldsymbol{x})
\end{aligned} \tag{4-81}$$

式中，$M_{h,G}(\boldsymbol{x})=\dfrac{\sum_{i=1}^{n}x_i g\left(\left\|\dfrac{\boldsymbol{x}-x_i}{h}\right\|^2\right)}{\sum_{i=1}^{n}g\left(\left\|\dfrac{\boldsymbol{x}-x_i}{h}\right\|^2\right)}$ 为均值漂移向量。该式使用核函数 G 计算的均值漂移向量正比于使用核函数 K 得到的归一化的密度梯度估计，因此均值漂移向量总是指向概率密度递增的最大方向。

均值漂移算法就是连续不断地向加权后的采样均值移动，通过计算可以得到目标位置估计的迭代公式，即核函数从当前位置 y_i 移动到下一个位置 y_{i+1} 的迭代公式：

$$y_{i+1}=\frac{2}{Ch^2}\frac{\sum_{i=1}^{n}x_i w_i g\left(\left\|\dfrac{y_i-x_i}{h}\right\|^2\right)}{\sum_{i=1}^{n}w_i g\left(\left\|\dfrac{y_i-x_i}{h}\right\|^2\right)},\quad i=1,2,\cdots,n \tag{4-82}$$

式中，w_i 为跟踪窗内某一点的权值。为了将目标跟踪的精度控制在与置信水平对应的置信区间内，当且仅当 $\|y_{i+1}-y_i\|<\varepsilon$ 时，迭代停止，其中 ε 为任意给定的足够小的正数。

4.5.3 多尺度粒子滤波的均值漂移算法的实现

采用多尺度粒子滤波算法得到关于目标状态的粒子集合，将该集合中的粒子及其对应的权值组成一个数据点，即每个粒子包括两个参数（位置参数及其对应的权值）。将 k 时刻第 i 个粒子的位置信息记为 $\boldsymbol{r}_k^i$，$\boldsymbol{r}_k^i$ 是由多尺度粒子滤波的 q-DAEM 算法得到的位置坐标，即 $\boldsymbol{r}_k^i=[x_k^i,y_k^i]^{\mathrm{T}}$，其中，$x_k^i$、$y_k^i$ 分别表示 k 时刻目标在概率矩形区域内的 x 轴与 y 轴坐标值，w_k^i 为粒子的权值。从该位置出发，借助概率矩形区域模型就可以精确地提取目标的状态信息。每个粒子在粒子集合（以该粒子为中心的概率矩形区域模型）中的概率密度函数为

$$m_{h,G}(\boldsymbol{r})=\frac{\sum_{i=1}^{N}K(\boldsymbol{r}-\mu_k^i)\mu_k^i w_k^i}{\sum_{i=1}^{N}K(\boldsymbol{r}-\mu_k^i)w_k^i}-\boldsymbol{r} \tag{4-83}$$

式(4-83)表示粒子的均值漂移向量方程，该方程包含粒子位置 $\boldsymbol{r}$ 的变量。假定 $K(\cdot)$ 为椭圆形核函数，表示目标状态的粒子沿着式(4-83)表示的密度梯度方向移动到一个局部最大值。显而易见，该函数使所有的粒子都移动到少量粒子密度集中的位置上。这是因为均值漂移算法在每次迭代过程中，对粒子有很强的收敛作用。因此，在算法的初始位置给定的条件下，仅用少量的粒子，借助概率矩形

区域模型算法,就可以使状态估计值几乎接近目标运动轨迹的真实位置。理论计算和实际跟踪效果表明,将多尺度粒子滤波算法与均值漂移算法相结合,使目标状态估计需要的粒子数量大大减少,旨在改善状态跟踪估计的精度和实时性。

为了进一步提高该算法的收敛速度,保证状态估计的全局最大值,考虑将多尺度粒子滤波的 q-DAEM 算法与均值漂移算法相结合,使该算法在概率矩形区域模型中收敛于极大值,从而提高了粒子的使用效率,减少了目标状态估计所需的粒子数量,而且保证了状态估计的可靠性。关于算法的具体流程,本章将文献[143]中的算法改造如下。

(1)粒子初始化,给定目标状态的初始值,利用多尺度粒子滤波的 q-DAEM 算法,为观测值添加缺损参数获取统计加权值 $w^j, j=1,2,\cdots,M$。

(2)选择建议分布函数,分别求取状态和各参数的满条件分布,将该满条件分布函数作为建议分布函数,对其进行 Gibbs 采样得到关于目标的状态空间。

(3)在该状态空间上选取一条马尔可夫链,采用 2∶1和 4∶1的粗细尺度对该链进行交替耦合重要采样。

(4)采用状态方程(转移函数)和观测方程(更新函数)得到粒子 x^i、y^i,以及其对应的权值 w_k^i,选择权值大的粒子,舍弃权值小的粒子,从而得到粒子的集合,并采用该粒子集合来近似 E 步的条件数学期望。

(5)在概率矩形区域内,采用均值漂移算法对每个粒子进行迭代,对目标状态进行统计加权和粒子加权,使该粒子集合沿着梯度衰减最大的方向收敛到目标状态的真实值附近,即优化该粒子集合。

基于以上实现过程,当目标状态在 t 时刻的观测值为 $z_{1:n}$ 时,目标状态当前估计值 r_t 的后验概率密度函数为

$$\hat{p}(r_t | z_{1:t}) = \sum_{j=1}^{M} \sum_{i=1}^{N_s} \omega^j w_t^i \delta(r_t - \mathrm{MS}(\mu_t^i)) \tag{4-84}$$

式中,$\mathrm{MS}(\mu_t^i)$为粒子经过均值漂移算法迭代后的结果。

$$\underset{\omega^j, w_t^i}{\operatorname{argmin}} E\left[\iint \|\hat{p}(r_t | z_{1:t}) - p(r_t | z_{1:t})\|^2 \mathrm{d}x\mathrm{d}y\right] \xrightarrow{P} 0 \tag{4-85}$$

式(4-85)表明,多尺度粒子滤波 q-DAEM 算法与均值漂移算法相结合,可以采用少量的粒子来逼近目标状态的最优估计值。

4.6 本章小结

本章结合无线传感器网络机动目标跟踪系统,针对非线性、非高斯时变动态系统的特征参数估计问题,如机动目标的状态估计与无线多径衰落信道的状态估

计等问题,针对非线性的模型参数,采用深度学习方法,结合粒子滤波算法,实现了对机动目标的状态估计;将多尺度粒子滤波算法分别与概率矩形区域模型及均值漂移算法相结合,提出了多尺度粒子滤波的统计算法、多尺度粒子滤波的概率矩形区域模型算法和多尺度粒子滤波的均值漂移算法,借助于极大似然估计,采用优化的估值理论,将目标的跟踪精度控制在与给定的置信水平对应的置信区间内。

第 5 章　扩展算法在 WSN 中的应用(Ⅰ)

本章将多尺度粒子滤波算法及其扩展算法应用于 WSN 目标跟踪、定位以及信道状态的估值问题。具体包括以下两个方面：Ⅰ. 在目标状态干扰噪声为加性高斯白噪声，而观测噪声为非高斯噪声的条件下，将多尺度粒子滤波的均值漂移算法与统计计算方法相结合，通过概率矩形区域模型，从给定的观测数据中提取目标的状态信息，在确保目标跟踪和目标状态估计的精确性的同时，减少了粒子的数量，提高了运算效率，旨在实现估计精度与运算效率之间的良好折中，特别是降低算法的复杂度，提高状态估计的实时性；Ⅱ. 采用多尺度粒子滤波的 EM 算法提取无线多径衰落信道的状态信息和参数信息，实现对信道的盲估计，该方法被广泛应用在 5G、6G 条件下的 MIMO 系统以及智能 WSN 系统的研究领域。

5.1　WSN 概述

WSN 机动目标跟踪系统是由监测区域内大量部署的各种类型传感器组成智能感知网络(类似 MIMO-OFDMA 模型)，旨在实现对机动单目标或多目标的实时跟踪与远程监控。该系统也称为智能无线传感器网络侦查系统。其完整的工作过程如图 5-1 所示。如图 5-1 所示，网络内不同类型的传感器节点或者不同地理位置的节点组成不同的子网，各子网之间通过网关/基站连接，网关/基站将 WSN 内部各相关信号通过卫星、无线多径的衰落信道传送到远程控制中心的服务器，终端用户通过服务器查询、搜索相关数据，并借助服务器发送相应的下行命令到网关/基站，再由网关/基站发送到 WSN 中的各节点，由各节点协同执行，旨在实现对监控区域的远程监控与操作。

WSN 可实时监测某区域内机动目标的活动情况。考虑到保密与节省能量的需要，所有探测数据的储存、转发及路由需要通过跳频的方式按照一定的通信协议，借助无线多径衰落信道组成的通信链路才能完成。因此，传感器使用的换能器不可能采用主动式的传感器设备，通常采用被动式阵列传感器模型、射频识别(Radio Frequency Identification，RFID)、振动传感器、红外传感器来降低能耗、增强隐蔽性。该类探测设备通常构成低信噪比的通信环境，极容易产生目标丢失的现象。因此,采用单个传感器节点无法完成对单目标或多目标的跟踪任务,各传感器节点必须采用自组织的形式,结合信息的时空局部信息,利用传感器感知网络的整体性能来完成对机动目标的跟踪任务。

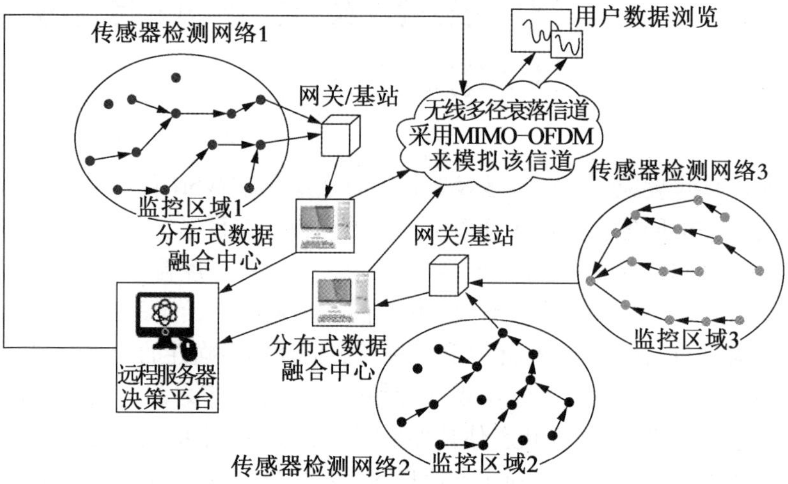

图 5-1　WSN 的工作过程

WSN 具备如下特点:①采用控制网络中各传感器节点的开关状态改变传感器网络的拓扑结构,传感器网络可将探测到的目标状态信息传送到数据融合中心进行解算处理,各子网之间通过网关/基站连接,网关/基站将 WSN 内各相关信号通过无线多径衰落信道传送到控制中心服务器;②通信系统采用跳频与扩频两种调制方式,提高了频谱利用率与系统的抗干扰能力,改善了系统的保密性能;③在局部数据检测区域内,采用改进粒子滤波的虚拟信标(Virtual-Beacon Improved Particle Filter,VBIPF)算法来解决传感器网络中节点自定位问题;④采用退避定时排序方法使参与定位的节点进行自动排序,旨在实现数据融合目标。将处理的数据通过网关/基站,采用接力的方式,通过无线多径衰落信道发送到远程数据监控中心。采用该传送信号模式,有效地抑制了信道增益的衰减,提高了信噪比,降低了通信系统的误码率。

信道受各种复杂干扰噪声的影响,WSN 和卫星网络系统的通信环境呈现出极其复杂的统计特性。显然,由基站和卫星组成的无线多径衰落信道属于非线性的动态时变系统。对于该时变系统,使用基于 MMSE 的线性估值理论来提取信道参数的统计特性,将产生很大的估计误差,从而导致系统的信噪比降低、误码率增大。需要指出的是,该系统的无线多径衰落信道类似于 MIMO 系统,该网络已经被成功地应用于实际的工程场景,如地下空间数字孪生系统,对该信道进行模拟仿真实验,必然会对将来实现大容量、高覆盖、低延迟以及高速率的 6G

无线信道复杂模型研究提供强大的理论支持与技术支持。

图 5-2 显示了 WSN 监测区域内传感器网络拓扑图。在 WSN 系统中,被激活的传感器将信号传输到远程服务器信息决策平台进行融合处理,然后将解算处理后的结果分发给各个网关/基站。

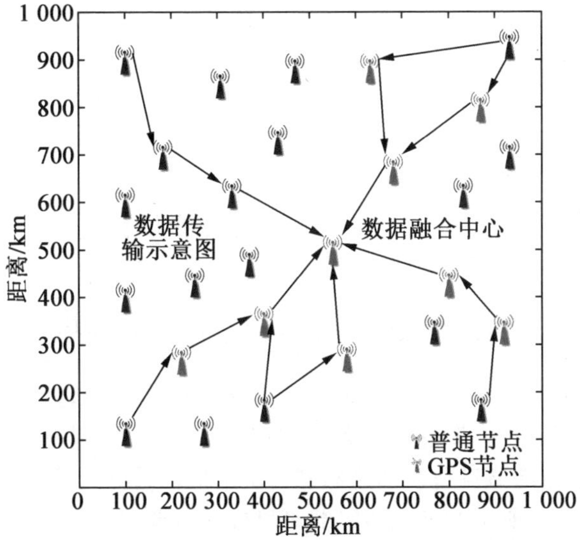

图 5-2　WSN 监测区域内传感器网络拓扑图

针对无线多径衰落信道,各网关/基站到达远程数据监控中心的信号并非沿着单一路径传播,因信号受反射和其他复杂因素的影响,故以多径的方式传播,即从同一个点出发的信号,经过一次或多次发射后,信道会出现多径传播的特性。信道的多径特性引起的多径效应会导致以下结果:①多径传播使单一频率信号变成包络和相位受调制的窄带信号,这种信号称为衰落信号,即多径传播使信号产生瑞利衰落;②从频谱上看,多径传播使单一的谱线变成窄带频谱,即多径传播引起了频率弥散效应;③当发送的信号是具有一定频带宽度的信号时,多径信号传播统计特性不但包括瑞利衰落,而且包括频率选择性衰落,为了克服多径效应,目前普遍采用的方法是分集接收或者 OFDM 方法。

5.2　WSN 中机动目标状态的估计

在 WSN 中,当机动目标出现时,传感器以自组织的方式将监测区域内机动目标状态的观测值传送到数据融合中心进行处理。受随参信道传输特性的影响,目标状态的观测值与对应的状态值呈现出非线性的对应关系,导致机动目标的状态空间属于非线性的动态模型。对于该时变系统,在含有噪声的观测值给定的条件下,为了实现对机动目标的定位、跟踪及信道状态信息的提取,目前常用时空状态空间概念来描述该系统的动态性质。状态空间概念可以很好地描述未知变量的动态性能和统计特性,适合解决多变量数据,以及非线性、非高斯动态模型的状态估计问题。状态空间通常包括描述状态变量随时间变化的系统模型和与状态变量对应的含有噪声的观测模型。对于目标跟踪问题,状态变量表示目标的位置、速度与方向等运动特性,测量向量表示与状态向量相关的噪声观测值。在被跟踪目标观测值给定的条件下,为了得到目标状态信息和参数信息的最优估计值,本节将多尺度粒子滤波的 q-DAEM 算法与均值漂移算法相结合,借助概率矩形区域模型,采用最优化算法来提取目标的状态信息和参数信息。

5.2.1 机动目标跟踪的 Bayesian 统计推断模型

一般来说,机动目标的运动模型可以分为白噪声模型、马尔可夫模型与半马尔可夫跳变模型三类。目前,在文献中出现的有 CV(Chan Vese)机动模型、Singer 加速模型与均值自适应加速模型。单个机动目标的跟踪示意图(图 5-3)可借助于如图 5-4 所示的阵列传感器对目标进行监测,然后从观测数据中提取目标的状态信息来预测目标的航迹。为了讨论问题的方便,设各机动目标以相同的速率运动,目标状态的干扰噪声为高斯白色加性噪声。

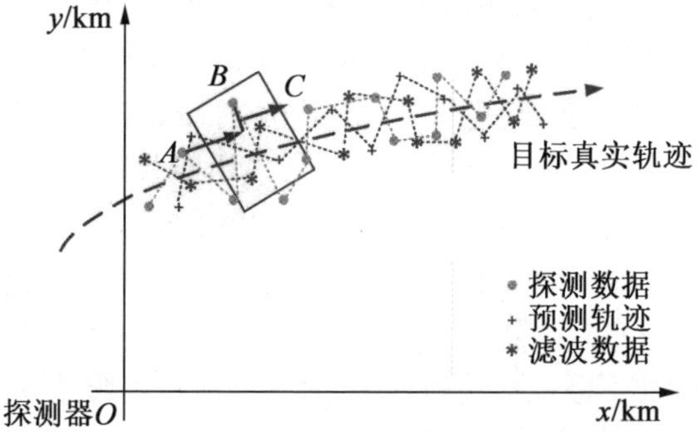

图 5-3 单个机动目标的跟踪示意图

如图 5-4 所示,WSN 将机动目标的观测值传送转发到数据融合中心,设每隔时间 T 将得到一组观测数据。观测数据中,$r_k(t)\in(0,+\infty)$ 表示目标与传感器的距离,$\theta_k(t)\in(-\pi,\pi]$ 表示与 y 轴的夹角。设 θ 的测量角与观测值之间的误差为 ε_θ,该参数属于集合 Θ,$\varepsilon_\theta \sim N(\mu_\theta,\sigma_\theta^2)$。

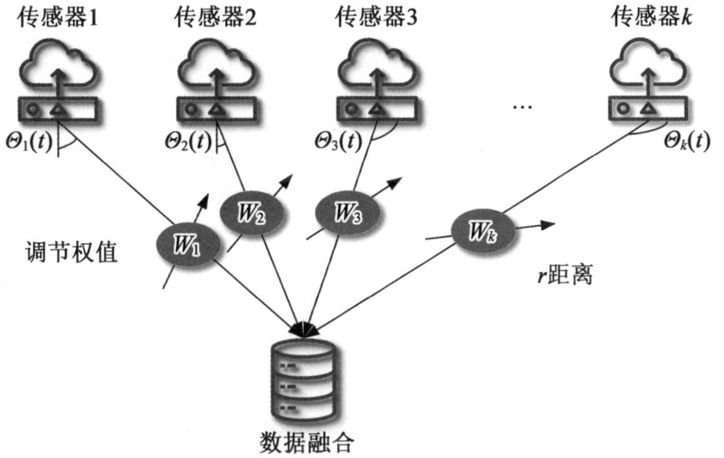

图 5-4　WSN 阵列传感器目标监测模型

对于第 k 个目标,其直角坐标为$(r_k(t)\sin\theta_k(t), r_k(t)\cos\theta_k(t))$。在该点处,目标运动的速率为 $v_k\in(0,\infty)$,目标运动的方向与 x 轴的夹角范围为 $\varphi_k(t)\in(-\pi,\pi]$,在第二个 T 时刻,目标的位置坐标为

$$(r_k(t)\sin\theta_k(t)+v_kT\cos\varphi_k(t), r_k(t)\cos\theta_k(t)+v_kT\sin\varphi_k(t))$$

根据以上分析,目标的位置的极坐标表达式为

$$\tan(\theta_k(t+T))=\frac{r_k(t)\sin\theta_k(t)+v_kT\cos\varphi_k(t)}{r_k(t)\cos\theta_k(t)+v_kT\sin\varphi_k(t)} \tag{5-1}$$

$$r_k(t+T)=\sqrt{r_k^2(t)+2r_kv_kT\sin\theta_k(t)+v_k^2T^2} \tag{5-2}$$

式(5-1)表示第 k 个目标在 $2T$ 时刻角度的正切值,式(5-2)表示目标与雷达观测点的距离。式(5-1)分子分母分别除以 $r_k(t)$,同样,式(5-2)两边同除以 $v_k(t)$,就可以得到复合变量 $v_k/r_k(t)$。令 $q_k(t)=v_k/r_k(t)$表示复合变量的运动方程。为了使目标运动如图 5-1 所示,即目标运动轨迹不是沿着直线轨迹运动,本节对目标运动方向施加服从加性高斯白噪声性质的随机噪声 $u_{\varphi,k}(t)$,$u_{\varphi,k}(t)\sim N(0,\sigma^2_{\varphi,u,k})$。将以上假设合并到目标的动态方程中,得到如下目标运动状态的表达式,即

$$x_k(t+T)=\begin{bmatrix} c\theta_k(t+T) \\ q_k(t+T) \\ \varphi_k(t+T) \end{bmatrix}$$

$$
=\begin{bmatrix} \arctan\left\{\dfrac{\sin\theta_k(t)+q_k(t)T\cos[\varphi_k(t)(q_k(t+T))]}{\cos\theta_k(t)+q_k(t)T\sin[\varphi_k(t)(q_k(t+T))]}\right\}+u_{\theta,k}(t+T) \\ \dfrac{q_k(t)\exp(u_{q,k}(t+T))}{\sqrt{1+2q_k(t)T\sin(\theta_k(t)+\varphi_k(t+T))+q_k^2(t)T^2}} \\ \varphi_k(t)+u_{\varphi,k}(t+T) \end{bmatrix} \tag{5-3}
$$

式(5-3)中,采用 $\varphi_k(t)+u_{\varphi,k}(t+T)$ 估算 $\theta_k(t)$ 与 $q_k(t)$。其中,$u_{\varphi,k}(t+T)$ 与 $u_{q,k}(t+T)$ 项使状态空间中任意两个状态之间的转移概率是非零的,在某种程度上保证整个状态空间状态之间的可达性。$u_{\varphi,k}(t+T)\sim N(0,\sigma^2_{\theta,u,k})$,通常 $\sigma^2_{\theta,u,k}$ 给定足够小的正实数。$q_k(t)$ 与目标的速度有关联,定义为尺度参数。$\boldsymbol{X}_t=[x_1(t),x_2(t),\cdots,x_K(t)]$ 表示 K 个目标在 t 时刻的状态信息集合。

该目标状态空间的状态转移函数为 $x_{t+T}=f(x_t,u_{t+T})$,即

$$
p(x_{t+T}|x_t)=\frac{p(u_{t+T})}{\left|\dfrac{\partial f}{\partial u}\right|_{u=f^{-1}(x_{t+T},x_t)}} \tag{5-4}
$$

目标在运动过程中,反射信号借助于图 5-2 所示的感知网络进行接收,并借助传感器网络系统采用接力方式传输到数据融合中心进行融合处理。设传感器网络的覆盖半径为 R,各运动目标的到达角似然函数有相同的形式。相对于坐标原点,第 k 个目标至第 p 个接收传感器的信号延迟时间为

$$
\frac{R}{c\cos(\theta_k(t)-2\pi p/P)}
$$

其中,c 为光速;P 为传感器总数,则第 j 个传感器的输出表达式为

$$
y_p(t)=\sum_{k=1}^{K}s_k\{t+R/[c\cos(\theta_k(t)-2\pi p/P)]\}+w_p(t) \tag{5-5}
$$

式中,$s_k(t)\in\mathbf{C}$($\mathbf{C}$ 为复数)为在第 t 时刻来自第 k 个目标的信号;$w_p(t)\sim\mathrm{CN}(0,\sigma_w(t)^2)$,CN 是复循环标准正态分布,实部与虚部是相互独立的,而且方差相等。若目标之间相互距离大于信号的波长,则认为该信号为窄带信号,同时考虑用相位偏移来代替时间偏移,则相位偏移表达式为

$$
\frac{2\pi R}{\lambda_0\cos(\theta_k(t)-2\pi p/P)} \tag{5-6}
$$

式中,λ_0 为波长。传感器输出的矩阵方程表达式为

$$
y(t)=\boldsymbol{A}[\boldsymbol{\theta}(t)]\boldsymbol{s}(t)+w(t) \tag{5-7}
$$

式中,$\boldsymbol{\theta}(t)=[\theta_1(t),\theta_2(t),\cdots,\theta_K(t)]$ 为目标的波达方向矢量角;$\boldsymbol{A}(\boldsymbol{\theta}(t))$ 为传

感器阵列的合成测向矢量(基于声信号能量衰减模型);$\boldsymbol{s}(t)$为第 k 个目标在时刻 t 复信号的列向量,则矩阵 $\boldsymbol{A}[\boldsymbol{\theta}(t)]$的第 p,k 个元素为

$$A_{p,k}=\exp[\mathrm{j}2\pi R/(\lambda_0\cos(\theta_k-2\pi p/P))] \tag{5-8}$$

式中,k 表示目标数量,且服从泊松分布的随机过程。

针对每一个时间增量 T,采用动态目标的 M 个观测值,则动态目标的测量值为

$$\boldsymbol{Y}_t=\begin{bmatrix} y(t) \\ y(t+\tau) \\ y(t+2\tau) \\ \vdots \\ y(t+M\tau) \end{bmatrix} \tag{5-9}$$

式中,τ 为测量时间间隔。若 $\tau M \ll T$,$\boldsymbol{S}_t$ 形式相同,则有以下表达式:

$$\boldsymbol{Y}_t=\boldsymbol{A}[\boldsymbol{\theta}(t)]\boldsymbol{S}_t+\boldsymbol{W}_t \tag{5-10}$$

式中,$\boldsymbol{A}[\boldsymbol{\theta}(t)]$为下三角矩阵;$\boldsymbol{S}_t$ 为多维状态向量;$\boldsymbol{W}_t$ 为多维噪声矢量,则满条件分布的似然函数为

$$p(\boldsymbol{Y}_t|\boldsymbol{A}_t,\boldsymbol{S}_t,\sigma_w^2)=(2\pi\sigma_w^2(t))^{-MP}\exp\left[-\frac{(\boldsymbol{Y}_t-\boldsymbol{A}_t\boldsymbol{S}_t)^{\mathrm{H}}(\boldsymbol{Y}_t-\boldsymbol{A}_t\boldsymbol{S}_t)}{2\sigma_w^2(t)}\right] \tag{5-11}$$

式中,M 为接收信号的数量;H 为共轭转置运算。考虑到式(5-11),在信号矢量与方差矢量的共轭先验分布函数分别给定的约束条件下,根据 Bayesian 统计推断原理,对该问题直接进行积分运算。

设信号的先验分布是均匀分布,对状态向量 $\boldsymbol{S}_t$ 积分,再乘因子 $|\boldsymbol{A}_t^{\mathrm{H}}\boldsymbol{A}_t|^{-1}$。如果两个目标在空间的波达方向相同,$\boldsymbol{\theta}(t)$为 t 时刻的传感器到数据融合中心的波达方向矢量,则 $\boldsymbol{A}[\boldsymbol{\theta}(t)]$的两个列矢量必然相同,导致 $\boldsymbol{A}_t^{\mathrm{H}}\boldsymbol{A}_t$ 变为奇异矩阵,即 $\boldsymbol{A}_t^{\mathrm{H}}\boldsymbol{A}_t$ 的行列式就变为 0,因此,矩阵 $\boldsymbol{A}_t^{\mathrm{H}}\boldsymbol{A}_t$ 的行列式的倒数就会变得很大。为了避免这种情况的发生,对于 $\boldsymbol{S}_t$ 的先验分布,建议采用如下表达式:

$$p(\boldsymbol{S}_t|\boldsymbol{A}_t)\propto|\boldsymbol{A}_t^{\mathrm{H}}\boldsymbol{A}_t|$$

对于方差,采用 Jeffery 先验分布为 $1/\sigma_w$,对噪声和信号求边缘分布,便得到关于信号的似然函数为

$$p_Y(\boldsymbol{Y}_t|\boldsymbol{A}_t)\propto\{\boldsymbol{Y}_t^{\mathrm{H}}[\boldsymbol{I}_{MP}-\boldsymbol{A}_t(\boldsymbol{A}_t^{\mathrm{H}}\boldsymbol{A}_t)\boldsymbol{A}_t^{\mathrm{H}}]\boldsymbol{Y}_t\}^{-M(P-K)} \tag{5-12}$$

显然,根据式(5-12)所表示的后验分布似然函数,来提取关于目标状态的最优估计值,从而实现状态的优化估计。

5.2.2　算法对机动目标状态的估计

为了提取目标的状态信息,在观测值给定的条件下,目标状态的后验分布似

然函数为 $p(\boldsymbol{X}_{0:t}|\boldsymbol{Y}_{0:t})$，$0:t$ 表示时刻 0 到时刻 t，采用多尺度粒子滤波算法对机动目标进行跟踪与状态估计。在当前时刻 t，状态条件后验概率密度似然函数为

$$p(\boldsymbol{x}_t|\boldsymbol{y}_{0:t})=C_t p(\boldsymbol{x}_t|\boldsymbol{y}_{0:t-1})p(\boldsymbol{y}_t|\boldsymbol{x}_t) \tag{5-13}$$

式中，$C_t=\left(\int p(\boldsymbol{x}_t|\boldsymbol{y}_{0:t-1})p(\boldsymbol{y}_t|\boldsymbol{x}_t)\right)^{-1}$ 为归一化的常数。

为了对机动目标状态进行实时在线的精确估计，本章将多尺度粒子滤波的 q-DAEM 算法与均值漂移算法相结合，借助概率矩形区域模型，应用截尾数据和分组数据方法，从给定的观测值中提取目标状态信息和参数信息的最优估计值。该算法的实现过程包括四个阶段：Ⅰ. 迭代更新阶段，用当前时刻以前的粒子集合来预测下一个时刻的目标状态值；Ⅱ. 粒子权值的迭代更新；Ⅲ. 粒子状态的转移过程；Ⅳ. 重采样过程，但多尺度粒子滤波算法不需要重采样。具体步骤如下。

步骤 1，在时刻 0，初始化粒子，对于 $i=1,2,\cdots,N$，从 $\pi(x_0|y_0)$ 采样得到 $x_0^{(i)}$。

步骤 2，对于 $i=1,2,\cdots,N$，计算非归一化的权值，计算公式如下：

$$w_0^{*(i)}=\frac{p(y_0|x_0^{(i)})p(x_0^{(i)})}{\pi(x_0^{(i)}|y_0)} \tag{5-14}$$

步骤 3，针对 $i=1,2,\cdots,N$，对权值进行归一化，其公式为

$$w_t^{(i)}=\frac{w_t^{*(i)}}{\sum_{j=1}^{N}w_t^{*(j)}} \tag{5-15}$$

步骤 4，针对 $i=1,2,\cdots,N$，对建议分布函数 $\pi(x_t|x_t^{(i)},y_t)$ 进行多尺度采样，得到 $x_t^{(i)}$：

$$\begin{array}{l}(\boldsymbol{\phi},\boldsymbol{\sigma},\boldsymbol{X})^{(1)}\xrightarrow{\text{MCMC}}(\boldsymbol{\phi},\boldsymbol{\sigma},\boldsymbol{X})^{(2)}\quad\xrightarrow{\text{合并}}\cdots\\(\widetilde{\boldsymbol{\phi}},\widetilde{\boldsymbol{\sigma}}^2,\widetilde{\boldsymbol{X}})^{(1)}\xrightarrow{\text{MCMC}}(\widetilde{\boldsymbol{\phi}},\widetilde{\boldsymbol{\sigma}}^2,\widetilde{\boldsymbol{X}})^{(2)}\qquad\quad\cdots\end{array} \tag{5-16a}$$

考虑采用算术平均值方法对细尺度变量进行粗化运算，即 $x_t^{(i)}=\frac{1}{4}\sum_{i=1}^{4}\widetilde{x}_t^{(i)}$，建议分布函数 $\pi(\cdot)$ 为高斯分布函数。式(5-16a)表示目标状态 $\boldsymbol{X}$ 和参数 $\boldsymbol{\phi}$、$\boldsymbol{\sigma}$ 的更新转移过程，其中上标表示时间。状态与参数的转移过程可由建议分布核函数 $q(\cdot)$ 给出，即

$$q((\boldsymbol{X},\boldsymbol{\phi},\boldsymbol{\sigma},\widetilde{\boldsymbol{X}},\widetilde{\boldsymbol{\phi}},\widetilde{\boldsymbol{\sigma}})\rightarrow(\boldsymbol{X}^*,\boldsymbol{\phi}^*,\boldsymbol{\sigma}^*,\widetilde{\boldsymbol{X}}^*,\widetilde{\boldsymbol{\phi}}^*,\widetilde{\boldsymbol{\sigma}}^*)) \tag{5-16b}$$

式(5-16b)是 MCMC 方法，表示状态与参数的建议转移函数，其中，$\boldsymbol{X}$ 表示状态变量矩阵，带~符号的变量表示粗尺度的样本，不带~符号的变量表示细尺

度的样本，* 表示转移后的状态，状态参数能否更新取决于以下接受函数：

$$1\wedge\frac{\pi(\boldsymbol{X}^*,\phi^*,\sigma^*|\boldsymbol{Y})\widetilde{\pi}(\widetilde{\boldsymbol{X}}^*,\widetilde{\phi}^*,\widetilde{\sigma}^*|\boldsymbol{Y})\times q(\boldsymbol{X}^*,\phi^*,\sigma^*,\widetilde{\boldsymbol{X}}^*,\phi^*,\widetilde{\sigma}^*)\to(\boldsymbol{X},\phi,\sigma,\widetilde{\boldsymbol{X}},\widetilde{\phi},\widetilde{\sigma})}{\pi(\boldsymbol{X},\phi,\sigma|\boldsymbol{Y})\widetilde{\pi}(\widetilde{\boldsymbol{X}},\widetilde{\phi},\widetilde{\sigma}|\boldsymbol{Y})\times q(\boldsymbol{X},\phi,\sigma,\widetilde{\boldsymbol{X}},\phi,\widetilde{\sigma})\to(\boldsymbol{X}^*,\phi^*,\sigma^*,\widetilde{\boldsymbol{X}}^*,\widetilde{\phi}^*,\widetilde{\sigma}^*)} \tag{5-16c}$$

式(5-16c)表示状态和参数的接受函数，$\boldsymbol{Y}$ 为给定的观测值。

步骤 5，将式(5-16b)分解，得到各粗细尺度下，状态和参数交替转移更新的函数为

$$\begin{aligned}&q((\boldsymbol{X},\phi,\sigma,\widetilde{\boldsymbol{X}},\widetilde{\phi},\widetilde{\sigma})\to(\boldsymbol{X}^*,\phi^*,\sigma^*,\widetilde{\boldsymbol{X}}^*,\widetilde{\phi}^*,\widetilde{\sigma}^*))\\&=q((\boldsymbol{X},\phi,\sigma)\to(\widetilde{\boldsymbol{X}}^*,\widetilde{\phi}^*,\widetilde{\sigma}^*))\times q((\widetilde{\boldsymbol{X}},\widetilde{\phi},\widetilde{\sigma})\to(\widetilde{\boldsymbol{X}}^*,\widetilde{\phi}^*,\widetilde{\sigma}^*))\end{aligned} \tag{5-16d}$$

步骤 6，根据式(5-16d)，得到细尺度下的目标状态采样值为

$$x_{0:t}^{(i)}\equiv\{x_{0:t-1}^{(i)},x_t^{(i)}\} \tag{5-17}$$

步骤 7，对于 $i=1,2,\cdots,N$，计算非归一化的权值，即

$$w_t^{*(t)}=\frac{p(y_t|\widetilde{x}_t^{(i)})p(\widetilde{x}_t^{(i)}|\widetilde{x}_{t-1}^{(i)})}{\pi(\widetilde{x}_t^{(i)}|\widetilde{x}_{t-1}^{(i)},y_t)} \tag{5-18}$$

该式表示粗尺度下的粒子权值迭代公式。

步骤 8，对于 $i=1,2,\cdots,N$，对权值进行归一化，即

$$w_0^{(i)}=\frac{w_t^{*(i)}}{\sum_{j=1}^{N}w_t^{*(j)}} \tag{5-19}$$

步骤 9，状态更新函数为

$$p(x_{t+1}|y_{0:t})\approx\frac{1}{N}\sum_{i=1}^{N}p(x_{t+1}|x_t^{(i)}) \tag{5-20}$$

式中，$x_t^{(i)}$ 为来自细尺度的重要采样值。

步骤 10，为了提高目标跟踪和状态估计的可靠性，考虑采用概率矩形区域模型算法，即计算目标状态变量的数学期望和方差，其计算公式为

$$\bar{\mu}_{t+1}=\frac{1}{N}\sum_{i=1}^{N}w_t^{(i)}x_{t+1}^{(i)} \tag{5-21}$$

$$\bar{\sigma}_{t+1}=\frac{1}{N}\sum_{i=1}^{N}w_t^{(i)}(\bar{\mu}_{t+1}-x_{t+1}^{(i)})(\bar{\mu}_{t+1}-x_{t+1}^{(i)})^{\mathrm{H}} \tag{5-22}$$

将式(5-21)和式(5-22)中的统计量分别代入矩形区域模型算法中，即式(4-62)中，分别取代 $\overline{X}$、S。

步骤 11，采用 q-DAEM 算法，结合截尾数据与分组数据及约束参数模型来提取目标状态估计的全局最大值，即

$$\hat{\mu}_x = \frac{\sum_{i=1}^{N} w_n^{(i)}(k)\mu_x^{(t+1)}(k)}{\sum_{i=1}^{N} w_n^{(i)}(k)} \tag{5-23}$$

$$\hat{\sigma}_x = \frac{\sum_{i=1}^{N} w_n^{(i)}(k)\sigma_x^{(t+1)}}{\sum_{i=1}^{N} w_n^{(i)}(k)} \tag{5-24}$$

式中，w 为 q-DAEM 统计算法的加权值，旨在得到目标状态估计的全局最大值。

步骤 12，应用多尺度粒子滤波的均值漂移算法，减少计算量，在某种程序上会得到几乎接近目标真实状态的最优估计值。

步骤 13，基于多尺度粒子滤波的 q-DAEM 算法的具体计算过程与文献[81-91,144]中基本相同，此处不再详细介绍。

以上研究讨论了单目标的状态估计问题，而当 WSN 的监测区域内同时出现两个或两个以上的多目标状态估算问题时（具体表现为传感器节点接收到的信号为同一时刻、不同信号的线性组合），目前普遍采用的方法是数据关联融合，即将测量信息与目标轨迹相关联，实现对状态进行精准的预测与估计 。

根据以上步骤，采用粒子滤波算法，如图 5-5 所示设置 6 部雷达监测应用场景，探测距离范围为 120 km×120 km。

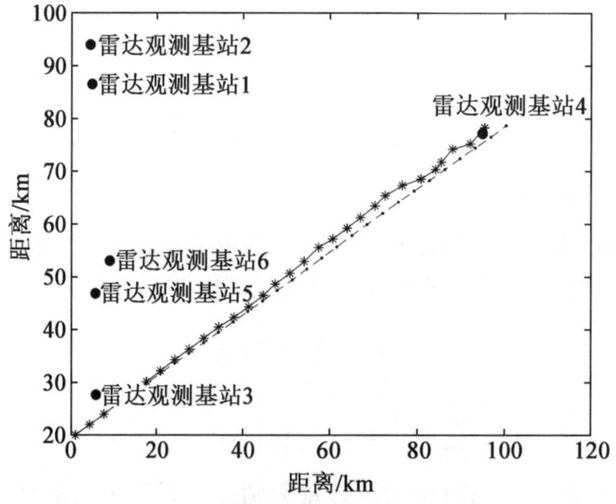

图 5-5　雷达网络动态目标跟踪效果

如图5-5所示，借助于粒子滤波算法，实现了动态但目标的跟踪，*号线表示动态的目标，而点划线表示跟踪的效果。针对智能自组织WSN网络而言，为了将混叠信号分离，文献[146]采用了基于盲信源分离算法，其实质是求解混叠矩阵，即分析信源的统计特性。具体方法是，用多尺度粒子滤波算法代替文献[89-93,146]中的粒子滤波算法即可实现对多机动目标的跟踪。

5.3　无线传感器网络信道建模分析

在如图5-1所示的WSN机动目标跟踪系统中，经过数据融合中心处理的数据必须考虑采用由骨干基站、接力基站及卫星组成上行链路的无线多径的衰落信道，以接力的方式传送到远程数据监控中心。受环境脉冲噪声的影响，无线多径衰落信道的观测值与对应的状态值呈现出非线性的对应关系，导致该信道变化的状态空间属于非线性的动态物理模型。为了从给定的带噪的观测值中提取信道的状态信息和参数信息，本节有必要简要介绍一下该系统的无线多径衰落信道的统计特性。

WSN机动目标跟踪系统中的无线衰落信道模型在某种程度上可简化为MIMO-OFDM模型。为了从给定的观测值中提取信道的状态信息和参数信息，设目标状态信息经过多进制数字相位调制（Multiple Phase Shift Keying，MPSK）处理后的表达式为

$$x_t = \sqrt{2P_k}\sum_{n=-\infty}^{+\infty} b_k(n)s_k(t-nT_s-\tau_k) \tag{5-25}$$

式中，T_s为符号的持续时间；$b_k(n)$、P_k与τ_k分别为在时刻n的数据比特流、单位比特的能量和信号传输延迟时间。$b_k(n)$为传输符号，是独立同分布的随机变量，当采用MPSK星座调制方式时，$b_k(n)\in\{e^{j2\pi m/M_s}: m=0,1,\cdots,M_s-1\}$。扩频序列为$s_k(t)=\sum_{j=0}^{N-1}c_k(j)\psi(t-jT_c)$，其中，$c_k(j)\in\{(-1/\sqrt{N}),(1/\sqrt{N})\}$，函数$\psi(t)$为持续时间为$T_c$的归一化尖脉冲形成函数，直接扩频增益和调频扩频增益为$N=T_s/T_c$。设信道脉冲响应函数为

$$f_k(t) = \sum_{l=1}^{L_k} f_{kl}(t)\delta_D(t-\eta_{kl})$$

式中，L_k为多径的数目；η_{kl}为时间延迟；$\delta_D(t-\eta_{kl})$为Dirac函数，$f_{kl}(t)=\alpha_{kl}\lambda_{kl}(m)$为离散的衰落过程，其中，$\alpha_{kl}$为时变的信道增益，$\lambda_{kl}(m)$为非零广义宽平稳的复高斯随机过程。对第$k$个传感器的输出信号为

$$r_k(t)=x_k(t) * f_k(t) \tag{5-26}$$

式中,$f_k(t)$为信道单位脉冲响应函数。

显然,第 k 个传感器节点上接收到的所有信号的表达式为

$$r(t)=\sum_{k=1}^{K} r_k(t)+n(t) \tag{5-27}$$

式中,K 为传感器的数量;$n(t)$为零均值的高斯加性白色噪声。此外,接收信号经过匹配滤波器后,考虑到信道异步到达时间、超前或延时路径等因素对扩频序列造成的影响,则扩频序列可以表示为

$$s_{kl}^{-}=(1-\delta_{kl})c_l^R(i_{kl})+\delta_{kl}c_l^R(i_{kl}+1) \tag{5-28}$$

$$s_{kl}^{+}=(1-\delta_{kl})c_l^L(i_{kl})+\delta_{kl}c_l^L(i_{kl}+1) \tag{5-29}$$

式中,$s_{kl}^{(\cdot)}$ 为扩频序列波形;δ_{kl} 为示性函数,表示路径的有无;$c_l^{(\cdot)}$ 为路径;i_{kl} 为到达时间。

设 $\boldsymbol{y}(m)=[y_k(mN),\cdots,y_k(mN+N-1)]$ 为接收信号的采样序列,经过匹配滤波器后,到达第 k 个用户接收天线的信号矢量为

$$\sum_{l=1}^{L_k} h_{kl}(m)(s_{kl}^{+}b_k(m-m_{kl})+s_{kl}^{-}b_k(m-m_{kl})) \tag{5-30}$$

式中,$h_{kl}\triangleq\sqrt{2P_k}\,\alpha_{kl}\boldsymbol{\lambda}_{kl}(m)$为子信道的单位脉冲响应,其中,$P_k$ 为单位比特的能量,d_{kl} 为时变信道增益,$\boldsymbol{\lambda}_{kl}$ 表示零均值宽平稳高斯随机过程;$b_k(m-m_{kl})$为 MPSK 调制中的码字母。同时定义 $\Xi_{kl}\triangleq s_{kl}^{+}b_k(m-m_{kl})+s_{kl}^{-}b_k(m-m_{kl})$(扩频波形,其中 s_{kl}^{+} 与 s_{kl}^{-} 为前序与后序到达的第 k 用户的第 l 跳路径),则接收信号的表达式可以重新写为

$$y(m)=\sum_{k=1}^{K}\sum_{l=1}^{L_k}\Xi_{kl}(m-m_{kl})h_{kl}(m)+n(m) \tag{5-31}$$

多径延迟导致每个传感器在接收端至多可以接收到 $2L_k$ 个符号。鉴于研究问题的方便,接收信号 $y(m)$定义为符号向量 $\boldsymbol{\xi}_{k:m}$ 的函数,其中

$$\xi_{k:m}\triangleq(b_{kl}(m),\cdots,b_{kl}(m-L_k^p))\triangleq(b_k(m),v_{k:m}) \tag{5-32}$$

$$\Xi_k\triangleq(\Xi_{kl}(m),\cdots,\Xi_{kL_k}(m-L_k^p+1)) \tag{5-33}$$

信道的矩阵向量定义为如下表达形式,即

$$h_k(m)\triangleq(h_{k1}(m),\cdots,h_{kL_k}(m)) \tag{5-34}$$

基于以上处理结果,接收信号的矩阵表达式为

$$y(m)\triangleq\sum_{k=1}^{K}\Xi_k(\xi_{k:m})h_k(m)+n(m) \tag{5-35}$$

需要特别强调的是,信道延迟时间 τ_{kl} 和扩频序列对每次通信过程而言都是固定的值,而 $\xi_{k:m}$、信道状态信息与参数信息都是未知的时变信号。为了精确地估算这些未知参数,5.4 节将多尺度粒子滤波与 EM 算法相结合,从给定的接收信号 $r(m)$ 中提取未知特征性能参数。

5.4　多尺度粒子滤波的 EM 算法对信道状态的估计

为了控制信号样本的数量,降低算法的复杂度并提高运算效率,针对给定传感器节点,基于信号的检测过程与估计过程可以相互分离的事实,将各子信道间的耦合干扰与信道的全局干扰噪声合并,作为系统的噪声。该噪声在大数定理的条件下在某种程度上可近似为高斯白噪声分布模型,用 $i_k(m)$ 表示。将式(5-35)表示的接收信号表达式重新写为以下形式:

$$\begin{aligned} y(m) &= \Xi_k(\xi_{k:m})h_k(m) + \sum_{i=0,i\neq k}^{K-1} \Xi_i(\xi_{i:m})h_i(m) + n(m) \\ &\triangleq \Xi_k(\xi_{k:m})h_k(m) + i_k(m) + n(m) \end{aligned} \tag{5-36}$$

式中,$i_k(m)+n(m)$ 的协方差矩阵为 $\boldsymbol{C}_k = E\{[i_k(m)+n(m)][i_k(m)+n(m)]^{\mathrm{T}}\}$,不失一般性,$i_k(m)$ 可近似为零均值高斯随机过程。为了提高信号的检测精度,考虑采取干扰抵消的技术,如迫零理论的波束形成的矢量方法来部分抵消该干扰项。

为了使用 EM 算法,设对于第 k 个传感器在当前时刻 M,信道的未知参数为

$$\boldsymbol{\Theta}_{k:M} = [\boldsymbol{C}_k, \boldsymbol{h}_{k:m}, \cdots, \boldsymbol{h}_{k:1}]$$

与此对应的符号流为 $\boldsymbol{\Psi}_{k:M} \triangleq \{\boldsymbol{b}_{k:m}, \cdots, \boldsymbol{b}_{k:1}\}$。为了讨论问题的方便,用 $h_k(m)$、$b_k(m)$ 与 $y(m)$ 分别表示信道状态、传输符号与传感器接收信号的采样值,为了表达方便,省略复杂的下标。

为了从给定的观测值 $\boldsymbol{Y}_M \triangleq \{\boldsymbol{y}_M, \cdots, \boldsymbol{y}_1\}$ 中提取参数 $\boldsymbol{\Theta}_{k:M}$ 的最优估计值,本节将 EM 算法与多尺度粒子滤波算法相结合,其具体的实现步骤如下。

步骤 1,给观测值添加潜在的数据(缺损数据)$\boldsymbol{\Psi}_{k:M} \triangleq \{\boldsymbol{b}_{k:m}, \cdots, \boldsymbol{b}_{k:1}\}$,得到的完全数据为 $\{\boldsymbol{Y}, \boldsymbol{\Psi}_{k:M}\}$。

步骤 2,构造关于未知参数 $\boldsymbol{\Theta}_{k:M} = [\boldsymbol{C}_k, \boldsymbol{h}_{k:m}, \cdots, \boldsymbol{h}_{k:1}]$ 的对数似然分布函数,即

$$\mathrm{LLK}(\boldsymbol{\Theta}_{k:M}) \triangleq \ln P(\boldsymbol{Y}_M; \boldsymbol{\Theta}_{k:M}) = \ln \sum_{\{\boldsymbol{\Psi}_{k:M}\}} p(\boldsymbol{Y}_M | \boldsymbol{\Psi}_{k:M}; \boldsymbol{\Theta}_{k:M}) \times p(\boldsymbol{\Psi}_{k:M}) \tag{5-37}$$

步骤 3，构造 E 步条件期望值的迭代公式为

$$Q_M(\boldsymbol{\Theta}_{k:M} \mid \hat{\boldsymbol{\Theta}}_{k:M}^{l-1}) \triangleq E_{\boldsymbol{\Psi}_{k:M}}(\{\ln p(\boldsymbol{Y}_M;\boldsymbol{\Psi}_{k:M};\boldsymbol{\Theta}_{k:M})\} \mid \boldsymbol{Y}_M;\hat{\boldsymbol{\Theta}}_{k:M}^{l-1}) \quad (5\text{-}38)$$

式(5-38)表示关于潜在数据(缺损数据) $\boldsymbol{\Psi}_{k:M}$ 的条件数学期望，$\hat{\boldsymbol{\Theta}}_{k:M}^{l-1}$ 为上一步迭代的结果。对于 EM 算法，在 E 步计算过程中，必然涉及连续的多维积分。显然，直接获取条件数学期望的显性表达式存在数值计算方面的困难。为了克服 EM 算法中数值计算方面的技术瓶颈，简化 EM 算法，本节采用多尺度粒子滤波算法来近似式 (5-38)的条件数学期望。

步骤 4，求缺损参数的最大后验似然分布函数，得到缺损参数的粒子集合。设缺损参数的后验分布函数为

$$p(\boldsymbol{\Psi}_{k:M} \mid \hat{\boldsymbol{\Theta}}_{k:M}^{l-1};\boldsymbol{Y}_M) \propto p(\boldsymbol{Y}_M \mid \hat{\boldsymbol{\Theta}}_{k:M}^{l-1};\boldsymbol{\Psi}_{k:M})p(\boldsymbol{Y}_M,\hat{\boldsymbol{\Theta}}_{k:M}^{l-1})p(\boldsymbol{\Psi}_{k:M}) \quad (5\text{-}39)$$

构造建议分布函数(高斯分布的函数)，对其进行重要采样(Metropolis-Hastings 采样)，得到状态空间上的一条马尔可夫链，再对不同粗细尺度状态空间进行交替采样，得到如下表达式：

$$\hat{Q}_M(\boldsymbol{\Theta}_{k:M} \mid \hat{\boldsymbol{\Theta}}_{k:M}^{l-1}) = \sum_{j=1}^{m} w^{(i)} \ln \hat{p}(\boldsymbol{\Theta}_{k:m} \mid \boldsymbol{\Psi}_j^{(i)}) \quad (5\text{-}40)$$

步骤 5，M 步，对条件期望求最大值，即

$$\hat{\boldsymbol{\Theta}}_{k:M}^{l-1} = \operatorname{argmax}_{\boldsymbol{\Theta}_{k:m}} \hat{Q}(\boldsymbol{\Theta}_{k:m} \mid \hat{\boldsymbol{\Theta}}_{k:M}^{l-1}) \quad (5\text{-}41)$$

式(5-41)是未知参数的迭代过程，给定初值 $\hat{\boldsymbol{\Theta}}_{k:M}^{0}$，采用迭代的方法来获得最优估计值。

步骤 6，根据以上步骤，定义未知参数的 Kullback-Leibler(K-L)测度函数为

$$\hat{\boldsymbol{H}}_{k:M}^{l} = \operatorname{argmax}_{H_{k:m}} \hat{Q}_M(\boldsymbol{H}_{k:m},\boldsymbol{C}_k^{l-1} \mid \hat{\boldsymbol{\Theta}}_{k:M}^{l-1}) \quad (5\text{-}42)$$

考虑到 K-L 函数为凹函数，因此，式(5-42)所表达的优化问题在可行域内一定存在最优可行解。如果输入为二进制的离散信号，约束条件为二进制的离散信号，该优化问题就转变为 NP-Hard 问题，增加了结算的难度。在得到 $\hat{\boldsymbol{H}}_{k:M}^{l}$ 的估算值以后，用 $\hat{\boldsymbol{H}}_{k:M}^{l}$ 代替式(5-42)中的 $\boldsymbol{H}_{k:M}^{l}$，得到 $\hat{Q}_M(\hat{\boldsymbol{H}}_{k:m},\boldsymbol{C}_k \mid \hat{\boldsymbol{\Theta}}_{k:M}^{l-1})$，再求关于 $\boldsymbol{C}_k$ 的 K-L 测度函数的最大值，即

$$\hat{\boldsymbol{C}}_{k:M}^{l} = \operatorname{argmax}_{C_k} \hat{Q}_M(\hat{\boldsymbol{H}}_{k:m},\boldsymbol{C} \mid \hat{\boldsymbol{\Theta}}_{k:M}^{l-1}) \quad (5\text{-}43)$$

从步骤 4 开始，多尺度粒子滤波算法就与 EM 算法结合起来提取目标的状态信息。EM 算法最大的优点是算法稳定、简单，借助多尺度粒子滤波算法来近似 E 步中关于缺损参数的条件数学期望，既能提高估算的精度，又能提高运算效率。

5.5　多尺度粒子滤波的 EM 算法对记忆信道参数的估计

在通信环境极其复杂的情况下，信道模型呈现时变非平稳非线性特征，为了精确估算多径时变衰落动态信道的统计特性，本节采用多尺度粒子滤波的 EM 算法来提取信道参数变化的统计特性。受无线多径衰落信道频率弥散特性的影响，该信道具有记忆特性。为了描述该信道的记忆特性，一个简单而广泛采用的方法是自回归滑动平均模型，即

$$\boldsymbol{h}_{k:m}=\lfloor \boldsymbol{F}_{k:1}\boldsymbol{F}_{k:2}\cdots\boldsymbol{F}_{k:N_h}\rfloor\boldsymbol{h}_{k:m-1}+\boldsymbol{B}_k\boldsymbol{v}_{k:m}\triangleq\underline{\boldsymbol{F}}_k^{\mathrm{H}}\underline{\boldsymbol{h}}_{k:m-1}+\boldsymbol{B}_k\boldsymbol{v}_{k:m} \tag{5-44}$$

式中，$\underline{\boldsymbol{h}}_{k:m}\triangleq[\boldsymbol{h}_{k:m}^{\mathrm{T}},\cdots,\boldsymbol{h}_{k:m-N_h+1}^{\mathrm{T}}]^{\mathrm{T}}$，$N_h$ 为信道模型的阶数；$\boldsymbol{F}_{k:i}(i=1,2,\cdots,N_h)$ 与 $\boldsymbol{B}_k$ 均为 $L_k\times L_k$ 矩阵；$\boldsymbol{v}_{k:m}\sim N(\boldsymbol{0}_{L_k\times L_k},\boldsymbol{I}_{L_k\times L_k})$。

显然，$\underline{\boldsymbol{h}}_{k:m}\triangleq[\boldsymbol{h}_{k:m}^{\mathrm{T}},\cdots,\boldsymbol{h}_{k:m-N_h+1}^{\mathrm{T}}]^{\mathrm{T}}$ 表示信道状态信息，是统计特性未知的随机变量，传输符号对接收端也是未知变量，在观测值 $\boldsymbol{Y}_M$ 给定的条件下，对于第 k 个传感器，$\boldsymbol{\psi}_{k:m}\triangleq\{\xi_{k:m},\boldsymbol{h}_{k:m}\}$ 与 $\boldsymbol{\psi}_{k:m}\triangleq\{\psi_{k:M},\cdots,\psi_{k:1}\}$ 也是未知随机变量。

在当前时刻 M，重新定义多径时变信道的待估参数空间，即

$$\boldsymbol{\Theta}_{k:M}=\{\boldsymbol{C}_k,\boldsymbol{\mu}_{k:m},\cdots,\boldsymbol{\mu}_{k:1}\} \tag{5-45}$$

式中，$\boldsymbol{\mu}_{k:m}\triangleq E\lfloor\boldsymbol{h}_{k:m}/\boldsymbol{Y}_M,\hat{\boldsymbol{\Theta}}_{k:M}^{l-1}\rfloor$ 为当前时刻，在系统参数 $\hat{\boldsymbol{\Theta}}_{k:M}^{l-1}$ 给定的条件下，信道状态 $\boldsymbol{h}_{k:m}$ 的后验条件数学期望；$\boldsymbol{C}_k$ 为各子信道之间的耦合干扰项。基于以上定义的变量，EM 算法的 K-L 测度函数可以用以下递归形式来表示，即

$$\begin{aligned}
&Q_M(\boldsymbol{\Theta}_{k:M}|\hat{\boldsymbol{\Theta}}_{k:M}^{l-1})\\
&=E_{\psi_{k:m}}(\ln(\boldsymbol{Y}_m,\boldsymbol{\psi}_{k:m}|\boldsymbol{Y}_M,\hat{\boldsymbol{\Theta}}_{k:M}^{l-1}))\\
&=E_{\psi_{k:m}}(\ln(\boldsymbol{Y}_{m-1},\boldsymbol{\psi}_{k:m-1}|\boldsymbol{Y}_M,\hat{\boldsymbol{\Theta}}_{k:M}^{l-1}))+E_{\psi_{k:m}}(\ln(\boldsymbol{y}_m|\boldsymbol{\xi}_{k:m},\boldsymbol{h}_{k:m})+\\
&\quad\ln p(\boldsymbol{h}_{k:m}|\underline{\boldsymbol{h}}_{k:m-1})|\boldsymbol{Y}_M,\hat{\boldsymbol{\Theta}}_{k:M}^{l-1})\\
&=Q_{m-1}(\boldsymbol{\Theta}_{k:m}|\hat{\boldsymbol{\Theta}}_{k:m}^{l-1})-\ln(\boldsymbol{\pi}^N\det(\boldsymbol{C}_k))-\ln(\boldsymbol{\pi}^N\det(\boldsymbol{B}_k\boldsymbol{B}_k^H))-\\
&\quad E_{\psi_{k:m}}\{[\boldsymbol{y}_m-\boldsymbol{\Xi}_k(\boldsymbol{\xi}_{k:m})\boldsymbol{h}_{k:m}]^{\mathrm{H}}\boldsymbol{C}_k^{-1}[\boldsymbol{y}_m-\boldsymbol{\Xi}_k(\boldsymbol{\xi}_{k:m})\boldsymbol{h}_{k:m}]|\boldsymbol{Y}_M,\hat{\boldsymbol{\Theta}}_{k:M}^{l-1}\}-\\
&\quad E_{\psi_{k:m}}\{[\boldsymbol{h}_{k:m}-\underline{\boldsymbol{F}}_{k:m}^H\underline{\boldsymbol{h}}_{k:m-1}]^{\mathrm{H}}(\boldsymbol{B}_k\boldsymbol{B}_k^{\mathrm{H}})^{-1}[\boldsymbol{h}_{k:m}-\underline{\boldsymbol{F}}_{k:m}^{\mathrm{H}}\underline{\boldsymbol{h}}_{k:m-1}]|\boldsymbol{Y}_M,\hat{\boldsymbol{\Theta}}_{k:M}^{l-1}\}
\end{aligned} \tag{5-46}$$

定义 $\underline{\boldsymbol{F}}_k^{\mathrm{H}}\triangleq[\boldsymbol{F}_{k:1},\cdots,\boldsymbol{F}_{k:N_h}]$，对式（5-46）关于 $\boldsymbol{h}_{k:m}$ 求导，同时注意到

$$E\{\boldsymbol{h}^{\mathrm{H}}\boldsymbol{A}\boldsymbol{h}\}=E\{[\boldsymbol{h}-\boldsymbol{\mu}]^{\mathrm{H}}\boldsymbol{A}[\boldsymbol{h}-\boldsymbol{\mu}]\}+\boldsymbol{\mu}^{\mathrm{H}}\boldsymbol{A}\boldsymbol{\mu}\triangleq\mathrm{Tr}\{\boldsymbol{\Sigma}\boldsymbol{A}\}+\boldsymbol{\mu}^{\mathrm{H}}\boldsymbol{A}\boldsymbol{\mu} \tag{5-47}$$

因此式（5-46）根据文献[80]可以重新改写为

$$\begin{aligned}
&Q_M(\boldsymbol{\Theta}_{k:M}|\hat{\boldsymbol{\Theta}}_{k:M}^{l-1})\\
&=Q_{m-1}(\boldsymbol{\Theta}_{k:m-1}|\hat{\boldsymbol{\Theta}}_{k:m}^{l-1})-\ln\{\boldsymbol{\pi}^N\det(\boldsymbol{C}_k)\}-\ln\{\boldsymbol{\pi}^N\det(\boldsymbol{B}_k\boldsymbol{B}_k^{\mathrm{H}})\}-\boldsymbol{y}_m^{\mathrm{H}}\boldsymbol{C}_k^{-1}\boldsymbol{y}_m+
\end{aligned}$$

$$\boldsymbol{\mu}_{k:m}^{\mathrm{H}}E_{\xi_{k:m}}\{\Xi_k(\boldsymbol{\xi}_{k:m})\boldsymbol{C}_k^{-1}\mid \boldsymbol{Y}_M,\hat{\boldsymbol{\Theta}}_{k:M}^{l-1}\}\boldsymbol{y}_m+\boldsymbol{y}_m^{\mathrm{H}}E_{\xi_{k:m}}\{\Xi_k(\boldsymbol{\xi}_{k:m})\boldsymbol{C}_k^{-1}\mid \boldsymbol{Y}_M,\hat{\boldsymbol{\Theta}}_{k:M}^{l-1}\}\boldsymbol{\mu}_{k:m}+$$
$$\boldsymbol{\mu}_{k:m}^{\mathrm{H}}E_{\xi_{k:m}}\{\Xi_k(\boldsymbol{\xi}_{k:m})^{\mathrm{H}}\boldsymbol{C}_k^{-1}(\Xi_k(\boldsymbol{\xi}_{k:m}))\mid \boldsymbol{Y}_M,\hat{\boldsymbol{\Theta}}_{k:M}^{l-1}\}\boldsymbol{\mu}_{k:m}-\boldsymbol{D}_m'-$$
$$E_{\psi_{k:m}}\{[\underline{\boldsymbol{\mu}}_{k:m}-\underline{\boldsymbol{F}}_{k:m}^{\mathrm{H}}\underline{\boldsymbol{\mu}}_{k:m-1}]^{\mathrm{H}}(\boldsymbol{B}_k\boldsymbol{B}_k^{\mathrm{H}})^{-1}[\boldsymbol{\mu}_{k:m}-\underline{\boldsymbol{F}}_{k:m}^{\mathrm{H}}\underline{\boldsymbol{\mu}}_{k:m-1}]\mid \boldsymbol{Y}_M,\hat{\boldsymbol{\Theta}}_{k:M}^{l-1}\}-\boldsymbol{E}_m' \tag{5-48}$$

式中

$$\underline{\boldsymbol{\mu}}_{k:m}\triangleq E[\underline{\boldsymbol{h}}_{k:m}\mid \boldsymbol{Y}_M,\hat{\boldsymbol{\Theta}}_{k:M}^{l-1}] \tag{5-49}$$

$$\boldsymbol{D}_m'\triangleq \mathrm{Tr}\{\boldsymbol{\Sigma}_{k:m}E_{\xi_{k:m}}\{(\Xi_k(\boldsymbol{\xi}_{k:m}))^{\mathrm{H}}\boldsymbol{C}_k^{-1}\Xi_k(\boldsymbol{\xi}_{k:m})\mid \boldsymbol{Y}_M,\hat{\boldsymbol{\Theta}}_{k:M}^{l-1}\}\} \tag{5-50}$$

$$\begin{aligned}\boldsymbol{E}_m'\triangleq{}&\mathrm{Tr}\{\underline{\boldsymbol{\Sigma}}_{k:m-1}\underline{\boldsymbol{F}}_{k:m}(\boldsymbol{B}_k\boldsymbol{B}_k^{\mathrm{H}})^{-1}\underline{\boldsymbol{F}}_k^{\mathrm{H}}+\underline{\boldsymbol{F}}_{k:m}(\boldsymbol{B}_k\boldsymbol{B}_k^{\mathrm{H}})^{-1}\hat{\boldsymbol{\Sigma}}_{k:m,m-1}+\\&\hat{\boldsymbol{\Sigma}}_{k:m,m-1}(\boldsymbol{B}_k\boldsymbol{B}_k^{\mathrm{H}})^{-1}\underline{\boldsymbol{F}}_{k:m}\}+\mathrm{Tr}\{\boldsymbol{\Sigma}_{k:m}(\boldsymbol{B}_k\boldsymbol{B}_k^{\mathrm{H}})^{-1}\}\end{aligned} \tag{5-51}$$

相应的协方差矩阵为

$$\begin{cases}\underline{\boldsymbol{\Sigma}}_{k:m}\triangleq E_{\psi_{k:m}}\{[\underline{\boldsymbol{h}}_{k:m-1}-\underline{\boldsymbol{\mu}}_{k:m}][\underline{\boldsymbol{h}}_{k:m-1}-\underline{\boldsymbol{\mu}}_{k:m}]^{\mathrm{H}}\mid \boldsymbol{Y}_M,\hat{\boldsymbol{\Theta}}_{k:M}^{l-1}\}\\ \underline{\boldsymbol{\Sigma}}_{k:m,m-1}\triangleq E_{\psi_{k:m}}\{[\boldsymbol{h}_{k:m-1}-\boldsymbol{\mu}_{k:m}][\boldsymbol{h}_{k:m-1}-\boldsymbol{\mu}_{k:m-1}]^{\mathrm{H}}\mid \boldsymbol{Y}_M,\hat{\boldsymbol{\Theta}}_{k:M}^{l-1}\}\\ \boldsymbol{\Sigma}_{k:m}\triangleq E_{\psi_{k:m}}\{[\boldsymbol{h}_{k:m}-\boldsymbol{\mu}_{k:m}][\boldsymbol{h}_{k:m}-\boldsymbol{\mu}_{k:m}]^{\mathrm{H}}\mid \boldsymbol{Y}_M,\hat{\boldsymbol{\Theta}}_{k:M}^{l-1}\}\end{cases} \tag{5-52}$$

显然，$\boldsymbol{\mu}_{k:m}\triangleq E\lfloor \boldsymbol{h}_{k:m}\mid \boldsymbol{Y}_M,\hat{\boldsymbol{\Theta}}_{k:M}^{l-1}\rfloor$是一个时变的随机变量，式(5-48)中的难点是估算 $Q_{m-1}(\boldsymbol{\Theta}_{k:m-1}/\hat{\boldsymbol{\Theta}}_{k:m}^{l-1})$的数值。文献[147-149]提供的算法在理论上是可行的，然而实际工程中涉及的具体问题都是带约束参数的统计模型，直接分析计算比较困难，但是将 Gibbs 采样用于约束参数模型，如此处理使本节研究的参数统计模型的估计问题变得简单易行。在参数 Θ_{-i} 给定的条件下，由约束可给出 Θ_i 的变动范围(约束参数空间的截面)。该参数一般是一个区间，有时是区间的并集。Gibbs 采样只需要在该区间上进行一维采样，其比直接进行带约束的高维积分简单得多。但是在 Gibbs 采样中，$\pi(x_i|x_{-i})$难以采样，相比而言 Metropolis-Hastings 采样具有很大的灵活性，该采样方法可取 $q(\cdot,\cdot)$，为容易采样的分布。基于这样的考虑，本节采用多尺度粒子滤波与文献[29]中的 SAEM 技术相结合，提出了多尺度粒子滤波的 SAEM 算法。与其他类型的 EM 算法相比，该算法能以固定数量的样本收敛到待估计参数的最大值附近，因此降低了算法的复杂度。同时，在 EM 算法中，用多尺度粒子滤波的随机加权平均过程代替 E 步中条件数学期望的积分运算，其中粗尺度随机样本的平均提高了统计算法的运算效率，而细尺度随机样本的平均保证了缺损参数后验分布最大值的估计精度。显而易见，该算法可归结为一种高效的随机平均过程，且满足以下表达式：

$$\hat{Q}_n(\boldsymbol{\Theta})=(1-\gamma_n)\hat{Q}_{n-1}(\boldsymbol{\Theta})+\gamma_n\sum_{j=1}^{M}\widetilde{w}^{(j)}\ln(\boldsymbol{\xi}_{1:m}^{(j)},\boldsymbol{Y}_M\mid\boldsymbol{\Theta}) \tag{5-53}$$

式中，$\{\gamma_n\}_{k\geq 1}$ 为序列的正定步长，并且 $\gamma_n = n^{-\alpha}$，其中 $\alpha \in [0.5,1]$。可以看出，直接对式（5-53）最大化就可以得到新参数集 $\boldsymbol{\Theta}$，同时该算法能高效地使用 EM 算法中所添加的缺损参数。因此，将 SAEM 算法与多尺度粒子滤波算法相结合，在很大程度上克服 E 步计算过程中存在的数值计算方面的困难，算法的实现过程按照如下步骤进行。

不妨设 $\boldsymbol{\Theta}^{l-1}$ 为第 $l-1$ 次未知参数 $\boldsymbol{\Theta}$ 的迭代结果，当 $\boldsymbol{\Theta}^{l-1}$ 给定时，未知参数的联合后验概率密度分布函数为

$$p(\boldsymbol{\xi},\boldsymbol{h}\,|\,\boldsymbol{Y}_M,\boldsymbol{\Theta}^{l-1}) \propto p(\boldsymbol{h}\,|\,\boldsymbol{\xi},\boldsymbol{Y}_M,\boldsymbol{\Theta}^{l-1})\,p(\boldsymbol{\xi}\,|\,\boldsymbol{Y}_M,\boldsymbol{\Theta}^{l-1}) \tag{5-54}$$

为了估算式（5-54）中的 $p(\boldsymbol{\xi}\,|\,\boldsymbol{Y}_M,\boldsymbol{\Theta}^{l-1})$，考虑采用如下多尺度粒子滤波算法。

步骤 1，构造重要采样函数（建议分布函数）。

对于粒子滤波，重要采样函数的选择非常重要，它决定着粒子滤波算法的效率和复杂度。选择建议分布函数必须具备两个条件：①选择的函数要容易采样；②状态估计的方差要小。对 $\pi(\boldsymbol{\xi}\,|\,\boldsymbol{Y}_M,\boldsymbol{\Theta}^{l-1})$ 函数进行分解，即

$$\pi(\boldsymbol{\xi}_{1:m}^{(j),m}\,|\,\boldsymbol{Y}_M,\boldsymbol{\Theta}^{l-1}) \propto p(\boldsymbol{Y}_M\,|\,\boldsymbol{\xi}_{1:m}^{(j),m},\boldsymbol{\Theta}^{l-1}) \tag{5-55}$$

因此，选择高斯分布函数为重要采样函数，并对该函数进行重要采样，得到如下马尔可夫序列：

$$\boldsymbol{\xi}_{k,m}^{(i)} \triangleq \lfloor b_{k1}^{(i)}(m),\cdots,b_{k1}^{(i)}(m-L_k^p)\rfloor$$

步骤 2，对步骤 1 中给定的状态空间上的样本集合，用粗细两种尺度，借助 Metropolis-Hastings 采样方法，对状态空间的马尔可夫链进行交替采样来获取目标状态和参数的信息。设样本的接受函数和交替转移函数分别为

$$\beta_i(b_i \to b_i^{(j)}\,|\,\xi_{-i},\boldsymbol{\Theta}) = \min\left\{1,\frac{p(b^{(j)})\,q_i(b_i^{(j)} \to b_i\,|\,\boldsymbol{\xi}_{-i},\boldsymbol{\Theta}^{l-1})}{p(b)\,q_i(b_i \to b_i^{(j)}\,|\,\boldsymbol{\xi}_{-i},\boldsymbol{\Theta}^{l-1})}\right\}$$

$$\begin{aligned}&q((b,\boldsymbol{\Theta}^{l-1},\boldsymbol{x},\tilde{b},\tilde{\boldsymbol{\Theta}}^{l-1},\tilde{x}) \to (b^*,\boldsymbol{\Theta}^*,x^*,\tilde{b}^*,\tilde{\boldsymbol{\Theta}}^*,\tilde{x}^*))\\&=q((b,\boldsymbol{\Theta}^{l-1},x) \to (\tilde{b}^*,\tilde{\boldsymbol{\Theta}}^*,\tilde{x}^*)) \times q((\tilde{b},\tilde{\boldsymbol{\Theta}}^{l-1},\tilde{x}) \to (b^*,\boldsymbol{\Theta}^*,x^*))\end{aligned} \tag{5-56}$$

步骤 3，对于联合分布函数 $\pi(\xi_{1:m}^{(j),m},\tilde{\boldsymbol{\Theta}}^{l-1}\,|\,\boldsymbol{Y}_M)$，分别求取各参数的满条件分布

$$\pi(\xi_{1:m}^{(j),m}\,|\,\boldsymbol{Y}_M,\boldsymbol{\Lambda})$$

式中，Λ 为粗尺度参数 $\tilde{\boldsymbol{\Theta}}^*$ 的函数。对粗尺度样本条件下的满条件分布函数进行 Gibbs 细尺度采样，得到的样本状态空间为 $\{b_i^{(j)*},i=1,2,\cdots,M\}$。

步骤 4，估算粒子权值的迭代公式，即

$$w^{(j),n}=w^{(j-1),n}\frac{p(\xi_{1:m}^{(j),n*}\mid \boldsymbol{Y}_M,\hat{\boldsymbol{\Theta}}^{l-1})}{\pi(\xi_{1:m}^{(j),n*}\mid \boldsymbol{Y}_M,\hat{\boldsymbol{\Theta}}^{l-1})} \tag{5-57}$$

步骤 5,对步骤 4 中的粒子权值进行归一化处理,即

$$\widetilde{w}^{(j),n}=\frac{w^{(j),n}}{\sum_{i=1}^{M}w^{(i),n}} \tag{5-58}$$

步骤 6,估算后验分布密度函数为

$$\hat{p}(\xi,\boldsymbol{h}\mid \boldsymbol{Y}_M,\hat{\boldsymbol{\Theta}}^{l-1})=\sum_{j=1}^{M}\widetilde{w}^{(j),n}\delta(\xi-\xi^{(j),n*})p(\boldsymbol{h}\mid \xi^{(j),n*},\boldsymbol{Y}_M,\hat{\boldsymbol{\Theta}}^{l-1}) \tag{5-59}$$

式中,$p(\boldsymbol{h}\mid \xi^{(j),n*},\boldsymbol{Y}_M,\hat{\boldsymbol{\Theta}}^{l-1})\propto p(\boldsymbol{Y}_M\mid \boldsymbol{h},\xi^{(j),n},\boldsymbol{\Theta}^{l-1})p(\boldsymbol{h})$。

设 $p(\boldsymbol{Y}_M\mid \boldsymbol{h},\xi^{(j),n},\boldsymbol{\Theta}^{l-1})=N_c(\boldsymbol{h};\boldsymbol{h}^{(j),n},\boldsymbol{C}^{(j),m})$ 服从高斯分布;$\widetilde{w}^{(j),n}$ 是归一化的粒子权值。

步骤 7,用多尺度重要采样算法从后验分布中提取参数信息。

用2:1和4:1的比例来稀释 $\xi_{k,m}^{(i)}\triangleq\lfloor b_{kl}^{(i)}(m),\cdots,b_{kl}^{(i)}(m-L_k^p)\rfloor$ 样本,根据步骤 1~7 来估算后验分布函数,并提取信道参数。

由式(5-53)与式(5-59),得到 SAEM 算法的表达式,即

$$\hat{Q}_n(\boldsymbol{\Theta})=(1-\gamma_n)\hat{Q}_{n-1}(\boldsymbol{\Theta}^*)+\gamma_n\sum_{j=1}^{M}\widetilde{w}^{(j)}\ln p(\xi_{1:m}^{(j)*},\boldsymbol{Y}_M\mid \widetilde{\boldsymbol{\Theta}}^*) \tag{5-60}$$

将式(5-48)中的平均值估算过程全部用式(5-60)代替,使得其估算过程得到简化。最后针对 M 步求最大值,即

$$\widetilde{\boldsymbol{\Theta}}^l=\underset{\boldsymbol{\Theta}}{\arg\max}\{\hat{Q}_n(\boldsymbol{\Theta}^*)\} \tag{5-61}$$

$$\sigma_i^2=\frac{1}{K+1}\sum_{j=1}^{M}\widetilde{w}^{(j)}\left\{\sum_{n=1}^{K}[y(m)-\boldsymbol{\Xi}_k(\xi_{k:m}^{(j)*})h_k^{(j)*}(m)][y(m)-\boldsymbol{\Xi}_k(\xi_{k:m}^{(j)*})h_k^{(j)*}(m)]^{\mathrm{T}}\right\} \tag{5-62}$$

$$\mu_{k:m}\triangleq E[\boldsymbol{h}_{k:m}\mid \boldsymbol{Y}_M,\hat{\boldsymbol{\Theta}}_{k:M}^{l-1}]=\sum_{i=1}^{M}\widetilde{w}^{(i),m}\delta(h-h^{(i)}) \tag{5-63}$$

式中,σ_i^2 为干扰矩阵 $\boldsymbol{C}$ 的分量;$h^{(i)}$ 为来自 $p(\boldsymbol{Y}_M\mid \boldsymbol{h},\xi^{(j),m},\boldsymbol{\Theta}^{l-1})=N_c(\boldsymbol{h};\boldsymbol{h}^{(j)n},\boldsymbol{C}^{(j),m})$ 的重要采样。

为了便于判断多尺度粒子滤波算法的收敛,本节采用 Sandwich 算法,选用分别从状态空间极大值和极小值出发的两条马尔可夫链,经过 1 000 次迭代后,该状态空间已经收敛到平稳分布状态,从而得到了信道状态信息的各种统计特

性。

为了验证该算法的优越性,本节将 EM 算法与 SAEM 算法对信道状态的估计效果进行比较(图 5-6)。从图 5-6 中所示,多尺度粒子滤波的 SAEM 算法对信道的状态估算精度要高于 EM 算法,更为重要的是,多尺度粒子滤波的 SAEM 算法比 EM 算法的运算效率要高得多,主要原因是多尺度粒子滤波算法可逼近式(5-48)中的条件期望值,即

$$\boldsymbol{\mu}_{k:m} \triangleq E[\boldsymbol{h}_{k:m} | \boldsymbol{Y}_M, \hat{\Theta}_{k:M}^{l-1}] = \sum_{i=1}^{M} \widetilde{w}^{(i),m} \delta(h - h^{(i)}) \tag{5-64}$$

显然,该算法克服了 EM 算法数值计算复杂度高的缺点,克服了 EM 算法容易落入局部最大值的缺陷。

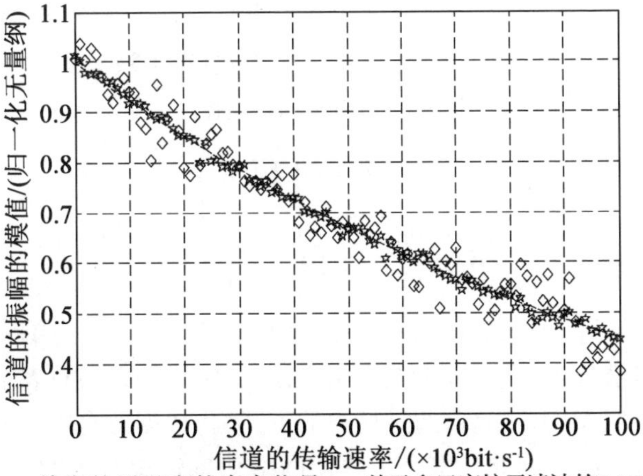

图 5-6　信道的衰落特性

下面是无线多径衰落信道传输情况的进一步讨论与仿真测试过程。

根据式(5-64)得到信道的状态信息,构建配置无线多径衰落信道(由基站到远程监控中心)的接力通信系统。根据最大增益和原理,设第 k 个跳频第 i 个发送传感器的信道增益和为 $G_{k,j} \triangleq \sum_{i=1}^{n_k} |h_{k,j,i}|^2$,第 k 个跳频信道的最大增益和定义为 $\max x_{j=1,2,\cdots,n_{k-1}} \{G_{k,j}\}$,令 α_k 表示第 k 个接力信道的增益。针对 $j=1,2,\cdots,n_k$,为了讨论问题的方便,建议去掉式(5-64)中 h 的上标(i),在接收端,相应的第 j 个接收天线接收到的信号为

$$y_{K,j} = h_{K,j}\left(\prod_{k=1}^{K-1} \alpha_k G_k\right) + e_{K,j} + h_{K,j}\left(\prod_{k=1}^{K-1} \alpha_k\right)\left(\sum_{i=1}^{n_1} h_{1,i}^{*} e_{1,i}\right)\left(\prod_{k=2}^{K-1} G_k\right) +$$

$$h_{K,j}\left(\prod_{k=2}^{K-1}\alpha_k\right)\left(\sum_{i=1}^{n_2}h_{1,i}^{*}e_{2,i}\right)\left(\prod_{k=3}^{K-1}G_k\right)+\cdots+$$
$$h_{K,j}\left(\prod_{k=K-2}^{K-1}\alpha_k\right)\left(\sum_{i=1}^{n_{K-2}}h_{K-2,i}^{*}e_{K-2,i}\right)(G_{K-1})+h_{K,j}\alpha_{K-1}\left(\sum_{i=1}^{n_{K-2}}h_{K-1,i}^{*}e_{K-1,i}\right) \tag{5-65}$$

式中,$h_{K,j}$ 为被选择的传输天线到第 j 个接收天线在第 k 个信道的增益系数; * 表示复数共轭;$e_{K,j}$ 为均值为 0、方差为 $\varepsilon\sigma_1^2+(1-\varepsilon)\sigma_2^2$ 的加性混合噪声。为了讨论问题的方便,设在给定的 ε 值很小时,可假设为高斯白噪声。当考虑采用 $w_{k,i}=h_{k,i}^{*}$(信道采用第 k 个跳频在第 i 个接收天线上)作为最大合并似然比的权值时,产生的信号为 $\sum_{i=1}^{n_k}w_{k,i}r_{k,i}$,其中 $r_{k,i}$ 表示第 i 个接收天线接收到的信号。对接收信号使用最大合并似然比的输出表达式为式(5-65)。对于不可再生的选择性天线系统,最大合并似然比中端到端的信噪比为

$$\gamma_{\mathrm{NS}}=\rho\left[\frac{\left(\prod_{k=1}^{K-1}\alpha_k^2\right)\left(\prod_{k=1}^{K-1}G_k^2\right)}{G_k+\sum_{j=k}^{K-1}G_k\left(\prod_{1j=k}^{K-1}\alpha_j^2\right)\left(\prod_{j=k+1}^{K}G_j^2\right)}\right] \tag{5-66}$$

式中,$\rho=P/\sigma^2$,$P=E[xx^*]$表示平均输入功率。同时,各个接力单元发送信息的天线数目服从泊松分布(选择式天线发射系统),因而式(5-66)表示一个复合随机过程。采用类似 MIMO 系统,通过接力的方式,将数据融合中心的信号从基站传送到数据监控中心。因此在整个传感器网络功率资源有限的约束条件下,采用接力通信的方式,旨在提高 WSN 机动目标跟踪系统的传输速率和信道容量。具体方法是,对于传感器接力系统的最优功率分配方案,首先可借助多尺度粒子滤波的 SAEM 算法得到信道状态信息矩阵,再对信道状态信息矩阵进行对角化来寻找各子信道的信噪比,最后根据各子信道的信噪比选择合适的信号调制方式进行数据的传输(具体过程在第 6 章进行讨论)。

在通信系统的信道容量改善方面,理论和实验证明,当发送端传感器数量等于接收端传感器数量时,自适应功率分配系统没有任何增益。但是,当发送端传感器数量大于接收端传感器数量时,用注水原理进行功率分配可以明显改善信道容量,从而提高信息的传输速率。基于该思想,本节根据功率标量增益(Power Gain,PG)来估算信噪比,即当 PG 满足 $\alpha_k^2=P/(\mathrm{PG}_k^2+\sigma^2G_k)$ 时,每个接力单元的平均功率约束都是可以满足的。因此,端到端关于 PG 的信噪比为

$$\gamma_{\mathrm{NS}}^{\mathrm{PG}}=\left(\rho\prod_{k=1}^{K}G_k\right)\left\{\prod_{k=1}^{K-1}\left(G_k+\frac{1}{\rho}\right)+\sum_{k=1}^{K-1}\left(\prod_{j=k+1}^{K}G_j\right)+\left[\prod_{j=1}^{k-1}\left(G_k+\frac{1}{\rho}\right)\right]\right\}^{-1}$$

$$= \left[\prod_{k=1}^{k} \left(1 + \frac{1}{\rho G_k}\right) - 1 \right]^{-1} \tag{5-67}$$

如果忽略 PG 中的噪声项，相应理想的增益就变为 $\alpha_k^2 = \frac{1}{G_k^2}$，则式(5-67)的形式变为

$$\gamma_{NS}^{IG} = \left[\sum_{k=1}^{K} \frac{1}{\rho G_k} \right]^{-1} \geqslant \gamma_{NS}^{PG} \tag{5-68}$$

对于式(5-67)和式(5-68)，采用最大比值合并方法得到端到端的信噪比是不可再生的。为了对该信道进行仿真，本节采用多尺度粒子滤波的 SAEM 算法对式(5-65)表示的信道状态信息进行估计，并对接收信号进行处理，对满条件分布进行 Gibbs 采样，得到目标状态的细尺度采样信号为

$$\boldsymbol{X} = [0.491\,1, 0.491\,7, 0.592\,0, 0.774\,5, 0.515\,2, 0.326\,6, 0.997\,4, 0.493\,1, 0.512\,3, 0.338\,1, 0.493\,1, 0.494\,2, 0.513\,2, 0.510\,7, 0.832\,1, 0.612\,8, 0.274\,7, 0.932\,1, 0.535\,5, 0.931\,7, 0.781\,1, 0.273\,3, 0.491\,7, 0.741\,0] \tag{5-69}$$

计算该信道 AR 模型对应的参数为

$$\phi = (1.000\,0,\quad -0.388\,2,\quad -0.214\,3,\quad -0.326\,4) \tag{5-70}$$

得到信号的输出表达式为

$$y_t = x_t - 0.388\,2x_{t-1} - 0.214\,3x_{t-2} - 0.326\,4x_{t-3} + \varepsilon_t \tag{5-71}$$

$$\varepsilon_t \sim N(0, 20.442^2) \tag{5-72}$$

其中，$\{x_t\}$ 为一阶马尔可夫过程。对此时变信道进行仿真，结果如图 5-7 和图 5-8 所示。

对于频率选择性衰落的信道而言，从图 5-7 中可以看出，信号在某些频率处，信道的衰减幅度很大，分析其原因是信道多径和时间延迟。当观测值给定时，本节采用多尺度粒子滤波的 SAEM 算法来提取信道的状态信息估算精度。从图 5-8 可以看出，在 0～25 s，多尺度粒子滤波的 SAEM 算法基本跟踪了信道状态信息的变化，与信道的真实状态相比，幅度比信道真实状态的变化幅度小。但只要给仿真结果乘一个固定的系数，便可更好地描述跟踪信道状态信息的变化幅度。该方法的最大优势是，不需要在信道的输入端加入随机训练序列，借助于盲估计便可以提取信道的状态信息。

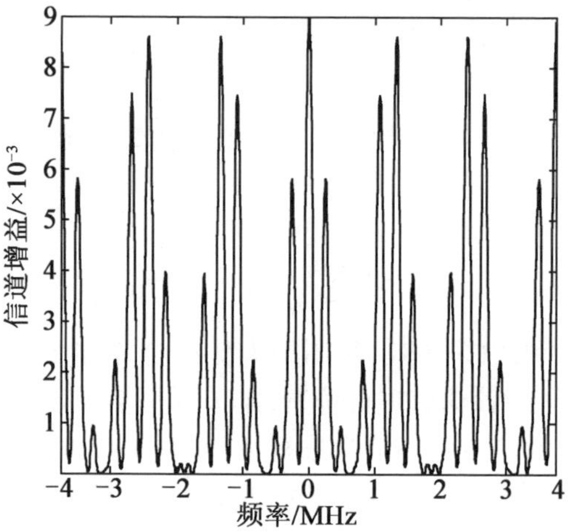

图 5-7　选择性衰落的信道变化情况

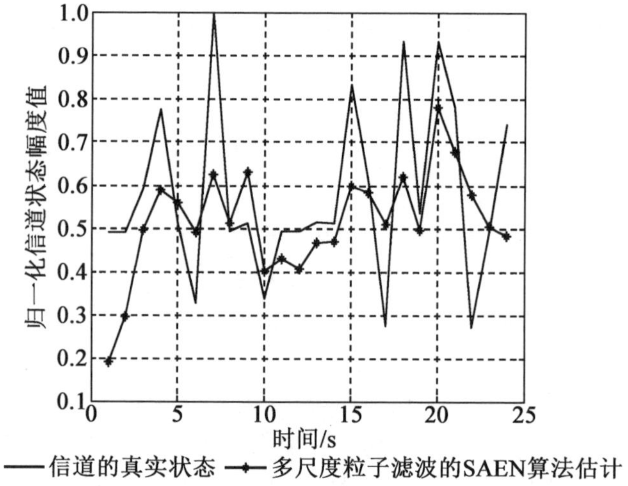

图 5-8　信道的状态估计

5.6　多尺度粒子滤波在信道盲估计中的应用

针对无线多径衰落信道，多径传播会引起频率弥散，导致信道具有平坦衰落和频率选择性衰落的特性。此外，环境噪声的影响和非线性因素的影响，还会导致该时变信道模型呈现非线性的特性。为了提取该信道的状态信息和参数信息，本节将采用多尺度粒子滤波算法对信道进行盲估计。

5.6.1　多尺度粒子滤波对平坦衰落信道的盲估计

设信道的干扰噪声为加性高斯白噪声，无线多径衰落信道的状态信息除增益外都是未知的。在此假设条件下，$\boldsymbol{h}_k=\lceil \hat{\mu}_{k0}(m)\mathrm{e}^{\mathrm{j}\varphi_{k0}},\cdots,\hat{\mu}_{k(L_k-1)}(m)\mathrm{e}^{\mathrm{j}\varphi_{k(L_k-1)}}\rceil$ 是由多尺度粒子滤波的 EM 算法得到的信道状态信息，$-\boldsymbol{\varphi}_k\triangleq[-\varphi_{k0},\cdots,-\varphi_{k(L_k-1)}]^{\mathrm{T}}$ 是 EM 算法估算过程中固有的相位误差矢量。考虑到 EM 算法导致的相位误差，信道记忆特性导致的信道时延对传输信号的影响，经过无线衰落信道传输后，信号会因为时间延迟而导致发生信号的扩展。这些被扩展的信号构成的状态空间为

$$\zeta_{k:m}\triangleq\{\boldsymbol{\varphi}_{k:m},\boldsymbol{v}_{k:m-p_k}\}=\{\boldsymbol{b}_{k:m-1},\cdots,\boldsymbol{b}_{k:m-q_k}\}\tag{5-73}$$

式中，$\boldsymbol{\varphi}_{k:m}\triangleq\{\boldsymbol{b}_{k:m-1},\cdots,\boldsymbol{b}_{k:m-q_k}\}$；$\boldsymbol{v}_{k:m-p_k}\triangleq\{\boldsymbol{b}_{k:m-p_k-1},\cdots,\boldsymbol{b}_{k:m-q_k}\}$。根据 Bayesian 统计推断原理，信号相对应的后验概率密度分布函数为

$$p(\boldsymbol{b}_{k:m}\mid\boldsymbol{Y}_M,\hat{\boldsymbol{\Theta}}_{k:M})=p(\boldsymbol{Y}_M\mid\boldsymbol{b}_{k:m},\hat{\boldsymbol{\Theta}}_{k:M})\times p(\boldsymbol{Y}_M\mid\hat{\boldsymbol{\Theta}}_{k:M})p(\boldsymbol{b}_{k:m})\propto p(\boldsymbol{Y}_M\mid\boldsymbol{b}_{k:m};\hat{\boldsymbol{\Theta}}_{k:M})\tag{5-74}$$

考虑到受信道记忆特性影响而导致的相位误差与信号时延，参数的后验似然分布函数可以重新改写为如下的形式，即

$$\begin{aligned}p(\boldsymbol{Y}_M\mid\boldsymbol{b}_{k:m};\hat{\boldsymbol{\Theta}}_{k:M})&=\sum_{\zeta_{k:m}}p(\boldsymbol{Y}_M,\zeta_{k:m}\mid\boldsymbol{b}_{k:m};\hat{\boldsymbol{\Theta}}_{k:M})\\&=\sum_{\zeta_{k:m}}\{p(\boldsymbol{y}_{m+1}^{M}\mid\boldsymbol{y}_{m-p_k}^{m},\boldsymbol{b}_{k:m},\zeta_{k:m};\hat{\boldsymbol{\Theta}}_{k:M})p(\boldsymbol{y}_1^{m-p_k-1}\mid\boldsymbol{y}_{m-p_k}^{m},\boldsymbol{b}_{k:m},\\&\quad\zeta_{k:m};\hat{\boldsymbol{\Theta}}_{k:M})\times p(\boldsymbol{y}_{m-p_k}^{m}\mid\boldsymbol{y}_{m-p_k}^{m},\boldsymbol{b}_{k:m},\zeta_{k:m};\hat{\boldsymbol{\Theta}}_{k:M})p(\zeta_{k:m})\}\end{aligned}\tag{5-75}$$

为了得到符号 $\boldsymbol{b}_{k:m}$ 的后验分布函数，需要先计算式(5-75)中各参数的满条件分布函数。当缺少变量 $\underline{\boldsymbol{\varphi}_k}\triangleq[\varphi_{k0},\cdots,\varphi_{k(L_k-1)}]^{\mathrm{T}}$ 时，关于符号信息 $\{\boldsymbol{b}_{k:m},\zeta_{k:m}\}$ 的似然函数为

$$\gamma\triangleq p(\boldsymbol{y}_{m-p_k}^{m}\mid\boldsymbol{b}_{k:m},\zeta_{k:m};\hat{\boldsymbol{\Theta}}_{k:M})=\sum_{\underline{\varphi_k}}p(\boldsymbol{y}_{m-p_k}^{m}\mid\underline{\boldsymbol{\phi}_k},\boldsymbol{b}_{k:m},\zeta_{k:m};\hat{\boldsymbol{\Theta}}_{k:M})\times p(\underline{\boldsymbol{\phi}_k})\tag{5-76}$$

式中，$\underline{\boldsymbol{\phi}_k}$ 为归一化的码片脉冲形成函数。

输出函数的满条件分布为

$$\begin{aligned}&p(\boldsymbol{y}_{m-p_k}^{m}\mid\boldsymbol{b}_{k:m},\zeta_{k:m};\hat{\boldsymbol{\Theta}}_{k:M})\\&=\frac{1}{[\pi^N\det(\boldsymbol{C})]^{p_k+1}}\exp\left\{-\sum_{i=0}^{p_k}[\boldsymbol{y}_{m-i}-\boldsymbol{\varXi}_k\hat{\boldsymbol{H}}_{k:m}\mathrm{e}^{\mathrm{j}\boldsymbol{\phi}_k}]^{\mathrm{H}}\boldsymbol{C}_k^{-1}[\boldsymbol{y}_{m-i}-\boldsymbol{\varXi}_k\hat{\boldsymbol{H}}_{k:m}\mathrm{e}^{\mathrm{j}\boldsymbol{\phi}_k}]\right\}\end{aligned}\tag{5-77}$$

式中，$\hat{\boldsymbol{H}}_{k:m} \triangleq \operatorname{diag}(\hat{\boldsymbol{h}}_{k:m})$。对式(5-77)求关于 $\underline{\boldsymbol{\phi}}_k$ 的边缘分布就得到式(5-76)。关于

$$\begin{aligned}\alpha(\boldsymbol{b}_{k:m},\zeta_{k:m};\hat{\boldsymbol{\Theta}}_{k:M}) &\triangleq p(\boldsymbol{y}_1^{m-p_k-1} \mid \boldsymbol{y}_{m-p_k}^{m},\boldsymbol{b}_{k:m},\zeta_{k:m};\hat{\boldsymbol{\Theta}}_{k:M}) \\ &= \sum_{b_{k:m-q_k-1}} p(\boldsymbol{y}_1^{m-p_k-1} \mid \boldsymbol{y}_{m-p_k}^{m},\boldsymbol{b}_{k:m},\zeta_{k:m},\boldsymbol{b}_{kim-q_k-1};\hat{\boldsymbol{\Theta}})p(\boldsymbol{b}_{k:m-q_k-1})\end{aligned} \tag{5-78}$$

表示为后向递归的形式，即

$$\begin{aligned}&p(\boldsymbol{y}_1^{m-p_k-1} \mid \boldsymbol{y}_{m-p_k}^{m},\boldsymbol{b}_{k:m},\zeta_{k:m},\boldsymbol{b}_{k:m-q_k-1};\hat{\boldsymbol{\Theta}}_{k:M}) \\ &=p(\boldsymbol{y}_1^{m-p_k-2} \mid \boldsymbol{y}_{m-p_k}^{m-1},\boldsymbol{b}_{k:m-1},\zeta_{k:m-1};\hat{\boldsymbol{\Theta}}_{k:M})\times p(\boldsymbol{y}_{m-p_k-1} \mid \boldsymbol{y}_{m-p_k}^{m-1},\boldsymbol{b}_{k:m-1},\zeta_{k:m-1},\boldsymbol{b}_{k:m-q_k-1};\hat{\boldsymbol{\Theta}}_{k:M})\end{aligned} \tag{5-79}$$

考虑到 $\{\zeta_{k:m-1},\boldsymbol{b}_{k:m-q_k-1}\} \equiv \{\boldsymbol{b}_{k:m-1},\zeta_{k:m-1}\}$，而且 $\boldsymbol{y}_m$、$\boldsymbol{b}_{k:m}$ 与 $\boldsymbol{y}_1^{m-p_k-2}$ 是相互独立的，根据记忆长度的假设，得到如下的表达式，即

$$\begin{aligned}&p(\boldsymbol{y}_{m-p_k-1} \mid \boldsymbol{y}_{m-p_k}^{m-1},\boldsymbol{b}_{k:m-1},\zeta_{k:m-1},\boldsymbol{b}_{k:m-q_k-1};\hat{\boldsymbol{\Theta}}_{k:M}) \\ &=\frac{p(\boldsymbol{y}_{m-p_k-1} \mid \boldsymbol{y}_{m-p_k}^{m-1},\boldsymbol{b}_{k:m-1},\zeta_{k:m-1},\boldsymbol{b}_{k:m-q_k-1};\hat{\boldsymbol{\Theta}}_{k:M})}{p(\boldsymbol{y}_{m-p_k} \mid \boldsymbol{b}_{k:m-p_k},\zeta_{k:m},\boldsymbol{b}_{k:m-q_k-1};\hat{\boldsymbol{\Theta}}_{k:M})} \triangleq \frac{\eta}{\gamma}\end{aligned} \tag{5-80}$$

式中，η 为关于 $\underline{\boldsymbol{\phi}}_k$ 的边缘函数，即

$$\begin{aligned}&\eta(\boldsymbol{b}_{k:m},\zeta_{k:m},\boldsymbol{b}_{k:m-q_k-1};\hat{\boldsymbol{\Theta}}_{k:M}) \\ &\triangleq \sum_{\underline{\boldsymbol{\phi}}_k} p(\boldsymbol{y}_{m-p_k-1} \mid \boldsymbol{b}_{k:m},\zeta_{k:m-1},\boldsymbol{b}_{k:m-q_k-1},\underline{\boldsymbol{\phi}}_k;\hat{\boldsymbol{\Theta}}_{k:M})p(\underline{\boldsymbol{\phi}}_k)\end{aligned}$$

而前向递归 α 可表示为

$$\alpha = \sum_{\boldsymbol{b}_{k:m-q_k-1}} \alpha \times \frac{\eta}{\gamma} \times p(\boldsymbol{b}_{k:m-q_k-1}) \tag{5-81}$$

基于以上推理的结果，最后可得到 $p(\boldsymbol{Y}_M \mid \boldsymbol{y}_{m-p_k}^{M},\boldsymbol{b}_{k:m},\zeta_{k:m};\hat{\boldsymbol{\Theta}}_{k:M})$ 的后向递归公式。

令

$$\begin{aligned}\beta &\triangleq p(\boldsymbol{y}_{m+1}^{M} \mid y_{m-p_k}^{M},b_{k:m},\zeta_{k:m};\hat{\Theta}_{k:M}) \\ &= \sum_{b_{k:m+1}} p(\boldsymbol{y}_{m+1}^{M} \mid \boldsymbol{y}_{m-p_k}^{M},\zeta_{k:m},\boldsymbol{b}_{k:m+1},\boldsymbol{b}_{k:m};\hat{\boldsymbol{\Theta}}_{k:M})p(\boldsymbol{b}_{k:m+1})\end{aligned}$$

则后向递归公式的具体表达式为

$$\begin{aligned}&p(\boldsymbol{y}_{m+1}^{M} \mid \boldsymbol{y}_{m-p_k}^{M},\boldsymbol{b}_{k:m+1},\boldsymbol{b}_{k:m},\zeta_{k:m};\hat{\boldsymbol{\Theta}}_{k:M}) \\ &=p(\boldsymbol{y}_{m+2}^{M} \mid \boldsymbol{y}_{m-p_k+1}^{M},\boldsymbol{b}_{k:m+1},\zeta_{k:m+1};\hat{\boldsymbol{\Theta}}_{k:M})\times p(\boldsymbol{y}_{m+1} \mid \boldsymbol{y}_{m-p_k}^{M},\boldsymbol{b}_{k:m+1},\boldsymbol{b}_{k:m},\zeta_{k:m};\hat{\boldsymbol{\Theta}}_{k:M})\end{aligned} \tag{5-82}$$

考虑到$\{\zeta_{k:m},b_{k:m}\}\equiv\{b_{k:m-q_k},\zeta_{k:m-1}\}$,而且$\boldsymbol{y}_m$、$\boldsymbol{b}_{k:m}$与$\boldsymbol{y}_1^{m-p_k-2}$相互独立,$\boldsymbol{y}_{m+2}^M$、$\boldsymbol{y}_{m-p_k}$与$\boldsymbol{b}_{k:m-q_k}$相互独立,受信道记忆特性的影响,则有以下表达式:

$$\begin{aligned}\beta(\boldsymbol{b}_{k:m},\zeta_{k:m};\hat{\boldsymbol{\Theta}}_{k:M})&\triangleq p(\boldsymbol{y}_{m+1}^M\mid\boldsymbol{y}_{m-p_k}^M,\boldsymbol{b}_{k:m},\zeta_{k:m};\hat{\boldsymbol{\Theta}}_{k:M})\\&=p(\boldsymbol{y}_{m+1}\mid\boldsymbol{y}_{m-p_k}^m,\boldsymbol{b}_{k:m+1},\zeta_{k:m};\hat{\boldsymbol{\Theta}}_{k:M})\\&=\frac{p(\boldsymbol{y}_{m-p_k}^{m+1}\mid\boldsymbol{b}_{k:m},\boldsymbol{b}_{k:m+1},\zeta_{k:m};\hat{\boldsymbol{\Theta}}_{k:M})}{p(\boldsymbol{y}_{m-p_k}^{m+1}\mid\boldsymbol{b}_{k:m},\boldsymbol{b}_{k:m+1},\zeta_{k:m};\hat{\boldsymbol{\Theta}}_{k:M})}\\&\triangleq\frac{\eta}{\gamma}\end{aligned}\tag{5-83}$$

由式(5-83)得到关于β的后向迭代公式,即

$$\begin{aligned}&\beta(\boldsymbol{b}_{k:m},\zeta_{k:m};\hat{\boldsymbol{\Theta}}_{k:M})\\&=\sum_{\boldsymbol{b}_{k:m+1}}\beta(\boldsymbol{b}_{k:m},\zeta_{k:m};\hat{\boldsymbol{\Theta}}_{k:M})\times\frac{\eta(\boldsymbol{b}_{k:m+1},\boldsymbol{b}_{k:m},\zeta_{k:m};\hat{\boldsymbol{\Theta}}_{k:M})}{\gamma(\boldsymbol{b}_{k:m},\zeta_{k:m};\hat{\boldsymbol{\Theta}}_{k:M})}p(\zeta_{k:m+1})\end{aligned}\tag{5-84}$$

将式(5-76)、式(5-78)与式(5-83)代入式(5-75)中,得到符号的如下检测表达式:

$$p(\boldsymbol{Y}_M\mid\boldsymbol{b}_{k:m};\hat{\boldsymbol{\Theta}}_{k:M})=\sum_{\zeta_{k:m}}\alpha\times\gamma\times\beta\times p(\zeta_{k:m})\tag{5-85}$$

在信号处理过程中,为了估算非相干检测的后验概率,当初始状态$\{\boldsymbol{b}_{k:q_k+1},\zeta_{k:q_k+1}\}$和最终状态$\{\boldsymbol{b}_{k:M},\zeta_{k:M}\}$预先给定的条件下,分别对式(5-81)和式(5-77)进行前向和后向的递归运算就可以实现信号的检测。对于平坦衰落信道,式(5-77)可以简化为

$$\begin{aligned}&p(\boldsymbol{y}_{m-p_k}^m\mid\boldsymbol{b}_{k:m},\zeta_{k:m},\boldsymbol{\phi}_k;\hat{\boldsymbol{\Theta}}_{k:M})\\&=\frac{1}{[\pi^N\det(\boldsymbol{C})]^{p_k+1}}\cdot\\&\quad\exp\left\{-\sum_{i=0}^{p_k}[\boldsymbol{y}_{m-i}-\boldsymbol{\Xi}_k(\xi_k^{m-i})\hat{\boldsymbol{h}}_k\mathrm{e}^{\mathrm{j}\boldsymbol{\phi}_k}]^{\mathrm{H}}\boldsymbol{C}_k^{-1}[\boldsymbol{y}_{m-i}-\boldsymbol{\Xi}_k(\xi_k^{m-i})\hat{\boldsymbol{h}}_k\mathrm{e}^{\mathrm{j}\boldsymbol{\phi}_k}]\right\}\end{aligned}\tag{5-86}$$

令式(5-86)中的$\boldsymbol{\Xi}_k=\boldsymbol{\Xi}_k^{\mathrm{H}}$,对相位误差变量$\boldsymbol{\phi}_k$求边缘分布,得

$$\begin{aligned}&\gamma(\boldsymbol{b}_{k:m},\zeta_{k:m},\hat{\boldsymbol{\Theta}}_{k:M})\\&\triangleq\sum_{\boldsymbol{\phi}_k}p(\boldsymbol{y}_{m-p_k}^m\mid\boldsymbol{\phi}_k,\boldsymbol{b}_{k:m},\zeta_{k:m},\hat{\boldsymbol{\Theta}}_{k:M})\\&=\frac{\exp\{D_k(\boldsymbol{b}_{k:m},\zeta_{k:m};\hat{\boldsymbol{\Theta}}_{k:M})\}}{[\pi^N\det(\boldsymbol{C}_k)]^{p_k}+1}\cdot\frac{1}{M_{\mathrm{s}}}\times\end{aligned}$$

$$\sum_{i=0}^{M_s} \exp\{2|F_k(\boldsymbol{b}_{k:m},\zeta_{k:m};\hat{\boldsymbol{\Theta}}_{k:M})|\cos(\phi_k^i + w_k)\} \tag{5-87}$$

式中

$$D(\boldsymbol{b}_{k:m},\zeta_{k:m};\hat{\boldsymbol{\Theta}}_{k:M}) \triangleq -\sum_{i=0}^{p_k+1}[\boldsymbol{y}_{m-i}^{\mathrm{H}}\boldsymbol{C}_k^{-1}\boldsymbol{y}_{m-i} + \hat{\boldsymbol{h}}_k^{\mathrm{H}}\boldsymbol{\Xi}_k^{\mathrm{H}}(\xi_k^{m-i})\boldsymbol{C}_k^{-1}\boldsymbol{\Xi}_k^{\mathrm{H}}(\xi_k^{m-i})\hat{\boldsymbol{h}}_k]$$

$$F(\boldsymbol{b}_{k:m},\zeta_{k:m};\hat{\boldsymbol{\Theta}}_{k:M}) \triangleq \sum_{i=0}^{p_k+1}\boldsymbol{y}_{m-i}^{\mathrm{H}}\boldsymbol{\Xi}_k^{\mathrm{H}}(\xi_k^{m-i})\boldsymbol{C}_k^{-1}\boldsymbol{\Xi}_k^{\mathrm{H}}(\xi_k^{m-i})\hat{\boldsymbol{h}}_k$$

式中,w_k 为 $F(\boldsymbol{b}_{k:m},\zeta_{k:m};\hat{\boldsymbol{\Theta}}_{k:M})$,表示相位角变量。

信号采用 MPSK 圆形星座调制方式,形成一个共轭对,而且这成对信号的相位差为 π,因此式(5-76)可以简化为

$$\begin{aligned}&\gamma(\boldsymbol{b}_{k:m},\zeta_{k:m};\hat{\boldsymbol{\Theta}}_{k:M})\\&=\frac{2\exp\{D_k(\boldsymbol{b}_{k:m},\zeta_{k:m};\hat{\boldsymbol{\Theta}}_{k:M})\}}{[\pi^N\det(\boldsymbol{C}_k)]^{p_k+1}}\cdot\\&\quad\frac{1}{M_s}\sum_{i=0}^{\frac{M_s}{2}-1}\cosh\left[2|F_k(\boldsymbol{b}_{k:m},\zeta_{k:m};\hat{\boldsymbol{\Theta}}_{k:M})|\cos\left(\frac{4\pi i}{M_s}+w_k\right)\right]\end{aligned} \tag{5-88}$$

同理,η 的表达式可简化为

$$\begin{aligned}&\eta(\boldsymbol{b}_{k:m},\zeta_{k:m},\boldsymbol{b}_{k:m-q_k-1};\hat{\boldsymbol{\Theta}}_{k:M})\\&=\frac{2\exp\{D_k(\boldsymbol{b}_{k:m},\zeta_{k:m};\hat{\boldsymbol{\Theta}}_{k:M})\}}{[\pi^N\det(\boldsymbol{C}_k)]^{p_k+1}}\cdot\\&\quad\frac{1}{M_s}\sum_{i=0}^{\frac{M_s}{2}-1}\cosh\left[2|F_k(\boldsymbol{b}_{k:m},\zeta_{k:m},\boldsymbol{b}_{k:m-q_k-1};\hat{\boldsymbol{\Theta}}_{k:M})|\cos\left(\frac{4\pi i}{M_s}+w_k\right)\right]\end{aligned} \tag{5-89}$$

式中,

$$\begin{aligned}&D_k(\boldsymbol{b}_{k:m},\zeta_{k:m},\boldsymbol{b}_{k:m-q_k-1},\hat{\boldsymbol{\Theta}}_{k:M})\\&\triangleq-\sum_{i=0}^{p_k+1}[\boldsymbol{y}_{m-i}^{\mathrm{H}}\boldsymbol{C}_k^{-1}\boldsymbol{y}_{m-i} + \hat{\boldsymbol{h}}_k^{\mathrm{H}}\boldsymbol{\Xi}_k^{\mathrm{H}}(\xi_k^{m-i})\boldsymbol{C}_k^{-1}\boldsymbol{\Xi}_k^{\mathrm{H}}(\xi_k^{m-i})\hat{\boldsymbol{h}}_k]\end{aligned}$$

$$F_k(\boldsymbol{b}_{k:m},\zeta_{k:m};\hat{\boldsymbol{\Theta}}_{k:M}) \triangleq \sum_{i=0}^{p_k+1}\boldsymbol{y}_{m-i}^{\mathrm{H}}\boldsymbol{C}_k^{-1}\boldsymbol{\Xi}_k^{\mathrm{H}}(\xi_k^{m-i})\hat{\boldsymbol{h}}$$

关于 $\boldsymbol{b}_{k:m}$ 的后验分布由式(5-85)表示。

虽然本小节给出了多径衰落信道中非相干信号检测的具体表达式,但直接计算表达式中信号的后验概率分布的最大值存在数值计算层面的困难。为了克服该困难得到以上参数的最优估计值,首先给定建议分布函数,然后采用多尺度

粒子滤波算法得到各参数的满条件分布，并对其进行 Gibbs 采样。至于具体方法，对于选择性衰落信道，建议采用多尺度粒子滤波算法，按照 5.6.2 节的步骤进行估计。

5.6.2　多尺度粒子滤波对选择性衰落信道的盲估计

针对频率选择性衰落时变信道，输入输出信号的关系表达式为

$$y_t = \sum_{l=0}^{M-1} \alpha_{t,l} e^{j2\pi f_d (t-\tau_p)} b_{t-l} + v_t \tag{5-90}$$

式中，y_t、b_{t-l} 与 v_t 分别表示在 t 时刻的接收信号、传输符号与复高斯噪声，$v_t \sim N(0,\sigma^2)$；M 为一个随机变量，在稀疏信道中，服从泊松分布；$\alpha_{t,l}$ 为 t 时刻第 l 个路径的衰减系数，对于衰落信道的不同传播路径，衰落系数$\{\alpha_{t,l}\}_t (l=0,1,\cdots,M-1)$是相互独立的；$f_d$ 为多普勒频移，根据式(3-18)，对第 l 条路径的信号衰落过程进行小波变换可得到如下表达式：

$$\alpha_{t,l} = \boldsymbol{\phi}_t^{\mathrm{T}} x_l, \quad t=1,2,\cdots,K_0 \tag{5-91}$$

式中，$\boldsymbol{\phi}_t^{\mathrm{T}}$ 为小波变换完全重构的矩阵的分量。考虑用 k 个小波系数来近似信道的衰落过程，即 $x_l \triangleq x_l[1:k]$ 与 $\boldsymbol{\phi}_t^{\mathrm{T}} \triangleq \boldsymbol{\phi}_t^{\mathrm{T}}[1:k]$，因此，衰落系数可以近似表示为 $\alpha_{t,l} \widetilde{=} \boldsymbol{\phi}_t^{\mathrm{T}} x_l$。将式 $\alpha_{t,l} \widetilde{=} \boldsymbol{\phi}_t^{\mathrm{T}} x_l$ 代入式(5-90)，得

$$y_t = \boldsymbol{\phi}_t^{\mathrm{T}} \sum_{l=0}^{M-1} e^{j2\pi f_d (t-\tau_p)} x_l \xi_{t-l} + v_t \tag{5-92}$$

定义

$$\boldsymbol{x} \triangleq [x_0^{\mathrm{T}}, x_1^{\mathrm{T}}, \cdots, x_{l-1}^{\mathrm{T}}]^{\mathrm{T}}$$

$$\boldsymbol{\xi}_t \triangleq [b_t, b_{t-1}, \cdots, b_{t-T+1}]^{\mathrm{H}}$$

$$\boldsymbol{Y}_t = (y_1, \cdots, y_t)$$

$$\psi_t = \mathrm{diag}\{\boldsymbol{\phi}_t^{\mathrm{T}}, \boldsymbol{\phi}_t^{\mathrm{T}}, \cdots, \boldsymbol{\phi}_t^{\mathrm{T}}\}$$

则式(5-92)可重新改写为

$$y_t = \boldsymbol{\xi}_t^{\mathrm{H}} \psi \boldsymbol{x} + v_t, \quad t=1,2,\cdots,K_0 \tag{5-93}$$

为从给定的 $\boldsymbol{Y}_t$ 中提取 $\boldsymbol{\xi}_t$，即 $p(b_t = a_i \mid \boldsymbol{Y}_t)$，$a_i \in A$，在小波系数是未知的情况下，在时刻 t，关于信号最大后验分布的判决表达式为

$$\hat{b}_t = \underset{a_i \in A}{\mathrm{argmax}}\, p(b_t = a_i \mid \boldsymbol{Y}_t, \hat{\boldsymbol{\Theta}}_{k:M}) \tag{5-94}$$

传输符号的满条件后验分布函数为

$$p(\boldsymbol{Y}_M \mid \boldsymbol{b}_{k:m}; \hat{\boldsymbol{\Theta}}_{k:M}) \propto p(\boldsymbol{b}_{k:m} \mid \boldsymbol{Y}_M, \hat{\boldsymbol{\Theta}}_{k:M}) \tag{5-95}$$

给以上式子增加一个未知随机变量，即小波系数 x。在接收端输出值给定的条件下，可用多尺度粒子滤波算法来提取信息，其算法的具体实现过程如下：

(1)求得建议分布函数 $p(b_t|\xi_{t-1}^{(j)},\boldsymbol{Y}_t)$,即

$$p(b_t|\xi_{t-1}^{(j)},\boldsymbol{Y})=p(b_t|\xi_{t-1}^{(j)},\boldsymbol{Y}_t)\propto p(b_t|\xi_{t-1}^{(j)},b_t,\boldsymbol{Y}_t)$$

$$=p(b_t)\int p(y_t|\xi_{t-1}^{(j)},b_t,\boldsymbol{Y}_{t-1},x)p(x|\xi_{t-1}^{(j)},b_t,\boldsymbol{Y}_{t-1})\mathrm{d}x$$

$$=p(b_t|\xi_{t-1}^{(j)},\boldsymbol{Y}_t) \tag{5-96}$$

(2)利用第 3 章提供的多尺度粒子滤波算法,对建议分布函数进行 Metropolis-Hastings 重要采样,其转移概率函数为

$$\beta_i(b_i\to b_i^{(j)}|\xi_{-i})=\min\left(1,\frac{p(b^{(j)})q_i(b^{(j)}\to b_i|\xi_{-i})}{p(b)q_i(b_i\to b^{(j)}|\xi_{-i})}\right) \tag{5-97}$$

目标状态和参数的传递、更新函数为

$$q((b,\boldsymbol{\Theta},x,\widetilde{b},\widetilde{\boldsymbol{\Theta}},\widetilde{x})\to(b^*,\boldsymbol{\Theta}^*,x^*,\widetilde{b}^*,\widetilde{\boldsymbol{\Theta}}^*,\widetilde{x}^*))$$

$$=q((b,\boldsymbol{\Theta},x)\to(\widetilde{b}^*,\widetilde{\boldsymbol{\Theta}}^*,\widetilde{x}^*))\times q((\widetilde{b},\widetilde{\boldsymbol{\Theta}},\widetilde{x})\to(b^*,\boldsymbol{\Theta}^*,x^*)) \tag{5-98}$$

式(5-98)表示,在状态空间的一条马尔可夫链上,不失一般性,采用粗细两种尺度来传递、更新状态信息和参数信息。为了得到状态和参数的最优估计值,先构造关于变量 $b_i^{(j)}$ 的状态空间集合,再用不同的粗细尺度,结合 Gibbs 采样来交替传递状态信息 x 与参数 $\hat{\boldsymbol{\Theta}}$,最后得到粒子权值更新的迭代公式为

$$w_t^{(j)}=w_{t-1}^{(j)}\frac{p(\xi_t^{*(j)}|\boldsymbol{Y}_t;\widetilde{\hat{\boldsymbol{\Theta}}}^*)}{p(b_t^{(j)}|\xi_{t-1}^{*(j)},\boldsymbol{Y}_t;\widetilde{\hat{\boldsymbol{\Theta}}}^*)p(b_t^{(j)}|\xi_{t-1}^{*(j)},\boldsymbol{Y}_t;\widetilde{\hat{\boldsymbol{\Theta}}}^*)}\propto w_{t-1}^{(j)}p(y_t|\xi_{t-1}^{*(j)},\boldsymbol{Y}_{t-1}) \tag{5-99}$$

详细过程见第 3 章。

(3)根据小波系数的共轭先验分布 $\boldsymbol{x}\sim N_c(\boldsymbol{\mu}_0,\Sigma_0)$,得到后验分布的似然函数表达式,即

$$p(x|\xi_{t-1}^{*(j)},\boldsymbol{Y}_t,\hat{\Theta})\propto p(\boldsymbol{Y}_t|\xi_t^{*(j)},x,\hat{\Theta})p(x)\propto N_c(\boldsymbol{\mu}_t^{(j)},\Sigma_t^{(j)}) \tag{5-100}$$

式中

$$\boldsymbol{\Sigma}_t^{(j)}\triangleq\left[\boldsymbol{\Sigma}_0^{-1}+\frac{1}{\sigma^2}\sum_{i=1}^{t}\psi_i^{\mathrm{T}}\boldsymbol{b}_i^{(j)}\boldsymbol{b}_i^{(j)\mathrm{H}}\psi_i\right] \tag{5-101}$$

$$\boldsymbol{\mu}_t^{(j)}\triangleq\left[\Sigma_0^{-1}\boldsymbol{\mu}_0+\frac{1}{\sigma^2}\sum_{i=1}^{t}y_i\boldsymbol{\psi}_i^{\mathrm{T}}\boldsymbol{b}_i^{(j)}\right] \tag{5-102}$$

因此

$$p(y_t|\xi_{t-1}^{(j)},b_t=a_i,\boldsymbol{Y}_{t-1})\sim N_c(\boldsymbol{\mu}_{t,i}^{(j)},\boldsymbol{\sigma}_{t,i}^{2(j)}) \tag{5-103}$$

式中

$$\mu_{t,i}^{(j)}=\xi_t^{(j)\mathrm{H}}\psi_t\mu_{t-1}^{(j)}\big|_{b_t=a_i} \tag{5-104}$$

$$\sigma_{t,i}^{2(j)}=\sigma^2+b_t^{(j)\mathrm{H}}\boldsymbol{\psi}_t\Sigma_{t-1}^{(j)}\boldsymbol{\psi}_t^{\mathrm{T}}\boldsymbol{b}_t^{(j)\mathrm{H}}\big|_{b_t=a_i} \tag{5-105}$$

以上式子中的期望和方差是重要采样值 $s_t^{(j)}$ 的函数，其中 $a_i\in A$，是正交相移键控（Quadrature Phase Shift Keying，QPSK）调制的信号。因此式（5-104）和式（5-105）中的参数 $\Sigma_t^{(j)}$ 与 $\mu_t^{(j)}$ 的迭代公式分别为

$$\mu_t^{(j)}=\mu_{t-1}^{(j)}+\frac{y_t-\mu_t^{(j)}}{\sigma_t^{2(j)}}\Omega \tag{5-106}$$

$$\Sigma_t^{(j)}=\Sigma_{t-1}^{(j)}+\frac{1}{\sigma_t^{2(j)}}\boldsymbol{\Omega\Omega}^{\mathrm{H}} \tag{5-107}$$

式中，$\Omega\triangleq\Sigma_{t-1}^{(j)}\psi_t^{\mathrm{T}}b_t^{(j)}$。粒子权值的迭代公式为

$$\begin{aligned}w_t^{(j)}&\propto w_{t-1}^{(j)}p(y_t/\xi_{t-1}^{(j)},b_t=a_i,\boldsymbol{Y}_{t-1},\hat{\Theta})\\&=w_{t-1}^{(j)}\sum_{a_i\in A}\lfloor p(y_t/\xi_{t-1}^{(j)},b_t=a_i,\boldsymbol{Y}_{t-1},\hat{\Theta})p(b_t=a_i)\rfloor\end{aligned} \tag{5-108}$$

基于以上表达式，在观测值给定的条件下，需要实现对信道的盲估计，从而提取信道状态信息和参数信息。该算法不但保证了信号的检测精度，而且提高了运算效率。关于信号检测的具体准则，可采用黎曼-皮尔逊（Neyman-Pearson，N-P）准则。

5.7　仿真测试

在无线多径衰落信道中，当观测值给定时，选用有限长单位脉冲激励响应（Finite Impulse Response，FIR）信道模型对信号进行检测，以提取目标的状态信息。本章进行如下仿真实验。

根据式（5-69）和式（5-70），FIR 信道的 AR(3)模型的参数为 $\boldsymbol{\phi}=(1.000\,0\quad -0.388\,2\quad -0.214\,3\quad -0.326\,4)$，信号的输出表达式为

$$y_t=x_t-0.388\,2x_{t-1}-0.214\,3x_{t-2}-0.326\,4x_{t-3}+\varepsilon_t \tag{5-109}$$

$$\varepsilon_t\sim N(0,20.442^2) \tag{5-110}$$

设 $x_t\in\{+1,-1\}$，$\{s_t\}$ 为相对差分编码，信号 $\{x_t\}$ 为一阶马尔可夫过程。在观测值给定的条件下，符号的判决公式为

$$\hat{\boldsymbol{b}}_{k:m}\triangleq\frac{p(\boldsymbol{b}_{k:m}=-1\mid\boldsymbol{Y}_M;\hat{\boldsymbol{\Theta}}_{k:M})-p(\boldsymbol{b}_{k:m}=-1\mid\boldsymbol{Y}_M;\hat{\boldsymbol{\Theta}}_{k:M})}{p(\boldsymbol{b}_{k:m}=-1\mid\boldsymbol{Y}_M;\hat{\boldsymbol{\Theta}}_{k:M})+p(\boldsymbol{b}_{k:m}=-1\mid\boldsymbol{Y}_M;\hat{\boldsymbol{\Theta}}_{k:M})} \tag{5-111}$$

信号的检测结果如图 5-9 所示。如图 5-9 所示，多尺度粒子滤波的 SAEM 算法，不但检测精度高于 EM 算法，而且可简化统计算法的计算过程，改善其运

算效率。

同时,为了估算系统的误码率,设在系统的接收端,用 $s(k)$ 表示系统的输出信号,对输出信号进行匹配滤波。针对存在瑞利衰落的信道,匹配滤波器相应的输出表达式为

$$d = Re(y) = Re\left(\sum_{k} r(k)\boldsymbol{s}^{*}(k)\right) \tag{5-112}$$

式(5-112)表示系统接收端得到的匹配滤波信息,带 * 的向量表示共轭向量,d 表示每个传感器上的接收信号,因此系统的误码率为

$$P_{\mathrm{e}} = \frac{1}{2}\mathrm{erfc}\left(\sqrt{\frac{E}{n_0}}\right) \tag{5-113}$$

式中,E 为信号的输入功率,可借助于帕塞瓦尔定理(Parseval theorem)估算;n_0 为输出的噪声功率;erfc 为误差互补函数。各种算法误码率的比较如图 5-10 所示。从图 5-10 所示,针对无线多径时变衰落信道,受信道的稀疏性、记忆性和时延特性的影响,如果采用基于 MMSE 或 MSE 准则的线性系统的估值理论算法(最小二乘算法、KF 算法)进行信号检测,会导致很大的误码率。在相同信噪比的情况下,其误码率远比多尺度粒子滤波的 EM 或 SAEM 算法高得多。理论推导和仿真结果表明,线性算法的误码率平均为 10^{-3},多尺度粒子滤波的 SAEM 算法的误码率平均为 10^{-4},比线性算法的误码率小很多。

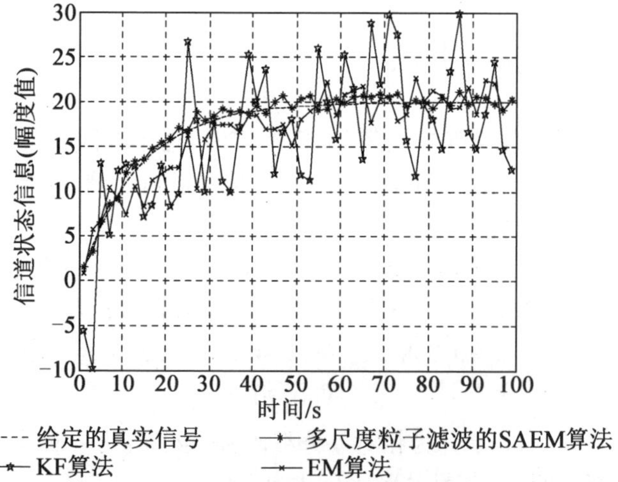

图 5-9 各种算法信号检测效果的比较

各种算法精度和运算效率的比较如图 5-11 所示。从图 5-11 中可以看出,基于多尺度粒子滤波的 SAEM 算法与基于 SMC 的 EM 算法、基于 SIR 的 EM 算法相比,估计精度没有损失多少。分析其原因是,多尺度粒子滤波的 SAEM 算法

是基于重要采样的，可以采用粗尺度的参数来控制关于状态变量的后验分布函数，从而保持了目标状态的估计精度。与 KF 算法相比，基于多尺度粒子滤波的统计算法不但改善了目标状态的估计精度，而且提高了运算效率。

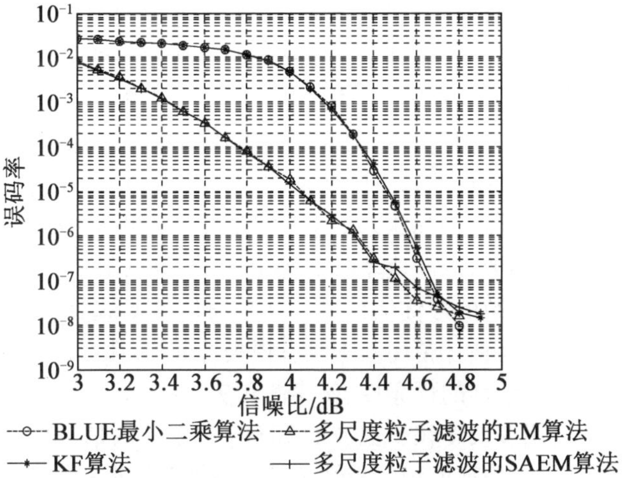

图 5-10　各种算法误码率的比较

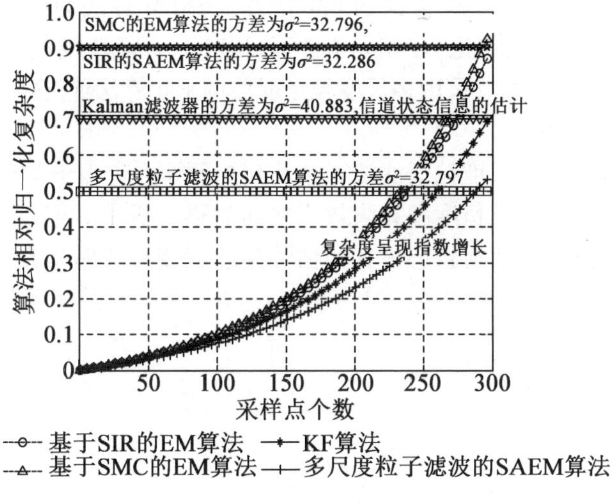

图 5-11　各种算法精度和运算效率的比较

5.8　本章小结

本章将多尺度粒子滤波的扩展算法应用于 WSN 机动目标跟踪系统中，提取机动目标的状态信息和无线衰落信道(从网关到远程数据监控中心,由基站/卫星组成)的状态信息。

在目标观测值给定的条件下,为了从观测值中提取目标状态信息、信道状态信息及参数的最优估计值,本章采用多尺度粒子滤波的统计算法,结合概率矩形区域模型和均值漂移算法,得到了关于被跟踪目标状态的最优估计值。首先,采用多尺度粒子滤波算法,在状态空间的一条马尔可夫链上,进行粗细尺度的交替耦合采样得到粒子集合;其次,将均值漂移算法与概率矩形区域模型相结合,通过均值漂移算法的迭代过程来不断地优化粒子集合,使粒子沿着梯度减小最快的方向,以高的速率逼近目标状态的最优值,同时借助 q-DAEM 统计算法控制联合后验分布似然函数,以高速率收敛到全局最大值;最后,借助于该似然函数来提取目标状态和参数的最优估计值。与普通粒子滤波算法相比,该算法使粒子数量大幅度减少,而估计精度基本没有损失,同时克服了算法对状态初始值的敏感性,提高了状态估计的可靠性、鲁棒性和实时性。

此外,本章还用多尺度粒子滤波的 EM 算法来提取信道的状态信息和参数信息。该算法克服了信道的记忆特性和延迟特性对信道状态信息与参数信息估计的影响。理论推导和仿真结果表明,在信噪比相同的情况下,线性算法的误码率平均为 10^{-3},多尺度粒子滤波的 EM 算法或 SAEM 算法的误码率平均为 10^{-4}。因此可以得出这样的结论:在相同条件下,相对于 MMSE 线性估值理论算法(最小二乘算法、KF 算法),采用多尺度粒子滤波的 EM 算法或 SAEM 算法得到的信道误码率要小得多。

综上所述,将多尺度粒子滤波算法及其扩展算法应用于 WSN 机动目标跟踪系统,可实现状态估计精度和算法效率之间的很好折中。但是当信道的干扰噪声是非高斯噪声时,信道状态信息的估计问题就变得非常复杂。该问题将在第 6 章中进行讨论。

第6章　扩展算法在WSN中的应用(Ⅱ)

针对非高斯、非线性动态系统的状态估计问题,受坐标变换等各种非线性因素的影响,目标观测值与目标状态值之间呈现非线性的对应关系。此外,电子干扰、隐身与假目标欺骗等因素会导致从基站到远程数据监控中心的无线多径衰落信道干扰噪声呈现非高斯(混合高斯噪声)的统计特性。因此,该衰落信道的状态方程所描述的状态空间属于非线性、非高斯的动态模型。本章采用基于多尺度粒子滤波的自适应 Bayesian 统计推断方法,在动态系统状态的干扰噪声为非高斯噪声条件下,从给定的观测值中提取无线多径衰落信道的状态信息和参数信息,实现对信道的盲估计、盲接收及多用户信号的检测。基于以上得到的信道参数,本章对非高斯噪声干扰下的 WSN 机动目标跟踪系统进行接近于实际工程背景的仿真实验。

6.1　非高斯噪声无线多径衰落信道的描述

在 WSN 机动目标跟踪系统中,无线多径衰落信道在通信环境复杂的情况下,采用 CDMA 模型来近似。当系统冲击噪声呈现非高斯噪声特性时,在功率资源和可用带宽受限的条件下,各传感器以自组织的模式将数据传送到数据融合中心。数据融合中心将数据处理后,采用类似 MIMO 模型的无线衰落信道进行数据传输。对于该信道,本节借助于如图 6-1 所示的模型进行近似。

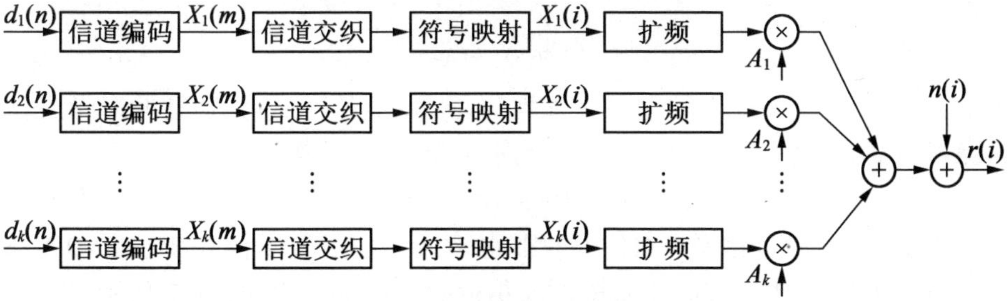

图 6-1　信道编码系统

如图 6-1 所示，针对第 K 个接收传感器采用归一化波形 $s_1, s_2, \cdots, s_k, \cdots, s_K$，将该波形转化成二进制的比特流 $\{d_k(n)\}$；对于用户 k，二进制信息比特流 $\{d_k(n)\}$ 采用特定的信道编码方式（分组码、卷积码和 Turbo 码）产生信息比特流 $\{x_k(m)\}$；使用码比特的交织来减小信道解码输入端数据传输的错误，将交织比特码映射为二进制相位调制（Binary Phase Shift Keying，BPSK）符号，产生了符号流 $\{x_k(i)\}$。为了减小传输带宽，提高频谱利用率，本节采用扩频技术对数据符号进行调制。在信道的接收端，接收信号与环境噪声进行叠加，因此信号的输出表达式为

$$r(i) = \sum_{k=1}^{K} A_k x_k(i) s_k + n(i), \quad i = 0, 1, \cdots, M-1 \tag{6-1}$$

式中，M 为数据符号的个数；A_k、$x_k(i)$ 与 $n(i) = [n_0(i), n_1(i), \cdots, n_{P-1}(i)]^{\mathrm{T}}$ 分别为振幅、第 i 个符号与零均值的噪声矢量；s_k 为第 i 个用户的归一化扩频波形，其形式为

$$s_k = \frac{1}{\sqrt{P}}[\beta_{k,0}, \beta_{k,1}, \cdots, \beta_{k,P-1}]^{\mathrm{T}}, \quad \beta_{k,j} \in \{+1, -1\} \tag{6-2}$$

式中，P 为扩频因子。设扩频波形对于系统接收端而言是已知的信号，定义其先验概率为

$$\rho_k(i) \triangleq P[x_k(i) = +1], \quad i = 0, 1, \cdots, M-1; k = 1, 2, \cdots, K \tag{6-3}$$

而且需要指出的是，在没有先验信息可利用的条件下，目前普遍的处理方法是认为各符号出现的概率是均等的，即

$$p[x_k(i) = +1] = \frac{1}{2}$$

此外，进一步假设信道中加性环境噪声矢量 $\boldsymbol{n}(i)$ 是零均值独立同分布（i. i. d）$\{n_j(i)\}_{j=0}^{P-1}$ 的随机矢量序列，且与符号序列 $\{x_k(i)\}_{k=0}^{K}$ 相互独立。本节主要研究在混合噪声的干扰下，信道参数的估计检测问题，因此设混合噪声表达式为

$$n_j(i) \sim (1-\varepsilon) N(0, \sigma_1^2) + \varepsilon N(0, \sigma_2^2) \tag{6-4}$$

式中，$0<\varepsilon<1$ 且 $\sigma_1^2<\sigma_2^2$；$N(0,\sigma_1^2)$ 为加性高斯噪声；$N(0,\sigma_2^2)$ 为加性冲激噪声；ε 为噪声发生的概率。对于式（6-4）表示的混合噪声，其噪声方差为

$$\sigma^2 = (1-\varepsilon)\sigma_1^2 + \varepsilon\sigma_2^2$$

为了研究加性冲激噪声对信道的影响，图 6-2 给出了 $\sigma_1^2 = 0.01$，$\sigma_2^2 = 0.8$，ε 分别等于 0.11、0.21、0.36 及 0.40 时对信道的影响曲线。如图 6-2 所示，当 $\varepsilon = 0$ 时，混合噪声退化为加性高斯白噪声，由于方差很小，噪声幅度变化不大；随着 ε 的增大，混合噪声的幅度变大。显然权值 ε 越接近 0.5，混合高斯噪声对信道

的影响越大。

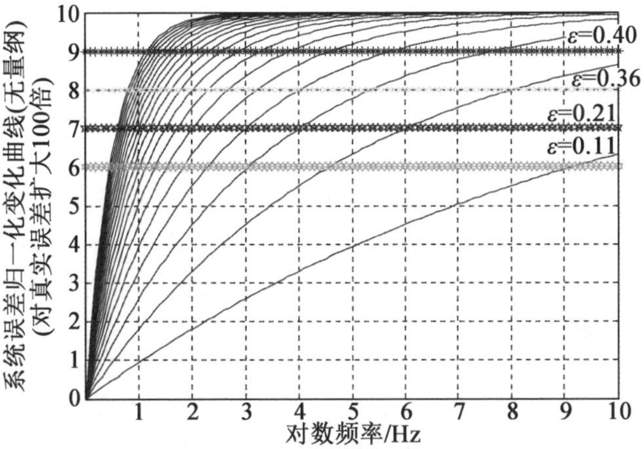

图 6-2　不同 ε 值下混合噪声的幅频特性

设 $\boldsymbol{Y}\triangleq\{r(0),r(1),\cdots,r(M-1)\}$ 为给定的观测值,则关于传输符号的后验概率分布为

$$P(x_k(i)=+1\mid\boldsymbol{Y}),\quad i=0,1,\cdots,M-1;k=1,2,\cdots,K \tag{6-5}$$

设 $\{\rho_k(i)\}_{k-1;i=0}^{K;M-1}$ 为已知,在加性冲击噪声参数 σ_1^2、σ_2^2 及信道振幅 A_k 未知的条件下,本章采用多尺度粒子滤波的自适应 Bayesian 统计推断方法,借助未知参数的联合后验似然分布函数来提取信道未知参数的信息,从而实现多用户信道的最优检测。

6.2　多尺度粒子滤波对混合高斯噪声系统的特征参数估计

设 $\boldsymbol{Y}\triangleq[r(0),r(1),\cdots,r(M-1)]$ 为给定的观测值,$\boldsymbol{X}\triangleq[x(0),x(1),\cdots,x_K(M-1)]^{\mathrm{T}}$ 为潜在的状态变量,$\boldsymbol{\theta}=[\theta_1,\theta_2,\cdots,\theta_d]^{\mathrm{T}}$ 为未知参数变量,为了从给定的观测值中提取未知参数,首先计算各未知参数的联合后验分布函数,然后对该联合分布函数求边缘概率密度函数,可分别得到各参数的满条件分布,即

$$p(\theta_j\mid\boldsymbol{Y})\iint\cdots\int p(\theta\mid\boldsymbol{Y})\,\mathrm{d}\theta_1\cdots\mathrm{d}\theta_{i-1}\mathrm{d}\theta_{i+1}\cdots\mathrm{d}\theta_d \tag{6-6}$$

式(6-6)表示的多维连续积分值有极其重要的理论意义,但直接计算该式存在数值计算方面难以克服的技术瓶颈。为了解决该问题,本节将采用第 3 章提出的基于 Monte Carlo 方法的多尺度粒子滤波算法来近似式(6-6)表示的多

维连续积分。

设未知参数的初始值为 $\boldsymbol{\theta}^{(0)}=[\theta_1^{(0)},\cdots,\theta_d^{(0)}]^{\mathrm{T}}$，后验分布函数为 $\pi'(x)$，参数的状态转移函数为 $q(\cdot,\cdot)$。若分布函数 $\pi(x)$ 未知，则根据粒子滤波算法原理，选择建议分布函数，即选择高斯函数 $\pi(x)$ 作为建议分布函数来近似 $\pi'(x)$。

对该建议分布函数 $\pi(x)$ 进行 Metropolis-Hastings 采样，得到关于状态的一条马尔可夫链，在该链上采用粗细两种尺度进行耦合采样。其中，设带~符号的变量为粗尺度的样本，不带~符号的变量为细尺度的样本，带＊符号的变量表示转移后的样本，则状态和参数的传递、更新迭代过程为

$$\begin{matrix}(x,\theta)^1 \xrightarrow{\text{MCMC}} (x^*,\theta^*)^2 & \xrightarrow{\text{合并}} & (x,\theta)^3 \xrightarrow{\text{MCMC}} (x^*,\theta^*)^4 & \xrightarrow{\text{合并}}\cdots \\ (\tilde{x},\theta)^1 \xrightarrow{\text{MCMC}} (\tilde{x}^*,\tilde{\theta}^*)^2 & & (\tilde{x},\tilde{\theta})^3 \xrightarrow{\text{MCMC}} (\tilde{x}^*,\tilde{\theta}^*)^4 & \end{matrix} \tag{6-7}$$

式(6-7)的上标表示时间更新。状态转移的接受函数为

$$1\wedge\frac{\pi(x^*,\theta^*|y)\tilde{\pi}(\tilde{x}^*,\tilde{\theta}^*|y)\times q(\pi(x^*,\theta^*,\tilde{x}^*,\tilde{\theta}^*)\to\pi(x,\theta,\tilde{x},\tilde{\theta}))}{\pi(x,\theta|y)\tilde{\pi}(\tilde{x},\tilde{\theta}|y)\times q(\pi(x,\theta,\tilde{x},\tilde{\theta})\to\pi(x^*,\theta^*,\tilde{x}^*,\tilde{\theta}^*))}$$

转移分布的核函数为

$$\begin{aligned}&q((x,\theta,\tilde{x},\tilde{\theta})\to(x^*,\theta^*,\tilde{x}^*,\tilde{\theta}^*))\\&=q((x,\theta)\to(\tilde{x}^*,\tilde{\theta}^*))\times q((\tilde{x},\tilde{\theta})\to(x^*,\theta^*))\end{aligned} \tag{6-8}$$

根据式(6-8)，对各参数的满条件分布进行 Gibbs 采样，需要提取参数的最优估计值，即从 $p(\theta_1|\theta_2^{(n)*},\cdots,\theta_d^{(n)*},\boldsymbol{Y})$ 得到样本 $\theta_1^{(n+1)*}$；从 $p(\theta_2|\theta_1^{(n+1)*},\theta_3^{(n)*},\cdots,\theta_d^{(n)*},\boldsymbol{Y})$ 得到样本 $\theta_2^{(n+1)*}$……从 $p(\theta_d|\theta_1^{(n+1)*},\theta_2^{(n)*},\cdots,\theta_{d-1}^{(n)*},\boldsymbol{Y})$ 得到样本 $\theta_d^{(n+1)*}$。

基于以上得到的参数，在混合噪声干扰条件下，建议按照以下步骤来估算式(6-6)。

(1)设冲击噪声的概率密度函数为

$$p(n_j(i))=\frac{1-\varepsilon}{\sqrt{2\pi\sigma_1^2}}\exp\left(-\frac{n_j(i)^2}{2\sigma_1^2}\right)+\frac{\varepsilon}{\sqrt{2\pi\sigma_1^2}}\exp\left(-\frac{n_j(i)^2}{2\sigma_2^2}\right) \tag{6-9}$$

式中，$0<\varepsilon<1$ 且 $\sigma_1^2<\sigma_2^2$。同时根据文献[150]，可得

$$x(i)\triangleq[x_1(i),x_2(i),\cdots,x_K(i)]^{\mathrm{T}},\quad i=0,1,\cdots,M-1$$

$$B(i)\triangleq\mathrm{diag}(x_1(i),x_2(i),\cdots,x_K(i)),\quad i=0,1,\cdots,M-1$$

$$\boldsymbol{X}\triangleq[x(0),x(1),\cdots,x_K(M-1)]^{\mathrm{T}}$$

$$\boldsymbol{Y}\triangleq[r(0),r(1),\cdots,r_K(M-1)]^{\mathrm{T}}$$

$$\boldsymbol{a} \triangleq [A_1, A_2, \cdots, A_K]^{\mathrm{T}}$$
$$\boldsymbol{A} \triangleq \mathrm{diag}[A_1, A_2, \cdots, A_K]^{\mathrm{T}}$$
$$\boldsymbol{S} \triangleq [s_1, s_2, \cdots, s_K]$$

则式(6-1)可以表示为

$$r(i) = \boldsymbol{SA}x(i) + n(i)$$
$$r(i) = \boldsymbol{S}B(i)\boldsymbol{a} + n(i), \quad i = 0, \cdots, M-1 \tag{6-10}$$

(2)采用Bayesian统计推断方法,将参数集合$\theta = \{\boldsymbol{a}, \sigma^2, X, \varepsilon\}$看作服从某种先验共轭分布的随机变量。

(3)构造Bayesian统计推断的后验似然分布函数。定义随机变量的示性函数来表示噪声样本$n_j(j)$分布,即

$$I_j(i) = \begin{cases} 1, & n_j(i) \sim N(0, \sigma_1^2), \\ 2, & n_j(i) \sim N(0, \sigma_2^2), \end{cases} \quad i = 0, 1, \cdots, M-1; j = 0, 1, \cdots, P-1 \tag{6-11}$$

式中,$\boldsymbol{I} \triangleq \{I_j(i)\}_{j=0;i=0}^{P-1;M-1}$,$\Lambda(i) \triangleq \mathrm{diag}(\sigma^2_{I_0(i)}, \sigma^2_{I_1(i)}, \cdots, \sigma^2_{I_p-1(i)})$,$i = 0, 1, \cdots, M-1$。

未知参数的变量集合为$\theta = \{\boldsymbol{a}, \sigma^2, \boldsymbol{X}, \boldsymbol{I}, \boldsymbol{\varepsilon}\}$。为了获取各未知参数,取联合分布的建议分布函数,应用各参数的共轭先验分布,再借助于Bayesian统计推断原理,求取各参数的满条件分布就可以得到各参数的建议分布函数。在观测值给定的条件下,未知参数的联合后验分布函数为

$$\begin{aligned}
&p(\boldsymbol{a}, \sigma_1^2, \sigma_2^2, \varepsilon, \boldsymbol{I}, \boldsymbol{X} \mid \boldsymbol{Y}) \\
&\propto p(\boldsymbol{Y} \mid \widetilde{\boldsymbol{a}}^*, \widetilde{\sigma}_1^{2*}, \widetilde{\sigma}_2^{2*}, \widetilde{\varepsilon}^*, \widetilde{\boldsymbol{I}}^*, \boldsymbol{X}^*) p(\widetilde{\boldsymbol{a}}^*) p(\widetilde{\sigma}_1^{2*}) p(\widetilde{\sigma}_2^{2*}) p(\widetilde{\varepsilon}^*) p(\widetilde{\boldsymbol{I}}^* \mid \widetilde{\varepsilon}^*) p(\boldsymbol{X}^{(*)}) \\
&\propto \exp\left\{ -\frac{1}{2} \sum_{i=0}^{M-1} [r(i) - \boldsymbol{S}^* \boldsymbol{A}x(i)^*]^{\mathrm{T}} \Lambda(i)^{-1} [\boldsymbol{r}(i) - \boldsymbol{S}^* \boldsymbol{A}x(i)^*] \right\} \cdot \\
&\left(\frac{1}{\widetilde{\sigma}_1^{2*}} \right)^{\frac{1}{2}\sum_{i=0}^{M-1} n_1(i)} \left(\frac{1}{\widetilde{\sigma}_2^{2*}} \right)^{\frac{1}{2}\sum_{i=0}^{M-1} n_2(i)} \cdot p(\widetilde{\boldsymbol{a}}^*) p(\widetilde{\sigma}_1^{2(*)}) p(\widetilde{\sigma}_2^{2(*)}) p(\widetilde{\varepsilon}^*) p(\widetilde{\boldsymbol{I}}^* \mid \widetilde{\varepsilon}^*) p(\boldsymbol{X}^{(*)})
\end{aligned} \tag{6-12}$$

式中,$\widetilde{\boldsymbol{a}}^*$为信号幅度的多尺度粒子;$n_i(i)$表示属于集合$\{I_0(i), I_1(i), \cdots, I_{P-1}(i)\}$$(l=1,2)$中1,2的个数,注意$n_1(i) + n_2(i) = P$。

(4)分别构造未知参数集合$\theta = \{\boldsymbol{a}, \sigma^2, \boldsymbol{X}, \boldsymbol{I}, \varepsilon\}$的共轭先验分布函数。设信号幅度矢量$\boldsymbol{a}$的先验分布为高斯分布,即

$$p(\boldsymbol{a}) \propto N(a_0, \boldsymbol{\Sigma}_0) \boldsymbol{I}_{\{a>0\}} \tag{6-13}$$

式中,$\boldsymbol{I}_{\{a>0\}}$为示性函数。其中,a_0、$\boldsymbol{\Sigma}_0$为已知变量。当$\boldsymbol{a}$中元素为正定时,示性函数值为1;否则都为0。

设噪声 σ^2 的共轭先验分布为倒伽马分布,即

$$p(\sigma^2)=\frac{\left(\frac{\nu_l\lambda_l}{2}\right)^{\frac{\nu_0}{2}}}{\Gamma\left(\frac{\nu_l}{2}\right)}\left(\frac{1}{\sigma^2}\right)^{\frac{\nu_l}{2}+1}\exp\left(-\frac{\nu_l\lambda_l}{2\sigma_l^2}\right)\sim\chi^{-2}(\nu_l,\lambda_l) \tag{6-14}$$

式中,ν_l、$\lambda_l(l=1,2)$为已知的变量。

考虑到$\{x_k(i)\}_{j=0;i=0}^{P-1;M-1}$是相互独立的,则 $p(X)$的先验分布可以根据式(6-3)表示的符号的先验概率来定义,即

$$p(\boldsymbol{X})=\prod_{i=0}^{M-1}\prod_{k=1}^{K}\rho_k(i)^{\delta_{ki}}(1-\rho_k(i))^{1-\delta_{ki}} \tag{6-15}$$

式中,δ_{ki} 为示性函数,当 $x_k(i)=+1$ 时,$\delta_{ki}=1$;当 $x_k(i)=-1$ 时,$\delta_{ki}=0$。

设系数 ε 服从 Beta 分布,即

$$p(\varepsilon)=\frac{\Gamma(a_0+b_0)}{\Gamma(a_0)\Gamma(b_0)}\varepsilon^{a_0-1}(1-\varepsilon)^{b_0-1}\sim\mathrm{Beta}(a_0,b_0) \tag{6-16}$$

当 ε 给定时,示性函数 $I_j(i)$ 的满条件分布为

$$P[I_j(i)=1\mid\varepsilon]=1-\varepsilon,\quad P[I_j(i)-2\mid\varepsilon]=\varepsilon$$

$$\Rightarrow p(I\mid\varepsilon)=(1-\varepsilon)^{m_1}\varepsilon^{m_2}$$

式中

$$m_1\triangleq\sum_{i=0}^{M-1}n_1(i)$$

$$m_2\triangleq\sum_{i=0}^{M-1}n_2(i)=MP-m_1$$

基于讨论和各参数的共轭先验分布,根据 Bayesian 统计推断方法,本节可采用多尺度粒子滤波算法来获得条件后验分布函数,即采用基于多尺度粒子滤波算法的自适应 Bayesian 统计推断方法,对式(6-12)计算边缘概率密度函数,分别导出各参数的满条件分布,然后对满条件分布进行 Gibbs 采样,便可以得到参数的最优估计值。不失一般性,为了讨论问题的方便,本节采用粗细两种尺度的重要采样,选择高斯函数为建议分布函数,其实现步骤如下。

步骤 1,在 σ_1^2、σ_2^2、$\boldsymbol{X}$、$\boldsymbol{I}$、ε 与 $\boldsymbol{Y}$ 给定的条件下,关于幅度向量参数的满条件分布的似然函数为

$$p(\boldsymbol{a}\mid\sigma_1^2,\sigma_2^2,\boldsymbol{X},\boldsymbol{I},\varepsilon,\boldsymbol{Y})\sim N(\bar{\boldsymbol{a}},\bar{\Sigma})\boldsymbol{I}_{\{a>0\}} \tag{6-17}$$

其中

$$\bar{\Sigma}^{-1}\triangleq\Sigma_0^{-1}+\sum_{i=0}^{M-1}B(i)\boldsymbol{S}^{\mathrm{T}}\Lambda(i)^{-1}\boldsymbol{S}B(i) \tag{6-18}$$

$$\bar{\boldsymbol{a}} \triangleq \bar{\boldsymbol{\Sigma}}\left(\bar{\boldsymbol{\Sigma}}_0^{-1} + \sum_{i=0}^{M-1} B(i)\boldsymbol{S}^{\mathrm{T}}\boldsymbol{\Lambda}(i)^{-1}r(i)\right) \tag{6-19}$$

步骤 2,在 σ^2_{-l}、$\boldsymbol{a}$、$\boldsymbol{X}$、$\boldsymbol{I}$、ε 与 $\boldsymbol{Y}$ 给定的条件下,关于方差向量参数 σ_l^2 的满条件分布的似然函数为

$$p(\sigma_l^2 \mid \sigma^2_{-l}, \boldsymbol{a}, \boldsymbol{X}, \boldsymbol{I}, \varepsilon, \boldsymbol{Y}) \sim \chi^{-2}\left(v_l + \sum_{i=0}^{M-1} n_l(i), \frac{v_l\boldsymbol{\lambda}_l + s_l^2}{v_l + \sum_{i=0}^{M-1} n_l(i)}\right) \tag{6-20}$$

其中,

$$s_l^2 \triangleq \sum_{i=0}^{M-1}\sum_{j=0}^{P-1}[r_j(i) - \boldsymbol{\xi}_j^{\mathrm{T}}\boldsymbol{A}\boldsymbol{x}(i)]^2 1_{\{I_j(i)=l\}}, \quad l = 1,2 \tag{6-21}$$

式中,$1_{\{I_j(i)=l\}}$ 是示性函数,当 $1_{\{I_j(i)=l\}}=l$ 时,该函数为 1;当 $1_{\{I_j(i)=l\}}\neq l$ 时,该函数为 0。$\boldsymbol{\xi}_j^{\mathrm{T}}$ 为扩频波形矩阵 $\boldsymbol{S}$ 第 i 行的元素,$j=0,\cdots,P-1$。

步骤 3,在 σ_1^2、σ_2^2、$\boldsymbol{a}$、$\boldsymbol{I}$、ε、X_{ki} 与 $\boldsymbol{Y}$ 给定的条件下(X_{ki} 表示除了 $x_k(i)=\pm1$ 元素外,向量 $\boldsymbol{X}$ 中的其余元素),$x_k(i)=\pm1$ 的满条件分布函数为

$$\frac{p[x_k(i)=+1 \mid \sigma_1^2,\sigma_2^2,\boldsymbol{a},\boldsymbol{I},\varepsilon,X_{ki}]}{p[x_k(i)=-1 \mid \sigma_1^2,\sigma_2^2,\boldsymbol{a},\boldsymbol{I},\varepsilon,X_{ki}]}=\frac{\rho_k(i)}{1-\rho_k(i)}\exp\{2A_k\boldsymbol{s}_k^{\mathrm{T}}\boldsymbol{\Lambda}(i)^{-1}[r(i)-\boldsymbol{S}\boldsymbol{A}x^0(i)]\} \tag{6-22}$$

式中,$i=0,1,\cdots,M-1$;$x^0(i)\triangleq[x_1(i),\cdots,x_{k-1}(i),x_{k+1}(i),\cdots,x_K(i)]$。

步骤 4,在 σ_1^2、σ_2^2、$\boldsymbol{a}$、ε、I_{ki}、$\boldsymbol{X}$ 与 $\boldsymbol{Y}$ 给定的条件下(I_{ki} 是指除了 $I_j(j)$ 元素以外,$\boldsymbol{I}$ 中的其余元素),$I_j(j)$ 的满条件分布为

$$\frac{P\{I_j(i)=1 \mid \sigma_1^2,\sigma_2^2,\boldsymbol{a},I_k,\varepsilon,\boldsymbol{X}\}}{P\{I_j(i)=2 \mid \sigma_1^2,\sigma_2^2,\boldsymbol{a},I_k,\varepsilon,\boldsymbol{X}\}}=\frac{1-\varepsilon}{\varepsilon}\left(\frac{\sigma_2^2}{\sigma_1^2}\right)\exp\left\{\frac{1}{2}[r_j(i)-\boldsymbol{\xi}_j^{\mathrm{T}}\boldsymbol{A}x(i)]^2\left(\frac{1}{\sigma_2^2}-\frac{1}{\sigma_1^2}\right)\right\} \tag{6-23}$$

式中,$j=0,1,\cdots,P-1$;$i=0,1,\cdots,M-1$。

步骤 5,在 σ_1^2、σ_2^2、$\boldsymbol{a}$、$\boldsymbol{I}$、I_{ki}、$\boldsymbol{X}$ 给定的条件下,关于 ε 的满条件分布函数为

$$p(\varepsilon \mid \sigma_1^2,\sigma_1^2,\boldsymbol{a},\boldsymbol{X},\boldsymbol{I},\boldsymbol{Y}) \sim \mathrm{Beta}\left(a_0 + \sum_{i=0}^{M-1} n_2(i), b_0 + \sum_{i=0}^{M-1} n_1(i)\right) \tag{6-24}$$

步骤 6,将以上各参数的满条件分布作为建议分布函数 $q(\cdot)$,并对其进行 Gibbs 采样,旨在得到各参数的最优估计值。接下来对细尺度的状态 $\boldsymbol{X}$ 进行粗化。为了简化运算过程,求取细尺度样本的算术平均值,得到粗尺度样本 $\widetilde{\boldsymbol{X}}^{(n-1)}$:针对 $p(\boldsymbol{a} \mid \widetilde{\sigma}_1^{2(n-1)},\widetilde{\sigma}_2^{2(n-1)},\widetilde{\boldsymbol{X}}^{(n-1)},\widetilde{\boldsymbol{I}}^{(n-1)},\widetilde{\varepsilon}^{n-1},\boldsymbol{Y})$ 采样得到 $\widetilde{\boldsymbol{a}}^{(n)*}$;针对 $p(\sigma_l^2 \mid \widetilde{\sigma}_1^{2(n-1)}\boldsymbol{a}^{(n)*},\widetilde{\boldsymbol{X}}^{(n-1)},\widetilde{\boldsymbol{I}}^{(n-1)},\widetilde{\varepsilon}^{(n-1)},\boldsymbol{Y})$ 分别采样得到 $\widetilde{\sigma}_1^{2(n)*}$,$\widetilde{\sigma}_2^{2(n)*}$;针对

$p(x_k(i)|\widetilde{\boldsymbol{a}}^{(n)},\widetilde{\sigma}_1^{2(n)},\widetilde{\sigma}_2^{2(n)},\widetilde{X}_{ki}^{(n)},\widetilde{\boldsymbol{I}}^{(n-1)},\widetilde{\varepsilon}^{(n-1)},\boldsymbol{Y})$采样得到 $x_k(i)^{(n)*}$;针对 $p(I_i(i)|\widetilde{\boldsymbol{a}}^{(n)*},\widetilde{\sigma}_1^{2(n)*},\widetilde{\sigma}_2^{2(n)*},\widetilde{X}_{ki}^{(n)*},\widetilde{\boldsymbol{I}}_{ji}^{(n-1)*},\widetilde{\varepsilon}^{(n-1)},\boldsymbol{Y})$采样得到 $I_i(i)^{(n)*}$;针对 $p(\varepsilon|\widetilde{\sigma}_1^{2(n)*},\widetilde{\sigma}_2^{2(n)*},\widetilde{\boldsymbol{a}}^{(n)*},X^{(n)*},\widetilde{\boldsymbol{I}}^{(n)*},\boldsymbol{Y})$采样得到 $\widetilde{\varepsilon}^{(n)*}$。

然后计算对应的权值迭代公式 $w^{(i)}$。同时分别构造关于粗尺度参数的函数 $f(\widetilde{\boldsymbol{\theta}}^*)$作为条件来控制关于细尺度状态的后验概率分布函数 $p(x|f(\widetilde{\boldsymbol{\theta}}^*))$,再根据 MMSE 准则,提取符合给定精度要求的细尺度状态的样本值 $x^{(1)*}$。其余计算按照第 3 章给出的步骤可得到各参数细尺度采样下的粒子集合。

步骤 7,采用多尺度粒子滤波算法来近似,首先根据步骤 6 得到细尺度的样本;然后计算权值迭代公式;最后得到如下的表达式,即

$$P[\theta_j|\boldsymbol{Y}] = \sum_{i=1}^{d} w^{(i)*}\delta(\boldsymbol{\theta}-\theta_1^{(i)*},\cdots,\boldsymbol{\theta}-\theta_d^{(i)*}) \tag{6-25}$$

式(6-25)表示借助于多尺度粒子滤波算法得到关于性能参数后验概率密度分布函数的近似表达式。

图 6-3 表示多尺度粒子滤波算法对信号检测的实现流程。其中,纵坐标表示采样点的个数,图 6-3(a)表示对信号进行细尺度采样的结果;图 6-3(b)表示获取细尺度后验分布的过程;图 6-3(c)表示获取细尺度样本均值的过程;图 6-3(d)表示粗尺度采样的结果;图 6-3(e)表示获取粗尺度后验分布的过程;图 6-3(f)表示获取粗尺度均值的过程。

本节考虑选取高斯函数为建议分布函数,构建状态空间上的齐次马尔可夫链。在该链上,借助于粗细尺度的交替采样来获取后验分布的最大似然函数。为了实现多用户信号的检测,在非高斯噪声($\sigma_1^2=1,\sigma_2^2=0.6$)的环境下,给定观测值,考虑采用基于多尺度粒子滤波的自适应 Bayesian 统计推断方法来提取信息,如图 6-4 所示。图 6-4 中横坐标表示信噪比,纵坐标表示归一化的误码率值,可以看出,基于多尺度粒子滤波的自适应 Bayesian 统计推断方法的估计精度明显高于 UPF 算法,即在同样信噪比 s/n 的条件下,多尺度粒子滤波的自适应 Bayesian 统计推断方法的误码率低于 UPF 算法。

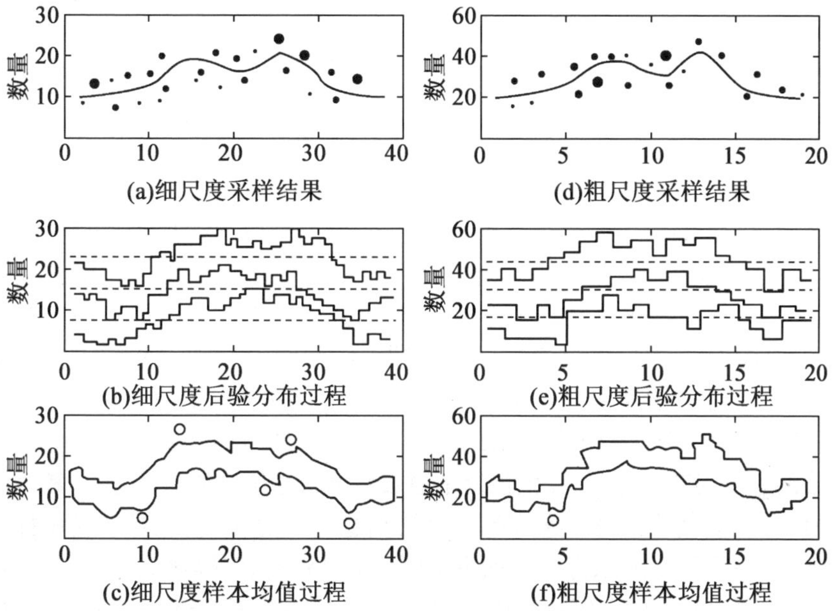

图 6-3　粗细尺度交替采样

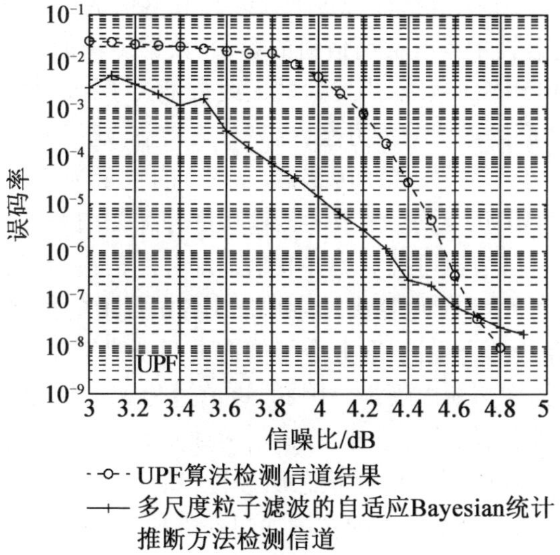

图 6-4　信号检测的结果

6.3 仿真测试

分布式 WSN 技术在特定的某领域(如在数字化、信息化的战场和环境监测)有广泛应用,如图 6-5 所示的天-空-陆-海-潜一体化侦察网络,借助于该网络,针对机动目标的跟踪、定位以及安全态势的评估问题,实现模型性能参数精准化的估计及低风险的决策。围绕该问题,构建"天-空-陆-海-潜五维云边雾"端的感存算一体化协同感知信息网络,搭建智能 WSN 仿真实验测试环境,将观测数据在数据融合中心经过处理后,借助于无线多径衰落信道上行链路传送到远程云端服务器大数据决策平台,在该平台,将处理决策结果借助于下行链路分别广播到各节点,利用编队协调指挥平台,实现精准化数据融合。显然该系统面临的主要问题是,如何评估该复杂通信系统状态信息的演绎过程,针对该问题,必须对 WSN 系统无线传输的信道状态信息进行估算。参考附录 1 中描述的 WSN 机动目标跟踪系统,考虑到该系统原始信号较弱、信噪比低、节点节能要求高、计算能力和通信能力较弱的特点,本次实验采用如图 6-5 所示的 WSN 系统进行仿真。对于由基站和卫星组成的无线多径衰落信道,本实验采用目前普遍使用的接力 MIMO 系统来近似模拟该无线多径衰落信道。这是因为考虑到 MIMO 系统的分集增益技术具有提高信道的容量、数据传输的可靠性,以及降低误码率等优点。对于 MIMO 系统,当发送端天线数量大于接收端天线数量时,为了得到信道的传输功率的最优分配方案,提高分集增益,建议采用迫零算法与波束形成矢量方法。对于 5×4[发送端传感器(天线)的数量为 5,接收端传感器(无线)的数量为 4]的 MIMO 系统,信道的传输功率分配如图 6-6 所示。

值得一提的是,该信道可抽象为并联信道即并用信道,在信道的状态信息已知的条件下,借助于 KKT 优化算法,得到 WSN 各子信道的传输功率最优分配方案。为了验证该算法的合理性,取五个子信道进行模拟实验,针对一个连续无记忆信道,设噪声为加性高斯白噪声。因此,该信道为无记忆加性高斯噪声信道,考虑到信道容量费用函数约束条件,将该信道抽象为并用信道,划分为九个子信道,测量其信噪比。考虑到该信道状态历经性,得到信道噪声污染状况。WSN 五个子信道的传输功率分配仿真模拟图如图 6-6 所示。

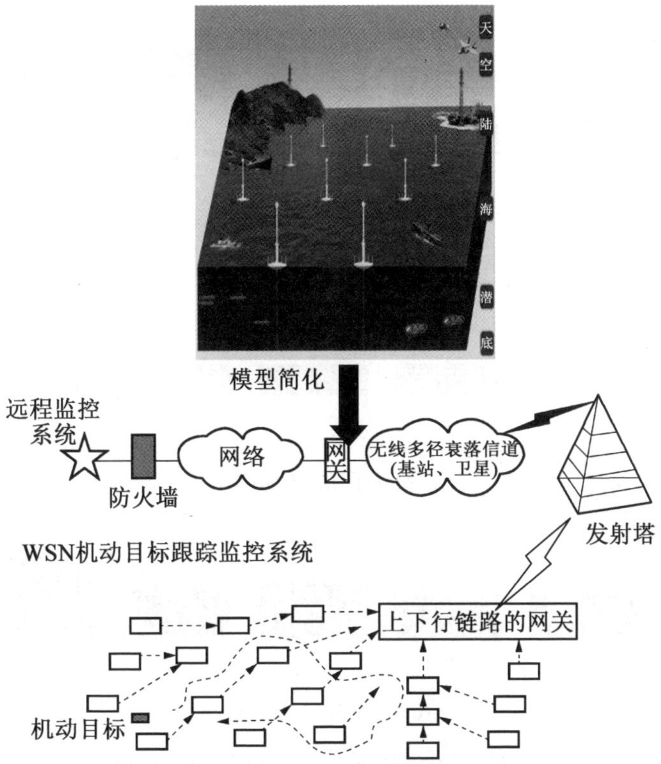

图 6-5　机动 WSN 目标跟踪系统模拟图

如图 6-7 所示,子信道 1、子信道 4 和子信道 9 的信噪比大,因此注入更多的能量,调制方式采用 QPSK;子信道 2、子信道 3、子信道 5 和子信道 7 采用 BPSK;子信道 6 和子信道 8 噪声污染严重,不注入能量。具体的优化方案图如图 6-8 所示。

为了使仿真环境更接近实际的工程背景,本节首先给出机动目标的态势图(图 6-9 和图 6-10)。如图 6-9 和图 6-10 中,针对地面机动目标 9 或目标 4,用表 6-1 中所列各种传感器(声、光、红外、振动传感器)模拟态势图中的警戒机、水面舰艇等的雷达探测设备。该系统所用的传感器具有种类多、灵敏度高、系统性强、组网方便、自动化程度高、体积小、质量轻、功耗低和全天候工作的特点。传感器的误差精度如表 6-1 所示。

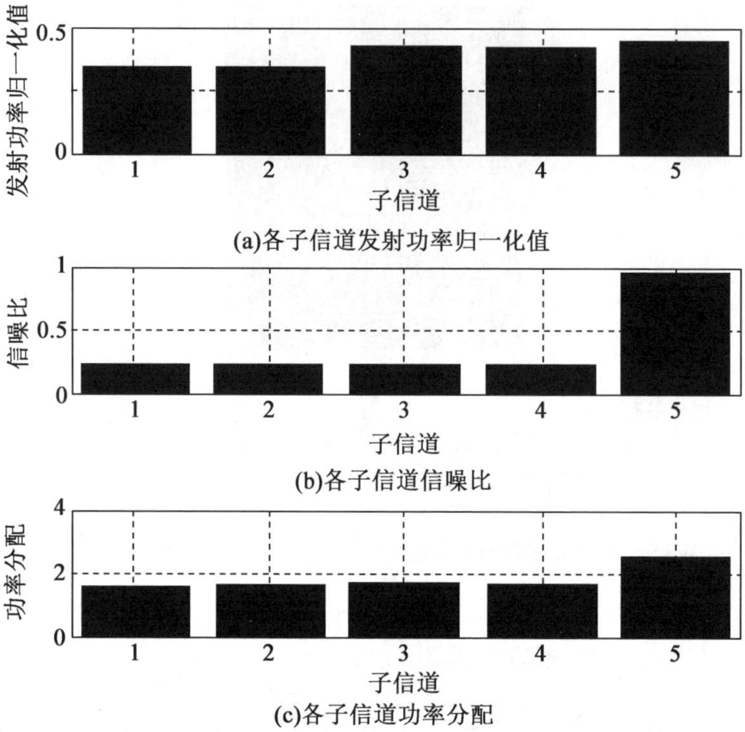

图 6-6　WSN 五个子信道的传输功率分配仿真模拟图

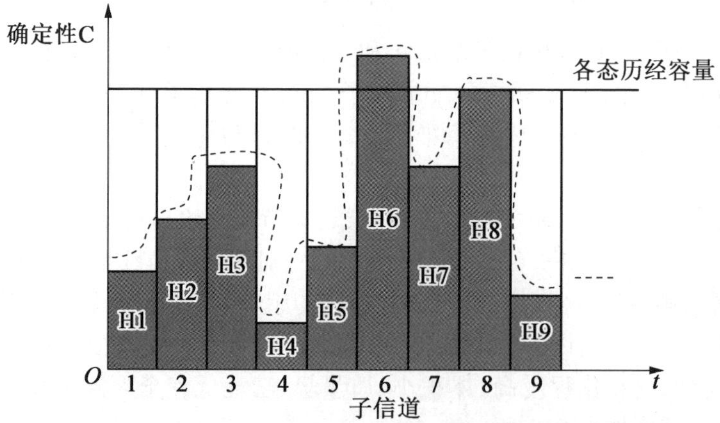

图 6-7　WSN 九个子信道的时间遍历条件下仿真模拟图

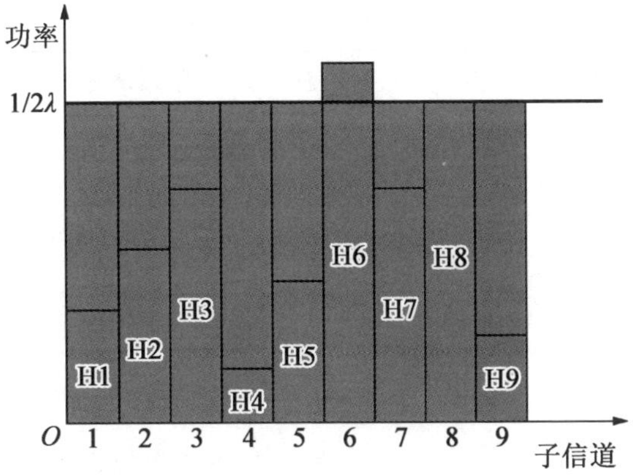

图 6-8　WSN 九个子信道的功率分配优化方案图

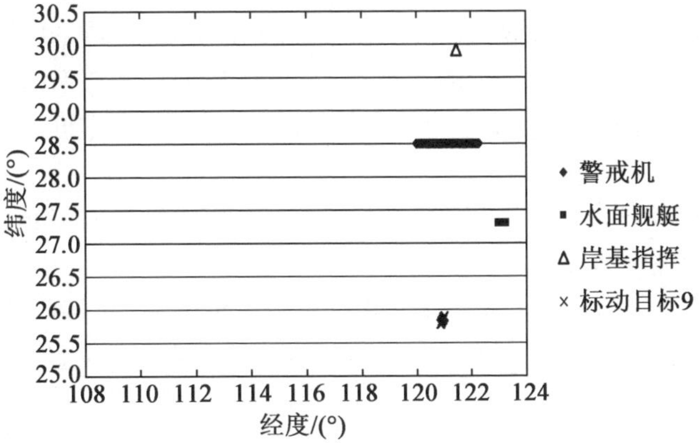

图 6-9　机动目标的态势图 1

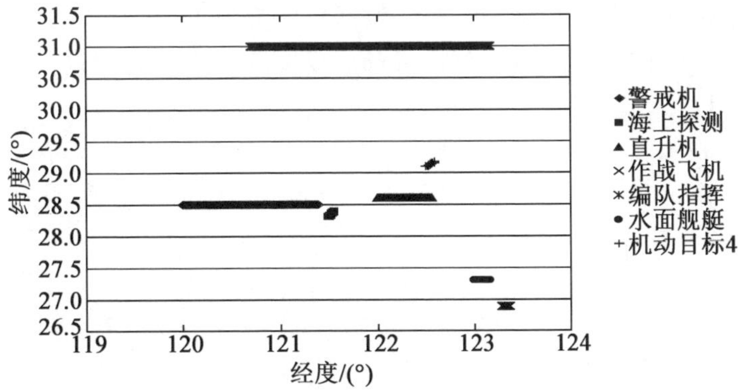

图 6-10　机动目标的态势图 2

表 6-1　传感器的误差精度

传感器数据误差	经度误差/(°)	纬度误差/(°)	距离误差/(°)	方位误差/(°)
××传感器Ⅰ	0. 025 956	0. 008 881	2. 416 581	0. 437 575
××传感器Ⅱ	0. 000 305	0. 000 276	2. 604 366	0. 007 831
××传感器Ⅲ	0. 189 224	0. 077 834	2. 664 867	3. 474 925
××传感器Ⅳ	0. 021 871	0. 134 055	2. 469 346	2. 797 991
××传感器Ⅴ	0. 014 486	0. 012 584	2. 914 330	0. 074 420

在该实验环境下，机动目标跟踪是指利用各种类型的传感器获取目标原始信号，然后根据先验模型从原始数据中提取目标的状态信息的过程。WSN 机动目标跟踪系统的基本任务是实现对敌方目标的识别和基本态势的预判。WSN 机动目标跟踪系统存在能量受限和通信系统的可用带宽受限的问题。考虑到各种非线性因素和复杂干扰环境的影响，该系统为非线性、非高斯的动态模型。在观测值给定的条件下，为了提取目标和信道的状态信息，考虑进行如下的仿真实验。

在仿真测试过程中，采用 BPSK 的调制方式，传输符号 s_k 取值为±1，信道的衰落特性为瑞利衰落，由 AR 过程产生。设 $x_t \in \{+1,-1\}$，s_t 为相对差分编码，信号 s_t 为一阶马尔可夫过程。信号借助于信道传输后，在接收端经过匹配滤波，其输出表达式为

$$y_t = x_t - 0.388\,2x_{t-1} - 0.214\,3x_{t-2} - 0.326\,4x_{t-3} + \varepsilon_t \tag{6-26}$$

$$\varepsilon_t \sim N(0, 20.442^2) \tag{6-27}$$

考虑信道为 $\varphi = (1.000\,0 \quad -0.388\,2 \quad -0.214\,3 \quad 0.326\,4)$，即为 AR(3) 模型。信号数据帧结构大小为 128，相邻数据块重叠为 15 字符，每次采样次数为 100。在输出端采用多尺度粒子滤波进行盲接收，对细尺度样本进行粗化的比例为 2∶1与 4∶1。

在 0~100 s，对一个目标进行跟踪，将融合后的数据选择由 9 个天线组成的网络进行传输。借助于同步的 OFDM-MIMO 瑞利衰落信道，扩频码为

$$\boldsymbol{S}^{\mathrm{T}} = \frac{1}{\sqrt{10}}\begin{bmatrix} -1 & -1 & 1 & 1 & -1 & 1 & -1 & 1 & -1 & 1 \\ 1 & 1 & -1 & -1 & 1 & -1 & 1 & -1 & 1 & 1 \\ 1 & -1 & -1 & 1 & -1 & -1 & -1 & -1 & 1 & -1 \\ -1 & -1 & 1 & -1 & -1 & -1 & 1 & 1 & -1 & 1 \\ 1 & 1 & -1 & -1 & -1 & 1 & -1 & -1 & -1 & -1 \end{bmatrix} \tag{6-28}$$

同时在所有仿真过程中，模型参数的共轭先验分布为

$$p(x^0) \sim N(\boldsymbol{\mu}_0, \Sigma_0) \rightarrow \boldsymbol{\mu}_0 = [1 \quad 1 \quad 1 \quad 1 \quad 1]^{\mathrm{T}} \tag{6-29}$$

$$p(\sigma^2) \sim \chi^{-2}(v_0, \lambda_0) \rightarrow v_0 = 1, \lambda_0 = 0.1 \tag{6-30}$$

将融合后的目标信息采用一个功率分配最优的网络系统传送到远程数据监控中心。用 5×4 的 MIMO 系统进行数据传输,在自适应功率分配系统中,有限的发射功率按照注水原理进行分配。将波束形成矢量方法与迫零算法相结合,对于信道增益矩阵进行处理,旨在提高传输系统的信道容量。该信道增益矩阵为

$$\begin{bmatrix} 0.0848+0.3243i & 0.3536+0.0205i & 0.0503-0.3923i & -0.2167-0.0869i \\ 0.2674+0.3108i & 0.5485+0.3196i & -0.0768-0.1006i & -0.0159+0.0851i \\ 0.4798-0.3676i & -0.1611+0.2266i & 0.3271-0.1537i & 0.0768+0.1174i \\ 0.1104-0.3021i & -0.3521-0.1414i & -0.1499+0.1100i & -0.4281-0.3030i \\ 0.3310-0.3327i & -0.410-0.1713i & 0.4505-0.4191i & 0.0919-0.2078i \end{bmatrix}$$

对以上增益矩阵进行 Cholesky 分解,对其矩阵的特征值求倒数,分别得到各子信道的信噪比。对各个子信道的信噪比 γ_i 进行排序,即 $\gamma_1<\gamma_2<\gamma_3<\gamma_4<\gamma_5$,然后根据注水原理给各子信道分配功率。对信噪比大的子信道,用 QPSK 对其进行编码;对信噪比小的子信道,用 BPSK 来编码。设 5×4 的 MIMO 信道是服从瑞利分布或莱斯分布的平坦衰落信道,并且信道的状态信息是给定的。如图 6-6 所示,子信道 5 的信噪比最高,因此用 QPSK 调制方法,其余 4 个子信道的信噪比较低,因此采用 BPSK 调制方式。实际测试结果证明,图 6-8 中所示的功率分配方式可以改善通信系统的信道容量,提高系统数据传输的速度,降低网络系统的延迟。

仿真中,对态势图(图 6-9 和图 6-10)中的机动目标每隔 2 s 测试一次,测试时间为 0~100 s。具体的仿真过程描述如下。

1. 进行信号检测,获取目标的状态信息

在数据融合中心,首先对数据进行检测,为了对信号进行检测,不失一般性,对于采用 BPSK 调制方式的信号,符号的软判决公式为

$$\hat{\boldsymbol{b}}_{k:m} \triangleq \frac{p(\boldsymbol{b}_{k:m}=1 \mid \boldsymbol{Y}_M; \hat{\boldsymbol{\Theta}}_{k:M}) - p(\boldsymbol{b}_{k:m}=-1 \mid \boldsymbol{Y}_M; \hat{\boldsymbol{\Theta}}_{k:M})}{p(\boldsymbol{b}_{k:m}=1 \mid \boldsymbol{Y}_M; \hat{\boldsymbol{\Theta}}_{k:M}) + p(\boldsymbol{b}_{k:m}=-1 \mid \boldsymbol{Y}_M; \hat{\boldsymbol{\Theta}}_{k:M})} \tag{6-31}$$

为了实现软判决,针对 QPSK 调制方式,本实验采用软判决公式中的后验分布函数,选择高斯分布函数作为重要采样函数。对于重要采样函数,首先用 Gibbs 采样得到 100 个样本,在该样本空间上,用 Metropolis-Hastings 采样,用 2∶1和 4∶1两个尺度对该样本表示的状态空间进行交替耦合采样,来获得目标状态估计的期望值和方差值,最后得到关于目标状态的最优估计值,即

$$\hat{x}^*(i) = \mathrm{sgn}\left\{ \sum_{j=1}^{5} \frac{y_j(i) s_{k,j}}{\sigma_j^2(i)} \right\} \tag{6-32}$$

式中,$\hat{x}^*(i)$为细尺度的估计值。

为了得到目标状态的最优检测值,本次仿真借助多尺度粒子滤波的 q-DAEM 算法,结合均值漂移算法,在概率矩形区域内提取目标的状态信息。为了便于判断多尺度粒子滤波算法的收敛情况,本节采用 Sandwich 算法,选择从机动目标状态空间的极大值与极小值出发的两条马尔可夫链;经过多次迭代后,当两条马尔可夫链出现耦合现象时,表明该状态空间已经收敛到了平稳分布状态,从而可以将其他的链合并起来使用;在得到大量的随机数后,再采用均值漂移算法进行处理,最后计算状态和参数估计值。本次仿真产生了大量的测试结果,但这里只列出 30 个点的测试结果(每隔 2 s 测试一次的结果),如图 6-11~6-40 所示。图 6-11~6-40 中,+表示目标的真实值,黑色箭头←表示目标状态的估计值。

观测值:(2.138 26,0.508 087)

估计值:(2.138 59,0.508 205)

图 6-11 测试结果 1

观测值:(2.138 29,0.508 092)

估计值:(2.138 63,0.508 269)

图 6-12 测试结果 2

观测值:(2.138 27,0.508 19)

估计值:(2.137 66,0.507 876)

图 6-13 测试结果 3

观测值:(2.138 3,0.508 195)

估计值:(2.138 06,0.507 966)

图 6-14 测试结果 4

观测值:(2.138 31,0.508 201)

估计值:(2.138 32,0.508 098)

图 6-15 测试结果 5

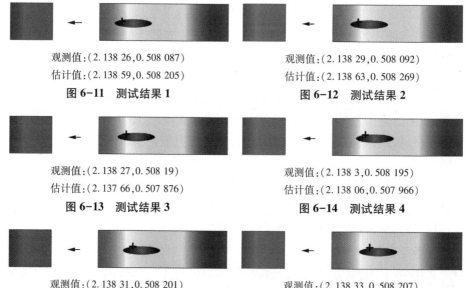

观测值:(2.138 33,0.508 207)

估计值:(2.138 1,0.508 138)

图 6-16 测试结果 6

(图 6-11~6-40 彩图见附录)

观测值:(2.138 34,0.508 213)

估计值:(2.138 24,0.508 055)

图 6-17　测试结果 7

观测值:(2.138 37,0.508 218)

估计值:(2.138 57,0.508 067)

图 6-18　测试结果 8

观测值:(2.138 4,0.508 224)

估计值:(2.138 39,0.508 194)

图 6-19　测试结果 9

观测值:(2.138 4,0.508 23)

估计值:(2.138,0.508 167)

图 6-20　测试结果 10

观测值:(2.138 41,0.508 235)

估计值:(2.138 27,0.508 055)

图 6-21　测试结果 11

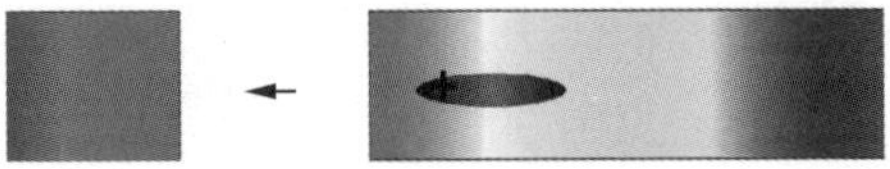

观测值:(2.138 44,0.508 241)

估计值:(2.138 7,0.508 137)

图 6-22　测试结果 12

观测值:(2.138 31,0.508 201)

估计值:(2.138 32,0.508 098)

图 6-23　测试结果 13

观测值:(2.138 33,0.508 207)

估计值:(2.138 10,0.508 138)

图 6-24　测试结果 14

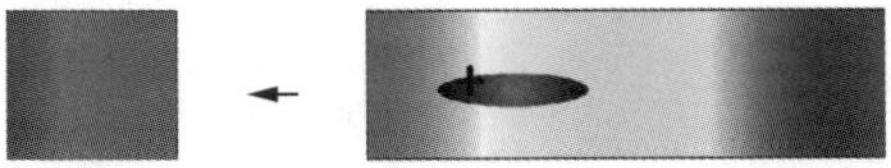

观测值:(2.138 45,0.508 247)

估计值:(2.138 35,0.508 297)

图 6-25　测试结果 15

观测值:(2.138 45,0.508 253)

估计值:(2.137 92,0.508 192)

图 6-26　测试结果 16

观测值:(2.138 46,0.508 258)

估计值:(2.138 42,0.508 002)

图 6-27　测试结果 17

观测值:(2.138 47,0.508 264)

估计值:(2.138 89,0.508 154)

图 6-28　测试结果 18

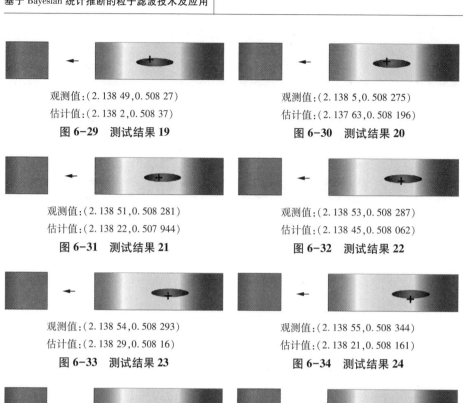

观测值:(2. 138 49,0. 508 27)

估计值:(2. 138 2,0. 508 37)

图 6-29　测试结果 19

观测值:(2. 138 5,0. 508 275)

估计值:(2. 137 63,0. 508 196)

图 6-30　测试结果 20

观测值:(2. 138 51,0. 508 281)

估计值:(2. 138 22,0. 507 944)

图 6-31　测试结果 21

观测值:(2. 138 53,0. 508 287)

估计值:(2. 138 45,0. 508 062)

图 6-32　测试结果 22

观测值:(2. 138 54,0. 508 293)

估计值:(2. 138 29,0. 508 16)

图 6-33　测试结果 23

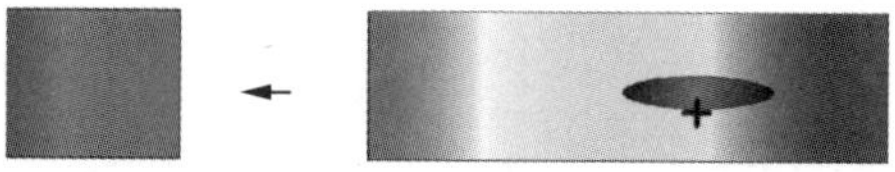

观测值:(2. 138 55,0. 508 344)

估计值:(2. 138 21,0. 508 161)

图 6-34　测试结果 24

观测值:(2. 138 56,0. 508 35)

估计值:(2. 138 54,0. 508 146)

图 6-35　测试结果 25

观测值:(2. 138 57,0. 508 355)

估计值:(2. 138 64,0. 508 245)

图 6-36　测试结果 26

观测值:(2. 138 57,0. 508 355)

估计值:(2. 138 64,0. 508 284)

图 6-37　测试结果 27

观测值:(2. 138 58,0. 508 361)

估计值:(2. 138 24,0. 508 176)

图 6-38　测试结果 28

观测值:(2. 138 58,0. 508 367)

估计值:(2. 138 2,0. 508 146)

图 6-39　测试结果 29

观测值:(2. 138 59,0. 508 373)

估计值:(2. 138 69,0. 508 313)

图 6-40　测试结果 30

为了提高状态估计精度、运算效率及去噪能力,本节先将目标观测值进行小波变换,进行去噪预处理,然后采用粒子滤波提取目标状态信息。仿真测试结果表明,如此的处理过程在某种程度上必然存在估计误差。其原因是粒子滤波算法是一种近似的办法,即将连续积分数值运算简化为加权求和的形式,从而会导致估计过程产生误差。

最后,本节给出本次仿真的最终结果。图 6-41 描述了 0~100 s,关于态势图中机动目标 4 的跟踪结果(采用经纬度表示目标的位置)。该结果包括图 6-11~6-40 中所示 30 个点的仿真结果。这一结果是在给定的非高斯噪声环境下,对于给定的观测数据,采用多尺度粒子滤波的 q-DAEM 算法,结合均值漂移算法,借助概率矩形区域模型而提取的目标位置信息。图 6-42 给出了 0~100 s 机动目标的经纬度估计误差,该误差的计算公式为

$$经度误差=x_{估计值}-x_{真实值}$$

$$纬度误差=y_{估计值}-y_{真实值}$$

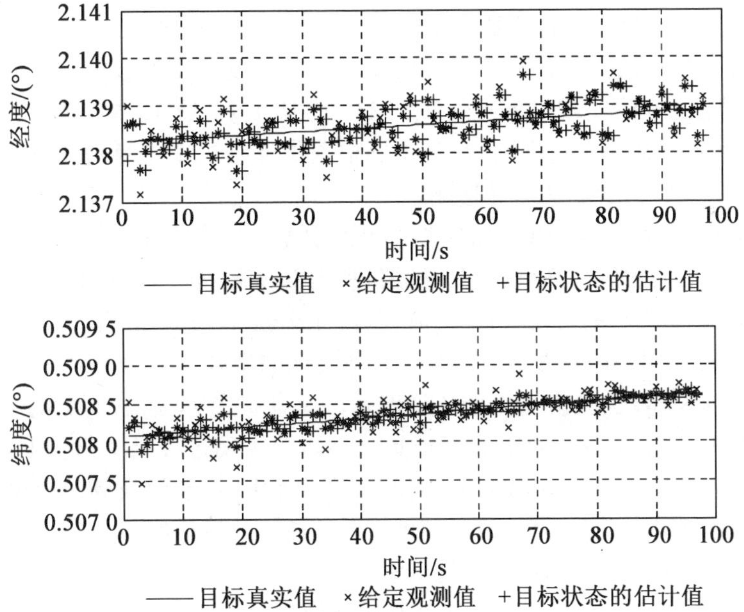

图 6-41　目标状态的估计结果

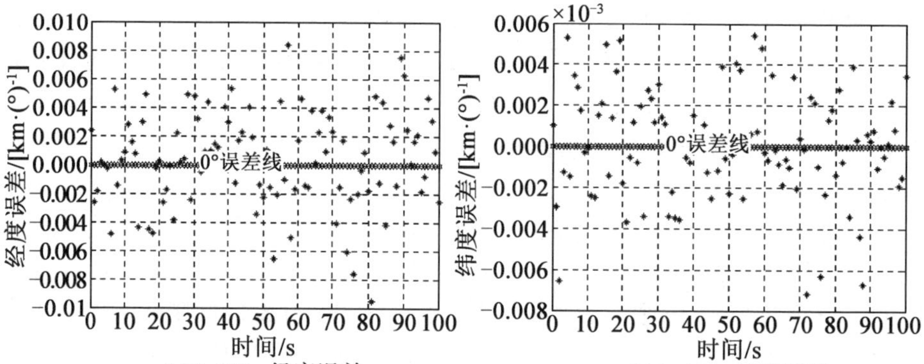

(a)0~100 s经度误差　(b)0~100 s纬度误差

图 6-42　0~100 s 经纬度误差

2. 算法估计精度性能的比较

(1)多尺度粒子滤波算法与 EKF 算法、UKF 算法的比较。

在观测值(来自《多传感器数据融合仿真实验测试系统》由导演台生成的含有非高斯噪声)给定的条件下,本次仿真采用多尺度粒子滤波算法及其扩展算法、EKF 算法(具体实现过程见文献[37])及 UKF 算法(具体实现过程见文献[144,146]),分别提取目标的状态信息,根据仿真结果来定量地验证多尺度粒子滤波算法及其扩展算法的优越性。

图 6-43 给出了表 6-1 中五个传感器的误差。将表 6-1 中各种性能不同的传感器经过不同的组合得到三组传感器:利用第一组、第二组和第三组分别对图 6-9 与图 6-10 所示的机动目标 4 和机动目标 9 进行跟踪,得到的跟踪结果和状态信息如图 6-44~6-49 所示(含有噪声的测试的采样点数为 300)。分别采用 EKF 算法、UKF 算法及多尺度粒子滤波算法及其扩展算法,从给定的观测值中提取图 6-10 中机动目标 4 的状态信息。具体的实现过程见文献[144,146]和第 4 章。从图 6-44~6-46 中可看出,相比其他 SMC 粒子滤波算法、SIR 粒子滤波算法,多尺度粒子滤波算法及其扩展算法的估计效果最好。

在混合高斯噪声和系统非线性因素的影响下,EKF 算法对目标状态的估计误差很大。分析其原因,EKF 算法是利用非线性函数的局部线性化特性,将非线性模型局部线性化,再利用 KF 算法实现对目标的跟踪。

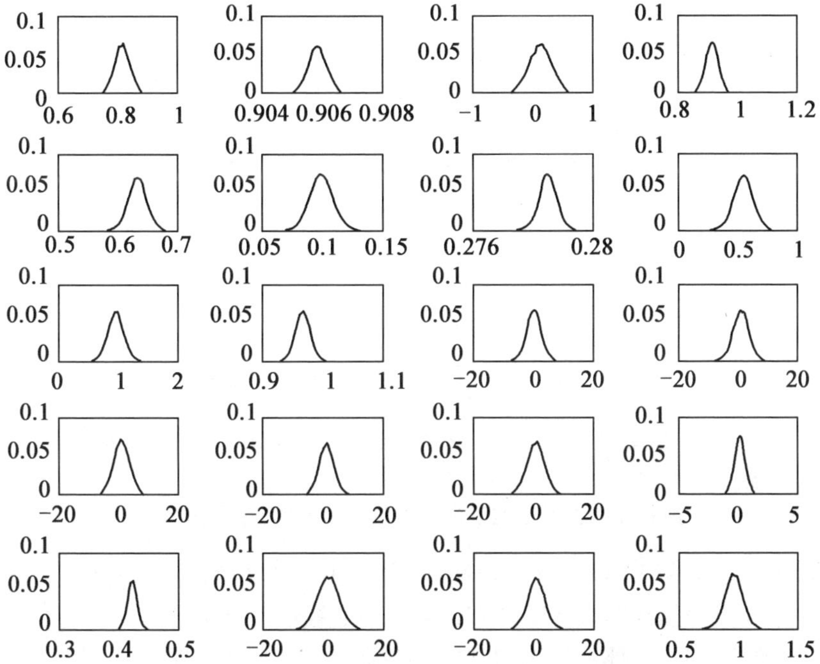

图 6-43　表 6-1 对应的五个传感器的误差分析

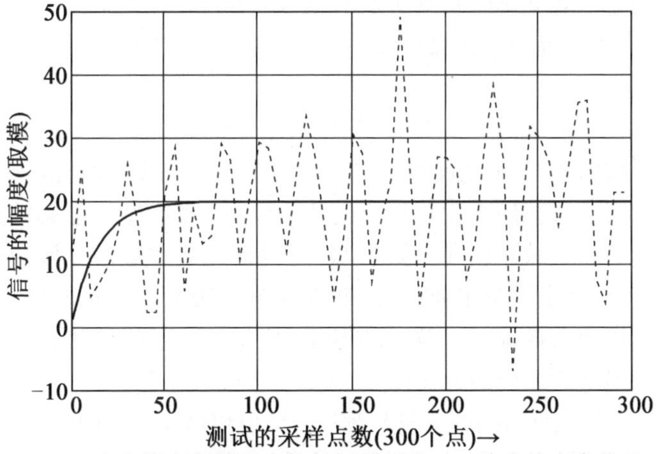

----含有混合高斯噪声的目标观测值 ——给定的真实信号

$\sigma_1^2=27.5, \sigma_2^2=25.3, \varepsilon=0.51$

图 6-44　第一组传感器跟踪结果

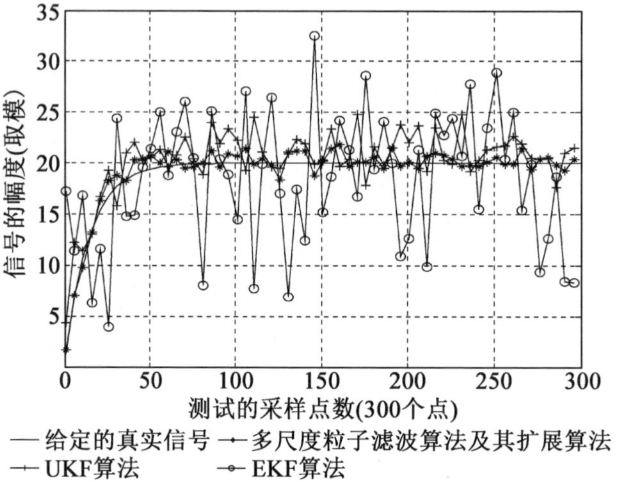

图 6-45　从第一组观测值中各种算法提取的状态信息

UKF 算法是将 Unscented 变换和 KF 算法相结合得到的一种算法。该算法是采用采样点的加权非线性变换方式来提高非线性动态系统的目标状态估计精度的,有效地克服了 EKF 算法的估计精度低、稳定性差的缺点。但是,对非线性、非高斯时变动态系统状态估计问题而言,UKF 算法的估计效果与基于重要采样的多尺度粒子滤波算法及其扩展算法相比,仍然存在很大的差距。其主要原因是,该算法在非高斯干扰噪声环境下,采用二阶近似的逼近算法,导致产生很大的估计误差。

将多尺度粒子滤波的 q-DAEM 算法与均值漂移算法相结合,借助概率矩形区域模型来提取状态信息,估计效果优于 EKF 算法与 UKF 算法。这是因为该算法引入了均值漂移算法来优化粒子的集合,采用多尺度粒子滤波的 q-DAEM 算法来提高算法的收敛速度和运算效率,同时借助概率矩形区域模型来提高算法的精度,避免了动态系统中非线性、非高斯噪声因素对目标状态估计的影响,并利用多尺度耦合采样抑制了粒子的退化,从而解决了目标状态的估计精度和运算效率不能很好折中的问题。

结合图 6-45、图 6-48、图 6-49 及表 6-2 可以看出,在采样点数相同的条件下,与其他两种算法相比,多尺度粒子滤波算法及其扩展算法的估计方差降低了 12%~20%。因此可以得出结论,多尺度粒子滤波的估计性能明显优于 EKF 算法和 UKF 算法。

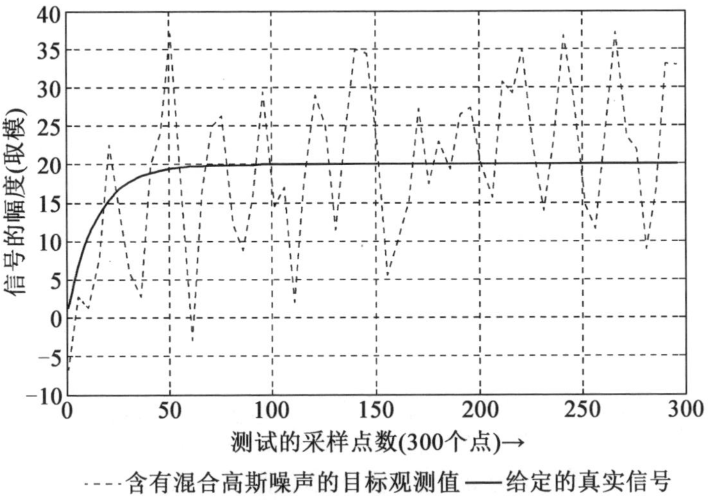

$\sigma_1^2=28.5,\sigma_2^2=23.3,\varepsilon=0.41$

图 6-46　第二组传感器跟踪结果

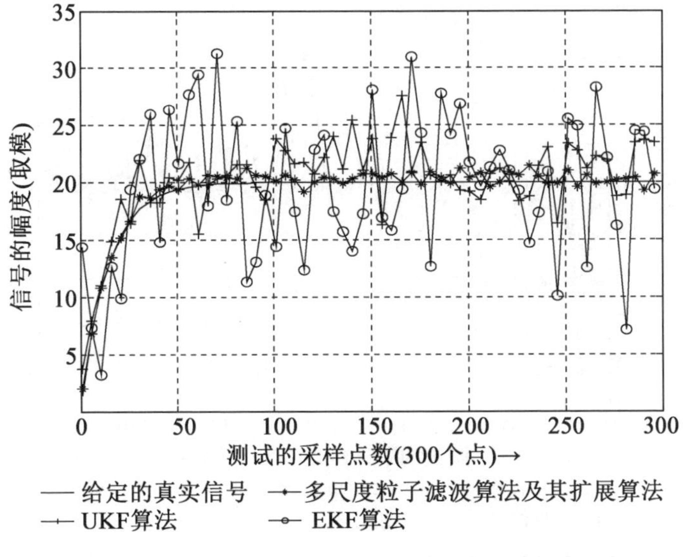

图 6-47　从第二组观测值中各种算法提取的状态信息

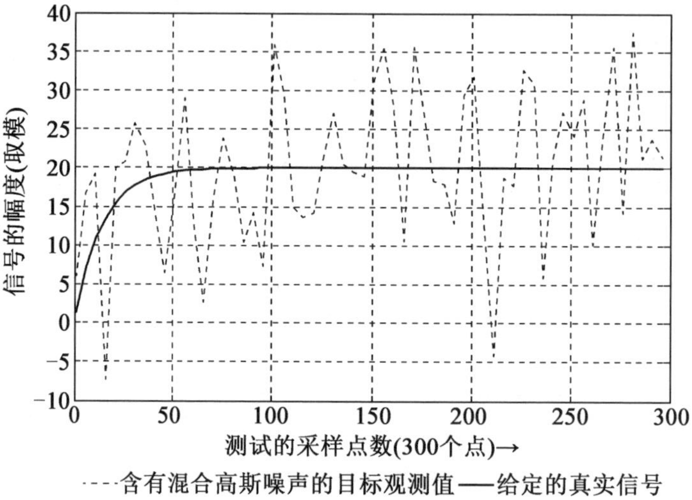

$\sigma_1^2=30.5, \sigma_2^2=28.3, \varepsilon=0.30$

图 6-48　第三组传感器跟踪结果

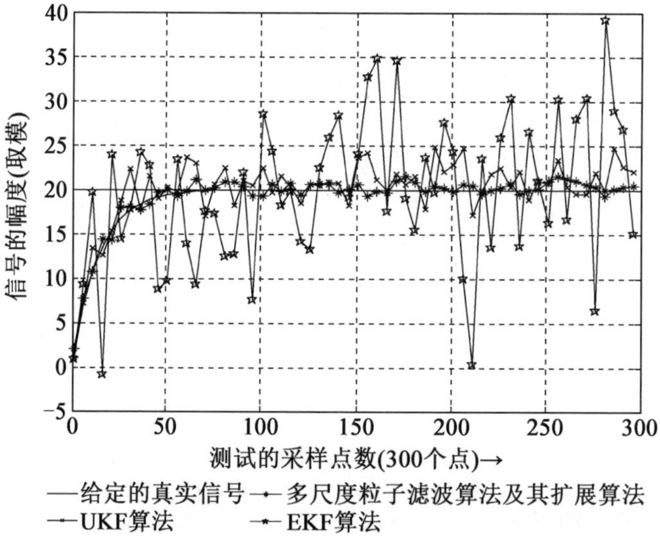

图 6-49　从第三组观测值中各种算法提取的状态信息

表 6-2　相同点数下各种算法精度的比较

算法	测试点数	最大误差值	最小误差值	均值	平均方差
EKF 算法	300	27.47	5.13	23.17	40.828
UKF 算法	300	17.39	3.34	21.41	37.29
多尺度粒子滤波算法及其扩展算法	300	5.64	1.21	20.03	32.883

(2)多尺度粒子滤波及其扩展算法与 SMC 粒子滤波算法、SIR 粒子滤波算法估计精度和运算效率的比较。

为进一步验证多尺度粒子滤波算法及其扩展算法的优越性,本节分别采用多尺度粒子滤波的 q-DAEM 算法、SMC 粒子滤波算法及 SIR 粒子滤波算法,从给定的观测值中提取非线性、非高斯时变动态系统的机动目标的状态信息。本次实验采用分布式的 WSN 对机动目标进行跟踪监测,考虑到各种复杂因素的影响,在观测值给定(来自《多传感器数据融合仿真实验测试系统》)的条件下,分别采用文献[9,10]中如下状态转移方程、观测方程及非线性方程来描述该目标跟踪系统,即

状态转移方程为

$$x_k = f_k(x_{k-1}, k) + v_{k-1} \tag{6-33}$$

观测方程为

$$z_k = \frac{x_k^2}{20} + n_k \tag{6-34}$$

非线性方程为

$$f_k(x_{k-1}, k) = \frac{x_{k-1}}{2} + \frac{25x_{k-1}}{1+x_{k-1}^2} + 8\cos(1.2k) \tag{6-35}$$

状态转移函数为

$$p(x_k | x_{k-1}) = N(x_k, f(x_{k-1}, k), Q_{K-1}) \tag{6-36}$$

状态更新函数为

$$p(z_k | x_k) = N(z_k, \frac{x_k^2}{20}, R_{K-1}) \tag{6-37}$$

为了研究问题方便的需要,设 Q、R 为噪声,可将式(6-36)作为建议分布函数进行多尺度的重要采样。

为了分别比较验证各算法的性能,本节先给出算法相对复杂度的定义。在观测值给定的条件下,为提取状态信息和参数信息,可分别采用 SMC 粒子滤波算法与 SIR 粒子滤波算法。根据 3.6 节可知,采用这些算法需要计算高维矩阵,

包括大量的乘法和加法运算。测试数据表明,粒子滤波算法的复杂度随着测量点数的增长呈现指数级增长趋势。当测试点数给定时,以 SMC 粒子滤波算法耗费的时间为基准,其他算法耗费时间与此值相比为该算法的相对复杂度。基于该定义可知,SMC 粒子滤波算法的复杂度为 1,而 SIR 粒子滤波算法的复杂度也近似为 1(见第 2 章)。

为了测试各种算法的性能,根据 3.6 节的结论,本次实验结合《多传感器数据融合仿真实验测试系统》3.0 版本的仿真实验平台,分别采用 SMC 粒子滤波算法(该算法具体实现过程见文献[16])、SIR 粒子滤波算法(该算法具体实现过程见文献[21]及附录 3),以及多尺度粒子滤波及其滤波算法(算法具体实现过程见 5.2.2 节)进行目标状态估计,并分别就各算法的估计精度和运算效率进行仿真比较(图 6-50、图 6-51 和表 6-3)。

如图 6-51 所示,在测试点数为 300 的条件下,针对多尺度粒子滤波算法,当采用比例为 2∶1或 4∶1时,在一条马尔可夫链上进行交替重要采样来搜索目标状态的最优估计值,其算法的相对复杂度为 0.6;对于多尺度粒子滤波的 q-DAEM 算法,借助于概率矩形区域模型,不但能保持状态估计的精度,而且通过均值漂移算法来优化粒子的集合可以使粒子数量减少近 30%,导致该算法相对复杂度为 0.4。

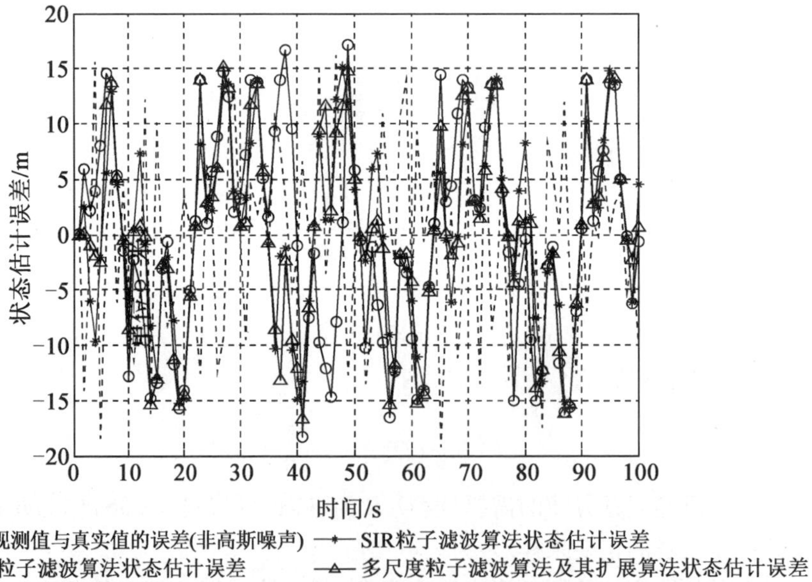

图 6-50　SMC 粒子滤波算法、SIR 粒子滤波算法与多尺度粒子滤波算法及其扩展算法的状态估计误差

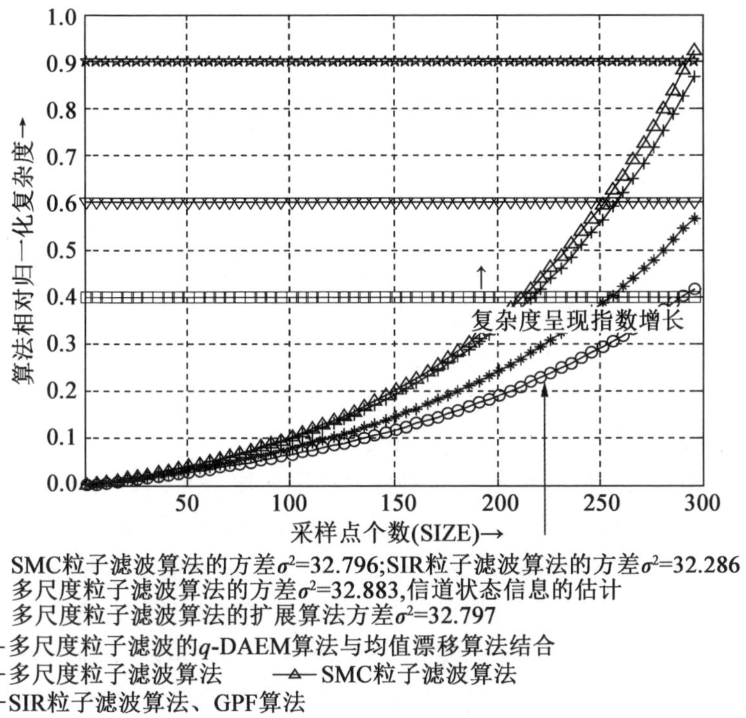

图 6-51　各种算法运算效率的比较

表 6-3　非线性混合高斯噪声下各种粒子滤波算法性能比较

算法名称	测试点数	状态估计方差 σ^2	相对复杂度	备注
SIR 粒子滤波算法	300	32.286	≈1	方差采用均方误差近似,当显著水平给定时,置信区间也相应确定
SMC 粒子滤波算法	300	32.796	1	
多尺度粒子滤波算法	300	32.883	0.6	
多尺度粒子滤波算法扩展算法	300	32.797	0.4	

图 6-50 和图 6-51 及表 6-3 表明,该四种算法的状态估计方差约为 32,但是多尺度粒子滤波算法及其扩展算法的运算复杂度比其他两种算法低 40%~60%,该结果表明算法在估计精度性能指标方面几乎没有损失(大约损失 1%)的情况下,大幅度提高了运算效率。这是因为在观测值给定的情况下,借助于概率矩形区域模型,将多尺度粒子滤波的 q-DAEM 算法与均值漂移算法结合提取

目标状态信息时,可利用均值漂移算法对粒子集合的迭代优化过程,使粒子集合沿着梯度衰减最快的方向收敛到目标状态的真实值附近。因此,该算法不但减少了粒子的数量,提高了运算效率,而且实现了状态信息的估计精度与可靠度之间的优化折中。综上所述,多尺度粒子滤波算法及其扩展算法性能优越,对于处理非线性、加性高斯干扰跟踪系统的状态估计问题具有明显优势。

如图 6-24~6-33 可知,借助于基于神经网络的粒子滤波算法对非线性+高斯噪声干扰的信道状态信息进行跟踪,根据残差模型评估系统非线性环节的非线性程度。仿真结果表明,基于神经网络的粒子滤波算法多尺度粒子算法不但能保持粒子的多样性,而且能模拟逼近信道的非线性特征,因此,在很大程度上改善了系统状态信息性能参数的估计精度。

考虑到信道状态信息可借助于系统性能参数进行界定,基于粗细尺度的粒子对集合,构建关于信道状态参数的后验概率密度分布函数为 $\pi(\Theta|x)$,其中 $\Theta=\lfloor\theta_1,\theta_2,\theta_3,\theta_4,\theta_5\rfloor$ 表示状态信息,x 表示粒子的集合,给定置信水平 α,借助于多尺度的粒子滤波将跟踪的精度控制在与给定的置信水平对应的置信区间内,给定的粗细尺度的粒子对信道状态的性能参数进行估算。为了预测信道误差,本节设置 Rayleigh(瑞利)信道不同电磁环境的约束条件,验证不同粗细尺度的粒子滤波算法在不同场景下对信道状态信息的预测精度,在不同电磁环境条件下,建立对应的分布函数,取 $(1-\alpha)$ 置信水平,借助于多尺度粒子滤波求取于应于不同状态的置信区间,其对应预测精度与可靠度的估计置信区间的仿真结果如图 6-52~6-56 所示。

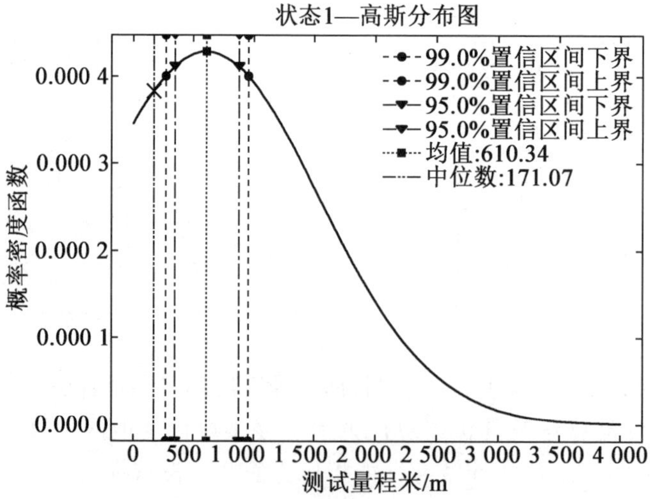

图 6-52　基于误差态势 1 仿真精度

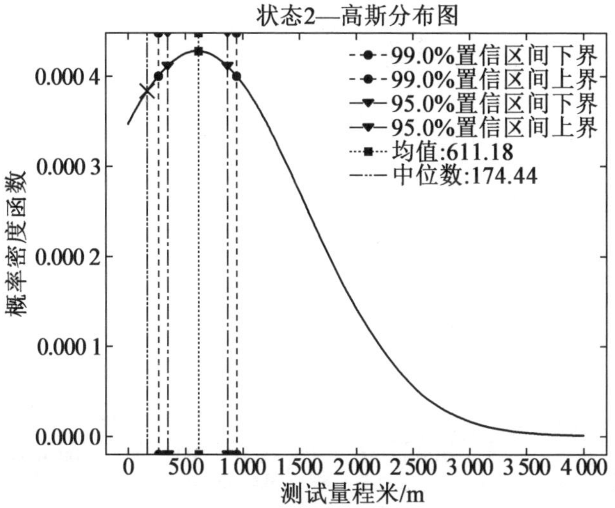

图 6-53　基于误差状态 2 仿真精度

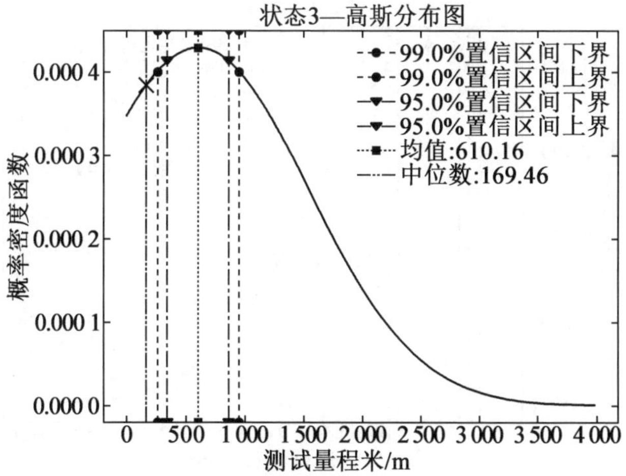

图 6-54　基于误差状态 3 仿真精度

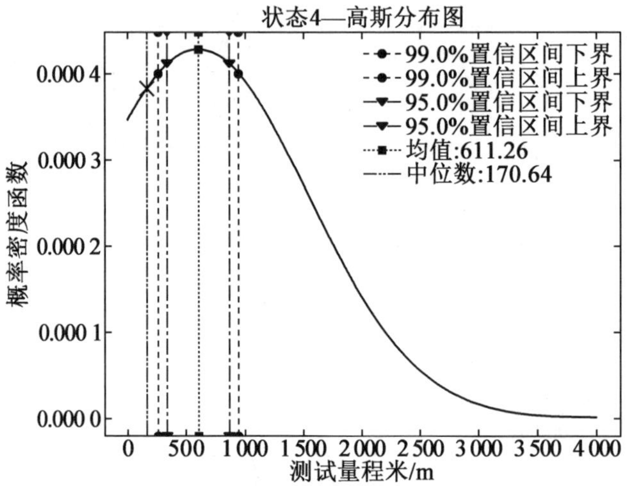

图 6-55 基于误差状态 4 仿真精度

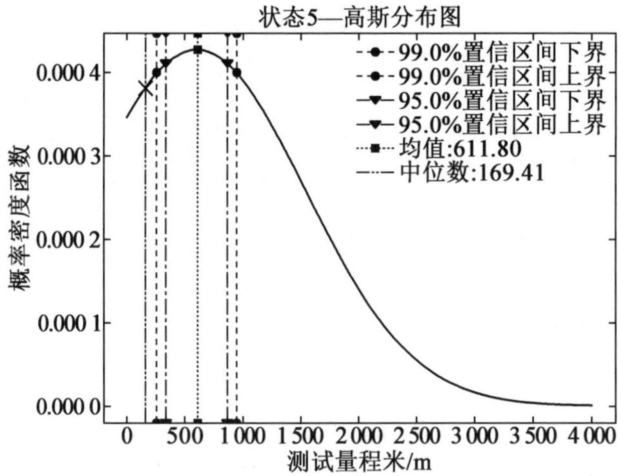

图 6-56 基于误差状态 5 仿真精度

图 6-52~6-56 表明:当置信水平为 $\alpha=0.1$ 和 $\alpha=0.05$ 时,对应的置信水平的上下界,但该统计量并非完备充分无偏统计量,导致其不能达到 C-R 下界。

6.4 本章小结

本章采用基于多尺度粒子滤波的自适应 Bayesian 统计推断方法,在受冲击环境噪声(非高斯噪声)影响的无线多径衰落信道中,通过 Gibbs 采样从给定的观测值中提取信道状态信息及参数信息的最优估计值,实现了信道的盲估计、盲接收及多用户信号的自适应检测。该方法首先将非高斯噪声(对两个方差不同的高斯噪声进行加权)的加权系数看作随机变量,而该随机变量的共轭先验分布为 Beta 分布;然后根据 Bayesian 后验统计推断方法,得到非高斯噪声干扰条件下,状态和参数的联合后验分布函数;最后采用多尺度粒子滤波算法,通过粗细不同尺度的交替耦合采样,来控制状态和各参数的满条件分布,自适应地提取目标状态信息和参数信息。该算法解决了非线性、非高斯时变动态系统中,状态估计精度和运算效率不能很好折中的问题,而且对非高斯噪声模型给出了一个合理的量化模型。

此外,基于以上获得的信道参数,结合第 5 章的结论,本章对整个 WSN 机动目标跟踪系统进行了更接近实际工程背景的仿真实验。该仿真采用 WSN,对某战场态势下的机动目标进行跟踪,即 WSN 将目标观测值通过传感器系统,以接力的方式进行传输;在接收端,通过接收的观测数据,采用多尺度粒子滤波算法及其扩展算法来提取目标状态信息和信道状态信息。从仿真结果可以看出,多尺度粒子滤波算法及其扩展算法在 WSN 目标跟踪系统的状态估计问题中具有明显优势,具体体现在以下两个方面。

(1)采用基于多尺度粒子滤波的自适应 Bayesian 统计推断方法产生的粒子集合,为有效解决混合高斯噪声干扰下非线性动态系统中信道状态信息的提取问题,提供了一种新思路。该方法提高了运算效率,抑制了粒子的退化,改善了粒子集合的多样性。

(2)在多个机动目标的状态估计中,通过均值漂移算法对粒子集合进行迭代优化,使粒子的数量大量减少,大幅度提高了运算效率,这是由于均值漂移算法保留了接近目标真实轨迹的粒子,而舍弃了非目标状态的粒子;然后借助 q-DAEM 算法结合概率矩形区域模型,采用少量的粒子以高的速率收敛到目标状态的全局最优估计值。仿真结果表明,与 EKF 算法、UKF 算法相比,多尺度粒子滤波算法及其扩展算法的估算精度在给定相同置信水平条件下,特征参数估计值将落在更窄的置信区间内;与 SMC 粒子滤波算法、SIR 粒子滤波算法相比,多尺度粒子滤波算法及其扩展算法由于采用了粗细尺度的交替采样,运算效率显然得到了明显的改善,估算精度下降却不是很大。

显然,仅仅依靠粒子滤波算法来改善特征参数的估计精度的能力是有限的,但是随着基于循环神经网络、卷积神经网络等深度机器学习技术的出现,可以尝试将粒子滤波算法与深度机器学习结合与渗透,借助粒子滤波优化神经网络的权值来改善特征参数的估计精度问题。针对非线性、非高斯以及非平稳的多变量动态系统的估值问题,必然发挥着不可替代的作用。

第 7 章　粒子滤波复杂应用

针对非线性复杂系统的状态估值问题，致力于解决状态估值问题中存在的精确度与可靠度相互制约矛盾问题。在置信水平要求给定前提下，为了实现粒子滤波算法精准度与可靠度之间的优化折中，考虑将基于 Bayesian 统计推断的粒子滤波方法与基于神经网络的深度学习相结合，探究先验物理信息+神经网络（GRNN、BP 等）+粒子权值的分裂优化算法，搜索平均长度最短的置信区间；将粒子滤波与强化学习相互结合，并考虑将先验物理信息嵌入深度学习模型框架中，改善复杂系统动态模型的非线性拟合能力；将粒子滤波算法分别与基于 ADMM（Alternating Direction Method of Multiplier）分布式算法和联邦学习算法相结合，进行系统模型的多性能参数关联分析，采用数据驱动的方法研究非线性的复杂机理，是扩展提高粒子滤波算法效能与应用范围的有效途径。

7.1　基于 Stiefel 流形和权值优化粒子滤波在 CS 中的应用

首先，将 Bayesian 统计推断 EM 方法与基于 Stiefel 流形和权值优化粒子滤波相结合，给观测数据添加缺损参数，得到完全数据，构建关于诸多参数的联合后验概率密度分布函数；其次，分别取各未知参数的满条件分布；再次，取对数处理后得到稀疏项+正则项的规划问题；最后，借助于 ADMM 方法，分别得到各性能参数的优化估计值。该方法在稀疏信号的处理问题中有着重要而广泛的应用，对大型、稀疏、非光滑及非强凸的压缩感知问题而言，该问题蜕变为一个 NP-Hard 问题。该问题在[153,154]等文献中给出了详细的论述，同时文献给出了大量行之有效且普遍适用的算法，如信息处理机器学习方法、基于马尔可夫的树形结构图像重构方法、MCMCF 方法、变分 Bayesian 方法。但如何求解类 NP-Hard 优化问题，到目前为止尚未形成像解决强凸的线性规划问题那样的成熟方法。此外，该方法适用于解决大型非线性、非光滑、非强凸规划问题，将该方法与机器学习结合，应用在压缩感知问题中也是值得深入研究和探讨的热点问题。

7.1.1　压缩感知概念

现代信号处理的关键技术之一是 Nyquist-Shannon(奈奎斯特-香农)采样定理,该定理指出,当系统的采样频率大于或者等于基带信号最高频率的 2 倍时,在输出端才能无失真地恢复出原连续信号。但是香农采样定理是一个信号重建的充分非必要条件。压缩感知作为一个新的采样理论一直备受学术界的关注,该方法的基本思想是,在远小于奈奎斯特采样频率的条件下获取信号的离散样本,保证信号的无失真恢复重构。压缩感知理论的核心思想主要有两个特性:

(1)信号的稀疏性。传统的香农信号表示方法只开发利用了最少的被采样信号的先验信息,即信号的带宽。但是,现实生活中很多广受关注的信号本身具有一些结构特点,相对于带宽信息的自由度,其结构特点是由信号的更小的一部分自由度决定的。换句话说,在少量信息损失约束条件下,该信号采用少量的数字编码表示。因此在某种意义上,该信号是稀疏信号(或者近似稀疏信号、可压缩信号)。

(2)不相关特性。稀疏信号有效信息的获取可借助于一个非自适应的采样方法将信号压缩成较小的样本数据实现。仿真测试证明:压缩感知的采样过程在某种程度上是简单地将信号序列与一组确定的波形进行相关运算的操作过程。压缩感知方法剔除了当前实时采样信号中存在的冗余信息,该方法是直接从连续时间信号变换得到压缩样本,然后在数字信号处理中借助于优化方法处理压缩样本。目前恢复信号普遍采用的优化算法是一个已知信号稀疏的欠定线性逆问题。具体过程概括如下:

信号经过采样量化编码后,对所有的采样值进行变换,将其低频重要的傅里叶系数进行编码,然后经过系统传输,解码后再通过匹配滤波,得到处理后最终的输出信号。根据通信原理的知识,该编码过程存在两大缺陷:第一,根据香农采样定理,当采样频率小于被传输基带信号最高频率的 2 倍时,会发生频率的混叠现象;第二,小波变换、离散傅里叶变换(Discrete Fourier Transform, DFT)只提取了大系数来逼近信号,小系数被丢弃,小系数的丢失导致信号所蕴含的信息损失。压缩感知算法是针对稀疏信号的处理技术瓶颈而提出的,该算法使得信号处理的性能效果得到明显改善。考虑到采集数据之后要压缩其中的冗余度,同时该压缩过程比较困难,基于该认识,压缩感知算法直接对压缩后的数据进行采样,使压缩和感知在同一个步骤完成。

$$\boldsymbol{X}=\boldsymbol{H}\boldsymbol{\psi}+\boldsymbol{N} \tag{7-1}$$

式中,$\boldsymbol{H}\in\mathbf{R}^{m\times n}$,$\boldsymbol{H}=\overline{\boldsymbol{H}}+\boldsymbol{\Delta}$,$\|\boldsymbol{\Delta}\|\leqslant \boldsymbol{e}$ 为感知矩阵;$\boldsymbol{X}\in\mathbf{R}^{m}$ 为观测向量;$\boldsymbol{N}\in\mathbf{R}^{m}$,$\|\boldsymbol{N}\|\leqslant\varepsilon$ 表示有界的测量噪声。设 $\boldsymbol{H}$ 是共轭先验分布为 $\boldsymbol{\pi}(\boldsymbol{H})$ 的半正交矩阵,

为了估算压缩感知的矩阵 $\hat{\boldsymbol{H}}$，采用最小二乘的方法，即

$$\min E\{\|\hat{\boldsymbol{H}}\hat{\boldsymbol{H}}^{\mathrm{T}}-\boldsymbol{H}\boldsymbol{H}\|_F^2\} \tag{7-2}$$

设 $\boldsymbol{N}$ 为高斯分布，与 $\boldsymbol{X}\in\mathbf{R}^m$ 相互独立，则关于 $\boldsymbol{H}$、$\boldsymbol{\psi}$ 的条件概率分布密度函数为

$$p(\boldsymbol{X}|\boldsymbol{H},\boldsymbol{\psi})\propto \mathrm{etr}\left\{-\frac{1}{2\sigma^2}(\boldsymbol{X}-\boldsymbol{H}\boldsymbol{\psi})^{\mathrm{T}}(\boldsymbol{X}-\boldsymbol{H}\boldsymbol{\psi})\right\} \tag{7-3a}$$

式中，σ 为方差，在 $\boldsymbol{\psi}$ 未知的条件下，设 $\boldsymbol{\psi}$ 共轭先验分布为 $\pi(\boldsymbol{\psi})\propto 1$，则对表达式(7-3a)关于 $\boldsymbol{\psi}$ 进行积分运算，得到如下表达式：

$$\begin{aligned}\int p(\boldsymbol{X}|\boldsymbol{H}) &= \int p(\boldsymbol{X}|\boldsymbol{H},\boldsymbol{\psi})\pi(\boldsymbol{\psi})\mathrm{d}\boldsymbol{\psi}\\ &\propto \int \mathrm{etr}\left\{-\frac{1}{2\sigma^2}(\boldsymbol{X}-\boldsymbol{H}\boldsymbol{\psi})^{\mathrm{T}}(\boldsymbol{X}-\boldsymbol{H}\boldsymbol{\psi})\right\}\mathrm{d}\boldsymbol{\psi}\\ &\propto \mathrm{etr}\left\{-\frac{1}{2\sigma^2}\boldsymbol{X}^{\mathrm{T}}\boldsymbol{X}+\frac{1}{2\sigma^2}\boldsymbol{X}^{\mathrm{T}}\boldsymbol{H}\boldsymbol{H}^{\mathrm{T}}\boldsymbol{X}\right\}\times\\ &\quad \int \mathrm{etr}\left\{-\frac{1}{2\sigma^2}(\boldsymbol{\psi}-\boldsymbol{H}^{\mathrm{T}}\boldsymbol{X})^{\mathrm{T}}(\boldsymbol{\psi}-\boldsymbol{H}^{\mathrm{T}}\boldsymbol{X})\right\}\mathrm{d}\boldsymbol{\psi}\\ &\propto \mathrm{etr}\left\{-\frac{1}{2\sigma^2}\boldsymbol{X}^{\mathrm{T}}\boldsymbol{X}+\frac{1}{2\sigma^2}\boldsymbol{X}^{\mathrm{T}}\boldsymbol{H}\boldsymbol{H}^{\mathrm{T}}\boldsymbol{X}\right\}\end{aligned} \tag{7-3b}$$

其中感知矩阵 $\boldsymbol{H}$ 定义为

$$\boldsymbol{H}=\begin{bmatrix}\boldsymbol{U}_1\boldsymbol{C}\\ \boldsymbol{U}_2\boldsymbol{S}\end{bmatrix}\boldsymbol{V}^{\mathrm{T}}$$

式中，$\boldsymbol{U}_1$、$\boldsymbol{V}$ 为 $p\times p$ 正交矩阵；$\boldsymbol{U}_2$ 为 $(N-p)\times p$ 半正交矩阵；

$$\boldsymbol{C}=\mathrm{diag}(\cos\theta_1,\cdots,\cos\theta_p) \text{ 与 } \boldsymbol{S}=\mathrm{diag}(\sin\theta_1,\cdots,\sin\theta_p)$$

式中，θ_i 为主元正交矢量与半正交矢量的主角。在观测值给定的条件下，根据 Bayesian 统计推断原理，性能参数 $\boldsymbol{U}_1$、$\boldsymbol{U}_2$、$\boldsymbol{\theta}$ 联合概率密度分布函数表达式为

$$\begin{aligned}p(\boldsymbol{U}_1,\boldsymbol{U}_2,\boldsymbol{\theta}|\boldsymbol{X}) &\propto p(\boldsymbol{X}|\boldsymbol{H})\pi(\boldsymbol{U}_1)\pi(\boldsymbol{U}_2)\pi(\boldsymbol{\theta})\\ &\propto \mathrm{etr}\left\{\frac{1}{2\sigma^2}[\boldsymbol{C}^2\boldsymbol{U}_1^{\mathrm{T}}\boldsymbol{X}_1\boldsymbol{X}_1^{\mathrm{T}}\boldsymbol{U}_1+S^2\boldsymbol{U}_2^{\mathrm{T}}\boldsymbol{X}_2\boldsymbol{X}_2^{\mathrm{T}}\boldsymbol{U}_2]\right\}\times\\ &\quad \mathrm{etr}\left\{\frac{1}{\sigma^2}\boldsymbol{X}_2^{\mathrm{T}}\boldsymbol{U}_2 S\boldsymbol{C}\boldsymbol{U}_1^{\mathrm{T}}\boldsymbol{X}_1\right\}\pi(\boldsymbol{U}_1)\pi(\boldsymbol{U}_2)\pi(\boldsymbol{\theta})\end{aligned} \tag{7-4a}$$

基于式 (7-4a) 分别求取关于变量 $\boldsymbol{U}_1$、$\boldsymbol{U}_2$、$\boldsymbol{\theta}$ 满条件概率密度分布函数，得到如下表达式：

$$p(\boldsymbol{U}_1|\boldsymbol{X}\boldsymbol{U}_1,\boldsymbol{U}_2,\boldsymbol{\theta}|)\propto p(\boldsymbol{X}|\boldsymbol{H})\pi(\boldsymbol{U}_1)\pi(\boldsymbol{U}_2)\pi(\boldsymbol{\theta})$$

$$\propto \mathrm{etr}\left\{\frac{1}{2\sigma^2}\boldsymbol{C}^2\boldsymbol{U}_1^{\mathrm{T}}\boldsymbol{X}_1\boldsymbol{X}_1^{\mathrm{T}}\boldsymbol{U}_1\right\}\times\mathrm{etr}\left\{\frac{1}{\sigma^2}\boldsymbol{U}_1^{\mathrm{T}}\boldsymbol{X}_1\boldsymbol{X}_2^{\mathrm{T}}\boldsymbol{U}_2 S\boldsymbol{C}\right\}I_p(\boldsymbol{U}_1) \tag{7-4b}$$

式(7-4b)表示的函数属于 Bingham-von Mises-Fisher(BMF)分布，其中，$I_p(\boldsymbol{U}_1)$ 为示性函数，即单位阶跃因果函数；

$$p(\boldsymbol{U}_2\,|\,\boldsymbol{U}_1,\boldsymbol{\theta},\boldsymbol{X})\propto \mathrm{etr}\left\{\frac{1}{2\sigma^2}S^2\boldsymbol{U}_2^{\mathrm{T}}\boldsymbol{X}_2\boldsymbol{X}_2^{\mathrm{T}}\boldsymbol{U}_2\right\}\times\mathrm{etr}\left\{\frac{1}{\sigma^2}\boldsymbol{U}_2^{\mathrm{T}}\boldsymbol{X}_2\boldsymbol{X}_2^{\mathrm{T}}\boldsymbol{U}_1 S\boldsymbol{C}_1\right\}I_{S_{p,N-p}}(\boldsymbol{U}_2) \tag{7-4c}$$

式(7-4c)表示的函数属于 Bingham-von Mises-Fisher(BMF)分布，其中，$I_{p,N-p}(\boldsymbol{U}_2)$ 为示性函数；

$$\begin{aligned} p(\boldsymbol{\theta}\,|\,\boldsymbol{U}_1,\boldsymbol{U}_2,\boldsymbol{X}) &\propto p(\boldsymbol{X}\,|\,\boldsymbol{H})\pi(\boldsymbol{U}_1)\pi(\boldsymbol{U}_2)\pi(\boldsymbol{\theta}) \\ &\propto \mathrm{etr}\left\{\frac{1}{\sigma^2}\boldsymbol{X}_2^{\mathrm{T}}\boldsymbol{U}_2 S\boldsymbol{C}\boldsymbol{U}_1^{\mathrm{T}}\boldsymbol{X}_1\right\}\cdot \\ &\quad \mathrm{etr}\left\{\frac{1}{2\sigma^2}\left[\boldsymbol{C}^2\boldsymbol{U}_1^{\mathrm{T}}\boldsymbol{X}_1\boldsymbol{X}_1^{\mathrm{T}}\boldsymbol{U}_1+S^2\boldsymbol{U}_2^{\mathrm{T}}\boldsymbol{X}_2\boldsymbol{X}_2^{\mathrm{T}}\boldsymbol{U}_2\right]\right\}\pi(\boldsymbol{\theta}) \end{aligned} \tag{7-4d}$$

式(7-4d)表示的函数属于 Beta 分布。

根据粒子滤波算法，其建议分布函数考虑采用 Stiefel 流形 SM-WSPF 函数，

$$q(\boldsymbol{\psi}_k^i\,|\,\boldsymbol{\psi}_{k-1}^i,\boldsymbol{X}_k)=p(\boldsymbol{\psi}_k^i\,|\,\boldsymbol{\psi}_{k-1}^i)\propto \mathrm{etr}\left\{-\frac{1}{2\sigma^2}(\boldsymbol{X}_k-\boldsymbol{H}\boldsymbol{\psi}_{k-1}^i)^{\mathrm{T}}(\boldsymbol{X}_k-\boldsymbol{H}\boldsymbol{\psi}_{k-1}^i)\right\} \tag{7-5}$$

则其对应的权值迭代公式为

$$w_k^i=w_{k-1}^i p(\boldsymbol{X}_k\,|\,\boldsymbol{\psi}_{k-1}^i)\propto w_{k-1}^i\left[\frac{1}{2\pi\sigma}\right]^m \mathrm{etr}\left\{-\frac{1}{2\sigma^2}(\boldsymbol{X}_k-\boldsymbol{H}\boldsymbol{\psi}_{k-1}^i)^{\mathrm{T}}(\boldsymbol{X}_k-\boldsymbol{H}\boldsymbol{\psi}_{k-1}^i)\right\} \tag{7-6}$$

需要重点强调的一点是，采用 Stiefel 流形 SM-WSPF 函数作为建议分布函数，但直接对该函数进行采样是不可行的，因此考虑对文献[181]提供的建议分布函数进行修正，在很大程度上解决了采样问题。

7.1.2　基于小波基的图像处理恢复

图像恢复的目标是在观测值给定的条件下，采用滤波算法来提取重构原始图像信息。当观测值所含的噪声是高斯噪声或冲击噪声时，为了实现高的信噪比，本节采用以下处理步骤。

步骤 1，将该噪声分解为高斯白噪声和非高斯白噪声，相应地给观测值添加缺损数据，缺损数据与观测数据合成完全数据。先对信号进行快速傅里叶变换

(Fast Fourier Transform,FFT),将时域卷积转化成频域的乘积形式;借助于 EM 算法来提取缺损参数的最大值。

步骤 2,将多尺度粒子滤波算法与 EM 算法相结合,将连续的多维积分转换为多维离散的求和形式。

步骤 3,采用 Bayesian 统计推断方法,为了提取参数估计的最优值,本节采用缺损参数的估计值与期望值之差的平方项作为正则部分。将正则部分与参数的共轭先验信息合并,构建在 1 范数的情况下,低秩+稀疏矩阵的大型非强凸优化问题。

步骤 4,对步骤 3 采用软阈值优化算法得到性能参数的最优估计值。

针对医学图像的压缩感知处理系统,目前普遍采用的行之有效方法是,首先对图像进行离散小波变换,然后采用基于 Bayesian 统计推断的粒子滤波算法,再取最大似然估计得到如下规划问题,即

$$\left.\begin{array}{ll}\min\limits_{\psi} & \|\boldsymbol{\psi}\|_1 \\ \text{s.t} & \|\boldsymbol{X}-\boldsymbol{H}\boldsymbol{\psi}\|_2^2 \leqslant \boldsymbol{\varepsilon}+\boldsymbol{e}\end{array}\right\} \Rightarrow \min_{\psi_i \in \psi} \|\boldsymbol{\psi}\|_1 + \frac{1}{2}\|\boldsymbol{X}-\boldsymbol{H}\boldsymbol{\psi}\|_2^1$$

因此有必要介绍一下的小波变换的概念。

小波变换概念的介绍:

小波变换作为一种数学理论与方法,在理论界和工程界引起了越来越多的关注,它属于线性变换的范畴,可对信号进行时频分解,离散小波保持了正交特性。能对非平稳信号进行实时处理,该分析方法是将窗口大小(窗口的面积)固定但其形状可以改变,而且时间窗和频域窗都容许改变的时频局域化分析方法,即在低频部分具有较高的频率分辨力和较低的时间分辨率。基于良好的时空分辨特性,小波变换具有对非平稳信号很强的自适应处理能力,特别是随着二进离散小波快速算法的出现,小波在图像处理和信号处理中极大地提高了精度。近几年,有人还提出了分数小波的概念,扩展了小波变换对信号处理的适用范围。

与标量小波相比,向量小波是由两个或两个以上的函数作为尺度函数生成的小波,可以同时具备紧支性、对称性、正交性及较高的消失矩阵等一系列良好性质。小波变换具备以下特点:

(1)具有多分辨力,改变小波基的尺度参数,从粗到细逐步观察信号。

(2)将小波变换看成用基本频率特性为 $\psi(\omega)$ 的带通滤波器在不同尺度 a 下对信号的滤波。傅里叶变换具有尺度特性,如 $\psi(t)$ 的傅里叶变换是 $\psi(\omega)$,则 $\psi\left(\frac{t}{a}\right)$ 的傅里叶变换是 $|a|\psi(a\omega)$,该组滤波器具有品质因数恒定、相对带宽恒定的特点。

(3)适当选择基本小波,使 $\psi(t)$ 在时域上为有限支撑,$\psi(\omega)$ 在频域上比较集中,便可以使小波在时频两域都具有表征信号局部特征的能力,该性质有助于检测信号瞬态边缘和奇异点,特别是信号的边缘检测。

(4)为了构造小波,本章考虑定义满足一定条件的嵌套序列,同时定义尺度函数。

(5)给定任意一个小波,将其在 Hilbert(希尔伯特)空间 $L^2(IR)$ 分解为闭子空间 $W_j, j \in \mathbf{Z}$($\mathbf{Z}$ 表示正整数)的直和形式,即分解为尺度函数与小波函数,离散小波是正交函数而且是紧支撑的。

(6)一般而言,小波系数满足高斯分布,根据 Bayesian 统计推断方法,未知参数估计的共轭先验分布服从倒伽马分布(Γ^{-1}),然后取关于未知参数的后验分布概率密度似然函数,取对数得到后验分布对数似然函数,即得到一个范数+正则项的优化问题,采用渐近梯度投影算法,得到未知特征参数的最优估计值。

目前典型的应用案例以及进一步改进的设想如下:

西北工业大学姜洪开针对轴承故障特征提取方法难以获取周期性较差估计脉冲,并且在噪声较大情况下性能下降的技术瓶颈,提出了一种自适应多尺度小波引导周期稀疏表示方法(AMWPSR),借助于该方法提取轴承初期故障诊断的特征,首先采用双树复小波表示线性变换;其次,设计基于 DTCWT 和 GMC 惩罚的新稀疏表示的模型,从强干扰震动中恢复故障脉冲的成分;在稀疏迭代过程,自适应地重建信号的脉冲周期,如果能应用粒子滤波方法,并结合神经网络,必然能更好地改善轴承故障诊断的估计效果。

7.1.3　基于粒子滤波的 EM 算法统计模拟

压缩感知技术一直是图像、视频及信号处理领域的研究热点,该算法在医学图像处理、病理诊断研究领域有着极其重要的应用,其数学表达式为

$$\boldsymbol{y}=\boldsymbol{Hs} \tag{7-7}$$

式中,$\boldsymbol{y}$ 为给定的观测值,为 $N\times1$ 维矩阵;$\boldsymbol{s}$ 为要从观测值中提取的信号,为 $p\times1$ 维矩阵;$\boldsymbol{H}$ 为 $N\times p$ 维的感知矩阵。针对该问题,目前的解决方法是树形依赖结构图法,该方法借助于自然图像的小波系数来提取信号 $\boldsymbol{s}$。具体算法是,给定一个马尔可夫的树形结构图,设该系统的噪声为加性高斯白噪声,则关于 y 的似然函数为

$$\mathrm{p}_{\boldsymbol{y}|\boldsymbol{s},\boldsymbol{\sigma}^2}(\boldsymbol{y}\,|\,\boldsymbol{s},\sigma^2)=N(\boldsymbol{y}\,|\,\boldsymbol{Hs},\sigma^2\boldsymbol{I}) \tag{7-8}$$

式中,$\boldsymbol{I}$ 为单位矩阵;$\boldsymbol{H}$ 为 $N\times p$ 维的实感知矩阵,其秩为 N,谱范数为 $\rho_H=1$;$\boldsymbol{s}=[s_1,s_2,\cdots,s_p]^{\mathrm{T}}$ 为未知的 $p\times1$ 维的实值信号系数矢量;$\boldsymbol{\sigma}^2$ 为未知的噪声方差。根据 Bayesian 统计推断原理,当高斯分布的期望值和方差值未知时,共轭先验分

布取 Jeffrey 分布,即

$$p_{\sigma^2}(\sigma^2) \propto (\sigma^2)^{-1} \tag{7-9}$$

为了研究问题的方便,不妨定义二进制的状态变量,服从 0-1 两点分布,表示为如下形式,即

$$\boldsymbol{q} = [q_1, q_2, \cdots, q_p]^{\mathrm{T}} \in \{0,1\}^p$$

借助于该随机变量来控制方差,以该随机矢量作为条件来控制未知矢量 $\boldsymbol{s} = [s_1, s_2, \cdots, s_p]^{\mathrm{T}}$,则信号系数为

$$p_{\boldsymbol{s}|\boldsymbol{q},\sigma^2}(\boldsymbol{s}|\boldsymbol{q},\sigma^2) = N(\boldsymbol{s}|\boldsymbol{0}_{p\times 1}, \sigma^2 D(\boldsymbol{q})) \tag{7-10}$$

式中,$D(\boldsymbol{q}) = \mathrm{diag}\{(\gamma^2)^{q_1}(\varepsilon^2)^{1-q_1}, (\gamma^2)^{q_2}(\varepsilon^2)^{1-q_2}, \cdots, (\gamma^2)^{q_p}(\varepsilon^2)^{1-q_p}\}$,其中 γ^2 和 ε^2 分别为高斯分布的方差系数,而且 $\gamma^2 \gg \varepsilon^2$。当 $q_i = 1$ 时,s_i 系数的方差为 $\gamma^2\sigma^2$;当 $q_i = 0$ 时,s_i 系数的方差为 $\varepsilon^2\sigma^2$。

设在马尔可夫树关于状态变量 q_i 的概率密度函数给定的条件下,为了使该概率模型方便读者的理解,本节给出了图像重构的方案,$\boldsymbol{s}$ 中的每一个元素表示二维的离散小波变换系数,借助于该系数实现对图像的重构。

先给出二维信号元素的编号(i_1, i_2),作为父小波系数,它有四个子节点。用 ρ 和 k 分别表示图像的行数和列数,L 表示小波分解的层数,等价于树的深度,如图 7-1 所示。

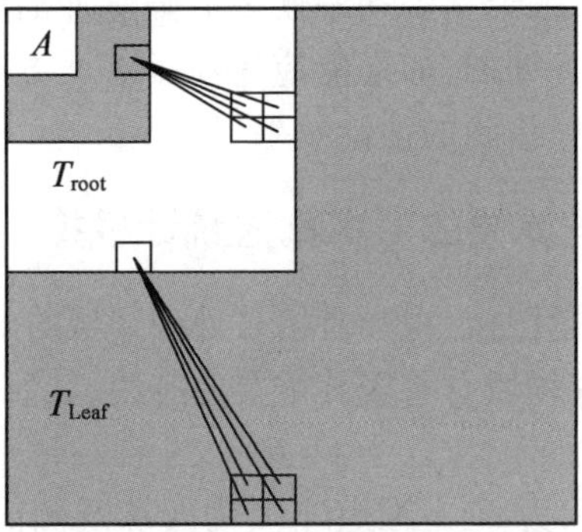

图 7-1 小波分解与重构图

如图 7-1 所示,对信号序列借助于小波进行多尺度(包括粗尺度与细尺度)的分解,得到小波在各尺度下的系数。根据 Bayesian 统计推断理论,当小波分解层数为 1 时,p_{q_i} 的共轭先验分布概率密度函数为

$$p_{q_i}(1) = \Pr\{q_i = 1\} = \begin{cases} 1, & i \in A \\ P_{\mathrm{root}}, & i \in T_{\mathrm{root}} \end{cases} \tag{7-11}$$

式中，$A=v\left(\left\{1,2,\cdots,\frac{\rho}{2^L}\right\}\right)\times\left(\left\{1,2,\cdots,\frac{k}{2^L}\right\}\right)$，$T_{\text{root}}=v\left(\left\{1,2,\cdots,\frac{\rho}{2^L}\right\}\right)\times\frac{\left(\left\{1,2,\cdots,\frac{k}{2^L}\right\}\right)}{A}$，表示父节点的稀疏；$P_{\text{root}}\in(0,1)$为已知的常数，表示父节点系数的先验概率，该先验概率表示大的幅度系数，从小波树形分解图可以看出，小波层数为 $l=2,3,\cdots,L$。

$$p_{q_i|q_{\pi(i)}}=\begin{cases}P_{\mathrm{H}}, & q_{\pi(i)}=1\\ P_{\mathrm{L}}, & q_{\pi(i)}=0\end{cases} \tag{7-12}$$

式中，$\pi(i)$ 为树形分解图上节点 i 的父节点的标号，其中，$P_{\mathrm{H}}\in(0,1)$，$P_{\mathrm{L}}\in(0,1)$ 均为常数，表示当 s_i 与对应的父信号系数分别是大幅度或者小幅度时，信号 s_i 系数呈现大幅度的概率，大幅度信号随机数量值的期望值的表达式如下：

$$E\left[\sum_{i=1}^{p}q_i\right]=\frac{p}{4}\left(1+3\sum_{l=1}^{L-1}4^lP_l\right) \tag{7-13}$$

式中，P_l 为树形分解图第 l 层状态变量的边缘概率，其对应的迭代公式为

$$P_l=P_{l-1}P_{\mathrm{H}}+(1-P_{l-1})P_{\mathrm{L}} \tag{7-14}$$

小波树形分解图包括$|T_{\text{root}}|$树，而且该树形图可扩展到所有信号的小波系数，在该树形图里所有小波系数的标号集合为

$$T_{\text{root}}=v(\{1,2,\cdots,\rho\})\times(\{1,2,\cdots,\kappa\})/A$$

在小波树形分解图中，所有叶子变量节点的索引为

$$T_{\text{root}}=\frac{v(\{1,2,\cdots,\rho\})\times(\{1,2,\cdots,\kappa\})}{\left(\left\{1,2,\cdots,\frac{\rho}{2}\right\}\right)\times\left(\left\{1,2,\cdots,\frac{\kappa}{2}\right\}\right)}$$

共轭先验分布概率密度函数 $p_q(q)$ 的对数似然函数为

$$\begin{aligned}\ln p_q(q)=&\ \text{const}+\sum_{i\in A}\ln I(q_i=1)+\\&\left[\sum_{i\in T_{\text{root}}}q_i\ln P_{\text{root}}+(1-q_i)\ln(1-P_{\text{root}})\right]+\\&\left[\sum_{i\in T/T_{\text{root}}}q_iq_{\pi(i)}\ln P_{\mathrm{H}}+(1-q_i)q_{\pi(i)}\ln(1-P_{\mathrm{H}})+\right.\\&\left.q_i(1-q_{\pi(i)})\ln P_{\mathrm{L}}+(1-q_i)(1-q_{\pi(i)})\ln(1-P_{\mathrm{L}})\right]\end{aligned} \tag{7-15}$$

式中，$I(\cdot)$ 为示性函数；const 为常数项，表示与 q 无关的函数，具体的矩阵表达式为

$$\begin{pmatrix} q_{\pi(i)} \\ 1-q_{\pi(i)} \end{pmatrix} \Rightarrow \begin{pmatrix} q_i \\ 1-q_i \end{pmatrix} \Rightarrow \begin{pmatrix} P_{\mathrm{H}} & 1-P_{\mathrm{H}} \\ P_{\mathrm{L}} & 1-P_{\mathrm{L}} \end{pmatrix}$$

该矩阵表达式为时间离散、状态连续的马尔可夫链，根据非周期、不可约以及常返性质，其稳态极限分布概率密度分布函数可分解为先验概率函数矩阵与状态转移函数矩阵乘积，所以借助式(7-15)可得到。

设状态变量与信号的系数矩阵分别为

$$\boldsymbol{\theta}=[\boldsymbol{\theta}_1^{\mathrm{T}},\boldsymbol{\theta}_2^{\mathrm{T}},\cdots,\boldsymbol{\theta}_p^{\mathrm{T}}]$$

$$\boldsymbol{\theta}_i=[q_i,s_i,v_0,\boldsymbol{\lambda}_0]^{\mathrm{T}}$$

则 $\boldsymbol{\theta}$ 与 σ^2 的联合后验分布函数为

$$p_{\boldsymbol{\theta},\sigma^2|\boldsymbol{y}}(\boldsymbol{\theta},\sigma^2|\boldsymbol{y}) \propto p_{\boldsymbol{y}|\boldsymbol{s},\sigma^2}(\boldsymbol{y}|\boldsymbol{s},\sigma^2)p_{\boldsymbol{s}|\boldsymbol{q},\sigma^2}(\boldsymbol{s}|\boldsymbol{q},\sigma^2)p_{\boldsymbol{q}}(\boldsymbol{q})p_{\sigma^2}(\sigma^2) \tag{7-16}$$

针对式(7-16)所描述的问题，建议从以下三个层面展开讨论：

(1)在高斯分布的参数集合，即期望值和方差没有任何先验信息条件下，Jeffreys 利用群变换和 Harr 测度推导出未知参数族先验分布，借助于 Fisher 信息阵列的行列式的平方根表示。该问题的直观解释为，当对研究的参数统计信息完全未知时，假定参数的先验分布信息为均匀分布，当且仅当采用均匀分布的假设时，所蕴含的信息量最大，而且决策估计风险最低，即熵函数最大，因为熵函数和信号的功率有直接的关系表达式。

(2)当期望值已知时，方差 σ^2 的共轭先验分布为倒伽马分布，即

$$p(\sigma^2)=\frac{\left(\frac{v_0\boldsymbol{\lambda}_0}{2}\right)^{\frac{v_0}{2}}}{\Gamma\left(\frac{v_0}{2}\right)}\left(\frac{1}{\sigma^2}\right)^{\frac{v_0}{2}+1}\exp\left(-\frac{v_0\boldsymbol{\lambda}_0}{2\sigma^2}\right)\sim\chi^{-2}(v_0,\boldsymbol{\lambda}_0) \tag{7-17}$$

式中，v_0 与 $\boldsymbol{\lambda}_0$ 分别为形状参数和尺度参数，对 Bayesian 统计推断原理而言，该参数为超参数。

基于以上两种情况的讨论，关于未知参数后验分布的概率密度函数为

$$\begin{aligned} p_{\boldsymbol{\theta},\sigma^2|\boldsymbol{y}}(\boldsymbol{\theta},\sigma^2|\boldsymbol{y}) &\propto p_{\boldsymbol{y}|\boldsymbol{s},\sigma^2}(\boldsymbol{y}|\boldsymbol{s},\sigma^2)p_{\boldsymbol{s}|\boldsymbol{q},\sigma^2}(\boldsymbol{s}|\boldsymbol{q},\sigma^2)p_{\boldsymbol{q}}(\boldsymbol{q})p_{\sigma^2}(\sigma^2) \\ &\propto \left(\frac{1}{\sigma^2}\right)^{-\frac{p+N}{2}}\left(\frac{\varepsilon^2}{\gamma^2}\right)^{0.5\sum_{i=1}^{p}q_i}\boldsymbol{p}_q(\boldsymbol{q})\exp\left[-\frac{\|\boldsymbol{y}-\boldsymbol{Hs}\|_2^2}{2\sigma^2}-\frac{\boldsymbol{s}D^{-1}(\boldsymbol{q})\boldsymbol{s}}{2\sigma^2}\right]\times \\ &\quad \frac{\left(\frac{v_0\boldsymbol{\lambda}_0}{2}\right)^{\frac{v_0}{2}}}{\Gamma\left(\frac{v_0}{2}\right)}\left(\frac{1}{\sigma^2}\right)^{\frac{v_0}{2}+1}\exp\left(-\frac{v_0\boldsymbol{\lambda}_0}{2\sigma^2}\right) \end{aligned} \tag{7-18}$$

式(7-18)是在观测值给定的条件下,未知参数和信号的联合分布概率密度似然函数。为了提取未知参数和信号的系数,考虑采用未知参数和信号的满条件分布的概率密度函数,借助于 Gibbs 采样方法,提取未知参数和信号系数的数学期望值。

基于以上讨论,特征性能参数的后验分布概率密度函数表达式为

$$p_{\sigma^2|\boldsymbol{\theta},\boldsymbol{y}}(\sigma^2|\boldsymbol{\theta},\boldsymbol{y})=\chi^{-2}\left(\sigma^2\,|p+N+v_0,\frac{\|\boldsymbol{y}-\boldsymbol{Hs}\|_2^2+\boldsymbol{s}D^{-1}(\boldsymbol{q})\boldsymbol{s}}{p+N+v}\right) \tag{7-19}$$

该分布为倒伽马(Inverse Gamma)函数,其中关于尺度参数与形状参数概率密度分布函数分别为

$$\begin{aligned} p_{\boldsymbol{\theta},\sigma^2|\boldsymbol{y}}(\boldsymbol{\theta},|\boldsymbol{y},\sigma^2) &\propto p_{\boldsymbol{y}|\boldsymbol{s},\sigma^2}(\boldsymbol{y}|\boldsymbol{s},\sigma^2)p_{\boldsymbol{s}|\boldsymbol{q},\sigma^2}(\boldsymbol{s}|\boldsymbol{q},\sigma^2)p_{\boldsymbol{q}}(\boldsymbol{q})p_{\sigma^2}(\sigma^2) \\ &\propto \left(\frac{\varepsilon^2}{\gamma^2}\right)^{0.5\sum\limits_{i=i}^{p}q_i}\boldsymbol{p}_q(\boldsymbol{q})\exp\left[-\frac{\|\boldsymbol{y}-\boldsymbol{Hs}\|_2^2}{2\sigma^2}-\frac{\boldsymbol{s}D^{-1}(\boldsymbol{q})\boldsymbol{s}}{2\sigma^2}\right]\times \\ &\quad \frac{\left(\frac{v_0\boldsymbol{\lambda}_0}{2}\right)^{\frac{v_0}{2}}}{\Gamma\left(\frac{v_0}{2}\right)}\exp\left(-\frac{v_0\boldsymbol{\lambda}_0}{2\sigma^2}\right) \end{aligned} \tag{7-20}$$

根据满条件分布函数构建准则,可得到如下结论:

$$p_{\boldsymbol{\theta}|\boldsymbol{y}}(\boldsymbol{\theta}|\boldsymbol{y})=\frac{p_{\boldsymbol{\theta},\sigma^2|\boldsymbol{y}}(\boldsymbol{\theta},\sigma^2|\boldsymbol{y})}{p_{\boldsymbol{\theta}|\boldsymbol{y}}(\sigma^2|\boldsymbol{\theta},\boldsymbol{y})}\propto\frac{p_q(\boldsymbol{q})\left(\frac{\varepsilon^2}{\gamma^2}\right)^{0.5\sum\limits_{i=1}^{p}q_i}}{\left[\frac{\|\boldsymbol{y}-\boldsymbol{Hs}\|_2^2+\boldsymbol{s}^{\mathrm{T}}D^{-1}(\boldsymbol{q})\boldsymbol{s}}{p+N}\right]^{\frac{p+N}{2}}} \tag{7-21}$$

式(7-21)是针对联合概率密度函数与边缘概率密度函数作商运算处理,则可得到满条件分布的似然函数。

考虑固定 $\boldsymbol{q}$,借助于极大似然估计准则对式(7-20)求取最大似然估计,得到信号系数的最优估计值,即

$$\hat{\boldsymbol{s}}=D(\boldsymbol{q})\boldsymbol{H}^{\mathrm{T}}[\boldsymbol{I}_{N\times N}+\boldsymbol{H}D(\boldsymbol{q})\boldsymbol{H}^{\mathrm{T}}]^{-1}\boldsymbol{y} \tag{7-22}$$

式(7-22)表示在 $\boldsymbol{q}$ 给定的条件下,针对信号 $\boldsymbol{s}$ 的 Bayesian 线性模型的最小均方误差估计,其中参数 ε 的作用是控制信号的稀疏度。

(3) 基于 EM 算法的压缩感知。

当方差是受两点分布的随机变量 q_i 的约束时,要直接表达未知参数与变量的最大后验分布似然函数,目前在理论和算法实现上没有现成的方法可以直接应用。一个行之有效的办法是借助基于 Bayesian 统计推断的 EM 方法,即在观

测数据的基础上，添加一些潜在的缺损数据，构成完全数据，旨在简化计算并完成一系列简单的极大化模拟。EM 算法的最大优点是简单稳定，但该算法的主要缺点是收敛速度慢且对状态初始值选择有很强的敏感性。

设 $\boldsymbol{y}$ 为已知的观测数据，为 $N\times1$ 维矩阵，而 $\boldsymbol{z}$ 为缺损数据，为 $p\times1$ 维矩阵，将 $(\boldsymbol{y},\boldsymbol{z})$ 作为完全数据，基于该完全数据，借助于未知参数的最大后验分布来估算未知性能参数，即

$$\mathrm{p}_{y|z,\sigma^2}(\boldsymbol{y}|\boldsymbol{z},\sigma^2)=N(\boldsymbol{y}|\boldsymbol{Hz},\sigma^2(\boldsymbol{I}_N-\boldsymbol{HH}^{\mathrm{T}})) \tag{7-23}$$

$$p_{y|z,\sigma^2}(\boldsymbol{z}|\boldsymbol{s},\boldsymbol{\sigma}^2)=N(\boldsymbol{z}|\boldsymbol{s},\boldsymbol{\sigma}^2\boldsymbol{I}_p) \tag{7-24}$$

式中，$\sigma^2(\boldsymbol{I}_N-\boldsymbol{HH}^{\mathrm{T}})$ 为半正定矩阵。为了使未知参数和信号的后验概率密度似然函数达到最大值，即

$$\underset{\boldsymbol{\theta}}{\operatorname{argmax}}\, p_{\boldsymbol{\theta}|\sigma^2,y,s}(\boldsymbol{\theta}|\sigma^2,\boldsymbol{y}) \tag{7-25}$$

E 步：

$$\begin{aligned}\boldsymbol{z}^{(j)} &\triangleq E_{\frac{z}{\sigma^2},y,s^{(j)}}[\boldsymbol{z}|\boldsymbol{\sigma}^2,\boldsymbol{y},\boldsymbol{s}^{(j)}]\\ &=[z_1^{(j)},z_2^{(j)},\cdots,z_p^{(j)}]^{\mathrm{T}}\\ &=s^{(j)}+\boldsymbol{H}^{\mathrm{T}}(\boldsymbol{y}-\boldsymbol{Hs}^{(j)})\end{aligned} \tag{7-26}$$

M 步：针对迭代的步骤，需要对 Q 函数关于参数求取最大值。这里涉及非线性规划问题，具体的优化算法考虑借助于可行渐近梯度下降算法，即

$$x^{r+1}=\underset{x\in X}{\operatorname{argmax}}\left\{f(x)+\frac{1}{2\alpha}\|\boldsymbol{x}-x^r\|^2\right\} \tag{7-27}$$

式中，$\{x^r\}$ 为序列的正的标量。

对任意的标号 r，式(7-27)的优化条件可以设定为

$$x^{r+1}=\mathrm{proj}_x[x^r-\alpha^r\nabla f(x^{r+1})] \tag{7-28}$$

基于以上讨论，得到关于未知参数的最优值表达式为

$$\boldsymbol{\theta}^{(j+1)}=\underset{\boldsymbol{\theta}}{\operatorname{argmax}}\, p_{\boldsymbol{\theta}\sigma^2,z}(\boldsymbol{\theta}|\sigma^2,z^{(j)}) \tag{7-29}$$

为了求得式(7-29)的最大值，不妨定义如下表达式：

$$\hat{s}_i(0)=\frac{\varepsilon^2}{1+\varepsilon^2}z_i,\quad \hat{s}_i(1)=\frac{\gamma^2}{1+\gamma^2}z_i \tag{7-30}$$

$$p_{\boldsymbol{\theta}|\sigma^2,z,s}(\boldsymbol{\theta}|\sigma^2,z)\propto p_{\boldsymbol{\theta}_A|\sigma^2,y,s}(\boldsymbol{\theta}_A|\sigma^2,z)p_{\boldsymbol{\theta}_T|\sigma^2,z,s}(\boldsymbol{\theta}_T|\sigma^2,z) \tag{7-31}$$

式中，$\boldsymbol{\theta}_i$ 分别包括在 $\boldsymbol{\theta}_A$ 与 $\boldsymbol{\theta}_T$ 域内，而且有

$$p_{\boldsymbol{\theta}_A|\sigma^2,y,s}(\boldsymbol{\theta}_A|\boldsymbol{\sigma}^2,\boldsymbol{z})\propto\prod_{i\in A}N(z_i|\boldsymbol{\sigma}^2,\boldsymbol{z})N(s_i|\gamma^2\boldsymbol{\sigma}^2)\mathbf{1}(q_i=1)$$

$$p_{\boldsymbol{\theta}_T|\sigma^2,y,s}(\boldsymbol{\theta}_T|\boldsymbol{\sigma}^2,\boldsymbol{z})\propto\prod_{i\in T}N(z_i|\boldsymbol{\sigma}^2,\boldsymbol{z})[N(s_i|0,\gamma^2\boldsymbol{\sigma}^2)]^{q_i}\cdot$$

$$[N(s_i|0,\varepsilon^2\boldsymbol{\sigma}^2)]^{1-q_i}\boldsymbol{p}_{q_T}(q_T) \tag{7-32}$$

将非线性规划与多尺度粒子滤波算法相结合,实现特征性能参数的优化估计,遇到的技术瓶颈是,根据所要解决的问题,如何选择粒子滤波的建议分布函数。目前普遍采用的处理方法是,根据最大熵原理与最大鉴别信息原理,选高斯分布函数为建议分布函数是最合理的选择。针对该函数取对数似然估计,得到稀疏项+正则项,为了求取该优化问题的最优可行解,可借助于 ADMM 算法解决分布式计算问题。基本思想是,将线性的约束条件等式用不同的变量替换,再进行诸多变量的分裂变换,分别求各参数的取对数似然估计函数,从而得到稀疏项+正则项优化模型,然后借助于次梯度的下降方法,估算各参数的优化估计值。该算法特别适合于大型、非光滑以及非强凸优化算法,特别在压缩感知问题、信号处理及图像视频处理问题中被广泛采用,其估算解析过程归纳为如下的优化问题,即

$$\begin{cases}\min & f(x)\\ \text{s.t.} & x\in C\end{cases} \tag{7-33}$$

式中,$x\in\mathbf{R}^n$;函数 $f(x)$ 与集合 C 均为凸函数。

设 p^* 为式(7-33)所表达的优化问题的最优可行解,该优化模型可以转化为如下形式,即

$$\begin{cases}\min & f(x)+I_C(z)\\ \text{s.t.} & x=z\end{cases} \tag{7-34}$$

显然,式(7-34)给出了该优化问题的基本思想,即将约束条件吸收到目标函数中,将带有约束条件的优化算法转化为不带约束条件的优化算法,具体步骤如下:Ⅰ.将相同的变量采用不同的变量替换,构造线性约束;Ⅱ.构造线性约束的对偶变量,给目标函数添加 Bregman(布雷格曼)距离,即正则项;Ⅲ.采用变量分离的方法,分别求取各变量的局部最优值,此问题在特殊的约束条件下会导致问题求解处理过程复杂度增加,在很大程度上是属于 NP-Hard 问题的范畴;Ⅳ.将该算法与 EM 方法相结合,采用不同的粗细尺度对序列进行交替采样,将参数变为稀疏的矩阵范数+正则项。显然,采用该优化方法手段,能方便地解决很多实际工程面临的技术壁垒问题;Ⅴ.借助于最大似然估计或者对数似然估计可得到关于未知参数的最优估计。

为了阐明基于 EM 算法的压缩感知最大后验分布函数的估算方法,不妨设如下的 Augmented Lagrangian 问题,即

$$\begin{cases}\text{minimize} & L_\alpha(u,\lambda)=J(u)+\langle\lambda,f-Ku\rangle+\dfrac{\alpha}{2}\|f-Ku\|^2\\ \text{s.t.} & r_i=x_{i+1}-x_i,\ i=1,\cdots,N-1\end{cases} \tag{7-35}$$

式中,‖·‖与〈·,·〉分别为欧氏范数与标准的内积,多因子方法的迭代过程可写成如下表达式,即

$$\begin{cases} u^{k+1}=\underset{u\in\mathbf{R}^m}{\operatorname{argmin}}\ L_\alpha(u,\lambda^k) \\ \lambda^{k+1}=\lambda^k+\alpha(f-Ku^{k+1}) \end{cases} \tag{7-36a}$$

因此,相应 Bregman 迭代过程如下:

$$u^{k+1}=\underset{u\in\mathbf{R}^m}{\operatorname{argmin}}\ J(u)-J(u^k)-\langle p^k,u-u^k\rangle+\frac{\alpha}{2}\|f-Ku\|^2 \tag{7-36b}$$

$$p^{k+1}=p^k+\alpha K^{\mathrm{T}}(f-Ku^{k+1}) \tag{7-36c}$$

式(7-36b)与式(7-36c)表示 ADMM 算法的迭代过程。该优化算法是目前的非线性优化问题的研究热点,而且在基于粒子滤波算法的组合优化问题研究中有着极其重要的应用。

7.2 基于粒子滤波 EM 算法应用的典型案例

将粒子滤波算法与 EM 算法结合,根据神经网络训练模型,采用优化的方法,针对智慧农业分布式感知系统获取的多源、多维度以及多模态的海量数据(见附录 5,数据仿真处理结果),借助于神经网络多层感知学习多输入-多输出系统的非线性模式映射关系,提取多性能模型特征性能参数 $\boldsymbol{\Theta}=(\theta_1,\theta_2,\cdots,\theta_K)$,基于该模型参数,建立状态演绎模型,构建价值函数、损失函数与风险函数。为了实现该目标,考虑分别对室内温度、室内光亮度、室内 CO_2 浓度、土壤湿度先进行多元高斯的统计建模;其次利用 EM 算法处理的结果,借助于 ADMM 算法分别进行阈值的优化。该算法具体应用在该领域的处理方法是,固定室内温度、室内光亮度、室内 CO_2 浓度,对土壤湿度求最优值;固定室内温度、室内光亮度、土壤湿度,对室内 CO_2 浓度求最优值;固定室内温度、土壤湿度、室内 CO_2 浓度,对室内光亮度求最优值;固定室内光亮度、室内 CO_2 浓度、土壤湿度,对室内温度求最优值。

基于该四个变量关系数据库,在给定的置信水平约束下,对高斯模型取对数,构建二阶锥约束的优化算法(second-cone constrained quadratic program)。该模型属于非线性的优化问题,采用如图 7-2 所示基于 N-P 检测方法的 Bayesian 优化决策方法,分别得到室内温度、室内光亮度、室内 CO_2 浓度和土壤湿度的最优化阈值。

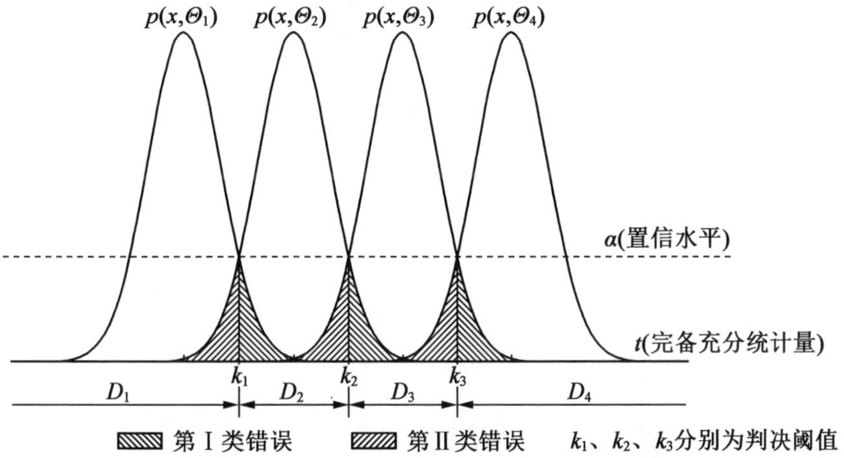

图 7-2　基于 Bayesian 统计推断 N-P 准则的决策函数

如图 7-2 所示,基于 Bayesian 统计推断 N-P 准则的决策函数,其基本思想是,限制犯第Ⅰ类错误的概率不超过给定置信水平 α,筛选犯第Ⅱ类错误尽可能小的拒绝域,在强化学习方法中,考虑给 N-P 判决增加若干关于决策约束条件,即将强化学习状态转移过程可等价于寻找如下优化决策函数:

$$\sup_{\boldsymbol{\theta}^* \in \boldsymbol{\theta}} \mathrm{Risk}(\boldsymbol{\theta},\delta(\boldsymbol{x})) \leqslant \alpha$$

因此,一致最优决策函数必须考虑风险函数与模型特征性能参数的约束条件。

7.2.1　优化决策阈值的求解

首先,基于数字主线的闭环系统智能感知网络得到的观测数据(土壤温湿度、pH、有害化学成分含量、大气温湿度、光亮度及 CO_2 浓度)添加缺损数据,构成完全数据,构建数学期望矩阵、协方差矩阵,参数 $\boldsymbol{\Theta}=(\theta_1,\theta_2,\cdots,\theta_K)$ 以及超参数联合分布函数。在置信水平 $\boldsymbol{\alpha}_k(k=1,2,\cdots,N)$ 给定的条件下,各边缘服务器得到的基于完备充分统计量得到的参数估计为 $\hat{\boldsymbol{\theta}}_i(i=1,2,\cdots,K)$,各边缘服务器将本地的模型参数传送至服务器,在服务器决策平台上,借助于 EM 算法与神经网络对边缘服务器的模型参数进行线性组合,得到如下表达式,即

$$\hat{\mu}_n=\boldsymbol{a}_n^{\mathrm{T}}\hat{\boldsymbol{\Theta}}_n(t) \leqslant \boldsymbol{b}_n=a_{n1}\hat{\theta}_{n1}(t)+a_{n2}\hat{\theta}_{n2}(t)+\cdots+a_{nK}\hat{\theta}_{nK}(t) \leqslant b_{ni}$$

式中,t 为完备充分统计量,是关于样本组合的加权函数。基于总体服务器与边缘服务器的观测数据库,并结合历史经验数据得到的共轭先验分布的超参数,该模型性能参数期望值和方差值分别为

$$\mu_n=\bar{\boldsymbol{a}}_n^{\mathrm{T}}\boldsymbol{\Theta}_n,\quad \sigma=(\boldsymbol{\Theta}_n^{\mathrm{T}}\boldsymbol{\Sigma}_n\boldsymbol{\Theta}_n)^{\frac{1}{2}}$$

设

$$a_{n1}\hat{\theta}_1(t)+a_{n2}\hat{\theta}_2(t)+\cdots+a_{nK}\hat{\theta}_K(t)+v_n=b_{ni}$$

在大数定理的条件下，v_n 服从高斯分布的测量噪声（包括偶然误差与必然误差）。其概率模型的表达式为

$$\Pr\left(\frac{\hat{\mu}_n-\mu_n}{\sigma}\leqslant\frac{b_n-\mu_n}{\sigma}\right)\geqslant 1-\alpha_k$$

根据如图 7-2 所示的第一类错误与第二类错误之间的相互制约原理，构建在 n 时刻关于模型特征性能参数的约束条件为

$$\bar{\boldsymbol{a}}_n^{\mathrm{T}}\boldsymbol{\Theta}_n+U_{\alpha_k}\|\boldsymbol{\Sigma}_n^{\frac{1}{2}}\hat{\boldsymbol{\Theta}}_n(t)\|_2\leqslant b_n,\quad n=1,2,\cdots,N$$

则优化问题转化为如下表达式，即

$$\begin{aligned}\min\quad & \|\boldsymbol{\Theta}_n-\hat{\boldsymbol{\Theta}}_n(t)\|_2^2\\ \text{s.t}\quad & \bar{\boldsymbol{a}}_n^{\mathrm{T}}\boldsymbol{\Theta}_n+U_{1-\alpha_k}\|\boldsymbol{\Sigma}_n^{\frac{1}{2}}\hat{\boldsymbol{\Theta}}_n(t)\|_2\leqslant b_n,\quad n=1,2,\cdots,N\\ & E_\theta\varphi[(t)]=\alpha_k,\quad k=1,2,\cdots,K\\ & \alpha_k\geqslant 0,\quad k=1,2,\cdots,K\end{aligned}$$

因此，借助于上式所表示的二阶锥规划问题，得到了关于模型参数 $\boldsymbol{\Theta}_n$ 的完备充分统计量 $t=f(\boldsymbol{x}_J)$，采用如图 7-2 所示的准则构建关于采样值各种指标的优化阈值，设 $\boldsymbol{\Theta}_n=f(\boldsymbol{x}_J)$，则考虑采用基于 Bayesian 统计推断理论的 EM 算法，分别得到各未知参数的后验分布的对数似然函数：

$$\min_{x_J} f(\boldsymbol{x}_J)=\lambda\|\boldsymbol{x}_J\|_{\text{室内温度、室内光亮度、室内CO}_2\text{浓度、土壤湿度}}+\frac{1}{2}\|\boldsymbol{B}\boldsymbol{x}_J-\boldsymbol{c}\|^2 \tag{7-37}$$

式中，第一项为室内温度、室内光亮度、室内 CO_2 浓度、土壤湿度共轭先验分布的超参数范数为 1 的矩阵，该数值将借助于 BP 神经网络进行训练获取；λ 为惩罚因子，描述其对应的稀疏性；而第二项为正则项，即多维高斯分布指数项，$\boldsymbol{B}>\boldsymbol{0}$ 为正定矩阵，仿射函数（Affine）；$\boldsymbol{c}$ 为干扰因素，一般情况下，该参数来自当地气象条件下的历史经验数据和知识，所以该矩阵为非强凸、非光滑的大型稀疏矩阵；该项的具体表达式可采用如下优化指派算法来近似，即

$$\begin{cases}\min\quad f(\boldsymbol{x})=f_1(\boldsymbol{x}_1)\wedge f_2(\boldsymbol{x}_2)\wedge\cdots\wedge f_K(\boldsymbol{x}_K)\\ \text{s.t.}\quad \boldsymbol{E}\boldsymbol{x}=\boldsymbol{E}_1\boldsymbol{x}_1\wedge\boldsymbol{E}_2\boldsymbol{x}_2\wedge\cdots\wedge\boldsymbol{E}_K\boldsymbol{x}_K\\ \boldsymbol{x}_k\in X_k,\quad k=1,2,\cdots,K\end{cases} \tag{7-38}$$

式中，$f_i(\cdot)$ 分别为室内温度、室内光亮度、室内 CO_2 浓度和土壤湿度传感器测量值，该值为非光滑的凸函数；$\boldsymbol{x}_i$ 为 n 维优化变量的分区；$\boldsymbol{E}_i$ 为分组（块）矩阵的

分区。该优化问题是一个非强凸、稀疏矩阵、非光滑大数据的组合优化问题。

为了求解该大型的优化问题,必须完成以下步骤:Ⅰ.借助于增广拉格朗日函数将约束条件吸收到目标函数中;Ⅱ.将等式的约束变量采用不同的变量进行互换;Ⅲ.给定初始条件,结合智能推理与不确定性推理技术,确定诸多元素之间的统计依赖关系与模糊依赖关系,将该关系转化为条件概率,挖掘数据之间的相关性;Ⅳ.借助于不确定性推理技术分别构造关于土壤湿度、室内温度、室内光亮度及室内 CO_2 浓度优化等参数之间的合理公式,得到参数的满条件分布函数;Ⅴ.对满条件(土壤湿度、室内 CO_2 浓度、土壤含水量、室内光亮度、室内温度)分布函数取对数似然估计,然后借助 Proximity 算子获取各个指标的渐近梯度投影优化估计值,即对于每一次的迭代 $r\geqslant1$ 在第一次更新 Gauss-Seidel 模式下的原变量,然后借助更新的原变量来更新对偶因子。当 $\alpha>0$ 时,对偶更新的步长可表示为如下迭代公式,即

$$\begin{cases}x_k^{r+1}=\mathrm{argmin}\ L(x_1^{r+1},\cdots,x_{k-1}^{r+1},x_k^{r+1},x_{k+1}^{r+1},\cdots,x_K^{r+1},y^r), \quad k=1,2,\cdots,K\\ y^{r+1}=y^r+\alpha(\boldsymbol{q}-\boldsymbol{E}x^{r+1})\end{cases} \tag{7-39}$$

式(7-39)表示一个 NP-Hard 优化问题,其中 $L(\cdot)$ 为拉格朗日函数;x_k^{r+1} 为 x 的第 k 个变量第 $r+1$ 次迭代;y_k^{r+1} 为另一个序列的第 k 变量的第 $r+1$ 次迭代;α 表示步长;$\boldsymbol{q}-\boldsymbol{E}-x^{r+1}$ 为线性约束。该优化算法的主要优点在于,克服了目前文献及工程问题处理中普遍借助于内点法得到最优估计秩高的缺点,使采用该优化算法得到的决策信息具有普遍的实用价值,提高了决策的可靠性与可操作性。

根据 Bayesian 统计推断原理,针对多维高斯分布,分布的特征参数服从共轭先验分布。共轭先验分布的特征参数定义为超参数,超参数主要来自于历史经验数据或者农业专家系统(有可靠的数据来源),该参数对智慧农业低风险的信息决策具有极其重要的价值。为了从大量的历史数据中提取超参数信息,需要借助基于 Bayesian 统计推断学习方法与支持向量机的方法结合,对特征参数进行显著性的检验,具体的研究方案如下。

(1)基于最大似然准则,借助 Bayesian 统计推断的 N-P(Neyman-Pearson)引理对多维的高斯分布进行参数的检验,在置信水平 α 给定的条件下,为了提高决策的准确性,在样本容量给定的条件下,需要借助于机器学习的方法对每个参数进行单边或者双边假设检验来提取特征参数,即构造基于最大似然准则的概率密度判决函数(支持向量积的最优分类界面或广义最优分类界面)以优化参数阈值取值范围。

(2) 当影响因子之间的区分度不是很大时,需要借助智能推理与不确定性

推理技术，对多参数、多维高斯分布进行假设检验，辨析不同种类农作物在同一指标上的差异表现，以及不同指标对于同一种农作物显著性的影响。

（3）基于 Bayesian 统计推断原理进行 N-P 似然比检验：对一个复合假设检验问题而言，一致最优势检验与一致最优势无偏检验方法的可靠性会受到不同程度的影响。为了保证智能决策信息系统的可靠性，建议采用一致最优势检验。首先对检验约束条件提出进一步的限制，然后在被限制得较小的检验类中寻找最优检验。该方法在理论上是成立的，但对于具体的实际问题是不可行的。为了解决此类问题，本节在基于 Bayesian 统计推断原理 N-P 引理的基础上构造似然比检验方法，得到诸多参数的聚类阈值判决概率密度函数，并结合组合优化问题、支持向量机方法，得到最优分类界面，实现类间距增大、类内距离减小的优化目标。

（4）给数据添加缺损数据，根据 EM 算法获得参数之间间接的因果关系、相关性及基于相关性构造协方差矩阵。基于该协方差矩阵，得到室内温度、室内光亮度、室内 CO_2 浓度、土壤湿度指标的相关性如下：

$$\boldsymbol{R}=\begin{bmatrix} 1.0000 & 0.4798 & -0.1821 & 0.6372 \\ 0.4798 & 1.0000 & -0.2772 & 0.0122 \\ -0.1821 & -0.2772 & 1.0000 & 0.1774 \\ 0.6372 & 0.0122 & 0.1774 & 1.0000 \end{bmatrix}$$

基于所研究的数据的协方差矩阵具有对称、正定特性，本节所用的机器学习方法是球状或者椭球形核聚类支持向量机的方法，该方法克服了只用一个聚类中心不能充分地反映出该类的模式分布结构的缺陷，避免了损失更多信息，因此考虑如下优化算法，即

$$\begin{cases} \min\limits_{\omega,b,\xi_i} & \dfrac{1}{2}\|\boldsymbol{\omega}\|^2 + C\sum\limits_{i=1}^{n}\alpha_i \\ \text{s.t} & y_i(\boldsymbol{\omega}^{\mathrm{T}}\cdot\varphi(x_i)+\boldsymbol{b}) \geqslant 1-\alpha_i \end{cases} \tag{7-40}$$

式中，实常数 C 作为拉格朗日因子，实现分类器的复杂度与经验风险之间的优化折中，表示内积；α_i 表示置信水平；$\varphi(x_i)$ 表示核函数，该常用核函数包括线性核函数、多项式核函数、Gaussian 径向基核函数及 Sigmoid 核函数，根据不同的场景选择不同核函数进行聚类分析。

7.2.2 阈值优化的求解过程

借助 CVX 软件得到关于特征性能参数共轭先验分布的超参数及 Group LASSO 关于 $\boldsymbol{\Sigma}$ 分块协方差矩阵。然后借助 Bayesian 统计推断方法，得到各特征性能参数的联合分布概率密度似然函数，再分别估算各参数的满条件分布对数

似然函数,提取特征性能参数的极大似然估计。基于支持向量机方法得到诸多变量相关性特征,即多元高斯协方差矩阵,获得相对应的概率密度判决函数,基于优化算法得到最佳判决阈值。

图 7-2 表明关系数据库之间各数据指标的相关性以及统计依赖性,在置信水平给定的条件下,借助于 N-P 引理,得到对应于置信水平的优化阈值,根据图 7-2 所得到的阈值,借助无线低功耗的远距离无线电(Long Range Radio,LORA)无线通信模块传送至电气控制模块,驱动电磁阀、补光灯、内遮阳、外遮阳及湿帘启动,精准灌溉、合理补光、除湿,完成闭环智慧农业自动控制系统的工作过程。

如图 7-2 所示的基于 N-P 最大似然判决准则 Bayesian 假设检验理论,其基本思想是,在不影响全局决策的条件下,将犯第 I 类错误作为约束条件,其目标旨在借助于优化理论搜索犯第 Ⅱ 类错误概率尽可能小的拒绝域。

最小二乘估计及加权最小二乘是常用的估计方法,对于加性白色高斯噪声干扰线性模型问题的参数估计是最优可行的。该问题从严格意义上来说,属于点估计问题的范畴,点估计是借助于大样本算术平均值、方差值及高阶矩等统计量来估计总体未知参数及分布规律,当且仅当大数的条件下,基于中心极限定理才能估算未知的统计特征参数值。在置信水平给定的条件下,点估计和区间估计都是借助实时的样本值进行估计。借助于局部样本值推断总体参数无偏估计值。该估计值在大数定理的情况下,估计值依分布或者依概率收敛于样本的总体分布。如果一个参数的估计量具有线性(估计量是样本观察值的线性函数)、无偏(估计量的数学期望等于真值)和估计误差方差最小,从带噪样本中提取未知参数的统计特性称为最佳线性无偏估计;但当采用 Bayesian 统计推断 EM 算法时,对于性能参数的估计,将样本的点估计值与历史数据进行了调和平均,因此虽然平均值相同,但样本的方差明显小于点估计、最小二乘法与加权最小二乘法;针对非高斯的线性系统的估值问题,考虑采用扩展卡尔曼滤波方法,效果明显得到改善;但对于非高斯和非线性系统估值问题,最小二乘方法估计误差相当大,因此考虑采用深度学习的神经网络方法与 EM 方法结合。

不妨设定一个特定复杂场景下,在受到多种不确定性因素影响设备可靠性预测系统,考虑构建如下的模型:考虑 $X_1,\cdots,X_n$ 为独立同分布能观测到的寿命随机变量,根据历史经验数据,在很大程度上,设备失效的寿命统计模型服从指数分布族的范畴,不失一般性,其概率密度简化为函数 $\lambda e^{-\lambda x}$,设能观察到的风险数据为 (Y_i,δ_i),$Y_i=\min(X_i,c_i)$,$\delta_i=I_{(X_i<c_i)}$,$i=1,2,\cdots,n$,取平坦分布为共轭先验分布($\pi(\lambda)=1$)。采用深度学习的神经网络训练其系统模型,添加缺损参数,得到完全数据,基于 EM 方法,仿真测试效果如图 7-3 所示。

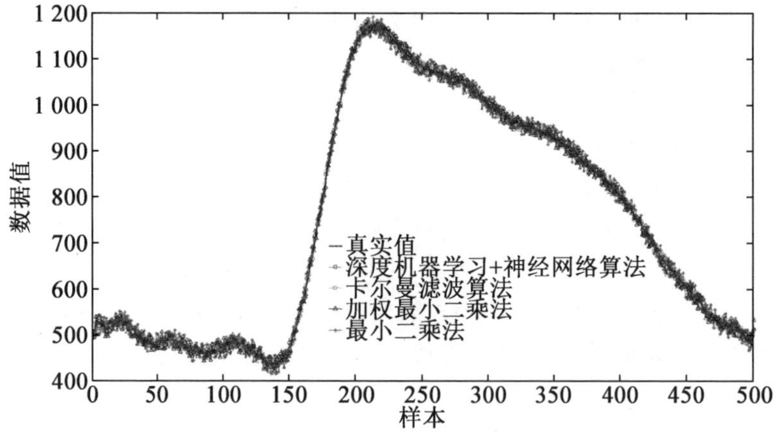

图 7-3　各种算法预测拟合性能比较(彩图见附录)

如图 7-4 仿真结果并结合以上定量讨论,可得到结论:本节所采用的基于 EM 算法的机器学习算法,虽然效果优于其他算法,但算法性能指标的提高与复杂度增加一直是一对此消彼长的矛盾问题,其仿真过程复杂度明显提高,且运算速度慢。究其原因是,机器学习算法采用了大量历史数据,虽然提高了估计精度,但算法的复杂度呈现指数级别增大的趋势。

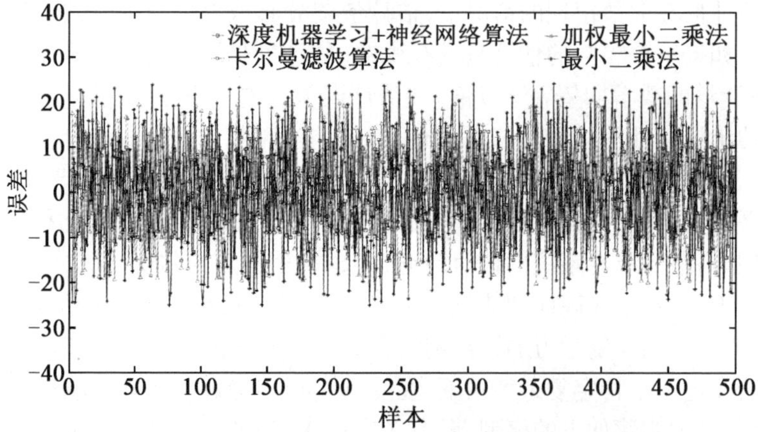

图 7-4　各种算法预测拟合与误差比较(彩图见附录)

如图 7-5 所示,横坐标表示估算的取正负误差,针对非高斯非线性的系统,深度机器学习方法误差的概率明显高于目前存在的其他算法。

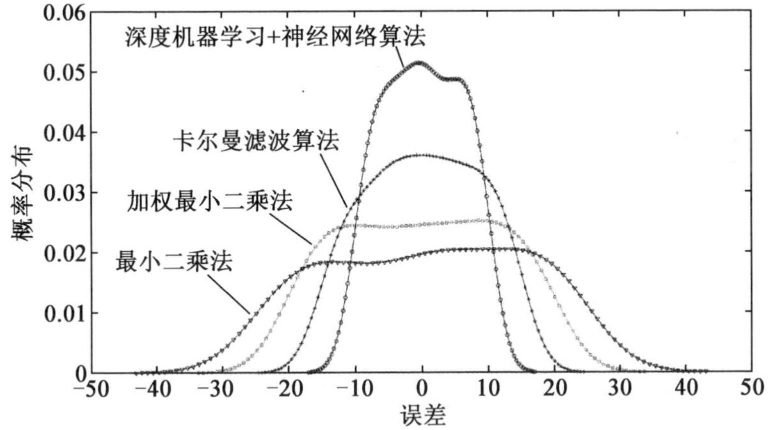

图 7-5　基于深度机器学习 EM 算法与其他统计算法的误差概率分布

7.2.3　仿真测试

点估计是直接针对实时数据的，取算数平均，求取期望值与方差值的估计值。因为未考虑历史数据对统计特征参数估计结果的影响，所以其估计值精度明显低于 EM 算法；最小二乘法及加权最小二乘法又称为最小平方法，是一种数学优化算法，该方法借助最小平方和（凸函数）搜索数据的最佳匹配函数，采用最小二乘法可以方便地对受噪声污染的数据进行估计，使得估计的数据与实际数据之间误差的平方和达到最小，误差是引入的高斯白噪声，但因此特征参数估计未考虑历史数据，显然估计精度及决策的风险不如 EM 算法。EM 算法将缺损数据添加至传感器网络所获取的观测数据中，构成完全数据，基于完全数据构造关于未知特征参数的后验概率密度似然函数，借助 EM 算法得到简化的统计模型，其次对后验概率密度函数取对数似然估计，借助于深度学习的神经网络技术分别得到室内温度、室内光亮度、室内 CO_2 浓度、土壤湿度优化控制阈值。本节的机器学习方法是将多元统计建模 EM 算法及神经网络技术结合，采用调和的平均值代替算术平均值，实现精准化的控制与低风险的优化决策。

采用 C++语言进行的程序仿真清单具体如下：

```
#include<iostream>
#include<math.h>
#include<graphics.h>
using namespace std;

class mydata {
```

```
public:
    double y[4][8] = { {62,60,63,59},{ 63, 67, 71, 64, 65, 66 },
    { 68, 66, 71, 67, 68, 68 },{ 56, 62, 60, 61, 63, 64, 63, 59 } };
                                                  //观测数据
    double yn[4] = { 4,6,6,8 };                   //每行元素个数
    double nan[1];
    double ni = 4;
    double sum_Y[4];
    double y_sub[4];
    int t = -1;
    struct Iniv
    {
        double *u_p;
        double *sigma_p;
        double *tau_p;
    }iniv;
    mydata() {
        sumy(sum_Y, y);
        meany(y_sub, sum_Y, yn);
        iniv.u_p = (double*)malloc(sizeof(double) * 1024);
        iniv.sigma_p = (double*)malloc(sizeof(double) * 1024);
        iniv.tau_p = (double*)malloc(sizeof(double) * 1024);
                                                  //初始值
        *iniv.u_p = 23;
        *iniv.sigma_p = 5;
        *iniv.tau_p = 1;
        EM(iniv);
    }
    void EM(Iniv a);
private:
    void sumy(double *p, double y[][8])
    {
        for (int i = 0; i < 4; i++)
        {
            *(p + i) = 0;
            for (int j = 0; j < 8; j++)
            {
```

```
                *(p + i) += *( *(y + i) + j);
                if ( *( *(y + i) + j) ! = 0)
                {
                    cout << *( *(y + i) + j) << " ";
                }
            }
            cout << endl;
        }
    }
    void meany(double *p, double *sum, double *n) {
        for (int i = 0; i < 4; i++) {
            *(p + i) = *(sum + i) /( *(n + i));
            cout << *(p + i) << " ";
        }
        cout << endl;
    }
};
void mydata::EM(Iniv a) {
    double *u_s[4], *V[4];
    for (int i = 0; i < 4; i++) {
        u_s[i] = (double*)malloc(sizeof(double) * 1024);
        V[i]= (double*)malloc(sizeof(double) * 1024);
    }
    while (true)
    {
        t++;
        //E步:
        for (int i = 0; i < 4; i++) {
            *( *(u_s + i) + t) = (( *(iniv.u_p + t)) /pow(( *(iniv.
tau_p+t)), 2) +y_sub[i] * yn[i] /pow(( *(iniv.sigma_p + t)), 2)) /
(1 /pow( *(iniv.tau_p + t),2) + yn[i] /(pow( * (iniv.sigma_p + t), 2)));
            *( *(V + i) + t) = 1 /(1 /pow( *(iniv.tau_p + t), 2)+
yn[i] /(pow( *(iniv.sigma_p + t), 2)));
        }
        cout << endl;
        //M步:
        *(iniv.u_p + t + 1) = 0;
```

```
            *(iniv.sigma_p + t + 1) = 0;
            *(iniv.tau_p + t + 1) = 0;
            for (int i = 0; i < 4; i++) {
                *(iniv.u_p + t + 1) += (1.0 /4) * ( *( *(u_s + i) + t));
            }
            for (int i = 0; i < 4; i++) {
                for (int j = 0; j < yn[i]; j++) {
                    *(iniv.sigma_p + t + 1) += (1.0 /24) *(pow((y[i][j] -
*( *(u_s + i) + t )),2) + *( *(V + i) + t));
                }
                *(iniv.tau_p + t + 1) += (1.0 /3) *(pow(( *( *(u_s + i)+
t) - *(iniv.u_p + t + 1)), 2) + *( *(V + i) + t));
            }
            *(iniv.sigma_p + t + 1) = sqrt( *(iniv.sigma_p + t + 1));
            *(iniv.tau_p + t + 1) = sqrt( *(iniv.tau_p + t + 1));
            double d = pow((iniv.u_p[t+1] - iniv.u_p[t]),2) +
    pow((iniv.sigma_p[t + 1] - iniv.sigma_p[t]) , 2) +
    pow((iniv.tau_p[t + 1] - iniv.tau_p[t]),2);
            if (d < pow(10,-9)) {
                break;
            }
        }
    }
    int main() {
        mydata a;
        a.iniv.sigma_p;
        int W = 1024, H = 768;
        initgraph(W, H);
        for (int i = 0; i < a.t; i++) {
            line(i * 50, H - floor(11 * *((a.iniv.sigma_p + i))), (i + 1) *
50, H - floor(11 * ( *(a.iniv.sigma_p + i + 1))));
            line(i * 50, H - floor(11 * *((a.iniv.u_p + i))), (i + 1) *
50, H - floor(11 * ( *(a.iniv.u_p + i + 1))));
            line(i * 50, H - floor(11 * *((a.iniv.tau_p + i))), (i+ 1) *
50, H - floor(11 * ( *(a.iniv.tau_p + i + 1))));
        }
        cout << endl;
```

```
system("pause");
```

图 7-6 给出了 EM 算法的运行结果。下面给出了 C++仿真源代码。

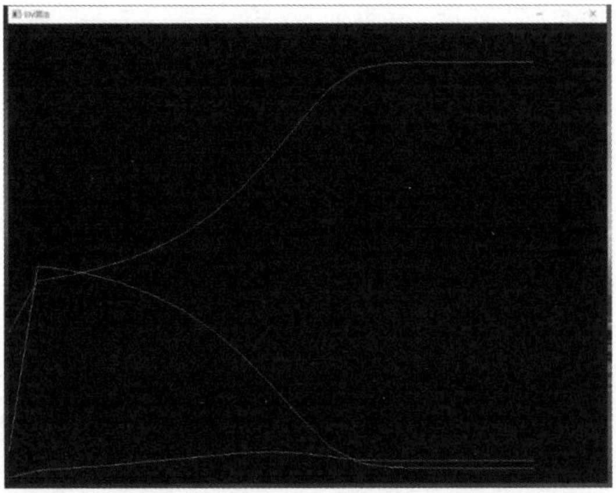

图 7-6　C++语言的仿真结果

```
clc,clear,close all
a=xlsread('2017_11.xlsx');
yxn=[13,18,20,24];
YDATA=a(:,yxn)';
sigma_prior=cell(1,size(yxn,2));
u_prior=cell(1,size(yxn,2));        //取列
tau_prior=cell(1,size(yxn,2));
for ii=1:size(yxn,2)
    data_a=a(:,yxn(ii))';
    na=size(data_a,2);  Y={data_a(1:na/4),data_a(na/4+1:na/2),
data_a(na/2+1:na*3/4),data_a(na*3/4+1:na)};
                                    //将一个月的数据分成四组,即约四个星期
    n_i=zeros(1,size(Y,2));
    sum_Y=zeros(1,size(Y,2));
    for j=1:size(Y,2)
        n_i(j)=size(Y{j},2);
        sum_Y(j)=sum(Y{j});
    end
    n=sum(n_i);
    m=size(Y,2);
    y_sub=sum_Y./n_i;
```

```
//给定初始值
u_prior{ii}(1)=rand();
sigma_prior{ii}(1)=rand();
tau_prior{ii}(1)=rand();

nmax=1024;                              //最大迭代次数
flag=1;                                 //迭代次数

//参数内存分配:
u_sub=nan(m,nmax);V=nan(m,nmax);u_prior{ii}(2:nmax+1)=nan;
tau_prior_b=nan(m,nmax);sigma_bs=nan(1,m);
sigma_prior{ii}(2:nmax+1)=nan;tau_prior{ii}(2:nmax+1)=nan;
sigma_b=cell(1,m);

for t=1:nmax
    for i=1:m
        %E:
        u_sub(i,t)=((u_prior{ii}(t)/(tau_prior{ii}(t)^2))+y_
sub(i)*n_i(i)/(sigma_prior{ii}(t)^2))/(1/(tau_prior{ii}(t)^2)+n_
i(i)/(sigma_prior{ii}(t)^2));
        V(i,t)=1/(1/tau_prior{ii}(t)^2+n_i(i)/sigma_prior
{ii}(t)^2);
    end
    %M:
    %u:
    u_prior{ii}(t+1)=mean(u_sub(:,t));
    %sigma、tau
    for j=1:m
        for k=1:n_i(j)
            sigma_b{j}(k)=(Y{j}(k)-u_sub(j,t))^2+V(j,t);
        end
        tau_prior_b(j,t)=((u_sub(j,t)-u_prior{ii}(t+1))^2+
V(j,t));
        sigma_bs(j)=sum(sigma_b{j});
    end
    sigma_prior{ii}(t+1)=sqrt((1/(n))*sum(sigma_bs));
    tau_prior{ii}(t+1)=sqrt((1/(m-1))*sum(tau_prior_b(:,
```

```
t)));

            //误差控制
    d=(u_prior{ii}(t+1)-u_prior{ii}(t))^2+(sigma_prior{ii} (t+1)-
sigma_prior{ii}(t))^2+(tau_prior{ii}(t+1)-tau_prior{ii} (t))^2;
            if(d<1*10^(-9))
                break
            end
            flag=flag+1;
        end

        figure
        subplot(2,1,1)
        hold on
        for i=1:size(Y,2)
            plot(Y{i});
        end
        legend('室内温度数据','室内光亮度数据','室内CO2浓度数据','土壤湿度数
据');
        switch(ii)
            case 1
                title("室内温度数据");
            case 2
                title("室内光亮度数据");
            case 3
                title("室内CO2浓度数据");
            case 4
                title("土壤湿度数据")
        end
        grid on

        subplot(2,1,2)
        u_prior{ii}(isnan(u_prior{ii})==1)=[];
        sigma_prior{ii}(isnan(sigma_prior{ii})==1)=[];
        tau_prior{ii}(isnan(tau_prior{ii})==1)=[];
        disp(['u=',num2str(u_prior{ii}(size(u_prior{ii},2)))]);
        disp(['σ=',num2str(sigma_prior{ii}(size(sigma_prior{ii},
```

```
2)))]);
    disp(['τ=',num2str(tau_prior{ii}(size(tau_prior{ii},
2)))]);
    hold on
    plot(u_prior{ii}(1:size(u_prior{ii},2)));
    plot(sigma_prior{ii}(1:size(sigma_prior{ii},2)));
    plot(tau_prior{ii}(1:size(tau_prior{ii},2)));
    legend('μ','σ','τ');
    grid on
    title("EM 统计计算方法机器学习算法迭代过程")

end
figure
for i=1:4
    xx{i}=u_prior{i}(size(u_prior{i},2))-5*sigma_prior{i}(size
(sigma_prior{i},2)):0.01:u_prior{i}(size(u_prior{i},2))+5*
sigma_prior{i}(size(sigma_prior{i},2));
y_gussian{i}=(1/(sqrt(2*pi)*sigma_prior{i}(size(sigma_ prior{i},
2))))*exp(-((xx{i}-u_prior{i}(size(u_prior{i},2))).^2/(2*sigma_prior
{i}(size(sigma_prior{i},2))^2)));
    subplot(2,2,i)
    plot(xx{i},y_gussian{i});
    grid on;
    switch(i)
        case 1
            title("室内温度数据理论分布");
        case 2
            title("室内光亮度理论分布");
        case 3
            title("室内 CO2 浓度数据理论分布");
        case 4
            title("土壤湿度数据理论分布");
    end
end

r=cell(4,4);
R=zeros(4,4);
```

```
for i=1:4
    for j=1:4
r{i,j}=cov(YDATA(i,:),YDATA(j,:))/sqrt(var(YDATA(i,:))* var(YDA-
TA(j,:)));
    end
end
for i=1:4
    for j=1:4
        R(i,j)=r{i,j}(1,2);
    end
end
disp("R=")
disp(R)
figure(3)
data_a=sort(data_a);
mina=min(data_a);
maxa=max(data_a);
q=mina:(maxa-mina)/100:maxa;
q2=linspace(mina,maxa,size(q,2)-1);
for i=1:size(q,2)-1
    nnn(i)= size(data_a(data_a>q(i)&data_a<q(i+1)),2);
end
fy=(1/sqrt(2*pi*sigma_prior(flag+1)^2))*exp(-(q2-u_prior (flag+
1)).^2/(2*sigma_prior(flag+1)^2));
hold on
    plot(q2,nnn/size(data_a,2))
    plot(q2,fy/sum(fy))
```

在大数定理的条件下,室内温度、室内光亮度、室内 CO_2 浓度以及土壤湿度数据的变化规律,从理论上而言呈现正态分布的特征,因此给借助于机器学习的方法,提取数据中隐含的深层次多维度信息。

为了验证以上的讨论,本仿真基于平台 yunshangwenshi. auto-control. com. cn 提供的仿真数据,借助于机器学习与 Bayesian 统计推断方法结合,进行如下的仿真实验:

为了测试算法的性能,在智慧农业数字化管控决策仿真服务器平台上(yunshangwenshi. auto-control. com. cn),给云上和本地的温室数据库中,添加了一些极端异常数据的干扰因素,采用联邦学习获取的模型,获取模型特征的性能参数。如图 7-7 所示，传感器在各种外界干扰条件下进行测试得到数据变化曲线。基于该观测数据，进行仿真测试试验（图 7-8～7-13）。

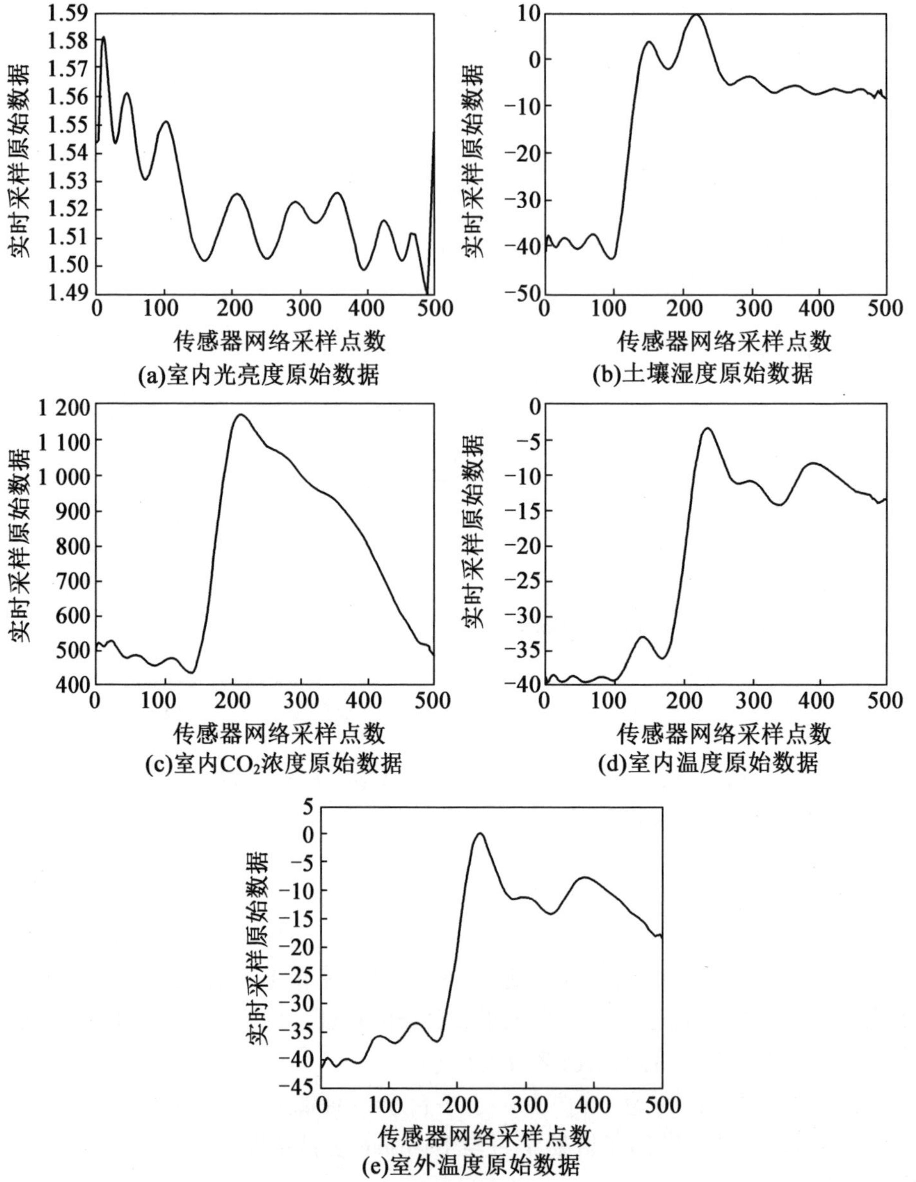

图 7-7　各指标实时采样原始数据

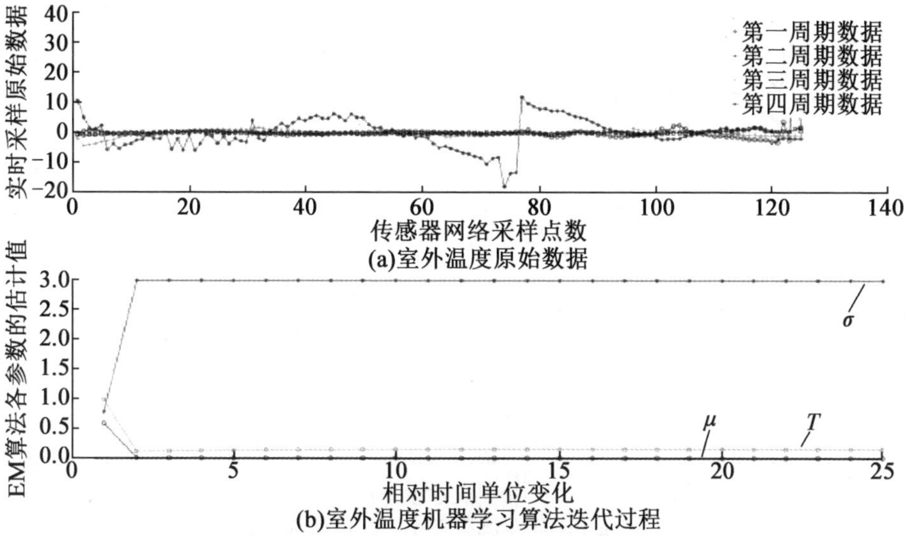

图 7-8　基于 EM 算法的室外温度数据特征参数的提取仿真测试图(彩图见附录)

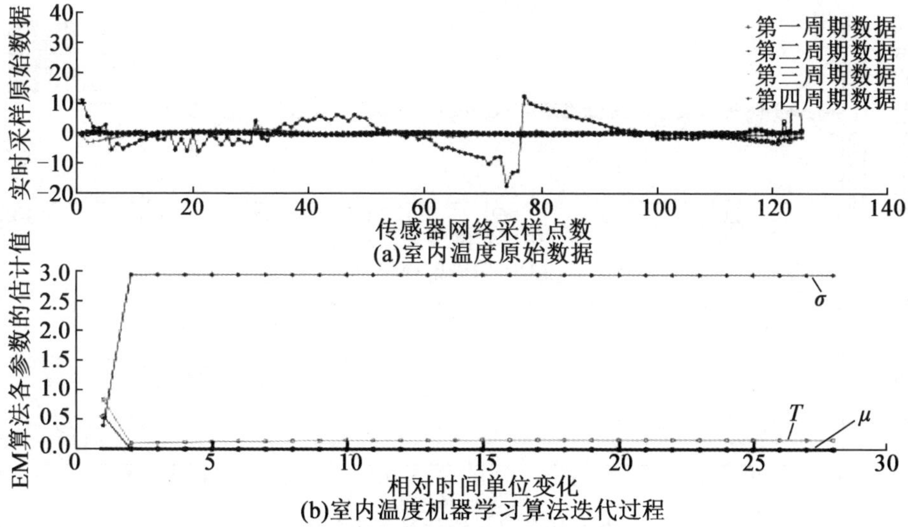

图 7-9　基于 EM 算法的室内温度数据特征参数的提取仿真测试图(彩图见附录)

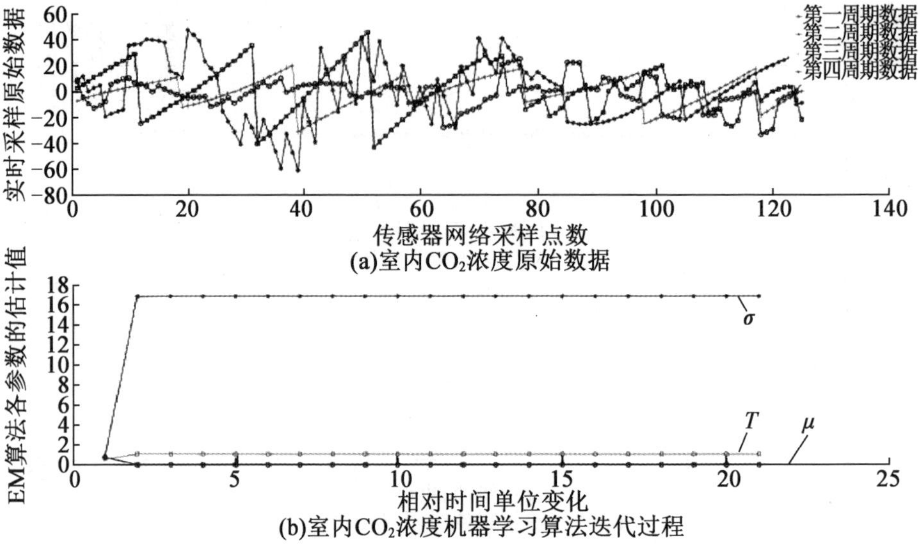

(a)室内CO_2浓度原始数据

(b)室内CO_2浓度机器学习算法迭代过程

图 7-10　基于 EM 算法的室内 CO_2 浓度数据特征参数的提取仿真测试图(彩图见附录)

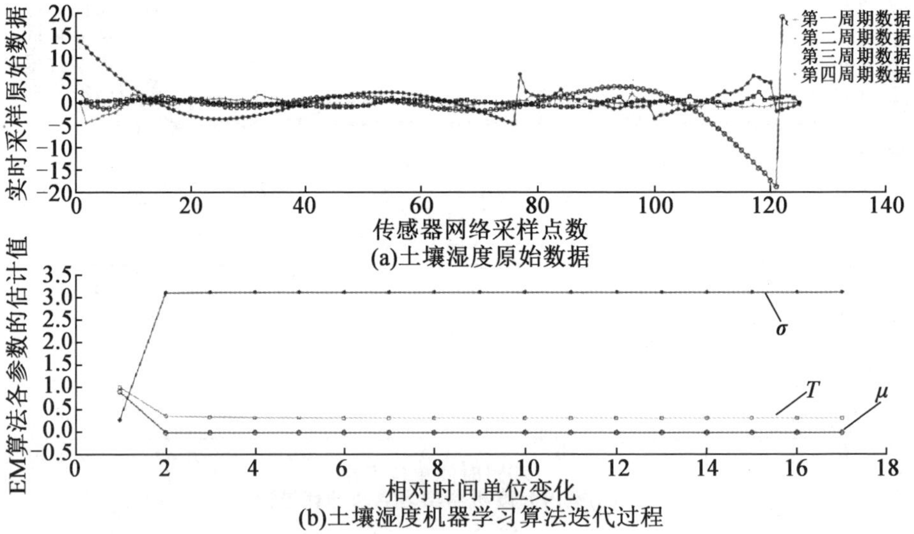

(a)土壤湿度原始数据

(b)土壤湿度机器学习算法迭代过程

图 7-11　基于 EM 算法的土壤湿度数据特征参数的提取仿真测试图(彩图见附录)

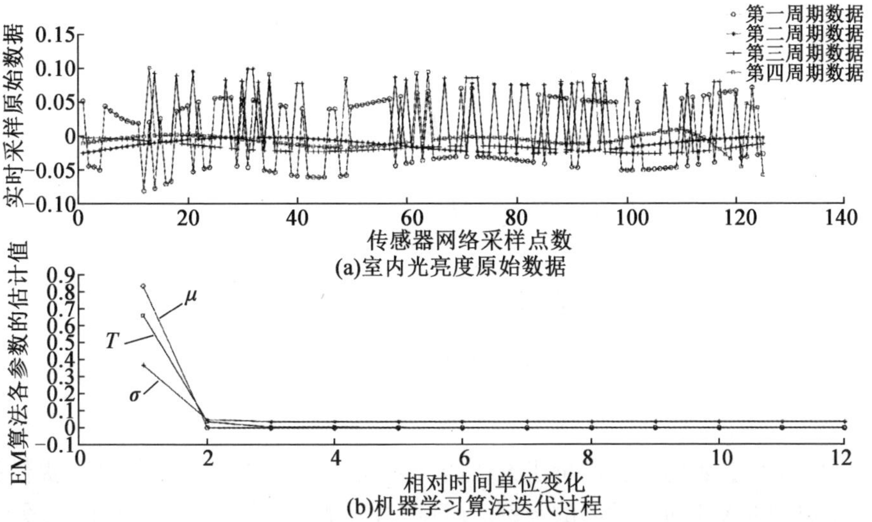

(a)室内光亮度原始数据
(b)机器学习算法迭代过程

图 7-12　基于 EM 算法的室内光亮度数据特征参数的提取仿真测试图(彩图见附录)

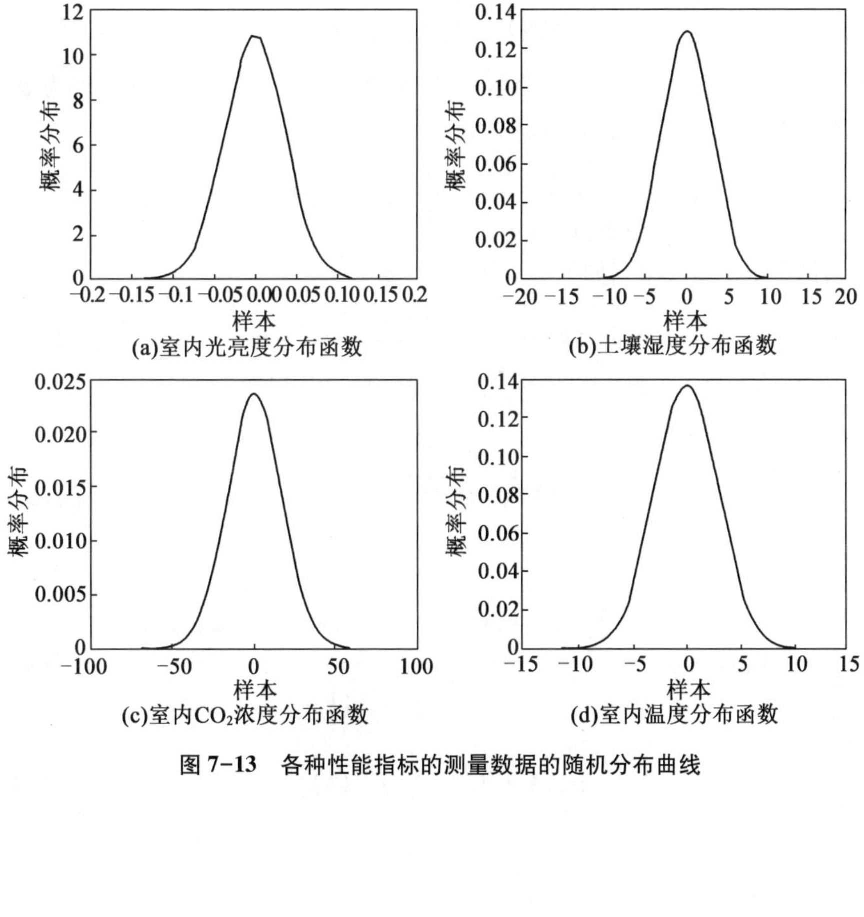

(a)室内光亮度分布函数
(b)土壤湿度分布函数
(c)室内CO_2浓度分布函数
(d)室内温度分布函数

图 7-13　各种性能指标的测量数据的随机分布曲线

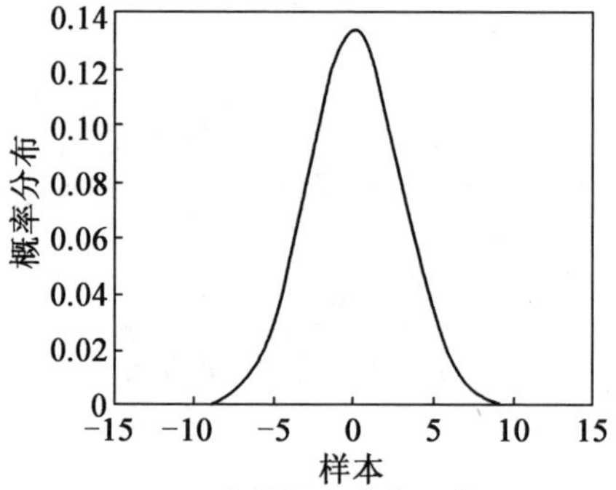

(e)室外温度分布函数

续图 7-13

为了加强读者对支持向量机方法的深入理解,本节筛选文献[170] 提供如下两个典型的关于机器学习的案例。(证明过程请读者作为练习题自己完成)

设一个 M 元素的 d 变量的高斯混合模型有如下表达式,即

$$p(\boldsymbol{y}|\boldsymbol{\theta}) = \sum_{m=1}^{M} \pi_m p(\boldsymbol{y}|\boldsymbol{\theta}_m) \tag{7-41}$$

式中,$\pi_m(m=1,2,\cdots,M)$ 为混合概率;$p(\boldsymbol{y}|\boldsymbol{\theta}_m)$ 为 d 变量期望与方差为 $\boldsymbol{\theta}_m = [\boldsymbol{\mu}_m, \boldsymbol{C}_m]$ 的概率密度函数,其表达式为

$$p(\boldsymbol{y}|\theta_m) = \frac{1}{(2\pi)^{\frac{d}{2}} |\boldsymbol{C}_m|^{\frac{1}{2}}} \exp\left[-\frac{1}{2}(\boldsymbol{y}-\mu_m)^{\mathrm{T}} \boldsymbol{C}_m^{-1}(\boldsymbol{y}-\mu_m)\right] \tag{7-42}$$

借助于 EM 算法得到如下的计算公式,即

$$w_m^{(i)}(k) = \frac{\pi_m(k) p(y^{(i)}|\theta_m^{(k)})}{\sum_{j=1}^{M} \pi_j(k) p(y^{(i)}|\theta_j^{(k)})} \tag{7-43a}$$

$$\mu_m(k+1) = \frac{\sum_{i=1}^{N} w_m^{(i)}(k) y^{(i)}}{\sum_{i=1}^{N} w_m^{(i)}(k)} \tag{7-43b}$$

$$C_m(k+1) = \frac{\sum_{i=1}^{N} w_m^{(i)}(k)(y^{(i)} - \mu_m(k))(y^{(i)} - \mu_m(k))^{\mathrm{T}}}{\sum_{i=1}^{N} w_m^{(i)}(k)} \tag{7-43c}$$

$$\pi_m(k+1) = \sum_{i=1}^{N} w_m^{(i)}(k) \tag{7-44}$$

考虑一个 Logistic 模型表达式如下，即

$$P(x_i=1)=\frac{\exp\{\boldsymbol{\alpha}^{\mathrm{T}}\boldsymbol{v}_i\}}{1+\exp\{\boldsymbol{\alpha}^{\mathrm{T}}\boldsymbol{v}_i\}} \tag{7-45}$$

式中，$\boldsymbol{\alpha}$、$\boldsymbol{v}_i$ 为列向量。

添加缺损参数，根据 EM 算法可得到如下的后验概率密度分布函数，即

$$P(x_i=1\mid v_i)=p_1\frac{\exp\{\boldsymbol{\alpha}_1^{\mathrm{T}}\boldsymbol{v}_i\}}{1+\exp\{\boldsymbol{\alpha}_1^{\mathrm{T}}\boldsymbol{v}_i\}}+\cdots+p_k\frac{\exp\{\boldsymbol{\alpha}_k^{\mathrm{T}}\boldsymbol{v}_i\}}{1+\exp\{\boldsymbol{\alpha}_k^{\mathrm{T}}\boldsymbol{v}_i\}} \tag{7-46}$$

式中，$p_1+\cdots+p_k=1$。

其相应的仿真结果如下：

如图 7-14 和图 7-15 所示的混合高斯聚类的 EM 机器学习方法，描述样本特征聚类结构的不同，其中 π_i 为选择第 i 个混合成分的概率，基于被选择的混合成分的概率密度分布函数进行采样，旨在建立相应的样本集合。同理，针对 Logistic 模型，p_i 为选择第 i 个混合成分的概率，该模型所表示的指数型分布具有普遍的适用性。

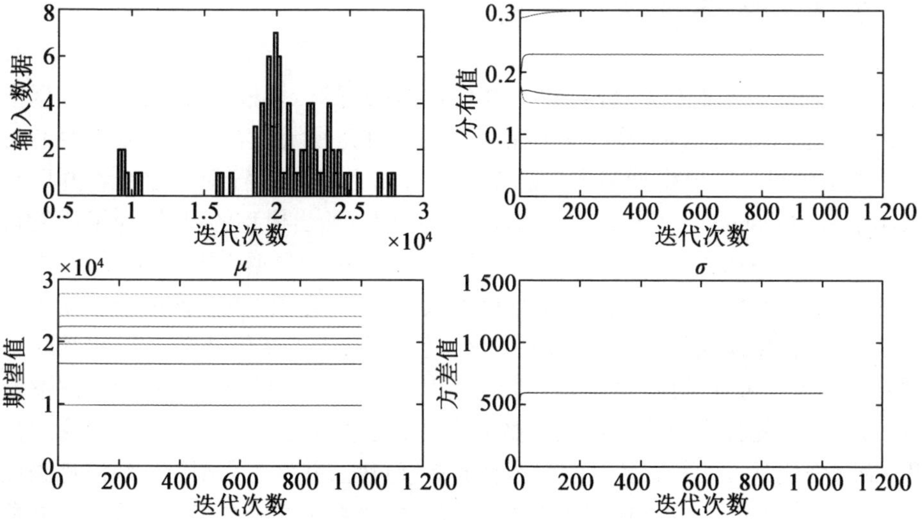

图 7-14　混合高斯聚类 EM 方法的参数估计

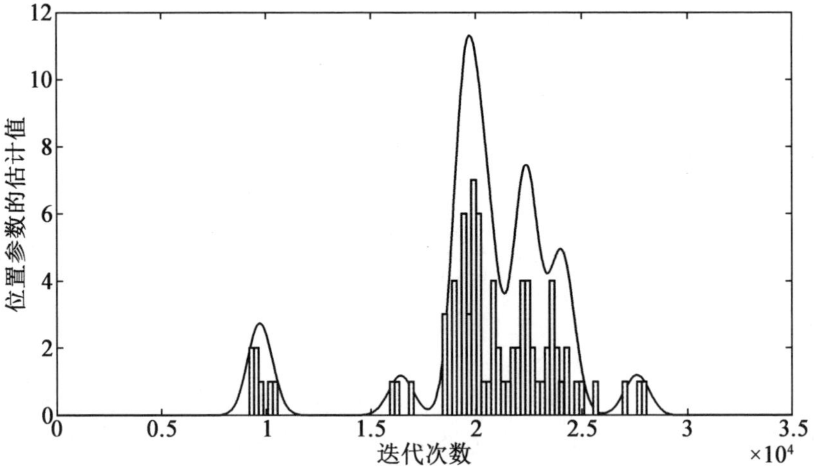

图 7-15 混合高斯聚类的 EM 方法

7.3 时空状态演绎模型

受 HMM 方法的启发,针对数字孪生系统中故障传播根因智能诊断,数据生成以及知识图谱的构建问题,提出在数据驱动研究领域具有重要应用价值的时空状态演绎模型。该模型基本思想在很大程度上是受麻省理工学院和 Bilkent 大学学者 Muhammed O. Sayin 在文献[181]中图 1 给出模型的启发,为了研发数据驱动技术,将强化学习与物理信息模型相融合,进行数据生成,对非线性、多变量的系统实现进行状态评估,从多维度对其进行了深度改进。该模型表征复杂系统输入/输出模式的映射关系,根据该映射关系,为了简化讨论过程,设该映射关系具有可控可观特性,并且呈现非线性以及非高斯干扰特征。其动态演进过程,考虑运用先验物理信息修正其微分方程,通过构建系统状态方程与观测方程,描述强化学习的状态转移与状态释放更新过程,并考虑采用粒子滤波算法优化筛选该模型对应于不同时空的特定状态。针对数字孪生系统故障根因分析甄别,必须重点强调数据要素对状态演绎过程低风险决策和模型选择的重要性。基于该认知,目前普遍采用的关于数字孪生系统框架结构大致划分为:多模态数据、图像和视频采集感知层;模式选择计算层(物理信息在深度学习传播中耦合);数字孪生组件功能应用层;沉浸式体验时空展现互动层(包括因果和非因果可视化决策过程);以及自洽纠偏决策模式层。每一层都是建立在前面各层基础上,是对前面各层功能的进一步丰富和扩展。因此,数字孪生系统核心问题是,为了虚拟空间和物理空间之间的无缝连接和融合目标,物理实体空间与数字虚拟空间之间多源、多模态异构数据的交互成为关键核心技术。物理实体在时空状态上是因果演进的，但在数字空间，借助于建模选择与虚拟仿真，实现故障预测与故障传播根因非因果逆推追溯。因此，物理实体空间因果演进过程与数字空间仿真测试模型在时空上并不是同步的，为了表征物理实体空间与数字仿真虚拟空间数据流交互性质，本研究将时空状态的演绎模型定义为数字孪生的共轭链接桥；在数字仿真空间，根据针对物理实体设备运维过程故障根因检测精度与可靠度刚性需求，必须建立映射物理实体各功能模块的不同尺度的组件库；根据数据要素（包括数据生成）建立不同尺度的组件，可模拟仿真对应于不同时空（因果或者非因果）物理实体状态的演绎模式；显然，不同粗细尺度组件构建的仿真模型必然与物理实体演进过程存在不同程度的失真，数字孪生着重点并不是物理尺寸层面的模拟精度，而是必须致力于解决熵减即数据不完备条件下，如何描述故障根因传播过程，围绕反映故障诊断精准度与可靠度的漏警概率和虚惊概率数值此消彼长变化准则，将数字空间的仿真模型与物理实体时空演绎过程进行比对，比对的差异定义为失真鉴别信息。基于失真鉴别信息，调整组件库，基于状态集合，运用强化学习实现自洽纠偏的决策集合定义为自洽纠偏图样。在给定的一个周期内，各时空状态序列的不同组合，构成了对应于不同功能特性的模式集合，即时空状态演绎模型-模式。对指数型随机参数模型而言，该模型可借助于一致最优势检验进行简单的模拟。因此对时空状态演绎模型而言，面临的首要难点问题是关于状态的界定，即状态集合的建立，以及各状态之间的互达性，是构建强化学习方法的关键步骤。复杂系统设备运维过程因为故障传播导致状态转移呈现非线性的特征，根据故障传播根因对状态进行分类的算法，将在7.5.3节展开详细的讨论。为了直观而明晰地阐述时空状态的演绎模型，本节考虑结合一个类似于TSP问题的典型案例，构建一个物流网络优化运输节点联通图，在该图当前时刻的节点上，针对运输成本预算、运输路线的规划筛选，各种灾因风险传播的预判，以及当地市场的需求分析，基于模型参数构建价值函数、损失函数与风险函数，旨在下一个时刻，将状态在下一个时段将状态调整到最优的节点，实现低成本运输，低风险决策、高收益的最短运输路线的目标。（感兴趣的读者请参考TSP的NP-Hard问题，Hopfield采用CHNN网络解决了该优化问题）

1. 建立物流运输优化网络

将可能遍历每个节点定义为当前时刻所处的状态，随着时间的演进，物流将沿着规划的最优路线进行演绎，物资统筹管理，运输管控必须考虑各种复杂风险因素，安全可靠、运输物资量大、运输时间短等约束条件。为了阐明该思想，建议采用如图7-16所示的格形图。

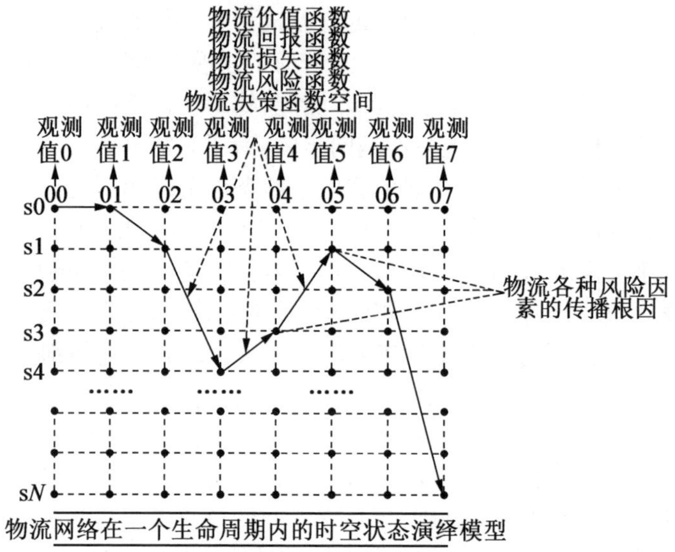

图 7-16　物流网络节点时空状态演绎模型

如图 7-16 所示，横向 01～07 数据表示离散时间演进，纵向 s0～sN 表示分别对应于某一时刻的状态节点。每一个点表示待候选状态，关于状态的界定不但取决于损失函数（价值函数）、风险函数，而且在某种程度上，还必须运用模糊推理机并参考经验知识或者专家系统，采用多维度指标进行辅助决策。其中状态的时空演绎过程取决于模型参数 $\boldsymbol{\Theta}=(\Theta_1,\cdots,\Theta_m)$ 与行动空间 $\boldsymbol{a}=(a_1,a_2,\cdots,a_n)$ 组合损失函数 $l(a_i,\Theta_j)$ ，$1=1,2,\cdots,n;j=1,2,\cdots,m$ 来实现。

$$
\begin{array}{c}
\begin{array}{cccc} a_1 & a_2 & \cdots & a_n \end{array} \\
L(\boldsymbol{\Theta},\delta(\boldsymbol{X}),\boldsymbol{A})=\begin{bmatrix} l(a_1,\Theta_1) & l(a_2,\Theta_1) & \cdots & l(a_n,\Theta_1) \\ l(a_1,\Theta_2) & l(a_2,\Theta_2) & \cdots & l(a_n,\Theta_2) \\ \vdots & \vdots & & \vdots \\ l(a_1,\Theta_m) & l(a_2,\Theta_m) & \cdots & l(a_n,\Theta_m) \end{bmatrix} \begin{matrix} \Theta_1 \\ \Theta_2 \\ \vdots \\ \Theta_m \end{matrix}
\end{array}
$$

上式表示损失函数，即在状态空间到行动空间上所有可能的决策函数族中优化筛选一致最优决策函数，或者扩大到随机化博弈决策函数类中筛选一致最优的策略。该模型精确的数理描述必须借助于状态方程与观测方程。如果系统不可观与不可控，拟采用神经网络输出误差，对输入输出模式映射关系进行训练。具体的实现途径是：给定初始状态的前提下构建状态的转移矩阵、状态的更新矩阵，在时间与空间上进行最优路径的模拟。该模型被广泛应用于数字孪生系统可靠性估计的自洽技术领域。

2. 基于状态演绎模型的物流网络优化分析

考虑到一个周期内复杂应用场景下的物流网络，其性能参数估计精度与风险决策可靠性之间此消彼长制约原理，在损失函数与风险函数约束条件下，需要解决的核心瓶颈问题是，如何降低决策的风险，筛选优化行动实现最佳的路由。围绕该问题，其具体实现过程建议从以下几个方面展开：

(1)符号定义。

针对该问题建立数学模型，需要定义如下变量，即

d_{ij} 为车辆由点 i 到点 j 的距离大小；

m_i 为客户 i 需求的货物载量；

q_i 为车 i 的载重容量；

将集散中心记为 0，客户记为 1 到 n。每辆车从集散中心出发，经过一系列客户点，当物流从初始地点出发，需要考虑采用最短的路径，运输最大量的货物，选择最低的运输成本，而且必须考虑运输过程中潜在各种风险等作为约束条件，然后进行优化决策，选择合适的路径、运输工具以及优化各种细节，降低风险，获得最大的收益，因此该物流过程可以借助于如图 7-16 所示时空状态演绎图进行建模，定义离散状态转移方程与离散观测方程，采用 HMM 算法定义转移概率矩阵与释放概率矩阵。

设 x_{ijk} 表示车辆是否从客户节点 i 到客户节点 j，y_{ik} 表示客户 i 是否由车辆 k 服务。

$$x_{ijk}=\begin{cases}1,\text{车辆 } k \text{ 由客户 } i \text{ 到客户 } j\\0,\text{车辆 } k \text{ 不由客户 } i \text{ 到客户 } j\end{cases} \tag{7-47a}$$

$$y_{ik}=\begin{cases}1,\text{客户 } i \text{ 由车辆 } k \text{ 服务}\\0,\text{客户 } i \text{ 不由车辆 } k \text{ 服务}\end{cases} \tag{7-47b}$$

(2)针对状态演绎模型，给状态转移方程与观测方程赋予数学表达式，即

释放概率矩阵：

$$b_k(o)=N(\mu_k,\Sigma_k)$$

初始状态分布：

$$a_{ij},i=1,\cdots,K;j=1,\cdots,K$$

初始状态集矩阵：

$$\pi_{ij},i=1,\cdots,K$$

期望以及相关矩阵：

$$\mu_i,\Sigma_i,i=1,\cdots,K$$

针对该问题，将状态转移与状态释放数理方程引入如图 7-16 所示的状态演绎图中，得到如图 7-17 所示的状态集转移矩阵与状态集释放矩阵示意图。

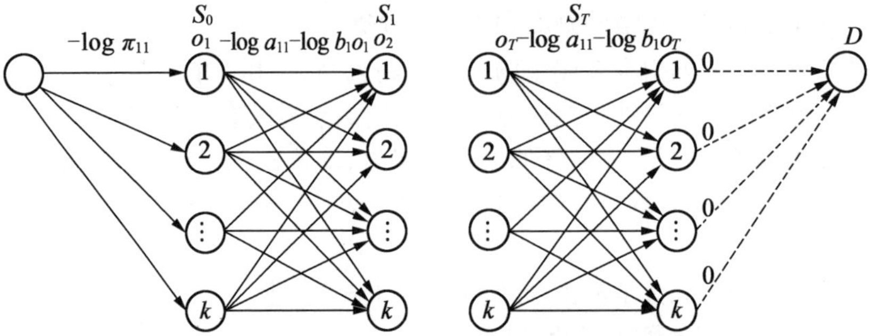

图 7-17　状态集转移矩阵与状态集释放矩阵

图 7-17 给出了 HMM 模型在时间与空间域上状态转移矩阵、状态释放矩阵的数学表达式，在初始条件给定条件下，筛选优化最佳路径。其中 $\boldsymbol{\Sigma}$ 为具有记忆性质的相关状态变量之间的协方差矩阵，该矩阵表明各状态变量之间具有相关性强弱。

$$\ln f(S_0,\cdots,S_T,o_1,\cdots,o_T|\theta)=\ln \pi_{S_0}+\sum_{k=1}^{T}\ln a_{S_{k-1},S_k}+\ln b_{S_k o_k}$$

$$E[\ln f(s_0,\cdots,s_T,o_1,\cdots,o_T|\theta)|,o_1,\cdots,o_T,\theta']$$
$$=\sum P(\boldsymbol{s}|\boldsymbol{o},\theta')\left[\ln \pi_{S_0}+\sum_{k=1}^{T}\ln a_{s_{k-1}}s_k+\ln b_{s_k,o_k}\right]$$
$$=\sum_{i=1}^{K}P(s_t=i|o_1,\cdots,o_T)\ln(\pi_i)+\sum_{t=0}^{t-1}\sum_{i=1}^{K}\sum_{j=1}^{K}P(s_t=i,s_{t+i}\equiv j|o_1,\cdots,o_T)+$$
$$\sum_{t=0}^{T}\sum_{i=1}^{K}P(s_t=i|o_1,\cdots,o_T)\ln P(o_t|\mu_i,\Sigma_i) \tag{7-48}$$

基于该应用举例，考虑对观测的数据添加缺损参数，得到完全数据，得到时空状态下模型特征性能参数的最优估计值。

(3)约束条件和优化目标。

其数学模型的目标函数和各约束条件可以表示为

$$\min Z=\sum_{i=0}^{n}\sum_{j=0}^{n}\sum_{k=1}^{m}d_{ij}x_{ijk} \tag{7-49}$$

$$\text{s.t.}\quad \sum_{i=1}^{n}m_i y_{ik}\leqslant q,k=1,2,\cdots,m \tag{7-50}$$

$$\sum_{k=1}^{m}y_{ik}=1,i=1,2,\cdots,n \tag{7-51}$$

$$\sum_{k=1}^{m}y_{0k}=m \tag{7-52}$$

式(7-49)是基本车辆路径问题的目标优化函数。式(7-50)~(7-52)都为约束条件,其中式(7-50)约束了每辆车运载的货物量不能超过每辆车总的运载容量,式(7-51)约束了每个客户仅由一辆车服务,式(7-52)约束了 m 辆车进行服务。

本节选用+1、-1,代替以前选用的0与1,因此表达的目标函数可转化为二次型,而且路径选择可以用示性函数表示,应用图论的知识 $G(V,E)$,其中 V 为顶点,E 为边,互相连通的边为1,不连通的为-1,基于以上定义,则

$$I(x_i)=\begin{cases}1, & \text{选择该条路径}\\ -1, & \text{未选择该条路径}\end{cases} \tag{7-53}$$

因此,将以上问题转化为如下优化问题的形式:

$$\begin{cases}\inf & \|\boldsymbol{A}\boldsymbol{x}-b\|^2\\ \text{s.t.} & x_i=\pm 1, i=1,2,\cdots,n\end{cases} \tag{7-54}$$

式中,$\boldsymbol{A}$ 为相关权值的系数矩阵。显然,式(7-54)是一个QCQP规划问题,但是约束条件是离散的变量,因此该问题非常复杂,是一个NP-Hard问题。为了解决该问题,首先在目前文献中,普遍采用0、1作为约束变量,为了研究问题的方便,将+1、-1代替0、1,即

$$\begin{cases}\boldsymbol{x}^{\mathrm{T}}\boldsymbol{x}=\boldsymbol{X}\\ X_{ij}=x_i x_j, \quad \forall i,j\end{cases} \tag{7-55}$$

根据以上表达式,将式(7-51)转化为如下相应的优化问题,即

$$\begin{cases}\max & \dfrac{1}{2}w_{ij}(1-X_{ij})\\ \text{s.t.} & X_{ij}=1, \forall i\\ & \boldsymbol{X}>=0\end{cases} \tag{7-56}$$

为了解决该问题,借助于EM算法的Bayesian统计推断方法,考虑将 $\boldsymbol{X}-\boldsymbol{x}^{\mathrm{T}}\boldsymbol{x}>=0$ 随机化,引入随机变量 $\boldsymbol{u}$,并且对 $\boldsymbol{X}$ 变量进行Cholesky分解:

$$\boldsymbol{X}=\boldsymbol{u}\boldsymbol{u}^{\mathrm{T}}=\|\boldsymbol{u}\|^2$$

$$\begin{aligned}E\left\{\frac{1}{2}\sum_{ij}w_{ij}(1-x_i x_j)\right\}&=\sum_{ij}w_{ij}\,\mathrm{pr}(\mathrm{sgn}\,\boldsymbol{u}_i^{\mathrm{T}}r\neq \mathrm{sgn}\,\boldsymbol{u}_j^{\mathrm{T}}r)\\ &\geqslant \sum_{ij}w_{ij}\frac{\arccos(\boldsymbol{u}_i^{\mathrm{T}}\boldsymbol{u}_j)}{\pi}\\ &\geqslant 0.878\times\frac{1}{2}\sum_{ij}u_{ij}(1-\boldsymbol{u}_i^{\mathrm{T}}\boldsymbol{u}_j)\\ &\geqslant 0.878\boldsymbol{V}^*\end{aligned} \tag{7-57}$$

由 $\boldsymbol{X}=\boldsymbol{x}\boldsymbol{x}^{\mathrm{T}}$,设 $\bar{x}^*$ 为最优估计值,则该问题为半正定的规划问题:

令

$$\boldsymbol{X}^{*}=\boldsymbol{u}\boldsymbol{u}^{\mathrm{T}}$$

设 $\boldsymbol{u}_i$ 为矩阵 $\boldsymbol{u}$ 的列向量并设

$$\|\boldsymbol{u}_i\|^2=x_i^*=1$$

设 r 为均匀分布，$\{x\|\boldsymbol{x}\|_2=1\}$，$r=\dfrac{g}{\|\boldsymbol{g}\|_2}$ $g\sim N(0,1)$。

令

$$\bar{x}_i'=\operatorname{sgn}(\boldsymbol{u}_i^{\mathrm{T}}r)$$

$$\operatorname{sgn}(\bar{x}_i')=\begin{cases}1, & \|\boldsymbol{u}\|\geqslant 0\\ -1, & \text{其他}\end{cases} \tag{7-58}$$

则 x'_i 随机化为如下表达式：

$$\begin{aligned}E\left[\frac{1}{2}\sum_{ij}w_{ij}(1-x'_ix_j)\right]&=\sum_{ij}w_{ij}E\left[\frac{1-x'_ix_j}{2}\right]\\&=\sum_{ij}w_{ij}pr\{\operatorname{sgn}\boldsymbol{u}_i^{\mathrm{T}}r\neq\operatorname{sgn}\boldsymbol{u}_j^{\mathrm{T}}r\}\\&=pr[\operatorname{sgn}(\boldsymbol{u}^{\mathrm{T}}r)=\boldsymbol{v}^{\mathrm{T}}r]\\&=2pr(\boldsymbol{u}^{\mathrm{T}}r\geqslant 0,\boldsymbol{v}^{\mathrm{T}}r\leqslant 0)\end{aligned} \tag{7-59}$$

$\forall z\in[-1,1]$，则

$$\frac{1}{\pi}\arccos z=\frac{\theta}{\pi}=\frac{2\theta}{\pi(1-\cos\theta)} \tag{7-60}$$

令 $z=\cos\theta$，则存在如下表达式：

$$\frac{1-\cos\theta}{2}=f(\theta)\frac{1-z}{2}=\frac{2\arccos\boldsymbol{u}^{\mathrm{T}}\boldsymbol{v}}{\pi} \tag{7-61}$$

$$f(\theta)\geqslant\min f(\theta)=0.878 \tag{7-62}$$

显然目标函数(如式(7-56)和式(7-57)所示)是一个二次型规划问题。从本质上看，该式描述的问题与式(7-54)相同，即采用不同的优化方案描述本质上相同的问题。该优化问题一个 NP-Hard 与 EM 算法结合的典型案例，得到的解 0.878 是目前最精确的近似解。

备注：基于以上案例引入了描述系统状态变化的时空演绎模型，该模型在研究数字孪生系统的故障诊断、分析以及评估系统内生机理性问题研究领域有着普遍的适用性，特别是在状态转移概率矩阵给定的条件下，基于观测方程与状态方程，可借助于粒子滤波算法实现精准的性能参数估计，且该方法有很好的鲁棒性。

7.4　粒子滤波算法与机器学习结合关键技术

针对复杂的系统优化决策建模与估值理论、存在的安全可靠度与特征性能参数精确度相互制约的矛盾问题，一个普遍所能接受的优化折中方案是，在置信系数满足要求的刚性需求约束条件下，搜索精准度尽可能高的平均长度最短的置信区间（UMVUE）。为了实现该目标，考虑将粒子滤波算法与深度学习的神经网络相互结合，以优化理论，并借助于有监督的机器学习方法进行建模。

机器学习技术形成了四个分支，无监督学习、有监督学习、强化学习以及分布式的机器学习（深度学习）。无监督机器学习的核心思想是，从未标记的数据进行聚类分析和模式识别，提取数据之间的特征关联关系；有监督学习是通过标记的数据进行模式识别，挖掘输入到输出的函数，如 Bayesian Additive Regression Trees 加性回归树因果逻辑推理。

针对非高斯、非线性的估值问题，将借助于神经网络权值来控制粒子变化（粒子滤波+BP 神经网络+粒子权值分裂），旨在实现减小估算误差的目标。基于该误差信息精准地提取物理实体设备状态时空变化的演绎过程，分析数字孪生系统内在的复杂机理，实现精准建模。该算法在人脸识别跟踪、语音信号增强处理、多机动目标跟踪、故障定位、故障传播根因和风险评估等领域有着广泛而重要的应用。在很大的程度上，对于提高非线性、非平稳以及非高斯条件下系统状态信息与性能特征参数值的估计、滤波与预测精度方面有很明显的优势，量化指标仿真测试结果表明：该方法能有效地将性能指标估算精度控制在与置信水平对应的置信区间内，满足系统对控制精度的刚性需求。在置信水平给定的条件下，与卡尔曼滤波器相比较，基于机器学习的粒子滤波算法能将性能参数的 UMPUT 估计精度控制在更短的平均置信区间内。在样本容量给定的条件下，实现系统智能决策的可靠性与性能参数估计的精确性两者之间的优化折中。显然，将机器学习与粒子滤波算法结合并辅助于软件（如 Python、FPGA 等），是将来提高粒子算法性能的有效途径。

7.4.1　基于机器学习的粒子滤波算法建模分析

模型的构建：选择神经网络输入变量必须遵循两个原则：①剔除或者减少输入变量之间的相关性；②筛选与输出变量之间有很强相关性的输入信号。针对预处理后测量数据集，借助于神经网络的多层感知器学习非线性非高斯系统的输入-输出映射模式关系，以及蕴含在海量数据集合中特征与诸多性能参数之间的关联特性。基于此构建关于多输入多输出变量的联合概率密度分布的极大似然函数。基于映射模式构建如图 7-16 所示时空状态演绎模型,基于该模型,针对其状态转移与状态更新过程进行数理分析。基于时空状态演绎模型,考虑归纳总结如下典型建模方法:

(1)针对目标状态跟踪、系统估值与通信信道盲估计问题,如果具备可控性(C)与可观性(O),建立随机微分方程,借助于离散序列的 z 变换,建立闭环零极点方程,对系统进行零极点优化配置,在系统稳定、冗余量给定的条件下,提高闭环控制系统的精准度。

(2)特征模型选择、性能参数及分布似然函数的估计,将训练后的神经网络作为特征模型,采用粒子滤波算法提取诸多性能参数之间的关联特性,基于该关联特性,建立输入变量与性能指标之间的映射关系;建立状态转移与更新的概率密度分布函数,借助于后验概率密度对数似然函数,并求其对数函数的极大似然估计,界定系统特征性能参数的置信区间,确定系统动态模式的近似分布特性。

但是,上述方法只能适用于参数统计结构,需要总体分布的概率密度似然函数必须是已知的形式,而且只含有限个未知特征性能参数情况,这是该算法的局限性。在总体的参数统计结构无法通过知识经验和理论得到的情况下,考虑采用非参数的统计结构,如 U 统计量检验、秩检验以及 Parzan 非参数估计,本书不再做详细的赘述。

(3)针对多变量复杂的非线性系统,借助于经验知识和专家系统,确定参数的上下界(例如信源编码平均长度、设备的寿命只需要确定下确界;相反,药物副作用、决策损失只需要确定其上确界);基于性能参数的估计,将非线性的系统在逻辑上分解为线性系统与非线性的环节,如图 7-18 所示,借助于网络的误差界定非线性环节的非线性程度。

根据以上所提及的典型建模方法,将物理信息数理方程(采用粒子滤波表示)与神经网络结合进行系统极点的优化配置,旨在得到闭环特征多项式,根据闭环特征多项式,建立离散非线性动态系统的状态转移方程与观测方程,根据状态矩阵、输入控制矩阵与观测矩阵,实现系统的优化控制。为了阐明该思想,考虑采用式(2-10),即

$$w_{k+1}^{(i)} \propto w_k^{(i)} \frac{p(y_{k+1} | x_{k+1}^{(i)}) p(x_{k+1}^{(i)} | x_k^{(i)})}{q(x_{k+1}^{(i)} | x_{0:k}^{(i)}, y_{0:n+1})} \tag{7-63}$$

在建议分布函数即重要采样函数等于状态转移函数的条件下,有如下表达式:

$$q(x_{k+1}^{(i)} | x_{0:k}^{(i)}, y_{0:n+1}) = p(x_{k+1}^{(i)} | x_k^{(i)}) \tag{7-64}$$

根据该表达式,对应于粒子的 x_k^i 的权值表达式退化为

$$w_k^i \propto w_{k-1}^i p(z_k | x_k^i)$$

该式表明，选择适当的建议分布函数，建立当前第 i 个粒子在 k 时刻的对应权值迭代公式，其中 $p(z_k|x_k^j)$ 表示非线性系统状态更新函数，x_k^i 表示系统的输入，而观测值 z_k 表示系统的输出，条件概率 $p(z_k|x_k^j)$ 表示系统为非线性系统输入与输出之间的统计依赖关系，其物理意义可解释为状态的更新；而 $q(x_{k+1}^{(i)}|x_{0:k}^{(i)},y_{0:n+1})=p(x_{k+1}^{(i)}|x_k^{(i)})$ 表示状态的转移。其状态演绎过程可借助于互信息概念进行近似度量，即

$$\hat{I}(\boldsymbol{X}^{(i)};\boldsymbol{Z}) \tag{7-65}$$

式中，$\boldsymbol{X}^{(i)}$ 为粒子的集合；$\boldsymbol{Z}$ 为系统输出的观测值，其物理意义描述$\boldsymbol{X}^{(i)}$ 和 $\boldsymbol{Z}$ 表示两个随机向量的统计依赖程度，基于统计依赖关系，将物理信息嵌入到深度学习的模型架构中，借助于深度学习模型强大的非线性拟合能力，提取训练输入输出的映射关系。

7.4.2　非线性动态模型的构建

为了训练输入输出之间的映射关系，针对一个无记忆或者无惰性的非线性动态系统模型，考虑采用如图 7-18 表示的流程框图进行模式识别，为了阐明该模型，本研究提出了一个衡量非线性特征的鉴别引理。

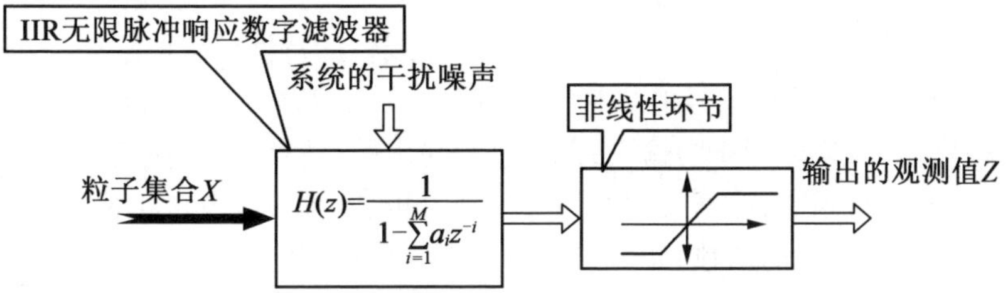

图 7-18　非线性可控的动态系统模型

本研究对非线性系统特点进行了新的阐述：

(1)不满足叠加原理和齐次性。

(2)当输入是高斯信号时，相应的输出是非高斯信号，而且对应输出信号中产生了新的频率分量。

(3)借助于 GRNN 神经网络逼近非线性系统，应用 Parzen 非参数的估计，构建输入输出的联合概率密度函数，增加其解释性和泛化能力，为了增加其可解释性，本节进行如下讨论：

引理 2：任意给定一个非线性系统，从逻辑上都可以分解为无限脉冲响应滤波器(IIR)环节与非线性环节串联模型，针对其非线性环节，引入基于 Z-RBF (Gaussian Radial Basis Function Kernel)核(α,β,γ) 三参数的非线性程度鉴别函

数(物理信息逼近模型),其相应的表达式如下:

$$k(x,y) \propto |x|^{\alpha}\exp(-\gamma \| y-x \|^{2}) \tag{7-66}$$

式中,∝表示正比例;x 表示非线性环节的输入;y 表示非线性系统对应的输出;$\gamma=\frac{1}{2\sigma^{2}}$;$\beta$ 表示常数项;α 是实数,α 和 σ 均是可调的参数;例如当 $\alpha=0,\beta=2$ 时,其线性程度越高;若 $\alpha\neq1,\beta\neq2$,其非线性程度越高。

说明:(α,β,γ) 参数的 Z-RBF 核可借助于神经网络进行模拟,将神经网络输入与预测值作差,其误差集合变化过程采用式(7-66)进行动态的逼近。

该函数构建过程如下:

Ⅰ.将信号白化为高斯信号,并将其作为系统的输入,在相应的系统输出端,将得到输出信号与该系统是线性系统时,得到的高斯信号进行比对,估算其峰度偏值,偏离高斯分布模型的程度必然反映了系统非线性的特征,而且该非线性系统的非线性程度信息必然可采用式(7-66)表示的公式进行鉴别;该方法适合针对非本质非线性系统;建议采用李永庆《随机信号分析解题指南》191 页例 6.2 给出的模型,即

$$k(x)=\frac{1}{K\sqrt{2\pi}\sigma_{\mathrm{L}}}\int_{0}^{x}\left\{-\frac{t^{\alpha}}{2\sigma_{\mathrm{L}}^{2}}\right\}\mathrm{d}t,\quad -\infty<x<\infty \tag{7-67}$$

式中,k 为常数;σ_{L} 表示非线性参数,借助于非线性的特性设置极限环。

Ⅱ. 为了求取输出信号的自相关函数,建议采用普莱斯的方法。首先将输入的信号进行白化处理作为输入,在系统的输出端,估算其对应的非高斯的信号的概率密度分布函数,计算其均值、方差、高阶矩、互相关以及自相关函数等性能指标,例如诸如此类的函数,如

$$k(x)=|x|,\quad k(x)=x^{n} \tag{7-68}$$

基于Ⅰ和Ⅱ的讨论,本节采用粒子滤波方法与 GRNN 神经网络结合,来探究非线性系统的识别机理,根据下式所表示的粒子滤波权值迭代公式:

$$w_{k}^{i}=w_{k-1}^{i}p(z_{k}|\boldsymbol{X}_{k-1}^{i})=\frac{p(z_{k}|\boldsymbol{X}_{k}^{i})\,p(\boldsymbol{X}_{k}^{i}|\boldsymbol{X}_{k-1}^{i})}{q(\boldsymbol{X}_{k}^{i}|\boldsymbol{X}_{k-1}^{i},z_{k})} \tag{7-69}$$

式中,$p(z_{k}|\boldsymbol{X}_{k-1}^{i})$ 表示系统传递函数;$p(\boldsymbol{X}_{k}^{i}|\boldsymbol{X}_{k-1}^{i})$ 表示系统的状态转移函数;$q(\boldsymbol{X}_{k}^{i}|\boldsymbol{X}_{k-1}^{i},z_{k})$ 表示重要采样函数,采用 GRNN 神经网络,基于观测值与粒子的 Euclid 欧氏距离,应用 Parzan 非参数估计,估算联合概率密度函数,计算积分数值并得到神经网络的输出,根据输出,运用引理,逼近非线性系统的传递函数。(具体的证明请读者关注本团队后期的工作)

如图 7-18 所示,非线性可控的动态系统模型包括 3 个部分,即 IIR 无限脉冲响应数字滤波器、系统干扰噪声及非线性环节。该非线性环节非线性程度借

助于 $k(x_i, y_j)$ 函数来度量。该模型在实际遇到的工程问题中，可借助于神经网络进行模式识别。针对 IIR 无限脉冲数字响应滤波器，建议借助于巴特沃斯滤波器（Butterworth filter）、切比雪夫滤波器（Chebyshev filter）、考尔滤波器（Cauer filter）和贝塞尔滤波器（Bessel Filter）等模拟滤波器实现，然后借助于脉冲响应法设计或者双线性变换方法转化为数字滤波器，即

$$H(z) = \frac{1}{1 - \sum_{i=1}^{M} a_i z^{-i}} \tag{7-70}$$

根据稳定系统的动态性能指标要求，借助于神经网络训练权值优化配置系统的零极点，得到闭环特征多项式，基于闭环特征多项式建立系统的状态方程与观测方程，构建建议分布函数，得到粒子权值的迭代公式，然后将粒子作为训练序列，借助于 GRNN 神经网络的粒子滤波算法，得到如下表达式：

$$\max_{\Theta_i} p(\boldsymbol{Z}_k | \boldsymbol{X}_k^i) \Leftrightarrow \min_{\Theta_i} \| \boldsymbol{Z} - \boldsymbol{X} \|_F^2 \tag{7-71}$$

基于该表达式，借助于粒子滤波算法提取关于非线性系统的特征性能参数信息。

粒子滤波算法是基于 Bayesian 统计推断的 Monte Carlo 方法，该基于重要采样的样本（粒子）与其对应的权值构成的粒子对集合，估算后验概率密度分布极大似然函数，将多维的连续积分转化为多重的离散求和，并借助软件（如 DSP、FPGA）实现，为了将粒子滤波与神经网络结合，首先根据粒子滤波算法的公式，根据其各组成因子的物理意义，考虑建立粒子滤波算法与神经网络方法结合案例，其中相关文献提出了两种基于神经网络的粒子滤波的改进算法：其一是利用反向传播的 BP 神经网络，旨在调整位于概率密度分布尾部的具有低权值的粒子，优化粒子的权值，同时具有较高权值的粒子在一定的情况下会分裂为两个权值小的粒子；另一种方法是，采用 GRNN 神经网络，借助于网络学习输入输出的联合概率密度似然函数，根据观测值调整优化粒子，实现粒子多样化的目标。

为了阐明该思想，本节考虑一个时变、非平稳、非线性和非遍历典型语音序列信号的二阶 IIR 模型：

$$H(z) = \frac{1}{1 + a_0 z^{-1} + a_1 z^{-2}} \tag{7-72}$$

式中，a_0、a_1 为常数，该系统的极点为一对共轭的复数，即

$$p_{1,2} = \alpha \pm \mathrm{j}\beta, \quad \alpha, \beta \in \mathbf{R}$$

则建立系统的状态方程与观测方程分别为

$$\lambda(n+1) = \boldsymbol{A} * \lambda(n) + \boldsymbol{B} * X(n) \tag{7-73a}$$

$$Y(n) = \boldsymbol{C} * \lambda(n) + \boldsymbol{D} * X(n) \tag{7-73b}$$

式（7-73a）与式（7-73b）中，$\lambda(\cdot)$ 为各时刻的状态矢量；$\boldsymbol{A}$、$\boldsymbol{B}$、$\boldsymbol{C}$、$\boldsymbol{D}$ 分别为

状态矩阵、输入控制矩阵、观测矩阵与干扰矩阵；* 表示矩阵的乘积。

不失一般性，设 $a_0=1$，$a_1=1/2$，则状态方程表达式为

$$\begin{cases}\lambda_1(n+1)=\lambda_2(n)\\ \lambda_1(n+1)=-\dfrac{1}{2}\lambda_1(n)-\lambda_2(n)+x(n)=-(\alpha^2+\beta^2)\lambda_1(n)+2\alpha\lambda_2(n)+x(n)\end{cases} \tag{7-74a}$$

其观测输出方程为

$$y(n)=-\frac{1}{2}\lambda_1(n)-\lambda_2(n)+x(n)=-(\alpha^2+\beta^2)\lambda_1(n)+2\alpha\lambda_2(n)+x(n) \tag{7-74b}$$

则对应的各系数矩阵分别为

$$\boldsymbol{A}=\begin{bmatrix}0 & 1\\ -\dfrac{1}{2} & -1\end{bmatrix}=\begin{bmatrix}0 & 1\\ -(\alpha^2+\beta^2) & 2\alpha\end{bmatrix},\ \boldsymbol{B}=\begin{bmatrix}0\\1\end{bmatrix}$$

$$\boldsymbol{C}=\begin{bmatrix}-\dfrac{1}{2}, & -1\end{bmatrix},\ \boldsymbol{D}=[1]$$

因为该闭环系统的极点在单位圆中，因此系统稳定，当输入为 0 时，系统从任意给定的初始值 $\lambda[0]$ 开始衰减到 0。为了确保该系统的状态值落入稳定的极限环，考虑引入非线性环节，阻止输出值到达某一个稳定的值。如图 7-19 所示，表示零输入的极限环波形，对应的周期为 6。

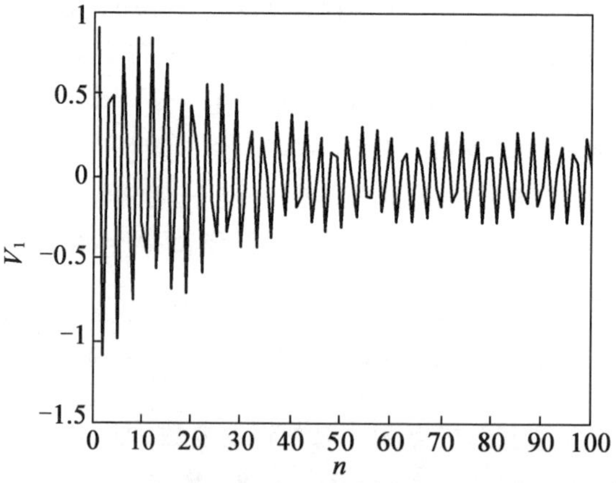

图 7-19　零输入的极限环输出波形

图 7-20 表示状态空间的轨迹，V_1 与 V_2 表示动态空间的轨迹，显然该非线性可控动态系统状态收敛于稳定极限环，该系统非线性环节采用的是无溢出振荡的滤波器，借助于优化算法得以实现。

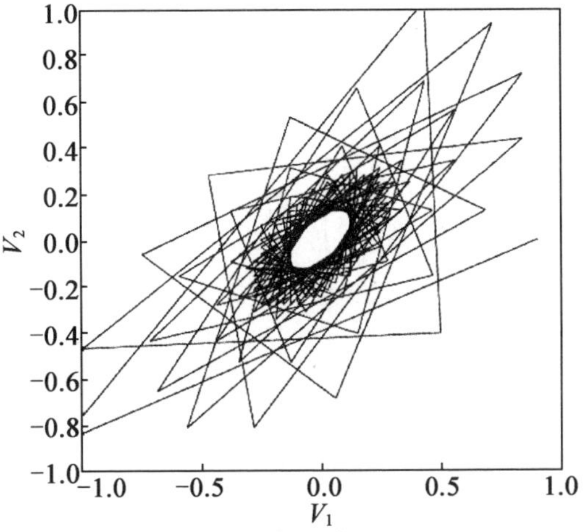

图 7-20　状态空间的收敛轨迹极限环

如图 7-20 所示，随着迭代次数的增加，非线性变化的误差收敛到一个稳定的极限环。

7.4.3　基于经验公式的多变量、多输入可控与可测系统的仿真

BP 神经网络、强化监督学习、卷积神经网络及循环神经网络等深度学习方法，在非线性、非高斯、非平稳的动态线性系统中有着广泛而重要的应用。其核心思想是借助多层的感知机制，在深度学习训练过程中对各连接权值进行动态调整与优化。而训练数据所携带的关于聚类与特征选择的知识信息体现在网络权值上，诸多权值在某种程度上反映对分类贡献的影响程度。从优化理论的角度而言，在某种程序上可解释为在参数的空间中，寻找一组最优的可行解，使训练误差目标函数达到全局最小。如图 7-21 所示为采用神经网络算法与粒子滤波算法结合，目标状态空间跟踪与状态控制优化算法仿真测试图。（仿真系统是一个可控与可观非线性动力学系统，存在极限环）

基于粒子滤波的深度学习算法能更好地逼近全局最优值，如图 7-21 中的点逼近全局最大值。

$$w_k^i \propto w_{k-1}^i p(z_k \mid x_k^i) \tag{7-75}$$

式(7-75)表示第 i 粒子的权值关于时间的迭代公式，值得注意的问题是，需要对表达式 $p(z_k \mid x_k^i)$ 的物理意义进行进一步的解释，并将该式与物理系统信息结合显得尤为重要。该公式物理意义的成功明确的解释，将会帮助读者深刻理解粒子滤波与神经网络以及物理系统结合内生机理，甚至在某种程度上说，对于如何借助于深度学习精确地测试未知信道状态信息提供了可行的方法与手段。

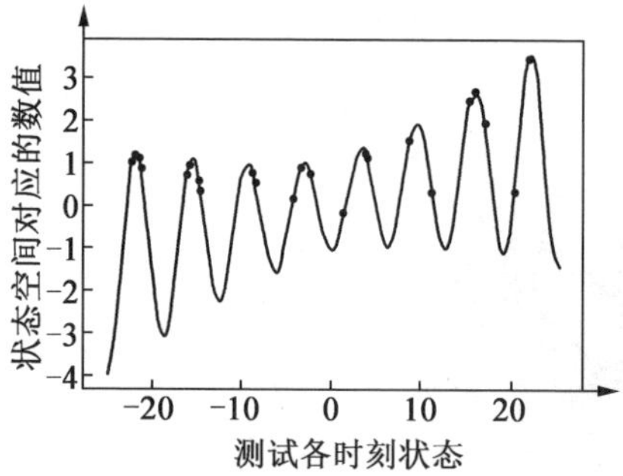

(a)循环神经网络算法对波形的跟踪1

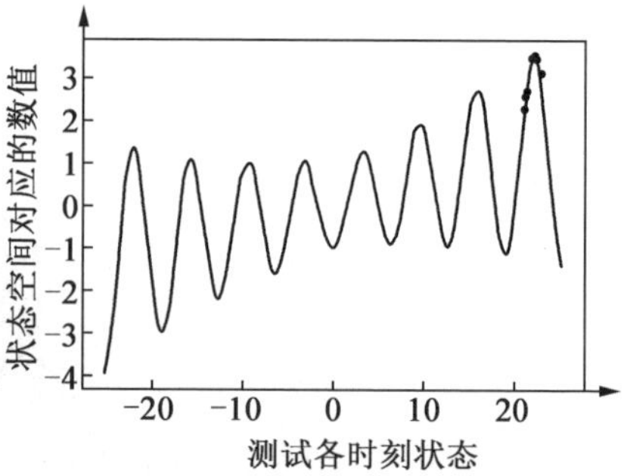

(b)循环神经网络算法对波形的跟踪2

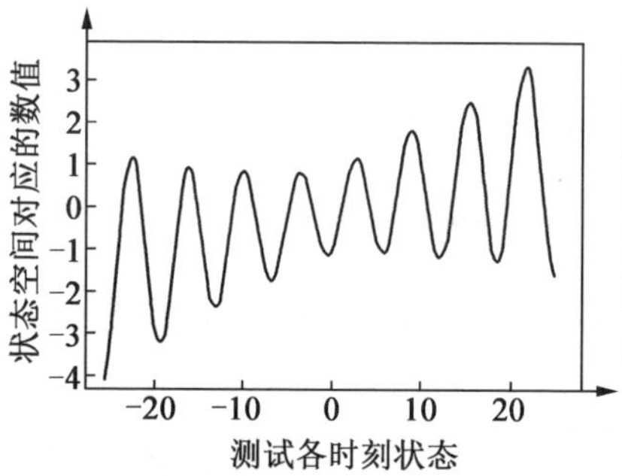

(c)循环神经网络算法对波形的跟踪3

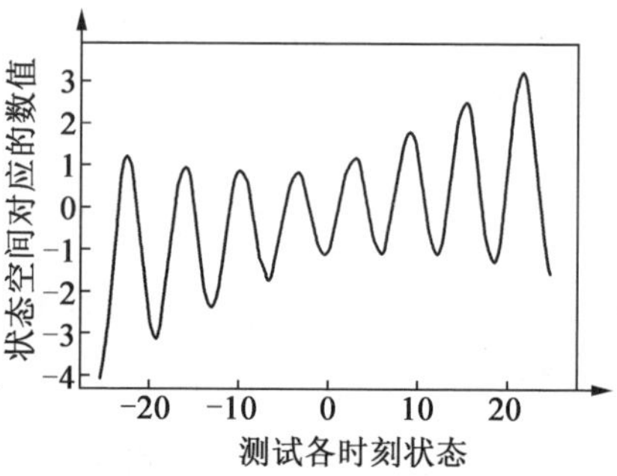

(d)循环神经网络算法对波形的跟踪4

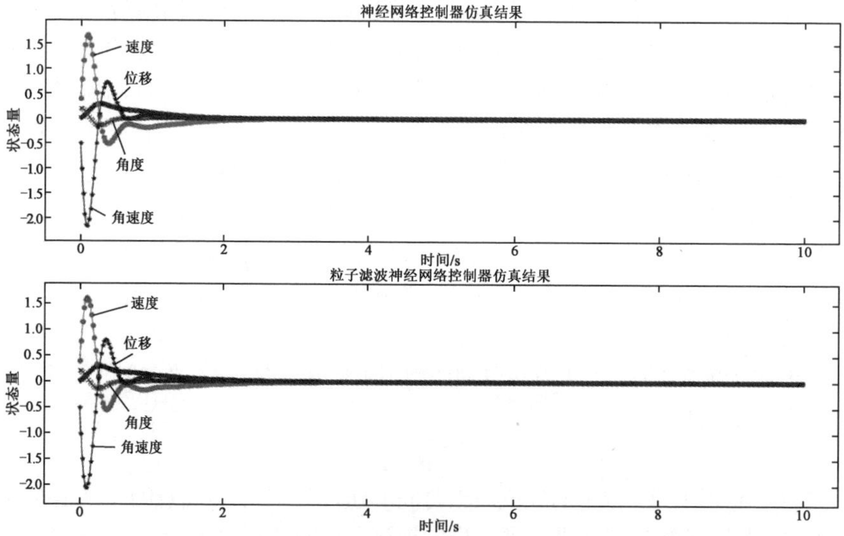

（e）神经网络与粒子滤波结合实现状态优化控制仿真效果

图 7-21　采用循环神经网络算法与粒子滤波算法结合，目标状态空间跟踪与状态优化控制算法仿真测试图

神经网络 控制器 - 峰值和谷底值：
位移 - 峰值：0.2890，谷底值：-0.0092
速度 - 峰值：1.7165，谷底值：-0.6680
角度 - 峰值：0.2000，谷底值：-0.1647
角速度 - 峰值：0.9066，谷底值：-2.2392
粒子滤波神经网络 控制器 - 峰值和谷底值：
位移 - 峰值：0.2825，谷底值：-0.0023
速度 - 峰值：1.7103，谷底值：-0.6264
角度 - 峰值：0.2000，谷底值：-0.1547
角速度 - 峰值：0.8879，谷底值：-2.2299

(f)神经网络与粒子滤波算法结合误差比对效果图

续图7-21

对于$p(z_k|x_k^i)$，表示在k时刻系统状态转移的概率密度函数；当k与i取所有值时，即采用粒子集合旨在测试多变量、多输入非线性动态可控可观动态系统状态信息。x_k^i表示k时刻第i粒子作为系统的输入，z^k表示k时刻系统的输出。

最小二乘法（又称最小平方法）是一种数学优化技术。该方法借助于最小化误差的平方和寻找数据的最佳函数匹配，利用最小二乘法可以简便地求得未知的数据，并使这些求得的数据与实际数据之间误差的平方和最小。多变量、多输入可控动态系统的测试思想如下：训练序列经过深度学习，将输出误差结果与标准的数据进行对比，根据对比结果，在某种测试准则的约束条件下，实时动态地调整深度学习的权值，得到信道状态转移概率的最大值，旨在优化粒子的权值。根据上述内容可知，系统测试过程中需要对粒子及对应的权值进行重新处理，将权值大的粒子作为深度学习的训练序列，输入深度学习，实现优化深度学习的目标，完成系统的构建。该思想在过程控制工程领域的应用非常广泛，如估算过程控制中多参数、多变量的估计问题等。

为了阐明该思想，考虑借助于经验公式方法，实现非线性、非高斯的多变量动态可控闭环系统零极点配置问题，不妨给出一个普遍适用的结构模型：先设计一个线性的滤波器，串联一个非线性的环节，再给系统添加一个加性非高斯噪声作为干扰源。针对实际遇到的系统动态性能与稳态性能的要求，配置可控系统的开环极点。基于该原理，为了求解的方便，考虑IIR滤波器的设计思想，先设计模拟巴特沃斯滤波器或者椭圆滤波器。结合图7-18，本节给出一个非线性近似模型，其思想是，将IIR滤波器+高斯白噪声与非线性环节串联，在某种程度上可以近似为非线性物理模型系统。

根据IIR数字滤波器的设计思想，本节不妨首先回顾一下IIR数字滤波器的设计过程：

一阶系统:将单位圆二等分,左半平面只有一个极点-1。

二阶系统:将单位圆四等分,在左半平面有两个共轭的复数根,即$-\frac{\sqrt{2}}{2}\pm j\frac{\sqrt{2}}{2}$。

三阶系统:该系统的根将左边平面单位圆六等分,为了系统的稳定与振荡约束,考虑取左半平面,显然是一个负的实根与两个共轭的复数根,且共轭复根与坐标平面负半轴的夹角为60°,因此得到闭环可控三阶系统的极点配置为 $p_1=-1$,$p_{12}=-\frac{1}{2}\pm j\frac{\sqrt{3}}{2}$。

四阶系统:该系统的根将左边平面单位圆八等分,为了满足系统的稳定与振荡约束,考虑取左半平面,显然是两个成对镜像共轭的复数根,且共轭复根与坐标平面负半轴的夹角为 18°,因此得到闭环可控四阶系统的极点配置为 $-0.3827\pm j0.9239$,$-0.9239\pm j0.3827$。

五阶系统:该系统的根将左边平面单位圆十等分,为了系统的稳定与振荡约束,考虑取左半平面,显然是两个成对镜像共轭的复数,并有一个实根,且共轭复根与坐标平面负半轴的夹角为 15°,因此得到闭环可控四阶系统的极点配置为$-0.3827\pm j0.9239$,$-0.9239\pm j0.3827$。

针对其他高阶系统,根据系统性能指标的要求,普遍按照如此规律进行极点的精确配置。基于得到的极点,根据韦达定理,可以得到可控闭环动态系统的特征方程。

针对三阶系统,对应的特征方程为

$$(p^2+p+1)(p+1) \tag{7-76}$$

因此,系统模拟滤波器为

$$H(s)=\frac{1}{(p^2+p+1)(p+1)} \tag{7-77}$$

其次,根据系统的动态性能与稳态性能指标(如通带衰减、阻带衰减、超调量和过渡过程时间等)计算截止频率,从而得到系统的模拟滤波器。最后,对式(7-77)借助脉冲响应不变法或者双线性变换得到数字滤波器:

$$H(z)=\frac{G}{1-\sum_{i=1}^{N}a_i z^{-i}} \tag{7-78}$$

式中,N 为极点的个数;G 为幅值因子;a_i 为常系数。这是一个全极点滤波器。

图 7-22 中,$\boldsymbol{A}$ 为状态矩阵,$\boldsymbol{C}$ 为观测矩阵,$\boldsymbol{B}$ 为输入控制矩阵,$\boldsymbol{D}$ 为前馈矩阵,其中矩阵 $\boldsymbol{E}$ 为噪声,$\boldsymbol{F}$ 为噪声源对状态变量的作用矩阵。非线性环节,如符号函数特性、平滑限幅特性和双向硬限幅特性等函数。噪声为非高斯噪声,具

体构造可基于高斯分布函数借助于各种运算进行，这里不再赘述。根据图 7-14 可以方便地写出多变量、多输入可控动态系统观测方程与状态方程。

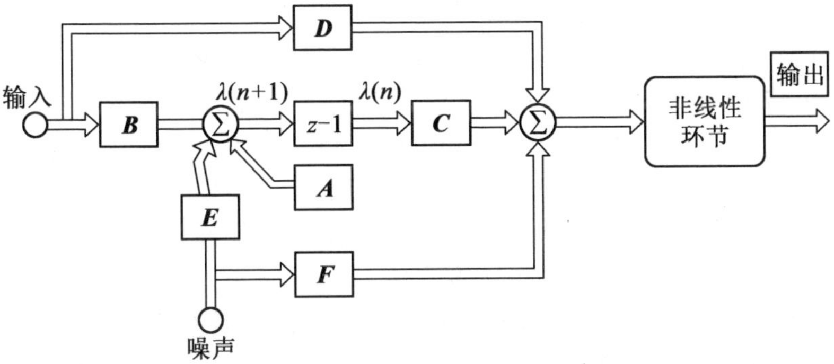

图 7-22　非线性非高斯的多变量可控动态系统

针对式(7-78)所描述的方程，采用频域采样定理，辅助离散傅里叶变换、快速傅里叶变换以及离散小波变换。

针对非线性环节，采用极限环方法来解决。

7.4.4　粒子滤波算法与机器学习的结合

实现粒子滤波算法与深度学习算法的结合主要有以下步骤：首先，选择建议分布函数，针对该函数进行重要采样，并分别计算对应各粒子的权值；其次，根据权值优化粒子，将权值大的粒子进行拆分，重新规划粒子集合；再次，选择神经网络 LSTM，将权值大的粒子作为训练序列，对非线性、非高斯的多变量可控动态系统进行建模，得到神经网络系统的优化权值；最后，基于该神经网络的优化权值，得到更新优化的权值粒子，换句话说，基于神经网络的深度学习算法抑制了粒子退化，从而改善了状态估计的精确性和稳健性。

粒子权值的更新迭代公式如下：

$$w_k^i = w_{k-1}^i \frac{p(z_k|x_k^i)\,p(x_k^i|x_{k-1}^i)}{\pi(x_k^i|x_{k-1}^i, z_{1:k})} \tag{7-79}$$

式中，w_k^i 为 k 时刻第 i 个粒子；w_{k-1}^i 为 $k-1$ 时刻第 i 个粒子；$p(z_k|x_k^i)$ 为包含有 IIR 滤波器模块在内非线性、非高斯的多变量可控动态系统的状态转移概率；$p(x_k^i|x_{k-1}^i)$ 为目标状态针对时间序列的转移概率，显然两个状态之间是有记忆的马尔可夫序列，一般而言，为了研究问题的方便，取该函数为高斯分布；$\pi(x_k^i|x_{k-1}^i, z_{1:k})$ 为建议分布函数，即重要采样函数。关于建议分布函数的选择问题，目前，在大多数实际工程与现有文献中普遍采用的简化方法为

$$p(x_k^i|x_{k-1}^i) = p(x_k^i|x_{k-1}^i, z_{1:k})$$

因此,式(7-79)化简为

$$w_k^i \propto w_{k-1}^i p(z_k | x_k^i)$$

借助神经网络进行训练,可以使系统状态概率转移矩阵似然函数 $p(z_k | x_k^i)$ 达到最大值,在某种程度上抑制了粒子的退化现象。

为了将粒子滤波算法与深度学习算法结合,需要对建议分布函数 $\pi(x_k^i | x_{k-1}^i, z_{1:k})$ 进行重要采样,分别得到权值与粒子集合,将权值大的粒子拆分并作为深度学习的输入端,经过输入层、隐含层再到输出层,从粒子权值的提取与粒子的分类观点来看,粒子分类的训练过程在某种程度上可以认为是一个对输入特征进行优化重组与特征选择的过程。

图 7-23~7-31 是采用训练序列的样本对深度学习算法进行测试,主要测试深度学习算法的准确率随着迭代次数、学习率与隐含层节点数目的变化而呈现的变化规律。所以使用深度学习要针对遇到的实际工程问题,选择结构类型、层数、阈值、非线性函数及支持向量机,才能获取良好的估计效果。

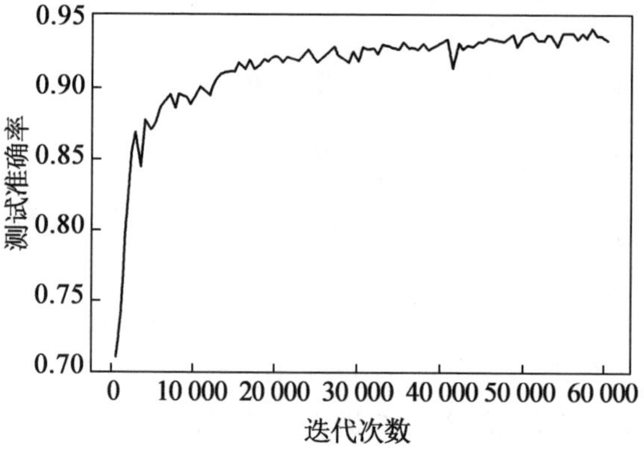

图 7-23 机器学习算法的准确率随迭代次数变化的结果

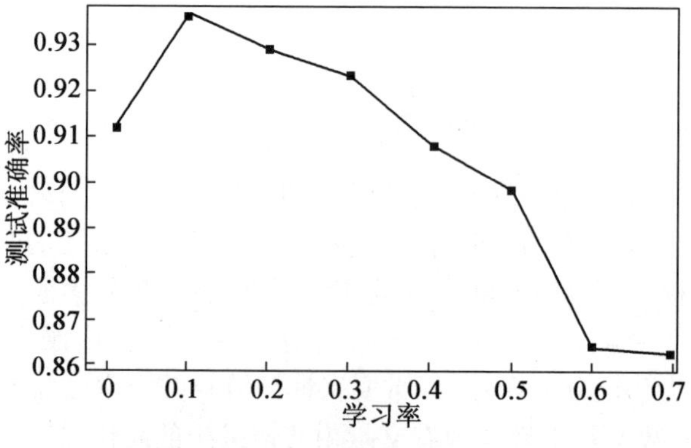

图 7-24 机器学习算法的准确率随学习率变化的结果

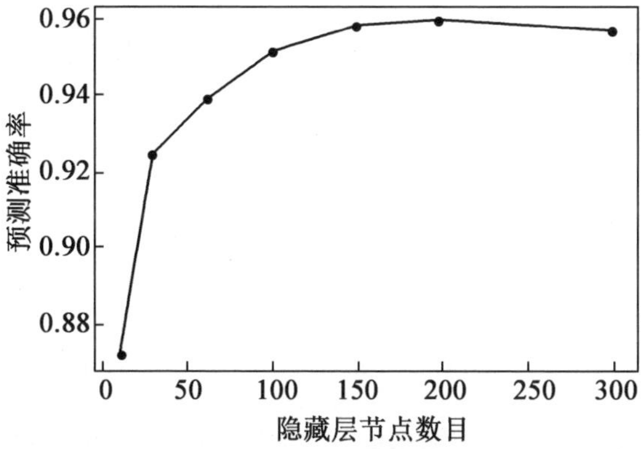

图 7-25　机器学习算法的准确率随隐含层节点数目变化的结果

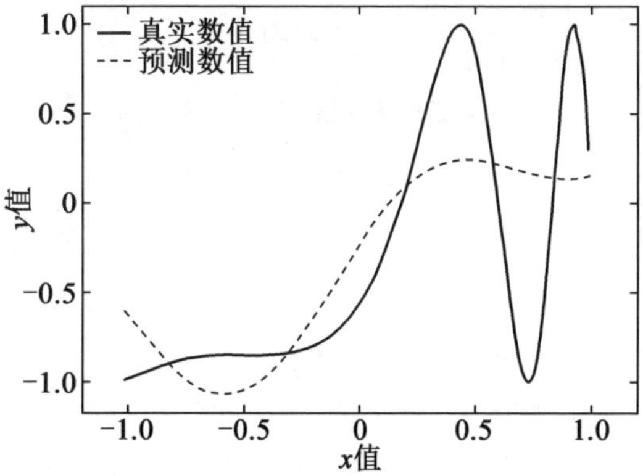

图 7-26　5 个中间层节点拟合仿真结果

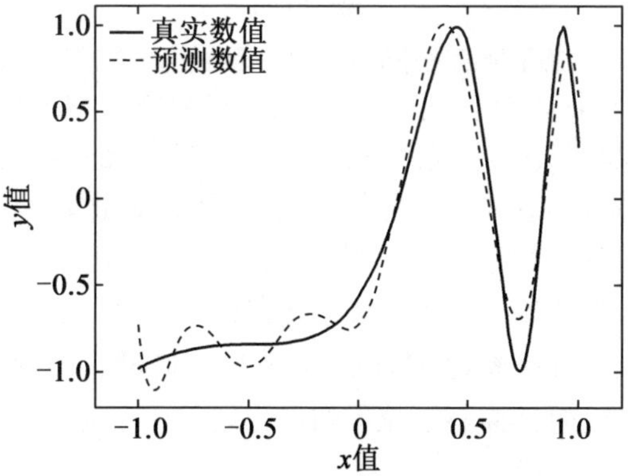

图 7-27　10 个中间层节点拟合仿真结果

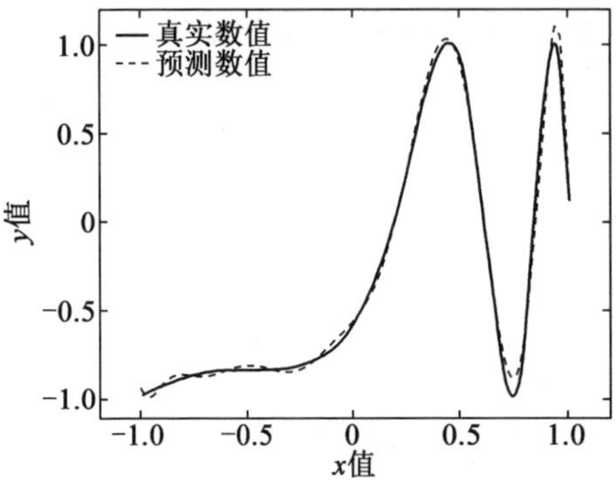

图 7-28 15 个中间层节点拟合仿真结果

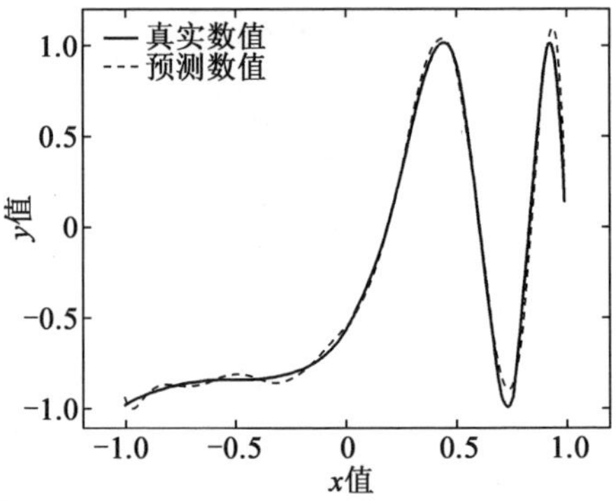

图 7-29 20 个中间层节点拟合仿真结果

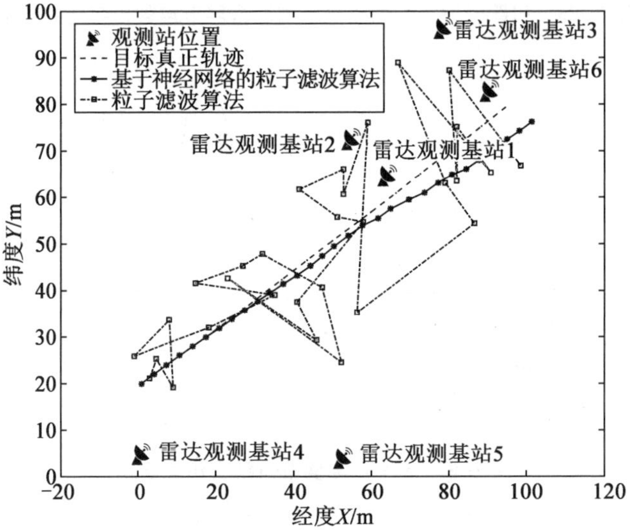

图 7-30 基于神经网络的粒子滤波算法目标跟踪仿真结果

本节考虑采用径向基函数，借助训练集序列对图 7-18 所示的系统进行拟合仿真测试。选择粒子集合中权值较大的粒子作为训练序列，研究神经网络系统的泛化性能。如图 7-23~7-29 的仿真结果所示，基于 15 与 20 个中间层的深度学习算法可以很好地拟合非线性、非高斯的多变量可控动态系统内部复杂的变量情况，该拟合效果直接导致系统状态转移概率密度函数 $p(z_k|x_k^i)$ 增大，根据关系式 $w_k^i \propto w_{k-1}^i p(z_k|x_k^i)$ 分析测试显示，粒子的权值没有出现很大的衰减，不但保证了粒子的多样性，而且抑制了粒子的退化现象。

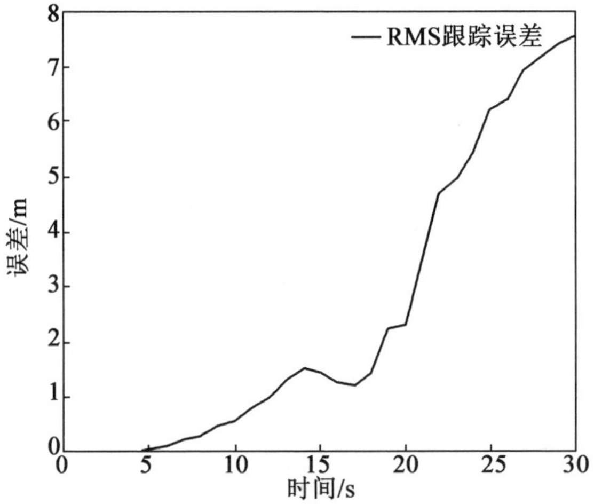

图 7-31　基于神经网络粒子滤波算法目标跟踪误差

为了验证该算法的性能，针对[154]提供的案例进行分析。该案例选择多个雷达站目标纯方位角度的观测系统。该系统利用多部雷达网络与认知无线系统对单个目标进行跟踪，目标信号传输的信道设定为无线选择性衰落信道，该信道采用 IIR 滤波器进行近似，采用非线性的 OFDM 系统，为了保证粒子的多样性，本次实验采用了 GRNN 神经网络，调整粒子样本取值，同时采用 BP 神经学习该信道非线性的映射模式，根据学习的结果，将非线性的信道状态变化抽象为一个线性环节+非线性环节的模式。需要强调的一点是，非线性环节的非线性程度可根据训练的误差进行调整，仿真结果如图 7-26~7-27 所示。

如图 7-30 所示，针对复杂动态目标跟踪系统，为了实现对机动目标的跟踪与定位，将广义回归神经网络 GRNN 与粒子滤波算法结合，针对该非线性的跟踪模型，近似输入输出的映射模式，即联合概率密度似然函数，将观测值作为神经网络的目标函数，调整优化粒子，改善粒子对集合的多样性，因此跟踪误差明显小于传统的粒子滤波算法。针对该跟踪系统非线性的模型，本仿真测试结果如下：

如图 7-31~7-32 所示，采用基于神经网络的粒子滤波算法对非线性的信道统计特性进行模式识别，而且能根据误差调整非线性环节的非线性程度。仿真结果表明，基于神经网络的粒子滤波算法抑制粒子算法不但能保持粒子的多样性，而且能模拟逼近非线性信道非线性程度，因此，在很大程度上提高了系统状态信息性能参数的估计精度。

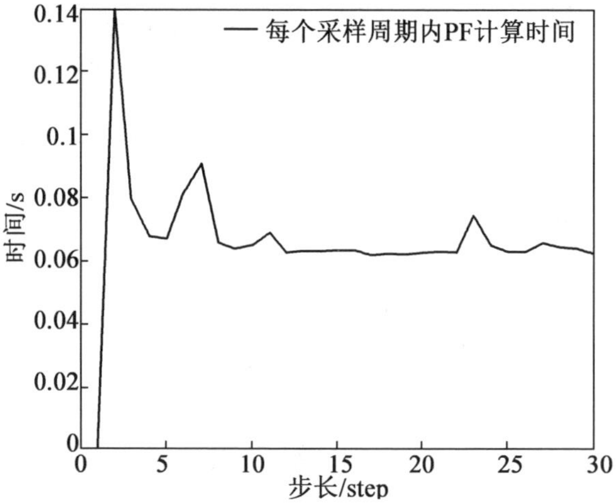

图 7-32　基于神经网络的粒子滤波算法的实时性仿真结果

7.5　粒子滤波在强化学习中的应用

针对数据驱动、模型驱动的方法,借助于时空状态的演绎模型,围绕数字孪生系统中大型设备智能运维管控、故障传播根因的诊断分类、评价和寿命风险预测等问题,探究基于知识经验与应用场景自洽纠偏的数字孪生体的建模方法,基于故障的征兆参数集,建立故障分析推理机。将强化学习方法与粒子滤波结合,提出时空状态的演绎模型,为了阐明该模型,本节致力于模型选择、参数的估计、超参数的估计、价值函数、损失函数以及风险函数构建等重要问题展开讨论。

7.5.1　模型特征性能参数的估计

考虑一个典型物理实体,如航空发动机故障检测系统,在不同复杂应用场景下(受温度和复杂受力环境下),其特征性能参数必然随着复杂应用场景的变换而发生相应的变化,根据特征性能参数变化研究其相对应的时空状态演绎过程。为了研究问题的方便,而且不失一般性,本节主要研究其 μ 和方差 $\sigma_i(t)$,$i=1,2,\cdots,n$,借助于该参数研究其航空发动轴承机械特性(疲劳强度、抗拉强度、应变应力和元器件的老化等),基于大量历史数据和新测量的观测数据$\{X_i\}$,$i=1,2,\cdots,n$,,其偶然误差和必然误差存在的条件下,本书建议采用高斯-指数双统计模型描述航空发动轴承变化规律。设

$$X_i \sim N\left(\mu,\frac{\sigma^2(mT)}{c(mT)_i^s}\right),\quad 0\leqslant m<\infty, i=1,2,\cdots,n,\text{独立} \tag{7-80}$$

式中，$c(t)_i^s$ 为独立同分布（i. i. d）的时空随机过程变量；s 表示空间地理位置。设空间位置给定的条件下，估算特征性能参数 μ，$\frac{\sigma^2(mT)}{c(mT)_i^s}$ 优化估计。

根据 EM 算法的原理，将 $c(T)_1^s,\cdots,c(mT)_n^s$ 作为缺损参数，添加到观测数据 $\{X_i\},i=1,2,\cdots,n$，旨在构建完全数据集。则机械轴承部件在当前时刻统计模型表达为

$$
\begin{aligned}
p(x(mT)_i|c(mT)_i^s) &= \frac{1}{\sqrt{2\pi\sigma^2/c(t)_i^s}}\exp\left\{-\frac{(x(mT)_i-\mu(mT))^2}{2\sigma^2/c(mT)_i^s}\right\} \\
&= \frac{\sqrt{c(mT)_i^s}}{\sqrt{2\pi\sigma^2}}\exp\left\{-\frac{c(mT)_i^s(x(mT)_i-\mu(mT))^2}{2\sigma^2}\right\}
\end{aligned} \tag{7-81}
$$

将平坦分布 $\pi(\mu(mT),\sigma(mT)_i^s)\propto 1$ 作为共轭先验分布，根据 Bayesian 统计推断的原理，则性能参数族联合后验分布概率密度函数表达式为

$$
p(\mu(mT),\sigma|x(mT)_i,c(mT)_i^s)\propto\left(\frac{1}{\sigma^2}\right)^{-\frac{1}{2}}\exp\left\{-\frac{c(mT)_i^s(x(mT)_i-\mu(mT))^2}{2\sigma^2}\right\} \tag{7-82}
$$

对式（7-82）取对数运算，得到特征性能参数族的联合对数似然估计，即

$$
\ln p(\mu(mT),\sigma|x(mT)_i,c(mT)_i^s)\propto -\ln(\sigma^2)-\frac{c(mT)_i^s(x(t)_i-\mu(mT))^2}{2\sigma^2}
$$

式中，$\boldsymbol{\Theta}=(\mu,\sigma^2)$ 表示特征性能参数族。

$$
\boldsymbol{x}=(x_1,\cdots,x_n)
$$

$$
c(mT)^s=[c(mT)_1^s,\cdots,c(mT)_n^s]
$$

$$
l(\boldsymbol{\Theta}|x,c(mT)^s)=\ln p(\mu(mT),\sigma|x(mT)_i,c(mT)_i^s)\propto-\frac{n}{2}\ln(2\pi\sigma^2)-\frac{\sum_{i=1}^{n}c(mT)_i^s(x(t)_i-\mu(mT))^2}{2\sigma^2} \tag{7-83}
$$

注意：为了讨论问题的方便，以下的讨论中省去变量的标注。

缺损参数 $c(mT)^s$ 满条件概率密度分布函数为

$$
p(c|\boldsymbol{\Theta},\boldsymbol{X})\propto p(c)\,p(\boldsymbol{X}|\boldsymbol{\Theta}^{(t)},c) \tag{7-84}
$$

对式（7-84）关于 c 求取数学期望得到 EM 方法的 Q 函数，即

$$
Q(\boldsymbol{\Theta}|\boldsymbol{\Theta}^{(t)},\boldsymbol{X})=E_c[l(\boldsymbol{\Theta}|\boldsymbol{X},c)\ |\boldsymbol{\Theta}^{(t)},\boldsymbol{X}]=\int l(\boldsymbol{\Theta}|\boldsymbol{X},c)\,p(c|\boldsymbol{\Theta}^{(t)},\boldsymbol{X})\,\mathrm{d}c \tag{7-85}
$$

根据数学期望的定义,将式(7-83)代入式(7-85)得到 Q 函数的展开式为

$$Q(\boldsymbol{\Theta}|\boldsymbol{\Theta}^{(t)},\boldsymbol{X}) = E_c[l(\boldsymbol{\Theta}|\boldsymbol{X},c)\ |\boldsymbol{\Theta}^{(t)},\boldsymbol{X}]$$

$$= \int l(\boldsymbol{\Theta}|\boldsymbol{X},c)\, p(c|\boldsymbol{\Theta}^{(t)},\boldsymbol{X})\,\mathrm{d}c$$

$$= \int\left[-\frac{n}{2}\ln(2\pi\sigma^2) - \frac{\sum_{i=1}^{n} c(mT)_i^s(x(t)_i - \mu(mT))^2}{2\sigma^2}\right]p(c|\boldsymbol{\Theta}^t,\boldsymbol{X})\,\mathrm{d}c$$

$$= -\frac{n}{2}\ln(2\pi\sigma^2)\int p(c|\boldsymbol{\Theta}^t,\boldsymbol{X})\,\mathrm{d}c -$$

$$\int\left[\frac{\sum_{i=1}^{n} c(mT)_i^s(x(t)_i - \mu(mT))^2}{2\sigma^2}\right]p(c|\boldsymbol{\Theta}^t,\boldsymbol{X})\,\mathrm{d}c$$

$$I_1 = -\frac{n}{2}\ln(2\pi\sigma^2),\quad I_2 = \frac{\sum_{i=1}^{n}(x(t)_i - \mu(mT))^2}{2\sigma^2}E(c_i|X_i,\boldsymbol{\Theta}^{(t)}) \tag{7-86}$$

注意到,式(7-86)第一项的积分与缺损变量 c 无关,$\int p(c|\boldsymbol{\Theta}^t,\boldsymbol{X})\,\mathrm{d}c = 1$,$I_1 = -\frac{n}{2}\ln(2\pi\sigma^2)$,该结果表示熵函数;第二项的积分值为

$$I_2 = \int\left[\frac{\sum_{i=1}^{n} c(mT)_i^s(x(t)_i - \mu(mT))^2}{2\sigma^2}\right]p(c|\boldsymbol{\Theta}^t,\boldsymbol{X})\,\mathrm{d}c$$

$$= \int\left[\frac{\sum_{i=1}^{n} c(mT)_i^s(x(t)_i - \mu(mT))^2}{2\sigma^2}\right]$$

$$p(c_1,c_2,\cdots,c_n|\boldsymbol{\Theta}^t,X_1,X_2,\cdots,X_n)\,\mathrm{d}c_1\cdots\mathrm{d}c_n$$

$$= \frac{\sum_{i=1}^{n}(x(t)_i - \mu(mT))^2}{2\sigma^2}\int c(mT)_i^s$$

$$p(c_1,c_2,\cdots,c_n|\boldsymbol{\Theta}^t,X_1,X_2,\cdots,X_n)\,\mathrm{d}c_1\cdots\mathrm{d}c_n$$

$$= \frac{\sum_{i=1}^{n}(x(t)_i - \mu(mT))^2}{2\sigma^2}E(c_i|X_i,\mu(mT)^{(t)},\sigma^2_{(t)}) \tag{7-87}$$

因此 Q 函数表达为

$$Q(\boldsymbol{\Theta}|\boldsymbol{\Theta}^{(t)},\boldsymbol{X})=-\frac{n}{2}\ln 2\pi\sigma^2-\sum_{i=1}^{n}\frac{(x_i-\mu)^2}{2\sigma^2}E(c_i|\boldsymbol{X},\mu^{(t)},\sigma_{(t)}^2) \tag{7-88}$$

将式(7-88)中的 $w_i^{(t)}=E(c_i|\boldsymbol{X},\mu^{(t)},\sigma_{(t)}^2)$ 定义为 $w_i^{(t)}$，将 E 步骤简化为如下表达式，即

$$w_i^{(t)}=E(c_i|\boldsymbol{X},\mu^{(t)},\sigma_{(t)}^2) \tag{7-89}$$

将 $Q(\boldsymbol{\Theta}|\boldsymbol{\Theta}^{(t)},\boldsymbol{X})=-\frac{n}{2}\ln 2\pi\sigma^2-\sum_{i=1}^{n}\frac{(x_i-\mu)^2}{2\sigma^2}w_i^{(t)}$ 对参数族 $\boldsymbol{\Theta}=(\sigma,\mu)$ 各变量分别求导，并其 Q 表达式等于 0，得到如下表达式，即

$$\sum_{i=1}^{n}\frac{(x_i-\mu)}{\sigma^2}w_i^{(t)}=0,\quad -\frac{n}{2\sigma^2}+\frac{1}{2(\sigma^2)^2}\sum_{i=0}^{n}(x_i-\mu)^2w_i^{(t)}=0 \tag{7-90}$$

方程(7-90)非常关键，因为借助于该方程，可得到模型性能参数的估计值，性能参数反映了物理实体状态的演绎过程。基于该认识，本节结合一个典型的物理实体如航空发动机故障诊断的数字孪生系统进行讨论。

考虑到航空发动机在不同复杂应用场景下，故障传播过程引起的状态变化必然会影响其特征性能参数的变化(频域)；因此，特征性能参数变化程度是进行故障传播根因分析和构建故障传播推理机的主要依据。基于该认知，给定假设检验问题置信水平 α，借助于缺损参数 c 的变化描述航空发动机在不同复杂应用场景下其性能参数变化范围，使得状态的演绎过程取决于缺损参数的变化。实验测试结果表明，基于参数缺损变化在很大的程度上会直接或者间接地映射设备状态演绎图谱。

此外，基于缺损参数 c 的变化控制特征性能参数，具体包括参数、超参数、阈值估值及各种模型，并借助于支持向量机的方法，将会对界定航空发动机在不同复杂应用场景下状态分类提供重要的数据支撑。根据状态的分类，建立价值函数、损失函数及风险函数，诸如此类重要函数为强化学习提供了必要的技术支撑。因此有必要对随机变量缺损参数 c 进一步进行建模分析。

7.5.2　缺损参数统计模型分析

描述大型设备各不同尺度的组件分别在不同应用场景下时空状态演绎过程，首先是借助于支持向量机，实现特征性能参数的提取，建立设备运维状态空间；其次根据性能参数进行故障的分类、故障的检测及故障诊断，发现设备运维过程的异常征兆集，借助于神经网络训练评估损失函数或者价值函数；最后实现故障的定位，发现故障传播根因的复杂机理，采取措施，借助于强化学习方法与

粒子滤波算法结合采取行动措施，实现故障的维修与排除。

根据专家系统、知识经验以及大量的实验数据得到的先验物理信息，借助于有监督的学习，构建缺损参数 $c(mT)_i^s$ 统计模型，利用性能参数的统计量构造势函数，实现对应于置信水平 α 的一致最优势无偏检验（Uniformly Most Powerful Unbiased Test，UMPUT）。

考虑定义 $c(mT)_i^s \sim \theta+\Gamma\left(\frac{1}{\tau},1\right)$，其中 θ,τ 分别为位置参数和尺度参数，理论上称之为超参数，为了描述其性能参数为 σ 的多尺度组件状态演绎，需要从以下四个不同的双边假设检验进行深层次的分析。

（1）当 $\theta=0$ 时，$H_0:\tau=\tau_0 \leftrightarrow H_1:\tau\neq\tau_0$。

基于感知网络获取的数据样本分布密度函数和对数似然函数分别表示为

$$p(x;\tau)=\frac{1}{\tau^n}\exp\left\{-\frac{1}{\tau}\sum_{i=1}^{n}x_i\right\},\quad l(\tau)=n\log\tau-\frac{1}{\tau}\sum_{i=1}^{n}x_i \tag{7-91}$$

在 H_1 成立的条件下，超参数随机变量 τ 极大似然估计为 $\hat{\tau}=\frac{1}{n}\sum_{i=1}^{n}x_i$，所以

$$l(\hat{\tau})=n\log\tau-\frac{1}{\tau}\sum_{i=1}^{n}x_i$$

在原假设 H_0 成立的条件下，τ 的极大似然估计为 $\hat{\tau}_0=\tau_0$，则

$$l(\hat{\tau}_0)=n\log\tau_0-\frac{1}{\tau_0}\sum_{i=1}^{n}x_i$$

其相应的对数似然比函数为

$$\begin{aligned}LR(\tau_0)&=2[l(\hat{\tau})-l(\hat{\tau}_0)]=2\left(-n\log\bar{x}-n+n\log\tau_0+\frac{1}{\tau_0}\sum_{i=1}^{n}x_i\right)\\&=2n\log\left(\sum_{i=1}^{n}\frac{x_i}{\tau_0}\right)+2\sum_{i=1}^{n}\frac{x_i}{\tau_0}-2n+2n\log n\\&=2n\log T(x)+2T(x)-2n+2n\log n\end{aligned} \tag{7-92a}$$

式中，$T(x)=\frac{1}{\tau_0}\sum_{i=1}^{n}x_i$ 为充分统计量，当且仅当 H_0 成立时，

$$2T(x)=2\frac{1}{\tau_0}\sum_{i=1}^{n}x_i\sim\Gamma\left(\frac{1}{2},n\right)\sim\chi^2(2n) \tag{7-92b}$$

定义其对应的一致最优检测无偏势函数为

$$g(T(x))=2n\log T(x)+2T(x)-2n+2n\log n \tag{7-93}$$

对似然比函数关于 $T(x)$ 求取二阶导，即

$$g''(T(x)) = \frac{2n}{T(x)^2} > 0$$

所以 $g(T(x)) = 2n\log T(x) + 2T(x) - 2n + 2n\log n$ 为凸函数，则双边及假设检验问题的拒绝域为

$$W = \{LR(\tau_0) > c\} = \{T(x) < k_1\} \cup \{T(x) > k_2\} \tag{7-94}$$

式中，$g(k_1) = g(k_2) = c$，则假设检验的置信水平为 α 的似然比检验为

$$\varphi(T(x)) = \begin{cases} 1, & T(x) < k_1 \text{ 或 } T(x) > k_2 \\ 0, & k_1 < T(x) < k_2 \end{cases} \tag{7-95}$$

为了求取阈值 $k_1, k_2, g(k_1) = g(k_2)$，考虑引入随机函数并求其数学期望，即

$$E_{\tau_0}[\varphi(T(x))] = \alpha$$

该式等价于

$$\int_{2k_1}^{2k_2} \chi^2(2n, x)\,\mathrm{d}x = 1 - \alpha \text{ 和} \left(\frac{k_1}{k_2}\right)^n = \left(\frac{\mathrm{e}^{k_1}}{\mathrm{e}^{k_2}}\right) \tag{7-96}$$

式中，$\chi^2(2n,x)$ 表示自由度为 $2n$ 的 χ^2 分布的概率密度函数，因此阈值表达式为

$$k_1 = \frac{1}{2}\chi^2(2n, \alpha/2), \quad k_2 = \frac{1}{2}\chi^2(2n, 1-\alpha/2) \tag{7-97}$$

(2) 当 θ 未知时，$H_0: \tau = \tau_0 \leftrightarrow H_1: \tau \neq \tau_0$。

对应于该假设检验的概率密度函数为

$$p(x, \theta, \tau) = \frac{1}{\tau^n}\exp\left\{-\frac{1}{\tau}\sum_{i=1}^{n}(x_i - \theta)\right\} I(x_{(1)} \geqslant \theta) \tag{7-98}$$

式(7-67)中，$I(x_{(1)} \geqslant \theta)$ 为单位阶跃函数，在备择假设成立的条件下，θ、τ 的极大似然估计分别为

$$\hat{\theta}_1 = x_{(1)}, \quad \hat{\tau}_1 = \frac{1}{n}\sum_{i=1}^{n}(x_i - x_{(1)}) \tag{7-99}$$

在原假设成立的条件下，θ、τ 的极大似然估计分别为 $\hat{\theta}_1 = x_{(1)}$，$\hat{\tau}_1 = \tau_0$，所以似然比假设为

$$\Lambda(x) = \frac{p(x; \hat{\theta}_1, \hat{\tau}_1)}{p(x; \hat{\theta}_0, \hat{\tau}_0)} = \frac{\hat{\tau}_1^{-n}\mathrm{e}^{-n} I(x_i \geqslant \hat{\theta}_1)}{\tau_0^{-n}\exp\left\{-\frac{1}{\tau_0}\sum_{i=1}^{n}(x_i - x_{(1)})\right\} I(x_i \geqslant \hat{\theta}_0)}$$

$$= \frac{\hat{\tau}_1^{-n}\mathrm{e}^{-n} I\{x_i \geqslant \hat{\theta}_1\}}{\theta_0^{-n}\exp\left\{-\frac{1}{\tau_0}\sum_{i=1}^{n}(x_i - x_{(1)})\right\} I(x_i \geqslant \hat{\theta}_0)}$$

$$= e^{-n}n^{n}\left(\frac{\sum_{i=1}^{n}(x_i - x_{(1)})}{\tau_0}\right)\exp\left\{\frac{1}{\tau_0}\sum_{i=1}^{n}(x_i - x_{(1)})\right\} \tag{7-100}$$

相应的对数似然比函数表达式为

$$2\log \Lambda(x) = 2n\log\left(\frac{\sum_{i=1}^{n}(x_i - x_{(1)})}{\tau_0}\right) + \frac{2}{\tau_0}\sum_{i=1}^{n}(x_i - x_{(1)}) - 2n + 2n\log n$$

式中，$T(x) = \dfrac{\sum_{i=1}^{n}(x_i - x_{(1)})}{\tau_0}$ 为充分统计量，构造如下的统计量，即

$$2T(x) = \frac{2\sum_{i=1}^{n}(x_i - x_{(1)})}{\tau_0} \sim \Gamma\left(\frac{1}{2}, n-1\right) \sim \chi^2(2n-2) \tag{7-101}$$

与此类似讨论，假设给定的检验问题的置信水平为 α，其相应的似然比检验为

$$\varphi(T(x)) = \begin{cases} 1, & T(x)<k_1 \text{ 或 } T(x)>k_2 \\ 0, & k_1<T(x)<k_2 \end{cases} \tag{7-102}$$

为了求取阈值 k_1、k_2，借助于等式 $g(k_1)=g(k_2)$，考虑引入随机函数并计算其数学期望，即

$$E_{\tau_0}[\varphi(T(x))]=\alpha$$

该式等价于

$$\int_{2k_1}^{2k_2}\chi^2(2n-2,x)\,\mathrm{d}x = 1-\alpha \text{ 和 } \left(\frac{k_1}{k_2}\right)^{n} = \left(\frac{e^{k_1}}{e^{k_2}}\right)$$

式中，$\chi^2(2n-2,x)$ 表示自由度为 $2n-2$ 的 χ^2 分布的概率密度函数，因此故障诊断阈值表达式为

$$k_1 = \frac{1}{2}\chi^2(2n-2,\alpha/2), \quad k_2 = \frac{1}{2}\chi^2(2n-2,1-\alpha/2) \tag{7-103}$$

(3) 当 τ 已知时，$H_0:\theta=\theta_0 \leftrightarrow H_1:\theta\neq\theta_0$。

数据样本概率密度函数为

$$p(x,\theta) = \frac{1}{\tau^n}\exp\left\{-\frac{1}{\tau}\sum_{i=1}^{n}(x_i-\theta)\right\}I(x_i \geqslant \theta) \tag{7-104}$$

在备择假设 H_1 成立的条件下，θ 的极大似然估计分别为 $\hat{\theta}_1 = x_{(1)}$；在原假设 H_0 成立的条件下，极大似然比假设为 θ 的极大似然估计为 $\hat{\theta}_1=\theta_0$，因此其对应的

似然比统计量为

$$\Lambda(x)=\frac{p(x;\hat{\theta}_1)}{p(x;\hat{\theta}_0)}$$

$$=\frac{\tau^{-n}\exp\left\{-\frac{1}{\tau}\sum_{i=1}^{n}(x_i-x_{(1)})\right\}I(x_i\geqslant x_{(1)})}{\tau^{-n}\exp\left\{-\frac{1}{\tau}\sum_{i=1}^{n}(x_i-x_0)\right\}I(x_i\geqslant x_0)}$$

$$=\begin{cases}\exp\left\{-\frac{n}{\tau}\sum_{i=1}^{n}(x_{(1)}-\theta_0)\right\}, & x_i\geqslant\theta_0\\ \infty, & x_i\leqslant\theta_0\end{cases}\tag{7-105}$$

则似然比检测拒绝域为

$$W=\{x:\Lambda(x)>c\}$$

$$=\{x:x_i<\theta_0\}\cup\left\{x:\exp\left\{-\frac{n}{\tau}\sum_{i=1}^{n}(x_{(1)}-\theta_0)\right\}>c,x_i\geqslant\theta_0\right\}$$

$$=\{x:x_i<\theta_0\}\cup\left\{x:\frac{n}{\tau}\sum_{i=1}^{n}(x_{(1)}-\theta_0)>2\log c\triangleq k\right\}\tag{7-106}$$

在 H_0 成立的条件下,

$$\frac{n}{\tau}\sum_{i=1}^{n}(x_{(1)}-\theta_0)-\chi^2(2)$$

其对应的势函数为 $E_{\theta_0}[\varphi(T(x))]=\alpha$,其优化的阈值为

$$k=\frac{1}{2}\chi^2(2,1-\alpha)$$

因此,假设检验问题置信水平 α 的似然比检验为

$$\varphi(T(x))=\begin{cases}1, & x_i<\theta_0\text{ 或 }x_i>\theta_0+\frac{\tau}{2n}\chi^2(2,1-\alpha)\\ 0, & \text{其他}\end{cases}\tag{7-107}$$

(4)当 τ 未知时,$H_0:\theta=\theta_0\leftrightarrow H_1:\theta\neq\theta_0$。

基于感知网络的数据样本得到的概率密度函数为

$$p(x,\theta)=\frac{1}{\tau''}\exp\left\{-\frac{1}{\tau}\sum_{i=1}^{n}(x_i-\theta)\right\}I(x_i\geqslant\theta)\tag{7-108}$$

在备择假设 H_1 成立的条件下,θ,τ 的极大似然估计分别为

$$\hat{\theta}_1=x_{(1)}$$

$$\hat{\tau}_1=\frac{1}{n}\sum_{i=1}^{n}(x_i-x_{(1)})$$

在原假设 H_0 成立的条件下，θ,τ 的极大似然估计分别为

$$\hat{\theta}_1=\theta_0$$

$$\hat{\tau}_0=\frac{1}{n}\sum_{i=1}^{n}(x_i-\theta_0)$$

因此其相应的似然比统计量为

$$\begin{aligned}\Lambda(x)&=\frac{p(x;\hat{\theta}_1,\hat{\tau}_1)}{p(x;\hat{\theta}_0,\hat{\tau}_0)}\\&=\frac{\tau_1^{-n}\exp\left\{-\frac{1}{\tau}\sum_{i=1}^{n}(x_i-x_{(1)})\right\}I(x_i\geqslant\hat{\theta}_1)}{\tau_0^{-n}\exp\left\{-\frac{1}{\tau}\sum_{i=1}^{n}(x_i-\theta_0)\right\}I(x_i\geqslant\hat{\theta}_0)}\\&=\left[\frac{\sum_{i=1}^{n}(x_i-\theta_0)}{\sum_{i=1}^{n}(x_i-x_{(1)})}\right]^n\frac{1}{I(x_i\geqslant\hat{\theta}_0)}\\&=\begin{cases}\left[\frac{\sum_{i=1}^{n}(x_i-\theta_0)}{\sum_{i=1}^{n}(x_i-x_{(1)})}>k\right]^n, & x_i\geqslant\theta_0\\+\infty, & x_i\leqslant\theta_0\end{cases}\end{aligned}\tag{7-109a}$$

基于该式，则得到似然比的拒绝域为

$$\begin{aligned}W&=\{x:\Lambda(x)>c\}\\&=\{x:x_i<\theta_0\}\cup\left\{x:\frac{\sum_{i=1}^{n}(x_i-x_{(1)})+n(x_{(1)}-\theta_0)}{\sum_{i=1}^{n}(x_i-x_{(1)})}>\sqrt[n]{c},\text{且 }x_i\geqslant\theta_0\right\}\end{aligned}\tag{7-109b}$$

式中，阈值

$$\begin{aligned}k&=2(\sqrt[n]{c}-1)\geqslant0\\&=\{x:x_i<\theta_0\}\cup\left\{x:\frac{2n(x_{(1)}-\theta_0)}{\sum_{i=1}^{n}(x_i-x_{(1)})}>k\right\}\end{aligned}\tag{7-109c}$$

在原假设 H_0 成立的条件下，上式分子与分母所表示的统计量分别服从如下

分布,即

$$x_{(1)} - \theta_0 \sim \Gamma\left(\frac{n}{\tau},1\right), \quad \sum_{i=1}^{n}(x_{(i)} - x_{(1)}) \sim \Gamma\left(\frac{1}{\tau},n-1\right) \tag{7-109d}$$

注意到以上两个统计量相互独立(请读者思考),基于此构建统计量 T,即

$$T = \frac{2n(x_{(1)} - \theta_0)}{\sum_{i=1}^{n}(x_i - x_{(1)})}\frac{2n-2}{2} \sim F(2,2n-2) \tag{7-109e}$$

给定置信水平构造势函数:计算关于参数的数学期望,$E_{\theta_0}[\varphi(T(x))]=\alpha$,得到阈值表达式为

$$k=\frac{2}{n-1}F(2,2n-2,1-\alpha) \tag{7-109f}$$

所以检验置信水平为 α 的似然比检验为

$$\varphi(T(x))=\begin{cases}1, & x_i<\theta_0 \text{ 或 } T(x)>F[2,2n-2,(1-\alpha)]\\0, & \text{其他}\end{cases} \tag{7-109g}$$

(5)将 c 服从的统计分布特性进行进一步推广,考虑更为普遍的统计分布的形式,即采用 Pareto 分布与 Laplace 分布的条件下,则

$$p(x;\beta,\theta)=\beta\theta x_i^{-(\beta+1)}I(x_i\geqslant\theta) \tag{7-110}$$

式中,β、θ 为待估的未知数,根据特定具体的应用场景下故障传播根因要求,为了得到基于残差识别的故障传播的推断过程,考虑设定如下的检验问题,则给定置信水平为 α,原假设与备择假设分别为

$$H_0:\beta=1\leftrightarrow H_1:\beta\neq 1$$

采样总体样本的概率密度似然函数与对数似然函数分别为

$$p(x;\beta,\theta)=\beta^n\theta^{n\beta}\left(\prod_{i=1}^{n}x_i\right)^{-(\beta+1)}I(x_i\geqslant\theta) \tag{7-111}$$

$$L(\theta,\beta)=n\log\beta-\alpha\sum_{i=1}^{n}\log\frac{x_i}{\theta}-\log\prod_{i=1}^{n}x_i+\log I(x_i\geqslant\theta) \tag{7-112}$$

在 H_1 成立的条件下,β、θ 极大的似然估计分别为 $\hat{\theta}_1=x_{(1)}$,$\hat{\beta}_1=\frac{n}{\sum_{i=1}^{n}\log\frac{x_i}{\theta}}$;在 H_0 成立的条件下,β、θ 极大的似然估计分别为 $\hat{\theta}_0=x_{(1)}$,$\hat{\beta}_0=1$。

基于以上讨论,有如下表达式,即

$$L(\hat{\theta}_1,\hat{\beta}_1)=n\log n-n\log\left(\sum_{i=1}^{n}\log\frac{x_i}{x_{(1)}}\right)-n-\log\prod_{i=1}^{n}x_i \tag{7-113a}$$

$$L(\hat{\theta}_0,\hat{\beta}_0)=-\sum_{i=1}^{n}\log\frac{x_i}{x_{(1)}}-\log\prod_{i=1}^{n}x_i \tag{7-113b}$$

设 $T(x)=\sum_{i=1}^{n}\log\frac{x_i}{x_{(1)}}$ 为完备充分统计量，则对数似然比为

$$\Lambda(x)=2[L(\hat{\theta}_1,\hat{\beta}_1)-L(\hat{\theta}_0,\hat{\beta}_0)]=-2n\log T+2T-2N+2n\log n \tag{7-114}$$

设

$$g(T)=-2n\log T+2T-2N+2n\log n$$

对上式关于充分统计量 T 求二阶导，则

$$g''(T)=2n/T^2>0$$

因此，$g(T=t)$ 为下凸函数，如图 7-33 所示。

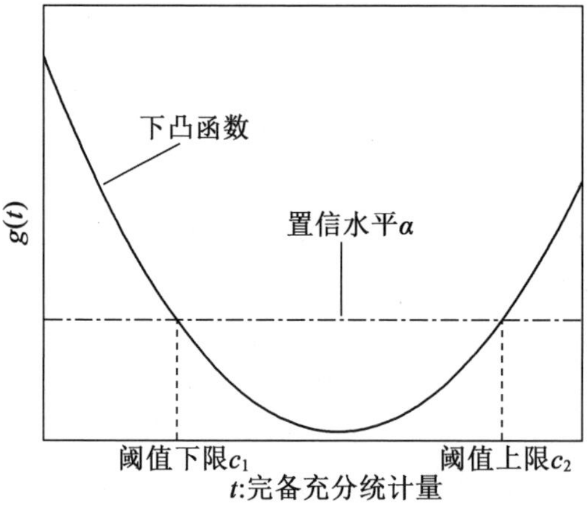

图 7-33　对数似然比函数关于完备充分统计量的变化趋势

如图 7-33 所示，该假设检验问题的拒绝域为

$$W=\{x:\Lambda(x)>c\}=\{T<k_1 \text{ 或 } T>k_2\} \tag{7-115}$$

其中如图 7-33 所示表达式 $g(k_1)=g(k_2)=c$ 为判决阈值，对应于假设检验问题置信水平 α 的一致最优势检验 UMPT 为

$$\varphi(T)=\begin{cases}1, & T<k_1 \text{ 或 } T>k_2\\ 0, & k_1<T<k_2\end{cases} \tag{7-116}$$

为了讨论完备充分统计量 $T(x)=\sum_{i=1}^{n}\log\frac{x_i}{x_{(1)}}$ 的统计分布特性，考虑采用 $Y_i=\log\frac{x_i}{x_{(1)}}, i=1,2,\cdots,n, Y_i\sim\Gamma(\beta,1)$，具体推导过程请读者自己完成。

$$\sum_{i=1}^{n}(Y_i-Y_{(1)})=\sum_{i=1}^{n}\left(\log\frac{x_i}{\theta}-\log\frac{x_{(1)}}{\theta}\right) \tag{7-117}$$

需要强调的是：设备性能参数族、超参数以及阈值估计，是构建损失函数或者收益函数的重要依据。为了说明该问题，不妨令随机变量方差

$$\frac{\sigma(mT)}{c(mT)_i^s}=\widetilde{\sigma}_i,\quad 0\leqslant m<\infty ,i=1,2,\cdots,n$$

则

$$X_i \sim N(\mu,\widetilde{\sigma}),\quad 0\leqslant m<\infty ,i=1,2,\cdots,n$$

Ⅰ. 若方差 $\widetilde{\sigma}$，其期望值 μ 对应的共轭先验分布函数为 $\pi(\mu)=e^{\beta\mu}(\beta>0)$，在均方损失条件下，关于参数 μ 的分布为

$$\begin{aligned}\pi(\mu\mid x)&\propto\left(\frac{1}{\sqrt{2\pi}}\right)^{n}\exp\left\{-\frac{\sum_{i=1}^{n}(x_i-\mu)^2}{2}\right\}e^{\beta\mu}\\&\propto\exp\left\{-\frac{n}{2}\left(\mu-\frac{n\bar{x}+\beta}{n}\right)^2\right\}\\&\sim N\left(\frac{n\bar{x}+\beta}{n},\frac{1}{n}\right)\end{aligned}\tag{7-118}$$

则 μ 的 Bayesian 估计为

$$\hat{\mu}=\pi(\mu\mid x)=\bar{x}+\frac{\beta}{n}\tag{7-119}$$

显然该均值为调和平均。

Ⅱ. 若期望值 μ 为已知，则方差 $\widetilde{\sigma}^2$ 共轭先验分布为倒伽马 IG(α,λ)，则根据 Bayesian 统计推断原理，关于参数方差的 $\widetilde{\sigma}^2$ 后验概率密度分布函数为

$$\begin{aligned}\pi(\widetilde{\sigma}^2\mid x)&\propto\left(\frac{1}{\sqrt{2\pi\widetilde{\sigma}^2}}\right)^{n}\exp\left\{-\frac{\sum_{i=1}^{n}(x_i-\mu)^2}{2\widetilde{\sigma}^2}\right\}\cdot\frac{\alpha^{\lambda}}{\Gamma(\lambda)}e^{-\frac{\alpha}{\widetilde{\sigma}^2}\left(\frac{1}{\widetilde{\sigma}^2}\right)^{\lambda+1}}\\&\propto\exp\left\{-\frac{1}{\widetilde{\sigma}^2}\left(\alpha+\frac{1}{2}(x_i-\mu)^2\right)\right\}\cdot\left(\frac{1}{\widetilde{\sigma}^2}\right)^{\frac{n}{2}+\lambda+1}\\&=\Gamma^{-1}\left(-\frac{1}{\widetilde{\sigma}^2}\left(\alpha+\frac{1}{2}(x_i-\mu)^2\right),\frac{n}{2}+\lambda\right)\end{aligned}\tag{7-120a}$$

因此，关于参数 $\widetilde{\sigma}^2$ 的估计值为

$$\hat{\tilde{\sigma}}^2 = E(\tilde{\sigma}^2 \mid \boldsymbol{X}) = \frac{1}{\frac{n}{2} + \lambda - 1}\left(\alpha + \frac{1}{2}\sum_{i=1}^{n}(x_i - \mu)^2\right)$$

$$= \frac{1}{n + 2\lambda - 2}\left(2\alpha + \sum_{i=1}^{n}(x_i - \mu)^2\right) \tag{7-120b}$$

Ⅲ. 根据性能参数确定了价值函数,很容易确定损失函数,引入损失函数为

$$l(\tilde{\sigma}^2, d) = \frac{(d - \tilde{\sigma}^2)^2}{\tilde{\sigma}^4}$$

$$\hat{\tilde{\sigma}}^2 = \frac{E((\tilde{\sigma}^2)^{-1} \mid \boldsymbol{X})}{E((\tilde{\sigma}^2)^{-2} \mid \boldsymbol{X})} = \frac{2\alpha + \sum_{i=1}^{n}(x_i - \mu)^2}{n + 2\lambda + 2} \tag{7-120c}$$

根据以上论证,本节获取了对强化学习损失函数确定有重要支撑的关联性能特征参数族,$\boldsymbol{\Theta} = (\mu, c, \sigma, \theta, \tau)$ 和最佳阈值。

$$\boldsymbol{\Theta} = (\Theta_1, \Theta_2, \cdots, \Theta_m)$$

该参数的界定尤其重要,基于该参数,借助于支持向量机方法,并辅助于知识经验以及专家系统可确定划分状态,构建时空状态的集合,针对状态集合,建立价值函数、损失函数及风险函数。

7.5.3 基于时空状态演绎模型的强化学习方法

基于 7.5.2 节提供的性能参数族,借助于强化学习,构建学习价值函数损失函数与风险函数。构建马尔可夫链的决策过程,并将该决策过程与矩阵博弈相互结合,探索基于粒子滤波的齐次马尔可夫博弈模型,该模型参数结构如下:

$$(m, S, A_1, \cdots, A_n, T, \gamma, R_1, \cdots, R_m)$$

该模型建议参照如图 7-17 所示的状态演绎包括状态转移矩阵与状态更新矩阵图进行直观解释。亟待解决的难点问题是:如何界定状态,建立状态的集合,针对离散系统而言,状态集合建立相对简单易行;但目前研究领域和工程领域涉及的控制问题以及数字孪生系统中,针对大型设备管控运维的故障诊断问题,因为状态的连续非线性变量,其对应的状态空间无穷大,将导致维数灾难以及状态之间阈值需要精准界定的技术壁垒,针对该问题,本节考虑引入模糊系统,并修正模糊系统隶属度函数,改善对连续系统状态演绎过程非线性环节的逼近性能,旨在界定识别连续系统的状态,但是与模糊系统隶属度函数构建不同之处在于,因为数字孪生系统虚拟仿真空间,需要对物理实体故障传播根因进行非因果的分析,实现状态因果预测、状态非因果追溯逆推以及状态保持,所以必须借助于

神经网络训练阈值。基于阈值建立隶属度的函数必须保证对称性,根据状态的特点,建议采用高斯函数、广义钟函数、三角函数、梯形函数及拉普拉斯函数(Laplace function)等,该函数可根据研究问题具体情况进行构建,但必须保证对称性的特征。

为了阐明该问题,参考文献[147]中定理 5.1,考虑引入一个连续时空状态的演绎模型的状态界定的引理。

引理　若时空状态演绎模型的状态空间是连续的,其对应的状态函数为实函数 $g(x)$ 上定义的紧支撑集合,$T\subset R^n$ 和任意小的正整数 $\varepsilon\geqslant 0$ 的给定的对称隶属度,必然存在一个逻辑的时空状态函数 $f(x)$,存在如下的不等式,即

$$\sup_{x\in T}|f(x)-g(x)|<\varepsilon$$

该定理表明,借助于隶属度函数,类似离散马尔可夫链状态空间,将连续状态空间进行分类,划分状态区间,描述各常返状态区间、状态的上限、状态的下限、过渡态以及死区(不可达的状态)等类型状态,然后在区间内选择状态点,如此的处理方法实现了针对连续空间的离散化。因此连续状态空间的状态之间的转移过程呈现复杂性的特征,使得强化学习构建过程更为复杂。本节提出了将 Metropolis-Hastings 方法与模糊的隶属度相互结合,旨在实现对系统非线性状态更加精准的逼近。

具体的实现步骤为:

(1)基于引理,根据研究具体问题构建隶属度函数,本例筛选目前普遍采用的高斯对称性函数作为隶属度函数,即

$$\mu_i(x)=\exp(-(x-\nu)),\quad i=0,1,\cdots$$

x 表示连续变量,ν 表示模糊阈值,通常选取中心为 0 的两边对称多值规则。

(2)如图 7-34 所示,建立有记忆的离散状态集合,在各个区间段筛选状态点 $s(t)$,一般而言建议取区间的中点,并设状态之间转移的转移选择函数为

$$\alpha(s(t)\rightarrow s(t+1))$$

(3)将隶属度函数作为有记忆状态的概率密度分布函数,考虑到设备状态转移随着时间的变化将趋于平稳状态,因此必然存在与之对应的平稳分布 $\pi[s(t)]$,设选择函数为

$$\alpha(s(t)\rightarrow s(t+1))=\min\left\{1,\frac{\pi(s(t+1)q(s(t+1)\rightarrow s(t)))}{\pi(s(t)q(s(t)\rightarrow s(t+1)))}\right\}$$

(4)针对给定的 i

$$x(t)=s(t)+\mu_i(x)$$

如图 7-34 所示连续系统状态空间划分,其中椭圆所覆盖的区域表示状态 1 至状态 5,即连续系统状态区间的划分。在一个生命周期的每个区间内选取某

个点实现状态的离散化，建立具有可互达性质的状态集合，运用强化学习方法处理状态之间的转移过程。

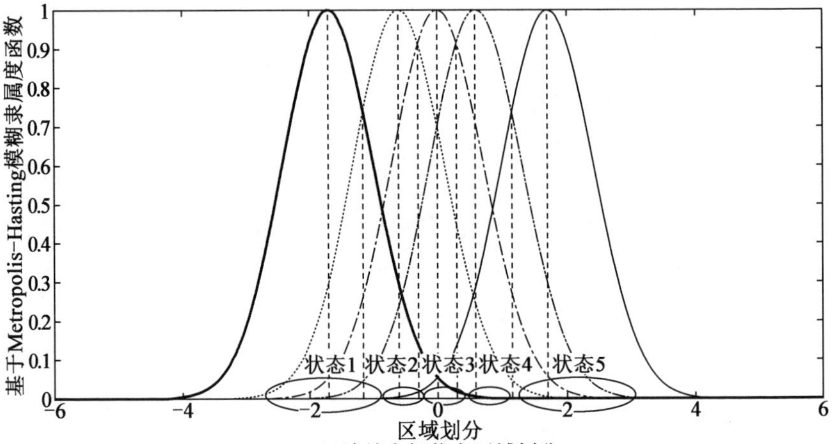

(a)连续空间状态区域划分

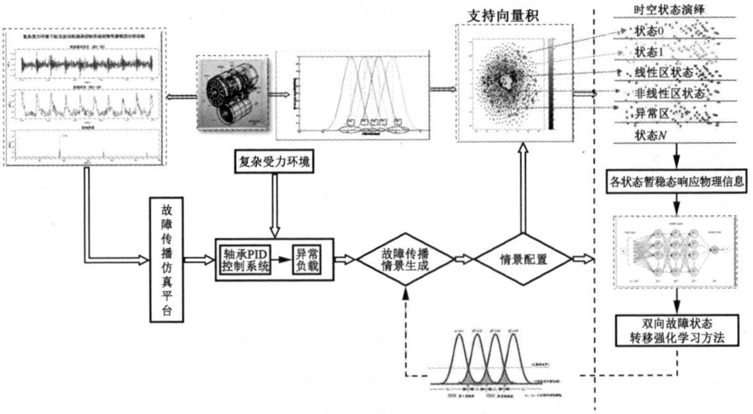

(b)时空状态演绎构建思路

图 7-34　连续系统状态空间划分

(5)按照模糊推理规则，进行模糊加权平均去模糊化处理，该步骤处理过程将强化学习、Metropolis-Hastings 算法以及模糊系统结合，实现了连续空间状态界定的难题。

(6) 根据不同的尺度分别细化对应的状态，状态越细化，描述状态变化越精确，但会导致强化学习方法的复杂度显著增大。

基于以上的讨论，设 m 表示参与博弈过程因素的各方数量；

$T:S\times A_1\times\cdots A_n\times S\rightarrow[0,1]$为示性函数；

$A_i(i=1,\cdots,m)$为参与博弈决策行动集合；

$$(m,S,A_1,\cdots,A_n,T,\gamma,R_1,\cdots,R_m)$$

$\gamma\in[0,1]$为折扣因子；

$R_i:S\times A_1\times\cdots A_n\times S\rightarrow R$ 是参与博弈的各方与在风险约束条件下的回报函数。

随机博弈中状态转移函数是指博弈各方给定当前的状态，在风险函数与损失函数约束条件下，采取联合行动时，下一 m 时刻转移到另外一个状态的概率密度分布函数，回报函数 $R_i(s(k)=s,a_1,\cdots,a_n,s^c)$ 表示博弈方 i 在 k 时刻处于状态 $s(k)=s$，构建损失函数与风险函数以及最优的决策函数，确定采取联合行动 $(a_1,\cdots,a_n)$，使得当状态在下一个时刻转移到潜在的候选状态 s^c，旨在实现期望的回报值。围绕该思路，基于风险函数评估，针对状态转移更新，本研究提出了状态时空演绎核模型，该模型具有普遍的适用性。为了阐明该模型，有必要引入两个重要的变量，即：

纳什(Nash)均衡下策略约束条件下的状态族-值函数表示为 $V_i(s(k),\pi_1^*,\cdots,\pi_m^*)$；相应地定义行动族-值函数为 $Q^*(s(k),a_1,\cdots,a_n)$，状态族-值函数与行动族-值函数之间的定量为

$$V_i(s(k)=s,\pi_i^*,\cdots,\pi_m^*)=\sum_{a_1,\cdots,a_m\in A_1\times\cdots,A_m}Q_i^*(s(k)=s,a_1,\cdots,a_m)\times \pi_1^*(s(k)=s,a_1)\cdots\pi_1^*(s(k),a_m) \tag{7-121a}$$

$$Q_i^*(s(k)=s,\boldsymbol{\Theta},a_1,\cdots,a_m)=\sum_{s\in S}T(s,\boldsymbol{\Theta},a_1,\cdots,a_m,s^c)\times [R_i(s(k)=s,\boldsymbol{\Theta},a_1,\cdots,a_m)+\gamma V_i(s^c,\boldsymbol{\Theta},\pi_1^*,\cdots,\pi_m^*)] \tag{7-121b}$$

式中，$\pi_i^*(s,a_i)$表示博弈的第 i 方基于纳什均衡的策略条件下采取行动 a_i 的概率密度分布函数；

$$T(s(k)=s,\boldsymbol{\Theta},a_1,\cdots,a_m,s(k+1)=s^c)=p(s(k+1)\mid s(k),\boldsymbol{\Theta},a_1,\cdots,a_m) \tag{7-122}$$

该函数表示给定当前状态 s 和采取联合行动后$\{a_1,\cdots,a_m\}$，当前一个时刻的状态转移至潜在的候选状态 $s(k+1)=s^c$ 时的概率密度函数。该函数表示状态的演绎模型中各状态之间的可达性。

$R(s(k)=s,\boldsymbol{\Theta},a_1,\cdots,a_m,s^c)$表示给定当前状态 $s(k)=s$ 和采取联合行动$\{a_1,\cdots,a_m\}$后，状态转移至潜在的候选优化状态 s^c 时得到的期望回报函数或者收益函数。

为了借助于状态时空演绎核模型表达各状态的转移过程，考虑一个潜在的状态转移函数(建议分布函数)$q(s(k+2)=s\rightarrow s(k+3)=s^c\mid s(k+2)=s,\boldsymbol{\Theta})$和一个

状态优化接受阈值函数 $\alpha(s \to s^c \mid \boldsymbol{\Theta}, a_1, \cdots, a_m)$，其中 $0 \leqslant \alpha(s(k) \to s(k+1)) \leqslant 1$，则强化学习状态转移函数转化成如下表达形式：

$$\begin{aligned} T(s(k)=s,\boldsymbol{\Theta},a_1,\cdots,a_m,s(k+1)=s^c) \\ =\Pr(s(k+1)=s^c \mid s(k)=s,\boldsymbol{\Theta},a_1,\cdots,a_m) \\ =q(s \to s^c \mid s(k)=s,\boldsymbol{\Theta})\alpha(s \to s^c \mid a_1,\cdots,a_m,\boldsymbol{\Theta}) \end{aligned} \tag{7-123}$$

则 $T(s(k),\boldsymbol{\Theta},a_1,\cdots,a_m,s(k+1))=\Pr(s(k+1) \mid s(k),\boldsymbol{\Theta},a_1,\cdots,a_m)$ 构建了一个状态演绎核（从信息角度而言可称之为熵函数变化）。为了明晰而直观地阐述此概念，不妨将如图 7-16 和图 7-17 所示模型设定在一个生命周期内（通信的一个轮次内），在状态转移图模型的基础上，考虑引入潜在状态转移函数与状态优化接受阈值函数，得到如图 7-35 所示的时空状态演绎模型-模式系统图。

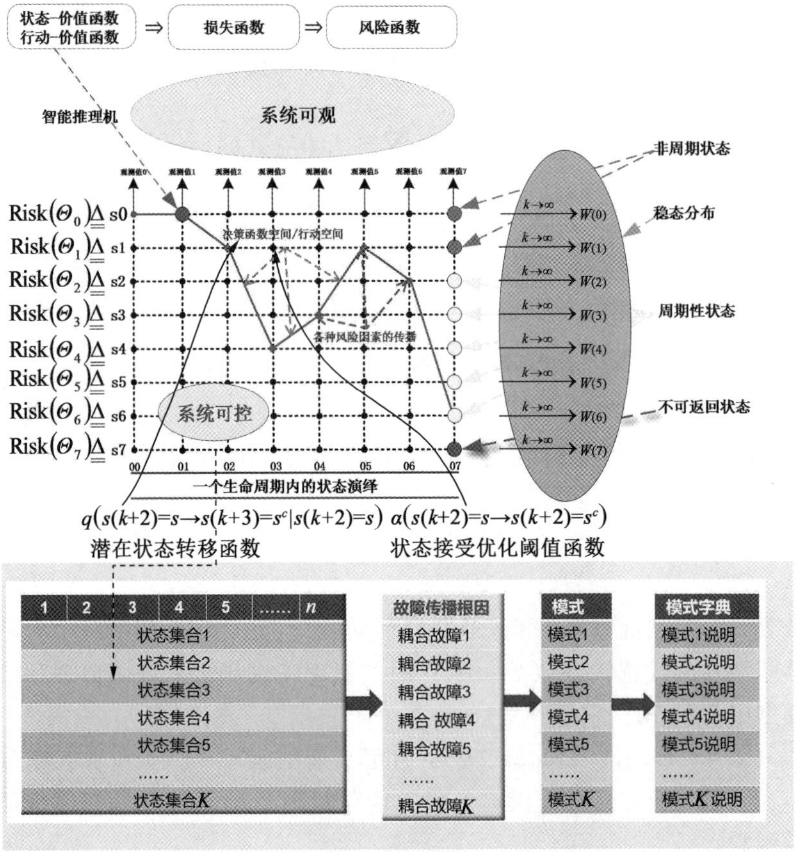

图 7-35　时空状态演绎模型-模式系统图

评述：如图 7-35 所示，基于设备运维系统在一个周期 $n=7$ 内，不同可达状态在时空上构成集合得到了数字孪生系统的 K 个模式，该模式映射了数字孪生系统的故障传播根因与风险评估，根据模式字典，筛选优化的设备运维管控的优化模式。

在当前时刻 k，处于状态 $S^k=s(k)=s$，在 $k+1$ 时刻，$S^{k+1}=s^c$。$q(s\to s^c)$ 函数表示由当前状态在下一个时刻转移至潜在的候选状态的概率密度分布函数，但是否能到达到潜在的候选状态，其取决于由风险评估函数界定的状态接受阈值函数 $\alpha(s(k)=s\to s(k+1)=s^c)$。基于优化的策略函数采取相应的行动，迫使目前状态能在下一个时刻转移至期望的潜在状态。为了实现该目标，考虑引入以下示性函数，即

$$
\boldsymbol{S}^{k+1}=\begin{cases} s(k+1)=s^c, & \Delta\leqslant\alpha(s\to s^c) \\ s(k+1)=s(k)=s, & \Delta<\alpha(s\to s^c) \end{cases} \tag{7-124}
$$

该式表示在 $k+1$ 时刻，以 $\alpha(s(k)=s\to s(k+1)=s^c,\boldsymbol{\Theta})$ 概率接受 s^c 作为下一时刻的状态；而以 $1-\alpha(s(k)=s\to s(k+1)=s^c)$ 概率拒绝转移到状态 s^c，使得该马尔可夫链在下一时刻仍保持目前的状态 s。但是，该问题的难点在于：如何根据强化学习的行为价值函数 Q 确定该随机数 Δ，针对该难点问题，根据损失函数、决策函数、价值函数以及模型特征性能参数之间的因果关系，定义损失函数为

$$
L(s,\boldsymbol{\Theta},\boldsymbol{\pi}_1^*(s,a_1)\cdots\boldsymbol{\pi}_i^*(s,a_i)\cdots\boldsymbol{\pi}_m^*(s,a_m),s') \tag{7-125}
$$

为了得到该定义式，设在当前状态 s 条件下，其对应的模型特征性能参数为

$$
\boldsymbol{\Theta}=(\mu,c,\sigma,\theta,\tau)
$$

筛选优化的决策函数，根据强化学习的极大极小（Minimax）Q 学习准则，在可行域上搜索到的最大的价值函数为

$$
V_i^*(s)=\max_{\pi(s,)}\min_{a_{-i}\in A_{-i}}\sum_{a_i\in A_i}Q(s,\boldsymbol{\Theta},a_i,a_{-i})\boldsymbol{\pi}_i(s,a_i),i=1,2 \tag{7-126}
$$

式中，A_{-i}、A_i 分别为根据参数 $\boldsymbol{\Theta}=(\mu,c,\sigma,\theta,\tau)$，分析权衡决策过程中涉及的此消彼长的矛盾问题，考虑采用优化方法，筛选符合模型参数约束条件的一致最优决策函数，并根据决策结果，在行动集合空间采取相应行动得到最优目标价值函数。基于价值函数，定义损失函数定量表达式为

$$
\begin{aligned} L(s,\boldsymbol{\Theta},a_i,a_{i-1})=&\max_{\pi(s,)}\min_{a_{-i}\in A_{-i}}\sum_{a_i\in A_i,\boldsymbol{\Theta}_i\in\theta}Q(s,\boldsymbol{\Theta}_i,a_i,a_{-i})\boldsymbol{\pi}_i(s,a_i)- \\ &\sum_{a_i\in A_i,\boldsymbol{\Theta}_i\in\theta}Q(s,\boldsymbol{\Theta},a_i,a_{-i})\boldsymbol{\pi}_i(s,a_i) \end{aligned} \tag{7-127}
$$

需要强调的一点是：相对于目标价值函数极大极小值准则，鉴于价值函数与损失函数此消彼长的制约关系，讨论将损失函数作为目标函数必然遵循极小极

大值准则。该准则是对状态空间、决策空间以及行动空间离散地优化差分学习技术，是将风险函数的比较转化为最大风险比较，在最大的风险中选取相对的最小值，该方法在某种程度上是相对保守唯一不偏不倚的折中策略，因此必须对筛选决策函数进行风险评估，导致风险函数产生。但是，如果博弈的竞争方采取是非均衡性固定策略，则极大极小(Minimax) Q 学习准则无法使得决策方自适应的调整少选策略以抵消相应竞争对手策略的变化，因为该准则是一个与竞争对手无关的技术，无论对手采取何种策略，都归结为以概率收敛于参与方的纳什均衡策略。如果参与方的竞争对手未采取均衡策略，则参与方的优化策略并非纳什均衡的策略。在某种程度上，参与方的最优策略比纳什均衡策略更有优势，该思想被广泛应用于大型设备的数字孪生系统。在复杂场景下，一个生命周期内，故障风险传播根因机理性分析的研究领域，针对设备运维管控过程潜在的故障，基于实际输出与预测输出产生的残差，借助于支持向量机识别故障类型，界定评价故障的严重程度等级，借助于基于截尾样本观测值提取的故障模型特征性能参数，建立对应于数字孪生系统的时空状态演绎模型；然后再确定价值函数、损失函数与风险函数。

其次基于数字孪生系统的组件图谱，根据性能指标的刚性需求，构建故障传播的状态空间集合、决策集合以及行动集合，按照以下四个步骤进行：

第一步，对每个决策函数 $\pi_i^*(s,a_i)$ 估算其对应的最大风险值

$$\sup_{\Theta_i\in\theta}\text{Risk}(s,\Theta_i,\pi_i^*(s,a_i),s') \tag{7-128}$$

该函数是一个凸函数，根据决策函数采取行动，得到损失函数，再对损失函数求取数学期望，得到风险函数的表达式为

$$\begin{aligned}&\text{Risk}(s,\Theta_i,\pi(s,a_i),\pi(s,a_{-i}))\\=&E_{X|\Theta_i}[L(s,\Theta_i,\pi(s,a_i),\pi(s,a_{-i}))]\\=&\int_{x\in\Xi}L(s,\Theta_i,a_i,a_{-i})p(x\mid\Theta_i\mathrm{d}\mu(x))\end{aligned} \tag{7-129}$$

式中，Ξ 表示样本集合，该式为风险函数，决定因素包括博弈双方所筛选的决策函数，决策方与竞争对手的行动空间 $\pi(s,a_i),\pi(s,a_{-i})$，其中 $\mu(x)$ 是控制测度，常取 Lebesgue 测度或者技术测度。因此风险函数是衡量筛选的策略并采取相应行动导致损失的期望值，该期望值在某种程度上是衡量强化学习方法中涉及的回报函数与价值函数的一种量度。显然，风险函数表示平均损失，平均损失小，证明所筛选的决策为一致最优决策，选取的模型参数合理，所以风险函数是界定决策函数优劣程度的量度。

针对 7.5.1 节所描述的应用场景和模型，在置信水平 α 给定的约束条件下，

其相应的风险决策函数为

$$\text{Risk}(\mu,(d_1,d_2))=\frac{2\sqrt{2}}{\sqrt{n(n-1)}}\mu_1\frac{\sigma}{\sqrt{c}}t_{\frac{\alpha}{2}}(m-1)\frac{\Gamma\left(\frac{m}{2}\right)}{\Gamma\left(\frac{m-1}{2}\right)}+\mu_2\alpha \tag{7-130}$$

式中，u_1、u_2 为给定的两个常数，第一项表示区间(d_1,d_2)的长短导致的损失；第二项表示 μ 不属于区间(d_1,d_2)时导致的损失；$t_{\frac{\alpha}{2}}(m-1)$表示自由度为 $m-1$ 的 t 分布的$\frac{\alpha}{2}$上侧分位数。显然第一项与区间的长度成正比，第二项与区间不包含真实的概率成正比。（具体的推导过程，请读者自行完成）

第二步，在最大的风险值集合中，筛选最小值，该求解过程是一个 Epigraph 优化问题。

第三步，设该马尔可夫链为齐次时间离散参数连续随机过程，在纳什均衡条件下同样存在平稳分布。给定 $q(s(k+2)=s\rightarrow s(k+3)=s^c|s(k+2)=s)$，选择

$$\alpha(s\rightarrow s^c)$$

使得 $T(s(k)=s,a_1,\cdots,a_m,s(k+1))=p(s(k+1)=s^c|s(k)=s,a_1,\cdots,a_m)$对应的该齐次不可约的马尔可夫链平稳分布为

$$w(k),k=1,2,\cdots,m$$

因此状态优化接受阈值函数表达式定义为如下表达式，即

$$\alpha(s\rightarrow s^c)=\min\left\{1,\frac{w(k+1)q(s^c\rightarrow s)}{w(k)q(s\rightarrow s^c)}\right\} \tag{7-131}$$

第四步，设优化的决策 $\pi^*(\Theta_k,s,a_k)\in \Pi$，$\Pi$ 表示随机决策空间的集合，Θ 的共轭先验分布为 $H^*(\Theta_k)$，$\forall\,\Theta_k\in\Theta$，则根据 Bayesian 统计推断原理的极小极大准则，风险规划问题表达式为

$$\begin{aligned}&\int\text{Risk}(s,\Theta,\pi^*(s,a_i))H^*(\Theta)\mathrm{d}\Theta\\ &\leqslant\inf_{\pi\in\Pi}\int\text{Risk}(s,\Theta,\pi(s,a_i))H^*(\Theta)\mathrm{d}\Theta\\ &=\sup_{H\in H}\inf_{\pi\in\Pi}\text{Risk}_H(\pi(s,a_i))\\ &\leqslant\inf_{\pi\in\Pi}\sup_{H\in H}\text{Risk}_H(\pi(s,a_i))\end{aligned} \tag{7-132}$$

则状态转移函数为

$$T(s(k))=s,\Theta,a_1,\cdots,a_m,s(k+1)=\Pr(s(k+1)=s^c|s(k)=s,\Theta,a_1,\cdots,a_m)$$

$$
=\begin{cases} q(s\to s^c \mid s(k)=s), & W(s^c)q(s\to s^c)\mid s(k)=s \\ & \geqslant W(s)q(s\to s^c\mid s(k)=s)\alpha(s\to s^c) \\ q(s\to s\mid s(k)=s^c)\dfrac{W(s^c)}{W(s)}, & W(s^c)q(s\to s^c\mid s(k)=s) \\ & <W(s)q(s\to s^c\mid s(k)=s)\alpha(s\to s^c) \end{cases} \tag{7-133}
$$

当 $k\to\infty$ 时,该马尔可夫空间逐渐过渡到平稳状态,得到稳态分布,相应的折扣因子与回报函数波动范围落在与给定的置信水平对应的置信区间内。按照以上三个步骤,根据最大最小的准则,在下一时刻可能达到候选状态,必须满足损失函数与风险函数最小,而相应的价值函数与回报函数值最大的约束条件。此外,该式产生的齐次马尔可夫链是可逆的(非因果的逆推)。因此,该优化模型中 Δ 必然是折扣因子与回报函数的函数,其取值服从[0,1]均匀分布上采样的一个随机数,即

$$
\Delta=f(\gamma,R)
$$

基于简化所研究的问题,且从有利于解决实际工程问题的可行性角度考虑,借助于 Proximal gradient 优化问题的方法技巧,建议选择具有形状对称性质指数形函数作为潜在的状态转移函数,即

$$
\begin{aligned} & q(s(k)=s\to s(k+1)=s^c\mid s(k)=s,\Theta) \\ &=q(s(k+1)=s^c\to s(k)=s\mid s(k+1)=s^c,\Theta) \end{aligned} \tag{7-134}
$$

7.5.4 基于极大极小 Q 学习准则的价值函数的优化算法

基于纳什均衡策略的强化学习方法的极大极小值 Q 学习准则关键问题,在很大程度上可归结为求解复杂的优化问题,即

$$
\begin{aligned} & \max_{x_i,\Theta_i,a_i}\min_{x_i,-\Theta_i,-a_i} Q_i(s(k)=s,x_i,\Theta_i,a_1,\cdots,a_m) \\ &= \sum_{s'\in S} T(s(k)=s,a_1,\cdots,a_m,s^c)[R_i(s(k)=s,x_i,\Theta_i,a_1,\cdots,a_m)+\gamma V_i(s^c,\pi_1^*,\cdots,\pi_m^*)] \\ & \text{s. t.} \quad \inf <= \Theta <= \sup \end{aligned} \tag{7-135}
$$

其中模型参数 Θ 界定是难点,如果选择合适的特征性能参数,则在决策函数集合中筛选的 $\pi(s,a_i)(i=1,\cdots,m)$ 必然是一致最优的决策函数,否则因为特征性能参数选择得不合适,将导致不能筛选出一致最优函数,只能退而求其次,选择次最优函数,该方法在处理非凸优化问题时经常被采用。

为了求解该优化问题,建议潜在的状态转移函数选取拉普拉斯函数或者高斯函数,对该目标函数取对数似然函数,同时有必要对状态转移函数进行修正,即

$$
T(s(k)=s,\Theta,a_1,\cdots,a_m,s(k+1)=s^c)
$$

$$=\Pr(s(k+1)=s^c\mid s(k)=s,\boldsymbol{\Theta},a_1,\cdots,a_m)$$
$$=q(s\to s^c\mid s(k)=s,\boldsymbol{\Theta})\alpha(s\to s^c\mid\boldsymbol{\Theta},a_1,\cdots,a_m)$$
$$\propto p(s^c\mid s)p(s\mid\Theta)H(\Theta)\alpha(s\to s^c\mid\boldsymbol{\Theta},a_1,\cdots,a_m) \tag{7-136}$$

针对式(7-136)取对数似然函数,得到如下表达式,一种普遍简单常用的是建议选择拉普拉斯函数与高斯函数等,即

$$q(s\to s^c\mid s,\boldsymbol{\Theta})=\lambda\exp(\lambda\mid s-s^c)v(\boldsymbol{\Theta}) \tag{7-137a}$$

$$q(s\to s^c\mid s,\boldsymbol{\Theta})=\exp\left\{\frac{\|s-s^c\|^2}{2}\right\}v(\boldsymbol{\Theta}) \tag{7-137b}$$

下面分别对以上设定分情况进行讨论:

Ⅰ. 当转移函数取拉普拉斯函数时,价值函数为

$$\underset{\Theta}{\text{minmize}}\sum_i\lambda_i\|\boldsymbol{\Theta}\|+\frac{1}{2}\|L\boldsymbol{\Theta}-\boldsymbol{c}\|^2 \tag{7-138}$$

Ⅱ. 当转移函数取高斯分布函数时

$$\underset{\Theta}{\text{minmize}}\ \varphi(\boldsymbol{\Theta})+\frac{1}{2}\|x-\boldsymbol{\Theta}\|^2 \tag{7-139}$$

式中,$\psi(\Theta)=\dfrac{\lambda\|L\boldsymbol{\Theta}-c\|^2}{2}$,$L\in\mathbf{R}^{m\times n}$,$\lambda>0$,$\Theta\in\mathbf{R}^m$。则

$$\text{prox}_{\psi(\Theta)}=(I+\lambda L'L)^{-1}(\boldsymbol{\Theta}+\lambda L'\boldsymbol{u}) \tag{7-140}$$

由此可推广到更普遍的情形为

$$\psi(\Theta)=\varphi(\Theta)+\alpha\|\boldsymbol{\Theta}\|/2+\beta\boldsymbol{u}^{+}\boldsymbol{\theta}+\lambda,\quad \boldsymbol{u}\in\mathbf{R}^m,\alpha>0,(\beta,\lambda)\in\mathbf{R}^2$$

则

$$\text{prox}_{\varphi/\alpha+1}=((\boldsymbol{\Theta}-\beta\boldsymbol{u})/\alpha+1) \tag{7-141}$$

基于以上的理论支撑,结合数字孪生系统故障诊断的研究最新进展,7.5.5节有必要对时空状态演绎模型-模式进行评述。

7.5.5 时空状态演绎模型评述

为了提高基于数字主线的控制设备的运行安全性与可靠性,以及设备运维过程故障检测的精准性,本研究提出了时空状态的演绎模型,基于该模型构建了表征大型设备健康运维状态的模式集合。时空状态的演绎模型,是针对数字孪生系统的故障传播根因诊断识别、分析以及分类而提出的具有普遍适用性理论。考虑到大型设备在运行过程中,由于摩擦、复杂冲击力、震动、疲劳和腐蚀磨损形变产生的各种故障,各种故障耦合导致设备表面和内部完整性、连续性受到不同程度的破坏,故障在设备中传播,伴随着相应状态性能指标的变化。时空状态演

绎模型是数字孪生系统中链接物理实体与数字虚拟空间的桥梁。为了构建该模型,首先建立物理实体与数字虚拟仿真空间的多模态数据交互机制,建立缺损数据库;其次,借助于基于神经网络(CNN 、RNN 和 LSTM 等)深度学习方法,进行聚类分析。根据故障诊断判决两类错误的拒绝域此消彼长耦合关系,结合物理模型信息,根据鉴别信息,借助于强化学习方法确定对应于一个周期内每个时刻的状态;最后,在一个周期内所有的遍历时序状态组合,构建设备管控运维的模式集合。

针对各种类型故障耦合判决,根据漏警与虚警决定的第一类错误与第二类错误之间此消彼长的关系,建立故障传播根因逻辑决策推理机,根据故障的传播界定装备对应的运维状态。同时,时空状态演绎模式,借助于离散傅里叶变换 DFT,和西北工业大学江洪开团队提出的自适应小波引导周期稀疏表示方法(AMWPSR),将一个周期内的时间序列的状态映射到频率-空间域,从频域上对设备的运行状态进行分析,与健康状态的频谱进行比对,监测异常频率。建立主动故障预判预控与处理机制,该过程主要挖掘提取故障产生的因素之间的关联特征以及相互之间的耦合关系,建立故障征兆集合。因为设备的运维故障诊断,需要考虑两个主要因素,内部元器件的老化与外部因素的干扰,故障的产生与传播,必然导致系统状态的变化,根据当前状态的变化,根据目前的状态,优化决策方案。优化筛选故障处理的策略,改善设备的健康运维状态。建立故障处理的策略集合,评估设备健康运维的安全性、可靠性与精准性。

7.6 基于粒子滤波联邦学习方法框架的构建

将联邦学习方法部署在“云边端”感存算与通信一体化决策平台上,面对复杂任务协同决策需求,基于边端的粒子集合,采用基于分布式 Stein 变分梯度下降(DSVGD)联邦广义 Bayesian 统计学习方法,根据损失函数,优化全局模型选择与性能参数,同时兼顾客户端在分布式学习环境下隐私性与竞争性、安全性以及可靠性。在一个生命周期内,设备在复杂的应用场景下,基于自身硬件算力在数据隐私约束条件下,旨在实现模型与特征性能参数的全局更新迭代优化。将该联邦学习方法的应用场景设置为由一个服务器和 K 个边端智能体组成的感存算一体化的决策模块。

图 7-36 基于服务器与边端智能体的联邦学习协同决策架构,基于本地智能体客户端具有结构化数据、图像视频感知理解与决策功能,基于本地粒子集合,借助于神经网络进行模式识别,针对每一个边端智能体而言,分别有其相应

的本地隐私数据库、相关的模型以及特征性能参数。根据该模型参数确定状态空间,构建损失函数和风险函数。而且每个客户围绕一个中心节点与上层的服务器之间按照一定的协议进行交互通信(包括上行链路与下行链路),并将该模型发送至全局服务器,为了表征边端与云端服务器之间的模型信息交互中的损失程度,考虑引入受本地环境影响复杂因素的约束条件,为了精准表征熵的损失程度,考虑引入互信息概念,即鉴别信息,借助于鉴别信息描述建模的准确程度,即

$$I(q_k(\theta_i),p_0(\theta_i);\boldsymbol{X}|\boldsymbol{\Theta})=\sum_{i}^{M}p_k(\theta_i)\log\frac{q_k(\theta_i)}{p_0(\theta_i)},\quad k=1,2,\cdots,K,\theta_i\in\boldsymbol{\theta}$$

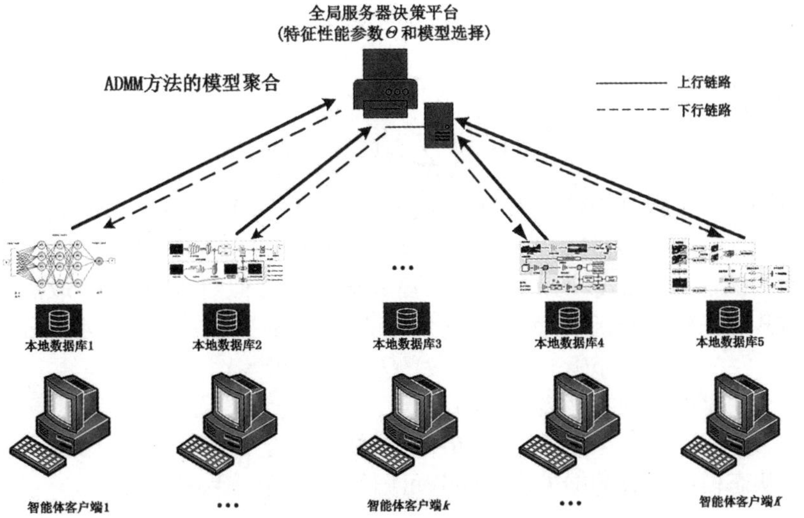

图 7-36　基于服务器与边端智能体联邦学习构架

该鉴别信息可等效为如图 7-37 所示的模型。

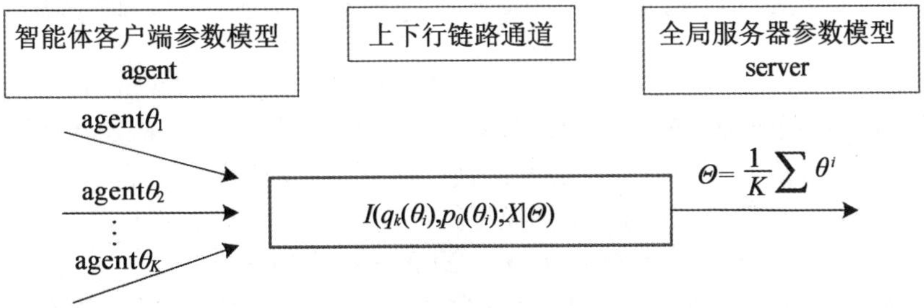

图 7-37　智能体客户端模型与全局服务器模型示意图

该式表示智能体客户端模型与全局服务器模型之间的相似度,根据模型的失真,在全局服务器上采用神经网络训练损失函数,并自适应优化调整损失函数模型参数,如此处理过程在很大程度上旨在构建全局模型的共轭先验知识,特别

广义对 Bayesian 统计学习框架而言,可归结为损失参数的共轭先验分布概率模型,该节点主要目标借助于先验概率 $p_1(\theta)$ 的模型参数 $\theta(\theta\in\mathbf{R}^d)$ 来计算全局的后验概率率密度似然函数 $q(\theta)$。根据广义 Bayesian 统计推断学习原理,客户端主要目标是获得分布函数 $q(\theta)$,从而使得自由能量开销达到最小值,因此该优化问题按照如下方案设计:

$$\begin{cases}\min & F(q(\theta)) \\ \text{s. t.} & F(q(\theta))=\sum_{k=1}^{K}E_{\theta\sim q(\theta)}(L_k(\theta,\delta(\boldsymbol{x}),y_k))+\alpha D(q(\theta)\|p_0(\theta))\end{cases} \tag{7-142}$$

式中,α 为优化调配参数。

该优化的最优可行解为

$$q(\theta)=p_0(\theta)\exp\left(\sum_{k=1}^{K}L_k(\theta,\delta(x),y_k)-\frac{1}{\alpha}\right) \tag{7-143}$$

根据模型参数 θ 构建损失函数,设该损失函数为正定的二次函数,则

$$L(\theta,\delta(\boldsymbol{x}))=(\delta(\boldsymbol{x})-\theta)^{\mathrm{T}}\boldsymbol{Q}(\delta(\boldsymbol{x})-\theta),\quad \boldsymbol{Q}>\boldsymbol{0}$$

如式(7-142)和式(7-143)所示,后验概率密度似然函数 $q(\theta)$ 取决于损失函数与共轭先验分布函数,为了改善估算的精度,本节引入了置信水平 α,则

$$\{\delta(\boldsymbol{x}):(\delta(\boldsymbol{x})-\theta)^{\mathrm{T}}\boldsymbol{Q}(\delta(\boldsymbol{x})-\theta)\leqslant\chi^2_{1-\alpha}\}$$

且设关于模型参数的共轭先验分布为

$$\boldsymbol{\theta}\sim N(\boldsymbol{\mu},\boldsymbol{\beta})$$

则决定状态模式划分的损失函数矩阵可归结为如下表达式:

$$L(\theta,\delta(\boldsymbol{X}),\boldsymbol{A})=\begin{array}{c} \begin{array}{cccc} a_1 & a_2 & \cdots & a_n \end{array} \\ \begin{bmatrix} l(a_1,\theta_1) & l(a_2,\theta_1) & \cdots & l(a_n,\theta_1) \\ l(a_1,\theta_2) & l(a_2,\theta_2) & \cdots & l(a_n,\theta_2) \\ \vdots & \vdots & & \vdots \\ l(a_1,\theta_m) & l(a_2,\theta_m) & \cdots & l(a_n,\theta_m) \end{bmatrix} \end{array} \begin{array}{c} \theta_1 \\ \theta_2 \\ \vdots \\ \theta_m \end{array}$$

上式表示损失函数的集合,其中,$a_i\in A$ 表示行动集合,$\theta_i\in\boldsymbol{\theta}$ 表示模型参数的空间,运用深度学习方法在状态空间到行动空间上,训练所有可能候选决策函数族,并优化筛选的决策函数,得到模型特征性能参数的表达式如下,即

$$\hat{\boldsymbol{\theta}}=E(\boldsymbol{\theta}\,|\,\delta(\boldsymbol{x}))=\boldsymbol{x}-\boldsymbol{\Sigma}(\boldsymbol{\Sigma}+\boldsymbol{\beta})^{-1}(\boldsymbol{x}-\boldsymbol{\mu})$$

为了改善估算的精度,考虑将该参数的估计值 $\hat{\boldsymbol{\theta}}$ 借助于上行链路发送至全局服务器,在服务器上进行加权平均,得到模型参数的全局估计值 $\hat{\boldsymbol{\theta}}_{\text{globe}}$,即

$$\hat{\boldsymbol{\theta}}_{\text{globe}}=\sum_{i=1}^{K}w_i\hat{\boldsymbol{\theta}}_i,\quad i=1,2,\cdots,K$$

然后再将模型全局估计值 $\hat{\boldsymbol{\theta}}_{\text{globe}}$ 通过下行链路发送至智能体客户端。

7.6.1　基于粒子集合模型构建的更新迭代

针对 AVGD 方法,采用$D(q(\boldsymbol{\theta})\|\widetilde{p}(\boldsymbol{\theta}))$表示 K-L 距离,该距离函数属于凸函数,针对一个非归一化的目标分布函数$\widetilde{p}(\boldsymbol{\theta})$和定义在模型参数$\boldsymbol{\theta}\in\mathbf{R}^d$上的非参数的广义后验$q(\boldsymbol{\theta})$分布函数,该函数$q(\boldsymbol{\theta})$考虑采用样本集合$\{\theta_n\}_{n-1}^N$来表示。采用建议分布函数,采用 Kernel 函数 K(· , ·)采样粒子对集合。则函数$q(\boldsymbol{\theta})$的近似表达式为

$$q(\theta)=\frac{1}{N}\sum_{n=1}^{N}\mathrm{K}(\theta,\theta_n) \tag{7-144}$$

考虑采用加权方法处理 Kernel 函数 K(· , ·),其中w_n为归一化的权值,合理地选择核函数和对应的宽度h,使得建议分布函数与$q(\boldsymbol{\theta}_n)$之间的 K-L 距离更小,即

$$q(\theta_n)\approx\sum_{i=1}^{L}w_n^{[l]}\mathrm{K}_h(\theta_n-\theta_n^{[l]}) \tag{7-145}$$

模型参数估计值为

$$\boldsymbol{\theta}_n\approx\sum_{i=1}^{L}w_n^{[l]}\boldsymbol{\theta}_n^{[l]} \tag{7-146}$$

一旦给定模型特征性能参数$\boldsymbol{\theta}_n$,则考虑构建损失函数和风险函数。设在单一的智能体客户端k,分配到通信轮次 1,2,…,遵循标准实现 DVI。设$I_k^{(i)}\subseteq\{1,\cdots,i\}$为优先分配给用户$k$的通信轮次的子集,不妨定义粒子标签$I_k^{(i)}\subseteq\{1,\cdots,i\}$,优先分配给客户端$k$的通信轮次的集合。针对每一个开始通信轮次$i$,本地服务器保持当前全局粒子的迭代结果$\{\theta_n^{(i-1)}\}_{n=1}^N$,$\{\theta_n^{(j-1)},\theta_n^{(j)}\}_{n=1}^N$表示之前的通信轮次$j\in I_k^{(i-1)}$所保持的本地缓存的粒子。针对每次的更新迭代$i$,U-DSVGD 指派的智能客户端$k$执行如下步骤:

(1)在智能体客户端k从本地服务器下载当前的粒子$\{\theta_n^{(i-1)}\}_{n=1}^N$,其中也包括本地缓存的粒子集合。

(2)智能体客户端k采用 SVGD 方法迭代更新下载的粒子:

$$\theta_n^{(l)}=\theta_n^{(l-1)}+\varepsilon\varphi(\theta_n^{(l-1)}),\quad l=1,\cdots,L \tag{7-147}$$

其中,L表示本次迭代的次数;$[l]$表示本次迭代次数的标识;$\varphi(\cdot)$为D维单位球内待优化的函数,该函数是基于最陡梯度下降粒子集合,欲得到本地能量开销的最优值。为了实现该目标,设

$$q^{(i-1)}(\theta)=\sum_{n=1}^{N}\mathrm{K}(\theta,\theta_n^{(i-1)})$$

该式是采用粒子集合$\{\theta_n^{(i-1)}\}_{n=1}^N$表示的当前全局后验概率密度分布函数,而本地当前近似似然函数为

$$t^{(i-1)}(\theta)=\prod_{j\in I_k^{(i-1)}}\frac{q^{(i)}(\theta)}{q^{(i-1)}(\theta)}=\frac{q^{(i)}(\theta)}{q^{(i-1)}(\theta)}t^{(i-2)}(\theta) \tag{7-148}$$

并定义非归一化的空心分布函数为

$$\hat{p}_k^{(i)}(\theta)=\frac{q^{(i-1)}(\theta)}{t_k^{(i-1)}(\theta)}$$

基于空心分布函数得到倾斜分布函数为

$$\widetilde{p}_k^{(i)}(\theta)=\frac{q^{(i-1)}(\theta)}{t_k^{(i-1)}(\theta)}\exp\left[-\frac{1}{\alpha}L_k(\theta)\right] \tag{7-149}$$

根据 SVGD 方法将粒子迭代更新式优化为最陡下降的基于粒子集合近似全局后验分布似然函数与倾斜分布函数之间的 K-L 距离，从而得到如下表达式：

$$\varphi^*(\cdot)\leftarrow\mathrm{argmax}_{\varphi(\cdot)\in H^d}\left\{-\frac{\mathrm{d}}{\mathrm{d}\boldsymbol{\varepsilon}}D(q_{\varepsilon\varphi}^{(l-1)}(\boldsymbol{\theta})\|\widetilde{p}_k^{(i)}(\boldsymbol{\theta})):\|\varphi\|_{H^d}\leqslant1\right\} \tag{7-150}$$

则参数的更新迭代公式为

$$\theta_n^{[l]}\leftarrow\theta_n^{(l-1)]}+\frac{\boldsymbol{\varepsilon}}{N}[k(\theta_j^{(l-1)},\theta_n^{(l-1)})\nabla_{\theta_j}\log p_j^{(l-1)}+\nabla_{\theta_j}k(\theta_j^{(l-1)},\theta_n^{(l-1)})],\quad l=1,\cdots,L \tag{7-151}$$

式中，$k(\cdot,\cdot)$表示正定的与再生希尔伯特空间的相关核函数(RKHS)。

(3)在任意给定的智能体客户端 k，集合 $\theta_n^{(i)}=\theta_n^{(L)}$，$n=1,\cdots,N$，基于粒子集合$\{\theta_n^{(i)}\}_{n=1}^N$构建模型，并将后验分布的最大似然估计模型发送到全局服务器，同时更新当前的粒子，即$\{\theta_n\}_{n=1}^N=\{\theta_n^{(i)}\}_{n=1}^N$。然后借助于量化梯度方法得到模型参数的最优值，具体过程见文献[182]。

7.6.2 联邦学习实现步骤和仿真实验

受系统异构性和隐私安全问题的约束，有必要优化设计低功率开销上行链路与下行链路，基于训练进程部分粒子集合进行模型的迭代更新，使得模型与联邦学习网络中智能体客户端产生精准匹配的数据，实现提高通信效率的目标。核函数建议选取具备对称性质，如 Radial 基函数、高斯核函数、拉普拉斯及混合高斯分布函数，其相应的表达式如第 6 章的式(6-4)Bayesian Logistic 回归模型。

模型损失函数选择取决于所研究问题针对的任务应用场景，目前普遍采用的损失函数包括平方损失、线性损失、0-1 损失及多元二次损失函数。

(1)借助于本地粒子滤波算法得到模型参数估计值 $\hat{\theta}_n$，建立如图 7-36 时空状态的演绎模型。

(2)根据模型参数，建立决策函数空间，筛选决策函数 $\delta(x)$ 构建损失函数 $L_k(\hat{\theta}_n)$。

(3)针对损失函数在数据库集合上求取数学期望，得到关于决策函数 $\delta(x)$

的风险函数 $\text{Risk}_k(\hat{\theta}_n,\delta(\boldsymbol{x}_k))$，并将该函数和特征性能参数借助于上行链路发送至全局服务器。

(4) 在全局服务器决策过程中，根据模型决定的态势，自适应地选择最佳的聚合模式，对各边端智能体模型和模型参数，运用 Proximal 梯度下降 ADMM 方法进行加权聚合，然后将损失函数模型和特征参数通过下行链路分别传输至各智能体客户端，实现模型与参数的优化。

按照以上建议的四个步骤，不妨设模型参数为 $\hat{\theta}_n=\{\omega_n,\ln\zeta_k\}$，其中，$\omega_k$ 表示迭代的权值，而 ζ_k 表示量化参数。

考虑 0-1 分类的基于参数选择的 Bayesian Logistic 回归模型，如文献[188]所采用的应用场景，在固定的一个通信轮次内，针对智能体边端 k 本地数据库 D_k，构建 $\text{Risk}_k(\hat{\theta}_n,\delta(\boldsymbol{x}_k))$，其中 $\boldsymbol{x}_k\in\mathbf{R}^d$，$y_k\in\{0,1\}$，决策行动采用 0-1 判决准则，则对应的损失函数考虑定义为

$$L_k(\theta_n)=\sum_{(x_k,y_k)\in D_k} l(\boldsymbol{x}_k,y_k,\hat{\theta}_n,\delta(\boldsymbol{x}_k)) \tag{7-152}$$

为了研究问题的方便，运用粒子滤波算法估算模型特征性能参数，基于该参数构建损失函数，即

$$L_k(\theta_k,\hat{\theta}_n)=\begin{cases}\xi_0(\theta_n-\hat{\theta}_n), & \hat{\theta}_n\leqslant\theta_n\\ \xi_1(\hat{\theta}_n-\theta_n), & \hat{\theta}_n>\theta_n\end{cases} \tag{7-153}$$

$$p_0(\boldsymbol{x})(b=1\,|\,\zeta;\boldsymbol{x})=\frac{\exp(\hat{\boldsymbol{\theta}}'\boldsymbol{x})}{1+\exp(\hat{\boldsymbol{\theta}}'\boldsymbol{x})} \tag{7-154}$$

式(7-154)表示 Logistic 回归模型的系数矢量，其中 $\boldsymbol{x}\in\mathbf{R}^d$，相应的共轭先验分布为

$$p_0(\boldsymbol{x})=\lambda^{\frac{n}{2}}\exp(\lambda\|\boldsymbol{x}\|_1),\quad \lambda>0$$

式中，$\|\cdot\|_1$ 表示 1 范数，根据 Bayesian 统计推断原理，则最大的后验分布为

$$\text{mininize}_{\boldsymbol{x}\in\mathbf{R}^d}\sum_{n=1}^{N}\log(1+\exp\|\hat{\boldsymbol{\theta}}'\boldsymbol{x}\|+b_i\hat{\boldsymbol{\theta}}'\boldsymbol{x})+\lambda\|\boldsymbol{x}\|_1,\quad \lambda>0 \tag{7-155}$$

式(7-155)是一个典型的 LASSO 规划问题。

此外，针对智能客户端 k 本地数据库 D_k、回归和多标签分类的 Bayesian 神经网络模型(BNN)，得到模型如下：

$$p_0(\omega)=N(\boldsymbol{\omega}\,|\,\boldsymbol{\mu I},\delta^{-2}\boldsymbol{I})$$

其中 $\boldsymbol{\mu I}$ 表示数学期望为待估参数，考虑其方差矩阵的共轭先验分布为 $\pi(\delta^2)\propto\delta^{-2}$，因此，待估模型参数的联合概率密度分布函数表达为

$$\pi(\mu,\delta^2\,|\,\omega)\propto c\left(\frac{1}{2\pi\delta^2}\right)^{\frac{n}{2}}\exp\left\{-\frac{1}{2\delta^2}\sum_{n=1}^{N}(\omega_n-\mu)^2\right\}\frac{1}{\delta^2}$$

$$= c\left(\frac{1}{\delta^2}\right)^{\frac{n+1}{2}} \exp\left(\frac{S}{\delta^2}\right) \exp\left\{-\frac{N}{2\delta^2}\sum_{n=1}^{N}(\mu - \overline{\omega}_n)^2\right\} \tag{7-156}$$

式中,c 表示常数,方差 δ 后验概率密度分布函数为

$$\pi(\delta^2|\omega) = \int_{-\infty}^{\infty}\pi(\mu,\delta^2|\omega)\mathrm{d}\mu = c\left(\frac{1}{2\pi\delta^2}\right)^{\frac{n+1}{2}}\exp\left\{-\frac{S_k}{\delta^2}\right\} \sim \Gamma^{-1}\left(\frac{S_k^2}{2},\frac{N-1}{2}\right) \tag{7-157}$$

式中,$S_k^2 = \sum_{n=1}^{N}(\omega_i - \mu)^2$ 表示方差,在置信水平 α 给定的条件下,决策函数与行动函数归结为确定参数 σ^2 对应的置信区间,即

$$\left[\frac{S_k^2}{\chi^2_{1-\frac{\alpha}{2}}(n-1)},\frac{S_k^2}{\chi^2_{\frac{\alpha}{3}}(n-1)}\right] \tag{7-158}$$

基于文献[181]所设置的应用场景,将分层异构的联邦学习算法部署于无线感知网络决策平台,优化通信过程上行链路与下行链路设计方案,针对神经网络各层的量化精准度与传输效率改善机理问题,在每次迭代过程中,实现通信有效载荷和通信轮次数量之间的优化折中;借助于本地的粒子数据库建立模型以及与模型对应的损失函数,将模型和参数通过上行链路发送到全局服务器,进行模型选择的迭代更新,运用基于 Proximal 梯度下降的 ADMM 加权聚合方法,对模型的损失函数进行优化,然后将全局的模型分别通过下行链路传送至各智能体客户端,旨在减小各智能体客户端之间的分歧,具体表现为减小随机损失函数之间的鉴别信息 K-L 距离。针对多部门异构数据的汇聚与共享,实现安全可信的数据交换策略。在有效载荷与传输效率给定的条件下,在一个通信轮次内,基于给定粒子数据集的量化方案筛选,设量化误差变化满足高斯分布的统计特性,损失函数采用式(7-153)所提供的模型。

仿真结果如下:

1. MNIST 数据集(上行链路量化,独立同分布的数据集)

如图 7-38(a)和图 7-38(b)所示,在 MNIST 数据集上使用上行量化传输进行模型训练的实验结果,给出了基于联邦学习在 MNIST 数据集上训练一个 CNN 网络模型的过程曲线,包括模型在测试集上的准确率和在训练集上的训练误差的变化情况。在训练过程中,上行传输过程包括两种方式:直接传输表示将更新过的模型直接上传至服务器端;差分传输则表示只上传更新过程模型和此前用户下载的全局模型之间的差值。同时,考虑对模型参数进行低精度量化表示,因为原始参数通常是 32 bit 的浮点数,直接传输通信开销过大;量化过程采用随机舍入而非传统的四舍五入,以确保数据变化统计特性的无偏性。从图中结果可

以看出,结合差分传输,可以将量化位宽降至 1 bit 或者 2 bit 而不过分降低模型性能,该结果表明:针对联邦学习的上行过程进行适当的量化压缩可以有效地实现传输效率和模型能力之间的折中。

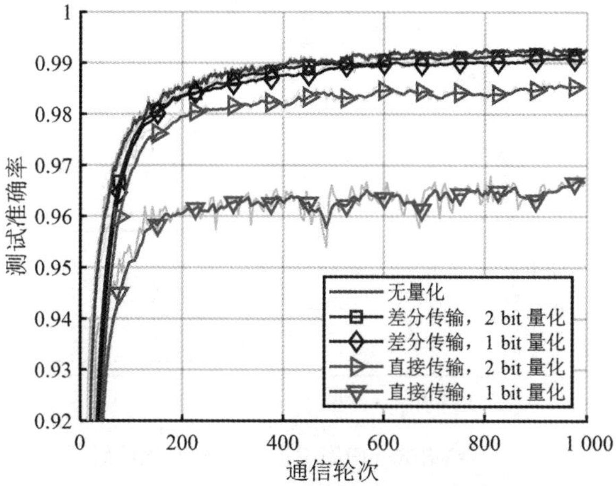

(a)测试准确率随通信轮次变化曲线

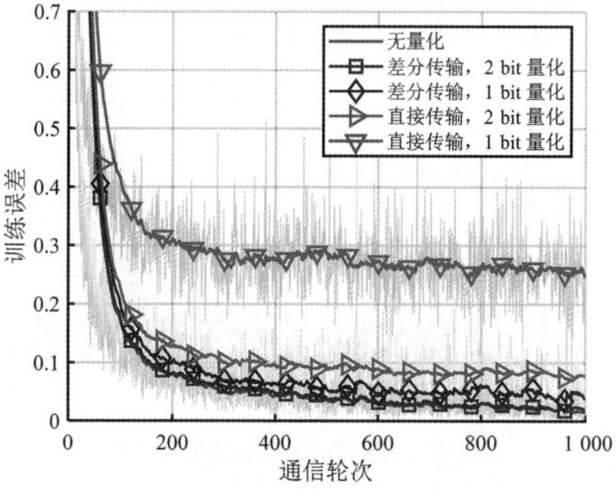

(b)训练误差随通信轮次变化曲线

图 7-38　在 MNIST 数据集上使用上行量化传输进行模型训练的实验结果(独立同分布)

2. MNIST 数据集(上行链路量化,非独立同分布的数据集)

如图 7-39(a)和图 7-39(b)所示,基于数据与模型共享的优化策略,给出了基于本地粒子与模型的提高联邦学习效率的自适应方法,训练损失函数、风险函数与特征参数,分别选择不同的比特数进行差分传输与直接传输,得到的准确率与训练误差的变化曲线,该统计特性在大数定理的条件下符合高斯分布的统计特性，关于该高斯分布参数的共轭先验分布，其超参数可根据本地的数据库训练得到，然后借助于 Bayesian 统计推断原理，获取损失函数。

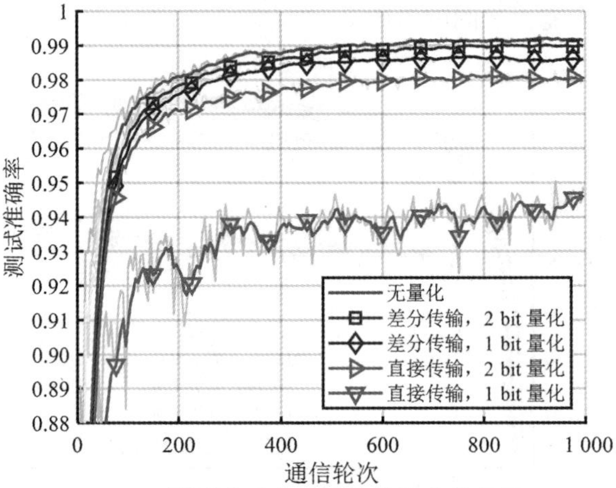

(a)测试准确率随通信轮次变化曲线

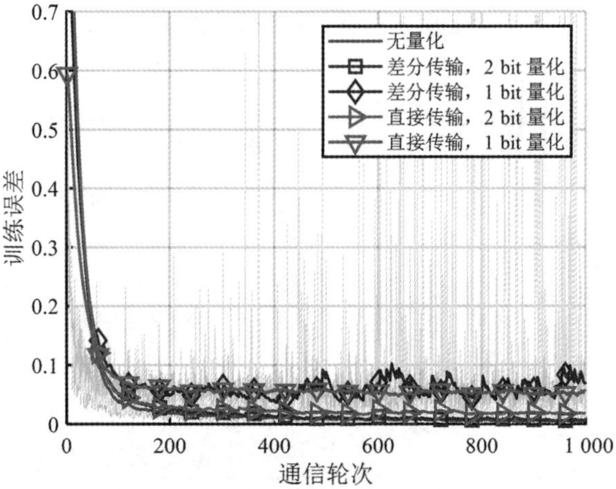

(b)训练误差随通信轮次变化曲线

图 7-39　MNIST 数据集准确率与训练误差的变化曲线（非独立同分布）

3. CIFAR-10 **数据集（下行链路量化，独立同分布的数据集）**

如图 7-409(a)和图 7-40(b)所示，在该通信轮次内，针对下行链路，采用不同比特数分层量化与基本量化的方式，基于独立同分布的数据集构建关于充分统计量的概率密度和分布函数，筛选枢轴量，从而得到关于误差参数对应于置信水平的置信区间。基于置信区间分别得到准确率与训练误差的变化曲线。

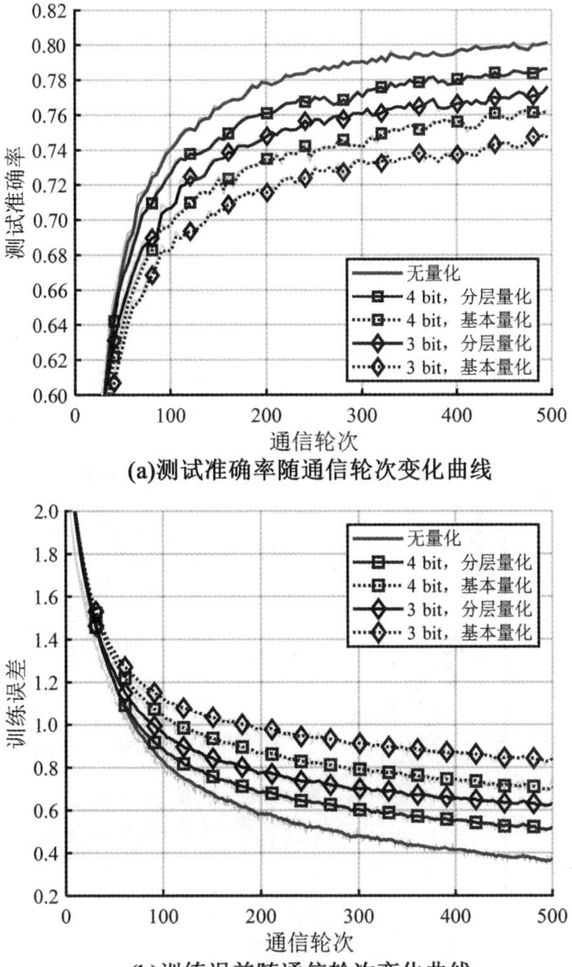

(a)测试准确率随通信轮次变化曲线

(b)训练误差随通信轮次变化曲线

图 7-40　CIFAR-10 数据集准确率与训练误差的变化曲线

4. F-EMNIST 数据集(下行链路量化,非独立同分布的数据集)

如图 7-41(a)和图 7-41(b)所示,在该通信轮次内,针对下行链路,采用不同比特数分层量化与基本量化方式,基于非独立同分布的数据集分别得到的准确率与训练误差的变化曲线,本次粒子滤波算法采用抽样方法值重要采样。

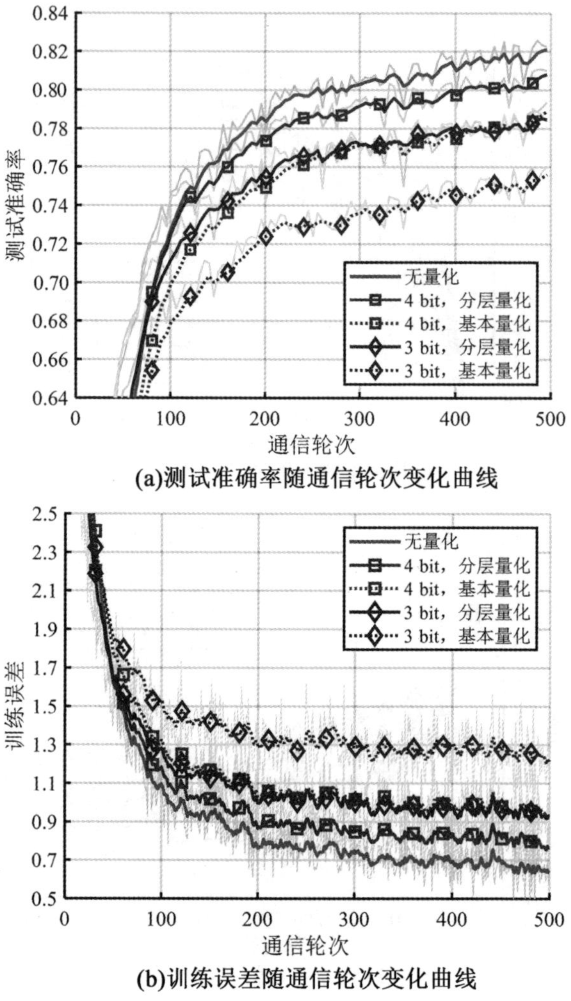

图 7-41　F-EMNIST 准确率与训练误差的变化曲线

5. MNIST 数据集(下行链路量化，独立同分布的数据集)

如图 7-42(a)和图 7-42(b)所示，在该通信轮次内，针对下行链路，分别采用不同比特数分层量化与基本量化方式，基于 MNIST 独立同分布的数据集分别得到的准确率与训练误差的变化曲线，本次采用粒子滤波算法的重要采样。

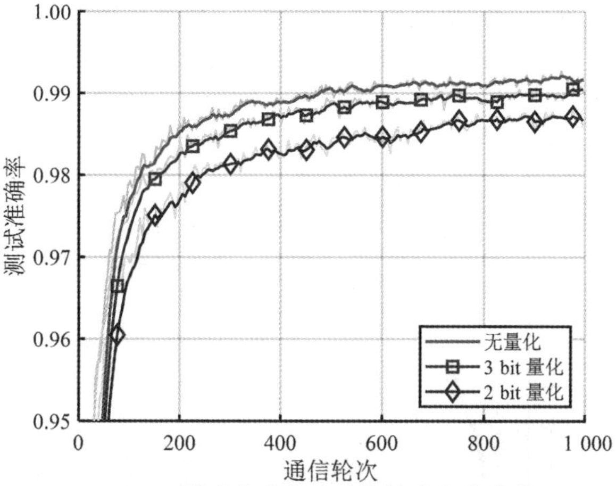

(a)测试准确率随通信轮次变化曲线

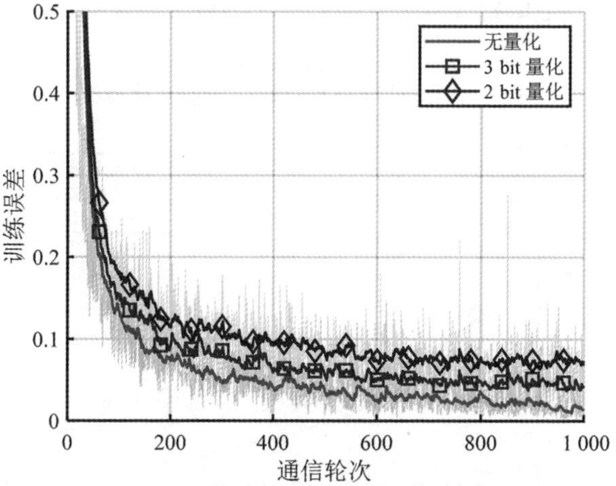

(b)训练误差随通信轮次变化曲线

图 7-42　MNIST 数据集准确率与训练误差的变化曲线(下行链路量化)

6. Shakespeare **数据集(下行链路量化,非独立同分布的数据集)**

如图 7-43 (a) 和图 7-43(b)所示,在该通信轮次内,针对下行链路,采用不同比特数分层量化与基本量化方式,基于 Shakespeare 非独立同分布的数据集分别得到的准确率与训练误差的变化曲线,本次采用 Gibbs 采样,分别得到准确率与训练误差变化曲线。实验结果表明:运用粒子滤波算法与神经网络结合构建的联邦学习方法,在反复的训练和迭代过程中,全局的损失函数收敛到所要求的精度区间范围内。根据精准模型的特征性能参数,按照有效载荷与传输效率界定的态势,构建该模型时空演绎过程,在比特数给定的条件下,在通信的一个轮次内,实现了本地模型的更新与全局的聚合,测试其量化准确率与训练误差,基于误差确定系统的时空状态演绎模型,具体的量化计算过程可以参照式(7-152)~(7-158)。

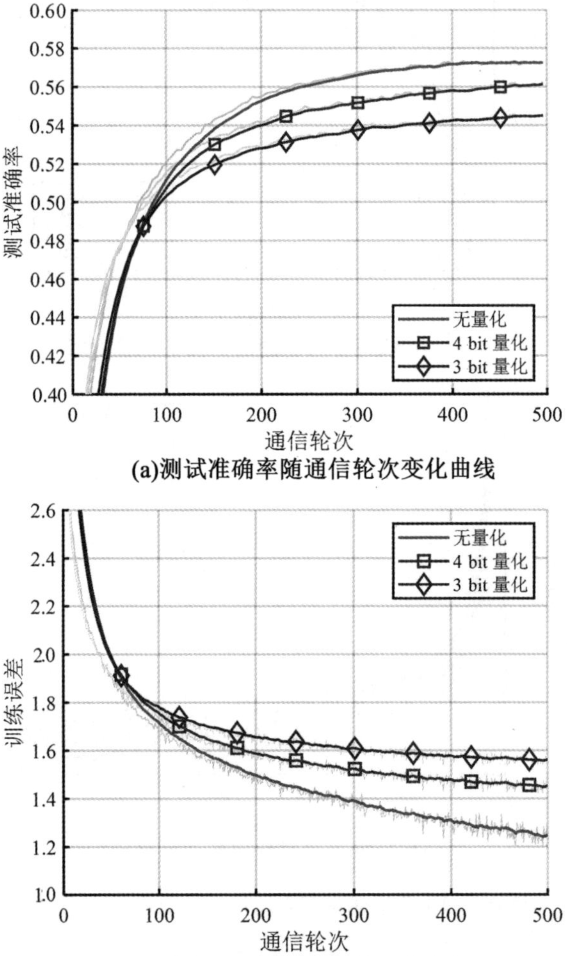

(a)测试准确率随通信轮次变化曲线

(b)训练误差随通信轮次变化曲线

图 7-43　Shakespeare 数据集准确率与训练误差的变化曲线

7.7　本章小结

本章首先将 Bayesian 统计推断 EM 算法相互结合得到了后验概率密度似然函数,采用神经网络训练其模型参数,得到输入输出的似然函数,然后取对数得

到对数似然函数，将其应用在压缩感知、图像处理、数字孪生系统运维管控、故障诊断等领域，得到如下具有普遍意义的表达式，即

$$\left.\begin{array}{ll}\min\limits_{\psi} & \|\boldsymbol{\psi}\|_1 \\ \text{s.t.} & \|\boldsymbol{X}-\boldsymbol{H}\boldsymbol{\psi}\|_2^2 \leqslant \varepsilon+\boldsymbol{e}\end{array}\right\} \Rightarrow \min\limits_{\psi_i \in \psi} \|\boldsymbol{\psi}\|_1+\frac{1}{2}\|\boldsymbol{X}-\boldsymbol{H}\boldsymbol{\psi}\|_2^1$$

并将 Stiefel 流形和权值优化粒子滤波方法应用于压缩感知问题中；将时空状态演绎模型引入强化学习方法中，针对强化学习的状态转移函数与状态更新模型，引入了优化状态的接受函数，并将粒子滤波方法应用于强化学习方法中，借助于粒子滤波算法实现了对模型特征性能参数的优化估计。

提出了基于 RBF 核函数来界定非线性模型的非线性程度理论，借助于神经网络的平方误差能量函数，建立输入输出模式的映射关系，借助于时空状态的演绎模型参数，建立线性模型+非线性环节模拟逼近非线性模型，基于该模型，分别得到状态转移与更新概率密度分布函数。

联邦学习（FL）并与粒子滤波算法结合，将其部署在如图 7-35 和 7-36 所示的“云边端”感存算一体化决策模块上，基于本地客户端的数据库与云边服务器观测数据，基于模型与特征性能参数优化估计，构建了损失函数与风险函数，改善低风险的决策；实现了每次通信有效载荷与通信伦次次数之间的灵活折中，在很大程度上提高了通信的效率。

针对数字孪生、多智能体协同感知研究奠定了坚实的技术支撑。随着长短时间记忆序列（LSTM）技术的深入研究与应用，并与最大熵原理与最小鉴别信息的结合，将粒子滤波算法应用到更为广阔的研究领域。

如图 7-44 所示的云边端数据信息交互示意图以及整体方案的框架图所示，多源异构的数据，在边端建立数据库，进行融合处理，进行建模，然后将模型发送至云计算中心的服务器，实现模型的更新迭代，随着区块链技术的出现，建立了高置信网络，依托高置信网络，针对社区服务管控运维精细化、社区治理智慧化、社区平台建设集约化的发展需求，运用联邦学习技术研究多部门异构数据的汇聚和共享机制并探究协同决策深层次的机理性问题，建立基于联邦学习安全可信的社区数据互联互通安全可靠的交换体系；实现多个客户端在不同应用场景下的感知识别、视频理解和分布式决策协同技术；借助于迁移学习算法研究基于广播电视网、通信网和物联网（无人机、机器人）的社区服务泛终端推送和全媒体呈现技术，借助于联邦学习集成云边端协同和数字底座等技术建立开放共享的社区智慧服务一体化平台，实现智慧社区运维管控，是未来基于 Bayesian 统计推断的联邦学习主要的研究与应用领域。为了阐述基于 Bayesian 统计推断的联邦学习，在本节小结部分，考虑给出一个科研项目的如图 7-45 所示的典型

应用实例,该实例运用联邦学习实现了肉牛的智能化养殖。

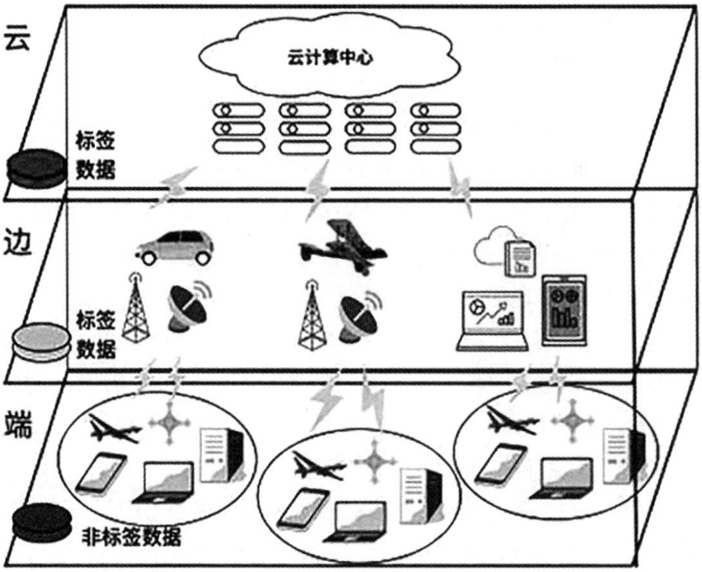

图 7-44　云边端数据信息交互示意图

如图 7-45 所示,借助于数据驱动智能感知肉牛智能化养殖数字孪生系统云边端决策流程框架图,采集构建多源异构型肉牛精准养殖数据库,构建分布式并行的肉牛多模态数据库,研究海量数据汇聚融合、强安全、高可靠的存储管理系统与决策方法;借助 Bayesian 统计推断粒子滤波技术,构建肉牛精准养殖知识图谱,研究肉牛规模化生产和管控的全过程多环节智能精准管理方法;建立育种、饲喂、分群、转运、巡检、清洁、消毒等智能化设备,实现多功能新设备,建立感知、数据底座技术、云边端决策数字孪生智能运维管控系统。运用联邦学习技术,针对基于料肉比肉牛智能化饲喂,将粒子滤波与机器学习相互结合,借助于 FPGA 硬件实现其相应的功能,并将其应用在多源图像信息的肉牛三维模型采集系统,多智能体设备协同感知,在特征语义信息的增强处理、多机动目标跟踪中的联合概率数据关联、系统的辨识认识与参数的提取、超宽带室内定位、复杂系统以及传感器的故障诊断等研究领域有着广泛而重要的应用。针对改善该系统在非线性、非平稳、非高斯条件下状态信息与感兴趣特征参数值的估计、滤波与预测有着很明显的优势,主要体现在:置信水平给定的条件下,粒子滤波算法能将估计值精度控制在比卡尔曼滤波器更窄的置信区间内;反之,在置信区间相同的条件下,粒子滤波算法相对于卡尔曼滤波器,可设置更高的置信水平。

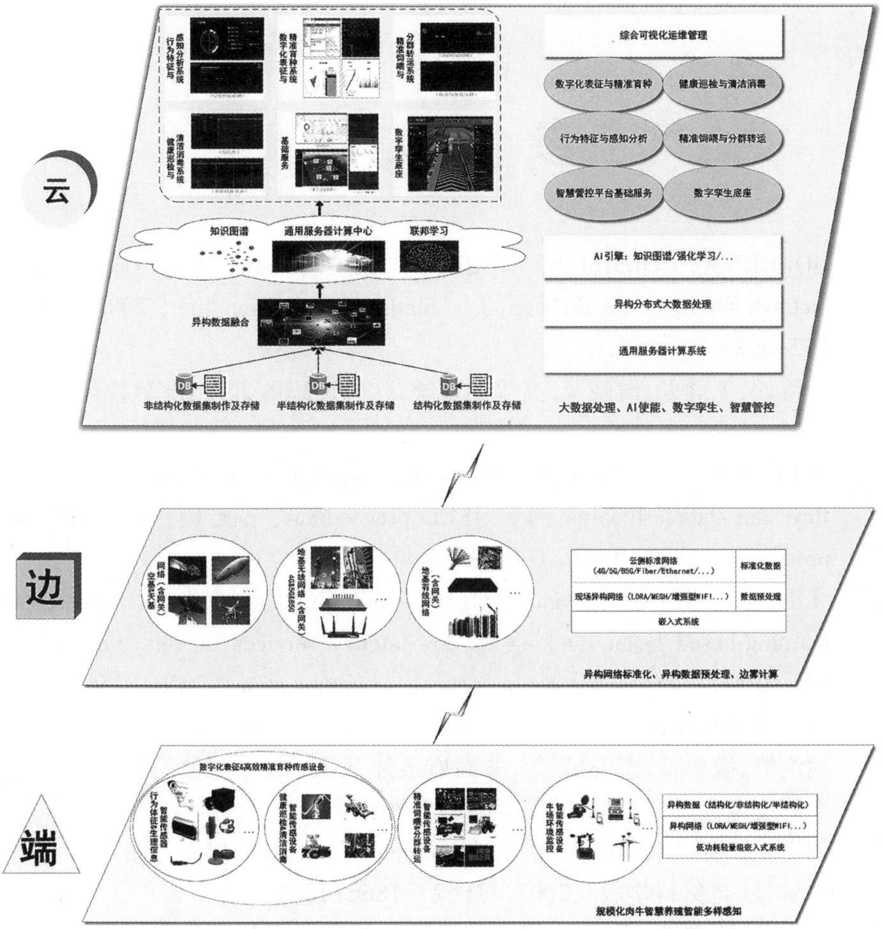

图 7-45　肉牛智能化养殖数字孪生系统云边端决策流程框架图

参考文献

[1] DOUCET A, GODSILL S, ANDRIEU C. On sequential Monte Carlo sampling methods for Bayesian filtering[J]. Statistics and computing, 2000, 10(3): 197-208.

[2] 茆诗松,王静龙,濮晓龙. 高等数理统计[M]. 2 版. 北京:高等教育出版社, 2023.

[3] GORDON N J, SALMOND D. Novel approach to nonlinear/non-Gaussian Bayesian state estimation[J]. IEEE proceedings, part F: radar and signal processing, 1993, 140(2):107-113.

[4] LIU Yan, JIANG Zhiyuan, ZHANG Shunqing, et al. Deep reinforcement learning-based beam tracking for low-latency services in vehicular networks [J]. IEEE international conference on communications, 2020, 05564v1 [cs. IT] 13 Feb 2020

[5] 胡洪涛,敬忠良,李安平,等. 非高斯条件下基于粒子滤波的目标跟踪[J]. 上海交通大学学报,2004,38(12):1996-1999.

[6] 郭文艳,韩崇昭,雷明. 迭代无迹 Kalman 粒子滤波的建议分布[J]. 清华大学学报(自然科学版),2007,47(S2):1866-1869.

[7] 邓小龙,谢剑英,郭为忠. 用于状态估计的自适应粒子滤波[J]. 华南理工大学学报(自然科学版),2006,34(1):57-61.

[8] 罗海勇,李锦涛,赵方,等. 基于均值漂移和联合粒子滤波的移动节点定位算法[J]. 传感技术学报,2009,22(3):378-386.

[9] KOTECHA J H, DJURIC P M. Gaussian sum particle filtering[J]. IEEE transactions on signal processing, 2003, 51(10):2602-2612.

[10] KOTECHA J H, DJURIC P M. Gaussian particle filtering[J]. IEEE transactions on signal processing, 2003, 51(10):2592-2601.

[11] 胡振涛,潘泉,梁彦,等. 基于进化采样的粒子滤波算法[J]. 控制理论与应用,2009,26(3):269-273.

[12] DAUM F, HUANG J. Curse of dimensionality and particle filters[C]//2003 IEEE Aerospace Conference Proceedings (Cat. No. 03 TH8652). BigSky,

Montana,USA IEEE,2003.

[13] 张洪涛,马培军,崔平远.一种用于解决粒子滤波粒子退化现象的重要性重采样算法的研究[J].飞行器测控学报,2008,27(4):44-48.

[14] BOLIC M, DJURIC P M, HONG S. Resampling algorithms and architectures for distributed particle filters[J]. IEEE transactions on signal processing, 2005, 53(7):2442-2450.

[15] STORVIK G. Particle filters for state-space models with the presence of unknown static parameters[J]. IEEE transactions on signal processing, 2002, 50(2):281-289.

[16] COATES M J, NOWAK R D. Sequential Monte Carlo inference of internal delays in nonstationary data networks[J]. IEEE transactions on signal processing, 2002, 50(2):366-376.

[17] 侯代文,殷福亮,陈喆.基于充分统计量的粒子滤波方法[J].信息与控制,2009,38(2):187-193.

[18] CAPPE O,GODSILL S J, MOULINES E. An overview of existing methods and recent advances in sequential Monte Carlo[J]. Proceedings of the IEEE, 2007, 95(5):899-924

[19] ASMUSSEN S, GLYNN P. Stochastic simulation: algorithms and analysis[M]. New York: Springer Science, Business Media, Limited Liability Company, 2007, 158-205.

[20] BEAL M J. Variational algorithms for approximate Bayesian inference[D]. London: University College, 2003.

[21] DOUCET A, GORDON N J, KROSHNAMURTHY V. Particle filters for state estimation of jump 马尔可夫 linear systems[J]. IEEE transactions on signal processing, 2001, 49(3):613-624.

[22] GIREMUS A, TOURNERET J Y, DJURIC P M. An improved regularized particle filter for GPS/INS integration[C]//IEEE 6th Workshop on Signal Processing Advances in Wireless Communications, 2005. New York, NY, USA. IEEE: 1013-1017.

[23] GIVAN D, STINIS P, WEARE J. Variance reduction for particle filters of systems with time scale separation[J]. IEEE transactions on signal processing, 2009, 57(2).424-435.

[24] PITT M K, SHEPHARD N. Filtering via simulation: auxiliary particle filters[J]. Journal of the American statistical association, 1999, 94(446):590-

599.

[25] PERNKOPF F, BOUCHAFFRA D. Genetic-based EM algorithm for learning Gaussian mixture models[J]. IEEE transactions on pattern analysis and machine intelligence, 2005, 27(8):1344-1348.

[26] GEORGHIADES C N, HAN J C. Sequence estimation in the presence of random parameters via the EM algorithm[J]. IEEE transactions on cummunications, 1997, 45(3): 300-308.

[27] 乔向东,王宝树,李涛,等. EM 算法在杂波环境下机动目标跟踪中的应用研究[J]. 电子与信息学报,2004,26(6):971-978.

[28] SEPTIER F, DELIGNON Y, MENHAJ-RIVENQ A, et al. Monte Carlo methods for channel, phase noise, and frequency offset estimation with unknown noise variances in OFDM systems[J]. IEEE transactions on signal processing, 2008, 56(8): 3613-3626.

[29] 孟勃, 朱明. 采用 EM 算法对粒子滤波跟踪算法进行改进[J]. 中国图象图形学报, 2009, 14(9):1745-1749.

[30] 张祖涛, 张家树. 结合 UKF 和小波变换的改进粒子滤波及其在机车驾驶员人眼跟踪中的应用[J]. 铁道学报, 2009, 31(2):73-78.

[31] 李良群,姬红兵,罗军辉. 迭代扩展卡尔曼粒子滤波器[J]. 西安电子科技大学学报,2007,34(2):233-238.

[32] CHEN R, LIU J S, WANG X D. Convergence analyses and comparisons of Markov chain Monte Carlo algorithms in digital communications[J]. IEEE transactions on signal processing, 2002, 50(2):255-270.

[33] HUE C, LE CADRE J P, PEREZ P. Sequential Monte Carlo methods for multiple target tracking and data fusion[J]. IEEE transactions on signal processing, 2002, 50(2):309-325.

[34] 巫春玲,韩崇昭. 平方根求积分卡尔曼滤波器[J]. 电子学报,2009,37(5):987-992.

[35] 巫春玲,韩崇昭. 求积分卡尔曼粒子滤波算法[J]. 西安交通大学学报,2009,43(2):25-28,42.

[36] 雷明,韩崇昭,肖梅. 扩展卡尔曼粒子滤波算法的一种修正方法[J]. 西安交通大学学报,2005,39(8):824-827.

[37] ZHAN R H, WAN J. Neural network-aided adaptive unscented Kalman filter for nonlinear state estimation[J]. IEEE signal processing letters, 2006, 13(7):445-448.

[38] REAL R M. Bayesian learning for neural networks[M]. New York: Springer-Verlag New York Incorporated Company, 1996.

[39] MÜLLER P, INSUA D R. Issues in Bayesian analysis of neural network models[J]. Neural computation, 1998, 10(3):749-770.

[40] KATHIRVALAVAKUMAR T, THANGAVEL P. A new learning algorithm using simultaneous perturbation with weight initialization[J]. Neural processing letters, 2003, 17(1): 55-68.

[41] AGGARWAL K K, SINGH Y, CHANDRA P, et al. Bayesian regularization in a neural network model to estimate lines of code using function points[J]. Journal of computer sciences, 2005, 1(4):505-509.

[42] ANDRIEU C, DE FREITAS N. Sequential Monte Carlo for model selection and estimation of neural networks[C]//2000 IEEE International Conference on Acoustics, Speech and Signal Processing, Proceedings (Cat. No. 00CH 37100) Istanbul, Turkey. IEEE, 2000.

[43] RUGHOOPUTH H C S, RUGHOOPUTH S D D V. Extended Kalman filter learning algorithm for hyper-complex multilayer neural networks [C]// IJCNN'99. International Joint Conference on Neural Networks, Proceedings (Cat. No. 99CH36339). Washington, Dc, USA. IEEE, 1999.

[44] 张磊,李升波,王建强,等. 基于神经网络方法的集成式驾驶员跟车模型[J]. 清华大学学报(自然科学版),2008,48(11):1985-1988.

[45] 黎湘,庄钊文,郭桂蓉. 模糊自组织神经网络及其在信息融合目标识别中的应用[J]. 国防科技大学学报,1997,19(3):12-15.

[46] 谢富强,唐耀庚. 多层前向神经网络权值初始化的研究进展[J]. 南华大学学报(自然科学版),2006,20(3):98-101.

[47] 蔡自兴. 智能控制原理与应用[M]. 北京:清华大学出版社,2007.

[48] 陈养平,王来雄,黄士坦. 基于粒子滤波的神经网络学习算法[J]. 武汉大学学报(工学版),2006,39(6):86-88.

[49] 李春鑫,王孝通,徐晓刚. 改进粒子滤波算法在目标跟踪中的应用[J]. 控制工程,2009,16(5):575-577,582.

[50] 何友,田淑荣,孙校书. 一种基于随机集的模糊观测的多目标跟踪算法[J]. 宇航学报,2008,29(6):2007-2012.

[51] 郑建宾. 基于粒子滤波和在线训练支持向量机的目标跟踪新方法[J]. 电脑知识与技术,2008,4(32):1190-1193.

[52] HARITAOGLU I, FLICKNER M. Detection and tracking of shopping groups

in stores[C]//Proceedings of the 2001 IEEE Computer Society Conference on Computer Vision and Pattern Recognition. CVPR 2001. Kauai, HI, USA. IEEE Computer. Soc. ,2001.

[53] 彭宁嵩,杨杰,刘志,等. Mean-Shift 跟踪算法中核函数窗宽的自动选取[J]. 软件学报,2005,16(9):1542-1550.

[54] TIAN Shu, YIN Xucheng, SU YA, et al. A unified framework for tracking based text detection and recognition from web videos[J]. IEEE transactions on pattern analysis and machine intelligence, 2018,40(3): 542-554.

[55] ELFORJANI M, SHANBR S. Prognosis of bearing acoustic emission signals using supervised machine learning[J]. IEEE transactions on industrial electronics,2018,65(7):5864-5871.

[56] 马丽,常发亮,乔谊正. 基于均值漂移算法和粒子滤波算法的目标跟踪[J]. 模式识别与人工智能,2006,19(6):787-793.

[57] FORTMANN T, BAR-SHALOM Y, SCHEFFE M. Sonar tracking of multiple targets using joint probabilistic data association[J]. IEEE journal of oceanic engineering, 1983, 8(3):173-184.

[58] BLACKMAN S S. Multiple hypothesis tracking for multiple target tracking [J]. IEEE aerospace and electronic systems magazine, 2004, 19(1):5-18.

[59] GUO D, WANG X D. Blind detection in MIMO systems via sequential Monte Carlo[J]. IEEE journal on selected areas in communications, 2006, 21(3):464-473.

[60] CRISAN D, DOUCET A. A survey of convergence results on particle filtering methods for practitioners[J]. IEEE transactions on signal processing, 2002, 50(3):736-746.

[61] GEORGE E I, MCCULLOCH R E. Stochastic search variable selection [M]// GILKS W R, RICHARDSON S, SPIEGELHALTER D J. Markov chain Monte Carlo in practice. London: Chapman and Hall, 1996.

[62] ARULAMPALAM M S, MASKELL S, GORDON N, et al. A tutorial on particle filters for online nonlinear/non-Gaussian Bayesian tracking[J]. IEEE transactions on signal processing, 2002, 50(2):174-188.

[63] FONG W, GODSILL S J, DOUCET A, et al. Monte Carlo smoothing with application to audio signal enhancement[J]. IEEE transactions on signal processing, 2002, 50(2):438-449.

[64] GIREMUS A, TOURNERET J Y, DOUCET A. A fixed-lag particle filter for the joint detection/compensation of interference effects in GPS navigation [J]. IEEE transactions on signal processing, 2010, 58(12):6066-6079.

[65] LEE Y H. Variance-optimized Rao-Blackwellization for mitigating error propagation in a decision feedback equalization[C]//6th Annual Communication Networks and Services Research Conference(cnsr 2008). May 5-8, 2008. Halifax, NS, Canada. IEEE, 2008.

[66] DOUCET A, DE FREITAS N, MURPHY K, et al. Rao-Blackwellised particle filtering for dynamic Bayesian networks[C]//Proceedings of the 16th Conference on Uncertainty in Artificial Intelligence. 30 June 2000, Stanford, California. ACM, 2000: 176-183.

[67] ANDRIEU C, DOUCET A, SINGH S S, et al. Particle methods for change detection, system identification and control[J]. Proceedings of the IEEE, 2004, 92(3): 423-438.

[68] CASELLA G, ROBERT C P. Rao-Blackwellisation of sampling schemes [J]. Biometrika, 1996, 83(1):81-94.

[69] STREIT R L, BARRETT R F. Frequency line tracking using hidden 马尔可夫 models[J]. IEEE transactions on acoustics, speech, and signal processing, 1990, 38(4):586-598.

[70] MARTINERIE F, FORSTER P. Data association and tracking using hidden Markov models and dynamic programming[C]//ICASSP-92: 1992 IEEE International Conference on Acoustics, Speech, and Signal Processing. March 23-26, 1992. San Francisco, CA, USA. IEEE, 1992.

[71] RABINER L R. A tutorial on hidden Markov models and selected applications in speech recognition[J]. Proceedings of the IEEE, 1989, 77(2): 257-286.

[72] QI Y T, PAISLEY J W, CARIN L. Music analysis using hidden Markov mixture models[J]. IEEE transactions on signal processing, 2007, 55(11): 5209-5224.

[73] LAI J, FORD J J. Relative entropy rate based multiple hidden Markov model approximation[J]. IEEE transactions on signal processing, 2010, 58(1): 165-174.

[74] PAISLEY J, CARIN L. Hidden Markov models with stick-breaking priors [J]. IEEE transactions on signal processing, 2009, 57(10):3905-3917.

[75] DJURIC P M, HUANG Y F, GHIRMAI T. Perfect sampling: a review and applications to signal processing[J]. IEEE transactions on signal processing, 2002, 50(2): 345-356.

[76] HOLMES C, DENISON D G T. Perfect sampling for the wavelet reconstruction of signals[J]. IEEE transactions on signal processing, 2002, 50(2): 337-344.

[77] SU Y T, ZHANG X D, ZHU X L. A low-complexity sequential Monte Carlo algorithm for blind detection in MIMO systems[J]. IEEE transactions on signal processing, 2006, 54(7):2485-2496.

[78] LIU J, REICH J, ZHAO F. Collaborative in-network processing for target tracking[J]. EURASIP journal on applied signal processing, 2003, 2003(4):378-391.

[79] LIN D, PACHECO R A, LIM T, et al. Joint estimation of channel response, frequency offset, and phase noise in OFDM[J]. IEEE transactions on signal processing, 2006, 54(9):3542-3554.

[80] WU S H, MITRA U, KUO C C J. Iterative joint channel estimation and multiuser detection for DS-CDMA in frequency-selective fading channels[J]. IEEE transactions on signal processing, 2008, 56(7):3261-3277.

[81] AGGARWAL P, PRASAD N, WANG X D. An enhanced deterministic sequential Monte Carlo method for near-optimal MIMO demodulation with QAM constellations[J]. IEEE transactions on signal processing, 2007, 55(6): 2395-2406.

[82] RABASTE O, CHONAVEL T. Estimation of multipath channels with long impulse response at low SNR via an MCMC method[J]. IEEE transactions on signal processing, 2007, 55(4):1312-1325.

[83] YANG Z G, WANG X D. A sequential Monte Carlo blind receiver for OFDM systems in frequency-selective fading channels[J]. IEEE Transactions on signal processing, 2002, 50(2):271-280.

[84] PETERS G W, NEVAT I, YUAN J H. Channel estimation in OFDM systems with unknown power delay profile using transdimensional MCMC[J]. IEEE transactions on signal processing, 2009, 57(9):3545-3561.

[85] KONG H W, SHWEDYK E. On channel estimation and sequence detection of interleaved coded signals frequency nonselective rayleigh fading channels [J]. IEEE transactions on vehicular technology, 1998, 47(2):558-565.

[86] DAI Q Y, SHWEDYK E. Detection of bandlimited signals over frequency selective rayleigh fading channels[J]. IEEE transactions on communications, 1994, 42(2-4):941-950.

[87] VAIDIS T, WEBER C L. Block adaptive techniques for channel identification and data demodulation over band-limited channels[J]. IEEE transactions on communications, 1998, 46 (2): 232-243.

[88] GUO D, WANG X D, CHEN R. Wavelet-based sequential Monte Carlo blind receivers in fading channels with unknown channel statistics[C]//2002 IEEE International Conference on Communications. Conference Proceedings ICC 2002(Cat. No. 02CH37333). New York, NY, USA. IEEE, 2002.

[89] GIANNAKIS G B, TEPEDELENLIOGLU C. Basis expansion models and diversity techniques for blind identification and equalization of time-varying channels[J]. Proceedings of the IEEE, 1998, 86(10):1969-1986.

[90] DEL MORAL P, JACOD J, PROTTER P. The Monte Carlo method for filtering with discrete-time observations[J]. Probability theory related fields, 2001, 120(3):346-368.

[91] RIGATOS G G. Particle filtering for state estimation in nonlinear industrial systems[J]. IEEE transactions on instrumentation and measurement, 2009, 58(11):3885-3900.

[92] LIU J S, CHEN R. Sequential Monte Carlo methods for dynamic systems [J]. Journal of the American statistical association, 1998, 93(443):1032-1044.

[93] LERDSUDWICHAI C, ABDEL-MOTTALEB M, ANSARI A N. Tracking multiple people with recovery from partial and total occlusion[J]. Pattern recognition, 2005, 38(7):1059-1070.

[94] MIDUTHURI A, WU T, VIKALO H. Target estimation in real-time polymerase chain reaction using sequential Monte Carlo[C]//2009 IEEE International Workshop on Genomic Signal Processing and Statistics. May 17-21, 2009. Minneapolis, MN, USA. IEEE, 2009:1-4.

[95] GORDON N, SALMOND D, EWING C. Bayesian state estimation for tracking and guidance using the bootstrap filter[J]. Journal of guidance, control, and dynamics, 1995, 18(6): 1434-1443.

[96] SCHON T, GUSTAFSSON F, NORDLUND P J. Marginalized particle filters for mixed linear/nonlinear state-space models[J]. IEEE transactions on sig-

nal processing, 2005, 53(7):2279-2289.

[97] NORDLUND P J, GUSTAFSSON F. Sequential Monte Carlo filtering techniques applied to integrated navigation systems[C]//Proceedings of the 2001 American Control Conference. (Cat. No. 01CH37148). June 25-27,2001. Arlington,VA,USA. IEEE,2001.

[98] GIVON D, KEVREKIDIS I G. Multiscale integration schemes for jump-diffusion systems[J]. Multiscale modeling and simulation, 2008, 7(2):495-516.

[99] BERGMAN N, LJUNG L, GUSTAFSSON F. Terrain navigation using Bayesian statistics[J]. IEEE control systems magazine, 1999, 19(3):33-40.

[100] VO B N, SINGH S, BOUCET A. Sequential Monte Carlo methods for multi-target filtering with random finite sets[J]. IEEE transactions on aerospace and electronic systems, 2005, 41(4):1224-1245.

[101] 田淑荣,王国宏,何友. 多目标跟踪的概率假设密度粒子滤波[J]. 海军航空工程学院学报,2007,22(4):417-420,430.

[102] 庄泽森,张建秋,尹建君. 多目标跟踪的核粒子概率假设密度滤波算法[J]. 航空学报,2009,30(7):1264-1270.

[103] 熊伟,何友,张晶炜. 多传感器多目标粒子滤波算法[J]. 光电工程,2005,32(4):1-4.

[104] NORDLUND P J, GUSTAFSSON F. Marginalized particle filter for accurate and reliable terrain-aided navigation[J]. IEEE transactions on aerospace and electronic systems,2009, 45(4):1385-1399.

[105] 邓小龙,谢剑英,王林. 基于当前统计模型的改进粒子滤波算法[J]. 控制与决策,2005,20(5):567-570,574.

[106] 周翟和,刘建业,赖际舟. 组合导航直接滤波模型中的高斯粒子滤波[J]. 应用科学学报,2009,27(1):97-101.

[107] 胡昭华,宋耀良,梁德群,等. 复杂背景下多信息融合的粒子滤波跟踪算法[J]. 光电子·激光,2008,19(5):680-685.

[108] 梁军,乔立岩,彭喜元. 基于 SIR 粒子滤波状态估计和残差平滑的故障检测算法[J]. 电子学报,2007,35(B12):32-36.

[109] 张磊,李行善,于劲松,等. 一种基于高斯混合模型粒子滤波的故障预测算法[J]. 航空学报,2009,30(2):319-324.

[110] 张磊,李行善,于劲松,等. 基于混合系统粒子滤波和二元估计的故障预测算法[J]. 航空学报,2009,30(7):1277-1283.

[111] DAHLBOM M. Estimation of image noise in PET using the bootstrap meth-

od[J]. IEEE transactions on nuclear science, 2002, 49(5):2062-2066.
[112] BERGMAN N. Recursive Bayesian estimation: navigation and tracking applications[D]. Linkoping: Linkoping University, 1999.
[113] 郑忠国. 随机加权法[J]. 应用数学学报,1987,10(2):247-253.
[114] PAVLIOTIS G, STUART A. Multiscale methods: averaging and homogenization[M]. New York: Springer Science, Business MediaLimited Liability Company. , 2008.
[115] GOUDAIL F, LANGE E, IWAMOTO T, et al. Face recognition system using local autocorrelations and multiscale integration[J]. IEEE transactions on pattern analysis and machine intelligence, 1996, 18(10):1024-1028.
[116] CAMPILLO F, ROSSI V. Convolution particle filter for parameter estimation in general state-space models[J]. IEEE transactions on aerospace and electronic systems, 2009, 45(3):1063-1072.
[117] CAPP O, MOULINES E. On the use of particle filtering for maximum likelihood parameter estimation[C]. In European Signal Processing Conference, 2005.
[118] BOLIĆ M, DJURIC P M, HONG S J. Resampling algorithms for particle filters: a computational complexity perspective[J]. EURASIP journal on applied. signal processing, 2004, 15:2267-2277.
[119] HOL J D, SCHON T B, GUSTAFSSON F. On resampling algorithms for particle filters[C]. NSSPW nonlinear statisical signal processing workshop 2006.
[120] SHABANY M, GULAK P G. Efficient compensation of the nonlinearity of solid-state power amplifiers using adaptive sequential Monte Carlo methods [J]. IEEE transactions on circuits and systems I: regular papers, 2008, 55 (10):3270-3283.
[121] GUSTAFSSON F, GUNNARSSON F, BERGMAN N, et al. Particle filters for positioning, navigation, and tracking[J]. IEEE transactions on signal processing, 2002, 50(2):425-437.
[122] 刘忠,茆诗松. 分组数据的 Bayes 分析:Gibbs 抽样方法[J]. 应用概率统计,13(2):211-216.
[123] JEFFS B D, WARNICK K F. Bias corrected PSD estimation for an adaptive array with moving interference[J]. IEEE transaction on signal processing, 2008, 56(7):3108-3121.

[124] VOROBYOV S A, GERSHMAN A B, LUO Z Q. Robust adaptive beamforming using worst-case performance optimization: a solution to the signal mismatch problem[J]. IEEE transactions on signal processing, 2003, 51(2): 313-324.

[125] MA X L, YANG L Q, GIANNAKIS G B. Optimal training for MIMO frequency- selective fading channels[J]. IEEE transactions on wireless communications, 2005, 4(2):453-466.

[126] HIGDON D, LEE H, BI Z X. A Bayesian approach to characterizing uncertainty in inverse problems using coarse and fine-scale information[J]. IEEE transactions on signal processing, 2002, 50(2):389-399.

[127] 林元烈. 应用随机过程[M]. 北京:清华大学出版社,2002:168-190.

[128] WEINAN E, LIU D, VANDEN-EIJNDEN E. Nested stochastic simulation algorithms for chemical kinetic systems with multiple time scales[J]. Journal of computational physics, 2007, 221(1):158-180.

[129] 文成林,周东华. 多尺度估计理论及其应用[M]. 北京:清华大学出版社,2002.

[130] ORTON M, FITZGERALD W. A Bayesian approach to tracking multiple targets using sensor arrays and particle filters[J]. IEEE transactions on signal processing, 2002, 50(2):216-223.

[131] TOBIAS M, LANTERMAN A D. A probability hypothesis density-based multitarget tracker using multiple bistatic range and velocity measurements[C]//Proceedings of the Thirty-Sixth Southeastern Symposium on System Theory. Atlanta, GA, USA, IEEE, 2004.

[132] KAR S, MOURA J M F. Sensor networks with random links: topology design for distributed consensus[J]. IEEE transactions on signal processing, 2008, 56(7):3315-3326.

[133] 张贤达. 现代信号处理[M]. 2 版. 北京:清华大学出版社,2002.

[134] GUO W B, CUI S G. A *q*-parameterized deterministic annealing EM algorithm based on nonextensive statistical mechanics[J]. IEEE transactions on signal processing, 2008, 58(2):3069-3080.

[135] AL-NAFFOURI T Y. An EM-based forward-backward Kalman filter for the estimation of time-variant channels in OFDM[J]. IEEE transactions on signal processing, 2007, 55(7):3924-3930.

[136] GUO W B, CUI S G. A *q*-EM based simulated annealing algorithm for finite mixture estimation[C]//2007 IEEE International conference on acoustics,

speech and signal processing-proceedings. ICASSP'07. April 15-20,2007, Honolulu,HI,IEEE,2007.

[137] EINICKE G A, MALOS J T, REID D C, et al. Riccati equation and EM algorithm convergence for inertial navigation alignment[J]. IEEE transactions on signal processing, 2009, 57(1):370-375.

[138] JOHANSSON M, OLOFSSON T. Bayesian model selection for 马尔可夫, hidden 马尔可夫, and multinomial models[J]. IEEE signal processing letters, 2007, 14(2):129-132.

[139] FURUICHI S. On uniqueness theorems for tsallis entropy and tsallis relative entropy[J]. IEEE transactions on information theory, 2005, 51(10):3638-3645.

[140] 朱雪龙. 应用信息论基础[M]. 北京:清华大学出版社,2001.

[141] 张金槐. 远程火箭精度分析与评估[M]. 长沙:国防科技大学出版社,1995.

[142] 唐雪梅,张金槐,邵凤昌,等. 武器装备小子样试验分析与评估[M]. 北京:国防工业出版社,2001.

[143] 何文媛,韩斌,徐之,等. 基于粒子滤波和均值漂移的目标跟踪[J]. 计算机工程与应用,2008,44(11):61-64.

[144] 匡兴红. 无线传感器网络中定位跟踪技术的研究[D]. 上海:上海交通大学,2008.

[145] LEE I H, KIM D. Outage probability of multi-hop MIMO relaying with transmit antenna selection and ideal relay gain over rayleigh fading channels[J]. IEEE transactions on communications, 2009, 57(2):357-360.

[146] 肖彦国,阴泽杰. 智能传感器侦查网络中的目标跟踪[D]. 合肥:中国科技大学,2007.

[147] PORTILLA J, STRELA V, WAINWRIGHT M J, et al. Image denoising using scale mixtures of Gaussians in the wavelet domain[J]. IEEE transactions on image processing, 2002, 12(11):1338-1351.

[148] LI H S, BETZ S M, POOR H V. Performance analysis of iterative channel estimation and multiuser detection in multipath DS-CDMA channels[J]. IEEE transactions on signal processing, 2007, 55(5):1981-1993.

[149] DOUCET A, TADIĆV B. Parameter estimate in general state-space models using particle methods[J]. Annals of the institute statistical mathematics, 2003, 55(2):409-422.

[150] PETERS G W, NEVAT I,SISSON S A,et al. Bayesian symbol detection in

wireless relay networks via likelihood-free inference[J]. IEEE transactions on signal processing, 2010, 58(10):5206-5218.

[151] 张善文,雷英杰,冯有前. MATLAB 在时间序列分析中的应用[M]. 西安:西安电子科技大学出版社,2007.

[152] LI J, STOICA P, WANG Z S. On robust Capon beamforming and diagonal loading[J]. IEEE transactions on signal processing, 2003, 51(7):1702-1715.

[153] 黄小平,王岩,缪鹏程. 粒子滤波原理及应用:MATLAB 仿真[M]. 北京:电子工业出版社,2017.

[154] SONG Z, DOGANDZIC A. A max-product EM algorithm for reconstructing Markov-tree sparse signals from compressive samples[J]. IEEE transactions on signal processing, 2013, 61(23):5917-5931.

[155] LEE S H, WEST M. Convergence of the Markov chain distributed particle filter(MCDPF)[J]. IEEE transactions on signal processing, 2013, 61(4):80-1811.

[156] NORTHARDT E T, BILIK I, ABRAMOVICH Y I. Spatial compressive sensing for direction-of-arrival estimation with bias mitigation via expected likelihood[J]. IEEE transactions on signal processing, 2013, 61(5):1183-1195.

[157] BARON D, WEISSMAN T. An MCMC approach to universal lossy compression of analog sources[J]. IEEE transactions on signal processing, 2013, 61(5): 80-1811.

[158] BERTAEKAS D P. Nonlinear programming, Massachusetts Institute of Technology Athana Scientific, Belmont, Massachusetts, 1999.

[159] NEMETH C, FEARNHEAD P, MIHAYLOVA L. Sequential Monte Carlo methods for state and parameter estimation in abruptly changing environments[J]. IEEE transactions on signal processing, 2014, 62(5): 12451-1255.

[160] ZHAI Y Z, PANG S L, BAO Z Q, et al. A novel signal detection approach for fading channels with parameter statistics characteristics unknown[J]. Digital signal processing, 2012, 22(2):269-274.

[161] NEVAT I, PETERS G W, COLLINGS I B. Distributed detection in sensor networks over fading channels with multiple antennas at the fusion centre [J]. IEEE transactions on signal processing, 2014, 62(3), 671-683.

[162] JEZIERSKA A, CHAUX C, PESQUET J C, et al. An EM approach for time-variant poisson-gaussian model parameter estimation[J]. IEEE trans-

actions on signal processing, 2014, 62(1):17-30.

[163] SELESNICK I W, BAYRAM I. Sparse signal estimation by maximally sparse convex optimization[J]. IEEE transactions on signal processing, 2014, 62(5): 1078-1092.

[164] SONG Z, DOGANDZIC A. A max-product EM algorithm for reconstructing Markov-tree sparse signals from compressive samples[J]. IEEE transactions on signal processing, 2013, 61(23):5917-5931.

[165] QIAN J H, LOPS M, ZHENG L, et al. joint system design for coexistence of MIMO radar and MIMO communication[J]. IEEE transactions on signal processing, 2018, 66(13):3504-3515.

[166] LU N, LI T F, REN X D, et al. A deep learning scheme for motor imagery classification based on restricted boltzmann machines[J]. IEEE transactions on neural systems and rehabilitation, 2017, 25(6): 566-576.

[167] 孙即祥. 现代模式识别[M]. 2 版. 北京:高等教育出版社, 2008.

[168] RUSSEL S J, NORVIG P. Artificial intelligence a modern approach[M]. 3th ed. 北京:北京大学出版社, 2011.

[169] 朱志宇. 粒子滤波算法及其应用[M]. 北京:科学出版社,2010.

[170] CARRERA VILLACRES J L, ZHAO Z L, BRAUN T, et al. A particlefilter-based reinforcement learning approach for reliable wireless indoor positioning [J]. IEEE Journal on Selected Areas in Commnications, 2019, 37(11),2457-2473.

[171] LI Kan, PRÍNCIPE J C. Functional Bayesian Filter[J]. IEEE transactions on signal processing,2022,70:57-71.

[172] SCHWARTZ H M. 多智能体强化机器学习:强化学习方法 [M]. 连晓峰,译. 北京:机械工业出版社,2013.

[173] 邱天爽. 医学信号分析与处理 [M]. 北京:电子工业出版社,2020.

[174] MUHAMMED O. Unlu Logit-Q Learning in Markov Games[J]arXin:2205.13266,2023. v1 26 May 2022 .

[175] REN J K, YU Guangding, DING Guangyao. Accelerating DNN training in wireless federated edge learning systems[J]. IEEE Journal Selected Areas in Communications, 2021 ,39(1):219-232.

[176] ZHONG Xionghu, PREMKUMAR A B. Particle filtering approaches for multiple acoustic source detection and 2-D direction of arrival estimation using a single acoustic vector sensor[J]. IEEE transactions on signal processing, 2012, 60(9) :4719-4733.

[177] MAIZ C S, MOLANES-LOPEZ E M, MIGUEZ J, et al. A particle filtering scheme for processing time series corrupted by outliers[J]. IEEE transactions on signal processing, 2012, 60(9):4611-4627.
[178] HOFF P D. Simulation of the matrix Bingham-Von Mises-Fisher distribution, with applications to multivariate and relational data[J]. J Compu, Graph. Sta. 2009, 18(2):438-456.
[179] KASSAB R, SIMEONE O. Federated generalized Bayesian learning via distributed stein variational gradient descent[J]. IEEE transactions on signal processing, 2012, 8 :2028-2091.
[180] MESQUITA D, BLOMSTEDT P, KASKI S. Embarrassingly parallel MCMC using deep invertible transformations[J]. inProc. Mach. Learn. Res. , 2020 (115):1244-1252.
[181] WEI Z, CONLON E M. Parallel Markov chain Monte Carlo for Bayesian hierarchical models with big data, in two stages[J]. J. Appl. Statist. , 2019, 46(11): 1917-1936.
[182] LIU H, LIU Z, LIU S, et al. A nonlinear regression application via machine learning techniques for geomagnetic data reconstruction processing[J]. IEEE Transactions on geoscience and remote sensing 2019 , 57(1):128-139.
[183] ZHENG SIHUI, MA XIAO, KARKUS P, et al. Particle Filter Recurrent Neural Networks[J]. arXiv:1905. 12885v2 [cs. LG] 1 Dec 2019
[184] ZHENG Sihui, SHEN Cong, CHEN Xiang. Design and analysis of uplink and downlink communications for federated learning[J]. IEEE journal on selected areas in communications, 2021, 39(7) :2150-2167.
[185] DONG Fei , XIE Hongyang , HU Qinglei , et al. A deep serial model and predictive control for piezo-actuated positioning stages[C]. IEEE/ASME Trans. Mechatronics, September 2024.
[186] NIU M G, JIANG H K, YAO R H. Adaptive multiscale wavelet-guided periodic sparse representation for bearing incipient fault feature extraction[J]. Science China technological sciences, 2024, 67(11): 3585-3596.

附录与难点解析说明

面对复杂的战场态势，基于知识图谱战场态势评估与火力通道的组织决策系统逻辑上分为模式及决策层与数据层，如相应的速度参数、位置参数、角度参数、电子对抗的数据、以及打击精度，并对敌方态势的评估，查询案例库并在离线导演台进行智能推演与战场态势的演绎，预测预判敌方目标的航迹，建立点迹生成模块。借助于通信模块，武器系统模块，通过编队指挥协调设备，建立低风险决策，通过火力通道实现对敌方目标的打击。

附录 1　WSN 机动目标跟踪模拟流程图

该系统采用分布式智能无线传感器网络，包括导演台、点迹生成模块、通信模拟器，实现了目标的跟踪与数据融合(附图 1-1)。

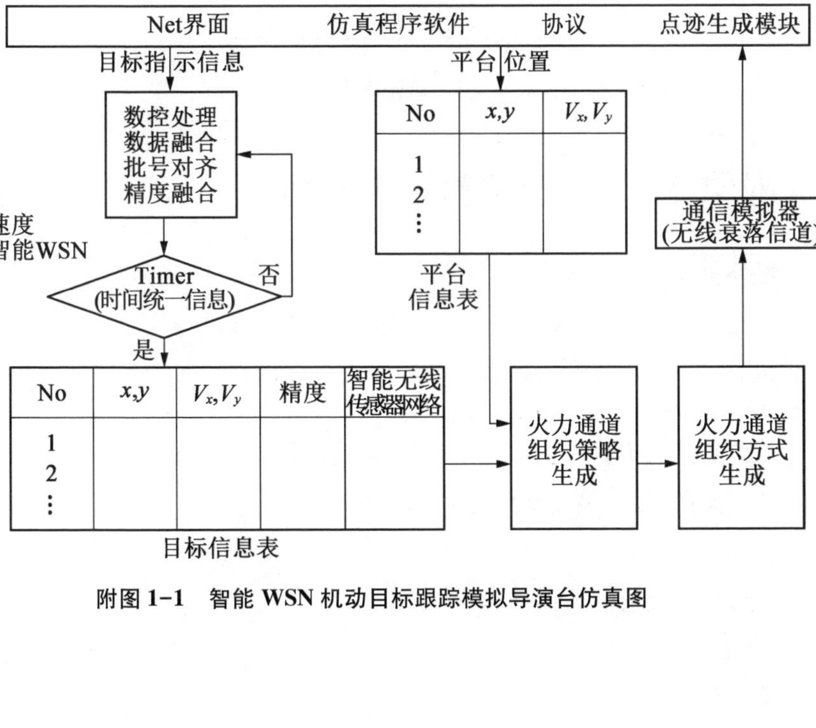

附图 1-1　智能 WSN 机动目标跟踪模拟导演台仿真图

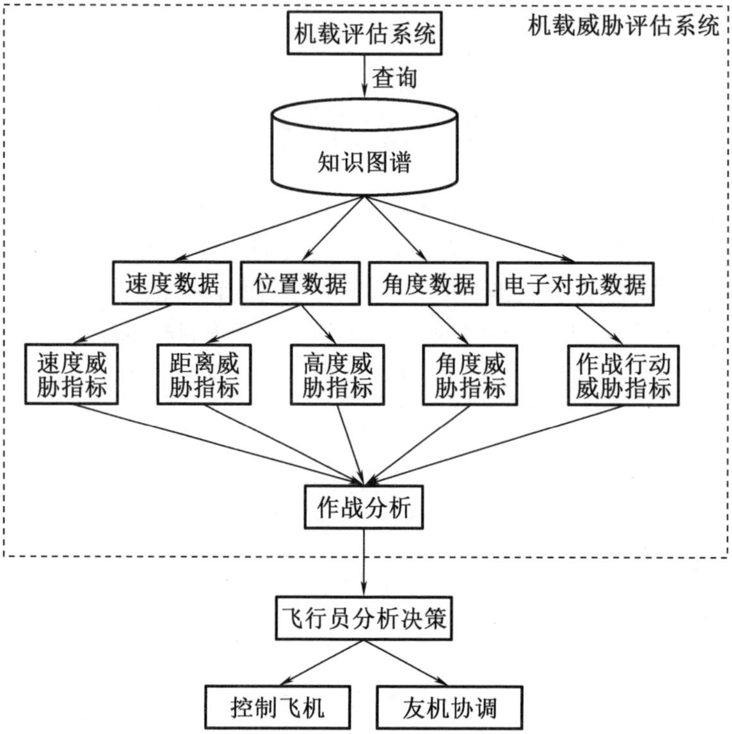

续附图 1-1

附录 2　SIR 滤波算法仿真程序

序列重要采样算法：

$$[\{x_k^{j*},w_k^j\}_{j=1}^{N_s}]=\mathrm{SIR}[\{x_{k-1}^i,w_{k-1}^j\}_{j=1}^{N_s},z_k]$$

初始化概率密度分布函数

For i=1:Ns

从重要函数中获得状态的样本值，$x_k^i \sim q(x_k|x_{k-1}^i,z_k)$；

估算对应于状态值的权值，$\overline{\omega}_k^i \propto p(x_k|x_k^i)$；

END FOR

计算粒子权值的和：$t=\mathrm{SUM}[\{\overline{\omega}_k^i\}_{i=1}^{N_s}]$。

FOR i=1:N_s

计算归一化的权值：$w_k^j=t^{-1}w_k^j$。

近似后验分布函数,获取参数的统计特性。

重采样,即权值相等的条件下,进行独立同分布采样。

附录 3　多尺度粒子滤波算法及其扩展算法可行性的理论证明与说明

1. 多尺度粒子滤波算法

多尺度粒子滤波算法首先构造关于动态系统的状态空间,即

$$S=\{s_1,s_2,\cdots,s_k\}$$

设该状态空间为状态连续、时间离散的集合,同时设该状态空间的每个状态转移函数为 $P(x^{(t)}=s_k\,|\,x^{(0)}=s_j)>0$,则该马尔可夫链是不可约、正常返和非周期的。对于任意状态 i,若访问次数的最大公约数满足

$$\mathrm{GCD}\{T>0:P(s^{(t+T)}=s_i\,|\,x^{(t)}=s_i)>0\}=1$$

则该马尔可夫链所在的状态空间有唯一的平稳分布 π。

根据文献[126]的定理,对于一个马尔可夫状态空间,用多种不同粗细尺度对状态空间上的一条马尔可夫链进行重要采样,当系统进入平稳分布后,后验联合分布函数等于各尺度采样条件下分别得到的分布函数的内积。

根据上述定理,不失一般性,可采用粗细两种尺度对状态空间进行 MCMC 耦合采样,来搜索目标状态和参数的最大联合后验似然分布函数。

$$\begin{matrix}(\boldsymbol{\phi},\boldsymbol{\sigma}^2,\boldsymbol{X})^{(1)}\xrightarrow{\text{MCMC}}(\boldsymbol{\phi},\boldsymbol{\sigma}^2,\boldsymbol{X})^{(1)} \\ (\widetilde{\boldsymbol{\phi}},\widetilde{\boldsymbol{\sigma}}^2,\widetilde{\boldsymbol{X}})^{(1)}\xrightarrow{\text{MCMC}}(\widetilde{\boldsymbol{\phi}},\widetilde{\boldsymbol{\sigma}}^2,\widetilde{\boldsymbol{X}})^{(2)}\end{matrix}\xrightarrow{\text{合并}}\begin{matrix}\cdots\\ \cdots\end{matrix}$$

不失一般性,在同一条马尔可夫链上,采用不同的尺度 2∶1、4∶1、8∶1,来提取目标的状态参数。显然,这种做法降低了算法的复杂度,同时采用粗尺度的函数,控制关于目标状态的条件概率密度函数,根据最小方差来控制状态估计的精度,即

$$\underset{f(\Theta)}{\operatorname{argmin}}\,E\left[\int\|p(x\,|\,\Theta)-p(x^{(i)*}\,|f(\widetilde{\Theta}))\|\mathrm{d}x\right]\xrightarrow{P}0$$

通过以上式子可以看出,通过控制 $f(\widetilde{\Theta})$ 函数来控制后验概率密度函数,从而控制状态估计的精度。

借助于最优化的理论,可以得到最优的函数值 $f(\widetilde{\Theta})_{\text{opt}}$,从而得到 $p(x\,|f(\widetilde{\Theta})_{\text{opt}})$。对其进行采样,就可以得到细尺度的样本估计值。

2. 多尺度粒子滤波的 q-DAEM 算法

根据第 4 章的 q-DAEM 算法,则

$$Z(\theta)=\left(\frac{\lambda(1-q)}{q}\right)^{\frac{1}{1-q}}=\sum_{x}\exp(\beta\ln_{q}p(y,x\mid\theta))$$

可以改写为

$$T_{q}=(1-q)\lambda/q\beta$$

则

$$T_{q}=\frac{1}{\beta}\left[\sum_{x}\left(1+\beta(p(y,x\mid\theta)^{1-q}-1)\right)^{\frac{1}{1-q}}\right]^{1-q}=\frac{1}{\beta}\left[\sum_{x}(1+\beta P_{x})^{\frac{1}{1-q}}\right]^{1-q}$$

式中,$P_{x}=p(y,x\mid\theta)^{1-q}-1$ 和 $P_{x}\geqslant0$,对于所有的 $\theta,q\geqslant1$,得到如下结论:

$$\begin{aligned}\frac{\partial T_{q}}{\partial q}&=\frac{1}{\beta}\frac{\partial Z^{1-q}}{\partial q}\\&=\frac{1}{\beta}Z^{1-q}\frac{\partial((1-q)\ln Z)}{\partial q}\\&=\frac{1}{\beta}\left(-Z^{1-q}\ln Z+(1-q)Z^{-q}\frac{\partial Z}{\partial q}\right)\\&=\frac{1}{\beta}Z^{-q}\left(-Z\ln Z+(1-q)\frac{\partial Z}{\partial q}\right)\end{aligned}$$

式中, $Z=\sum_{x}(1+\beta P_{x})^{1/1-q}>0$, 则

$$\frac{\partial Z}{\partial q}=\sum_{x}(1+\beta P_{x})^{\frac{1}{1-q}}\frac{\partial\left(\frac{1}{1-q}\ln(1+\beta P_{x})\right)}{\partial q}=\sum_{x}A(x)\frac{\partial B(q)}{\partial q}$$

式中,$A(x)=(1+\beta P_{x})^{1/1-q}$;$B(q)=[1/(1-q)]\ln(1+\beta P_{x})$。

将 $P_{x}=p^{1-q}-1$ 采用 $p=p(y,x\mid\theta)$ 代替并代入 $B(q)$,可以得到如下表达式:

$$\frac{\partial B(q)}{\partial q}=\frac{1}{(1-q)^{2}}\ln[1+\beta(p^{1-q}-1)]-\frac{\beta p^{1-q}\ln p}{(1-q)[1+\beta(p^{1-q}-1)]}-$$

$$Z\ln Z+(1-q)\frac{\partial Z}{\partial q}$$

$$=ZD(p(x)\|q(x))-\sum_{x}(1+\beta P_{x})^{\frac{1}{1-q}}\ln\left(\sum_{x}p^{\alpha}\right)$$

式中,$D(p(x)\mid q(x))$为 $p(x)$与 $q(x)$之间的 K-L 距离。当$\beta>1$ 且 $q>1$ 时,有如下表达式:

$$\alpha=\frac{\beta p^{1-q}}{1+\beta(p^{1-q}-1)}>1$$

而且

$$\sum_x p^\alpha = \sum_x p(y,x|\theta)^\alpha < \sum_x p(y,x|\theta) < 1$$

则$\frac{\partial T_q}{\partial q}>0$,说明 q-DAEM 算法能保证后验概率密度以最快的速度收敛到全局最大值,即对样本进行统计加权。同时,采用多尺度粒子滤波算法与 q-DAEM 算法结合,再对状态值进行粒子加权,这样采用少量的粒子就能保证未知参数的后验概率密度收敛到全局最大值。具体表达式见第 4 章。

3. 多尺度粒子滤波的均值漂移算法

4.4.2 节对该方法做了证明,而且引入了多尺度粒子滤波算法,见式(4-83)和式(4-84)。通过该算法,对粒子集合进行优化,使粒子沿着梯度衰减最快的方向移动到目标状态的最优值附近。

4. 多尺度粒子滤波的概率矩形区域模型算法

该模型可以抽象为一个多变点的估计问题,很适合用来提取复杂的时变信号。为了获取方差估计的最小下确界,采用粒子集合来近似 BIM。同时注意到,采用粒子集合来逼近的数学期望和独立采样得到的数学期望相等,都是未知参数的无偏估计的充分统计量。

设细尺度的粒子集合为$\{x_t^{(i)*},w_t^{(i)*}\},i=1,2,\cdots,m,\forall x_t,E(x_t^{(i)*})=\mu_t$。

因为

$$\sum_{i=1}^m w_t^{(i)*} = 1$$

所以

$$\begin{aligned}\hat{\mu}_t &= E\left(\sum_{i=1}^m x_t^{(i)*}w_t^{(i)*}\right)\\ &= \sum_{i=1}^m w_t^{(i)*}E\left[\frac{w_t^{(1)*}}{\sum_{i=1}^m w_t^{(i)*}}x_t^{(1)*} + \frac{w_t^{(2)*}}{\sum_{i=1}^m w_t^{(i)*}}x_t^{(2)*} + \cdots + \frac{w_t^{(m)*}}{\sum_{i=1}^m w_t^{(m)*}}x_t^{(1)*}\right]\end{aligned}$$

式中,$\hat{\mu}_t$ 为一个凸函数。因此,借助于粒子权值来控制样本的方差,使 UMVUE 小于独立同分布的样本得到的方差。因为

$$(x_t^{(i)*}-\hat{\mu}_t)^2 \leqslant (x_t-\mu_t)^2$$

所以

$$\sigma_t^{(i)*} = \sum_{i=1}^m w_t^{(i)*}(x_t^{(i)*} - \hat{\mu}_t)^2 \leqslant \frac{1}{m-1}(x_t - \mu_t)^2$$

可知,采用概率矩形区域模型,可以使方差无偏估计达到离散参数方差下确

界。因为是离散的随机变量,所以方差的无偏估计不能达到克罗-拉美界(C-R)。

附录 4　不完全 β 函数的定义

β 函数的定义为

$$I_{\xi}(p,q) \triangleq \beta^{-1}(p,q)\int_{0}^{\xi} x^{p-1}(1-x)^{q-1}\mathrm{d}x$$

$\beta(p,q)$ 采用不完全 β 函数, $\beta(p,q)=\int_{0}^{1} x^{p-1}(1-x)^{q-1}\mathrm{d}x=\beta(q,p)$, 设 X 服从二项分布,则

$$P(X=i)=b(i|n,\theta)$$

则分布函数 $F(i)=P(X\leqslant i)$ 与不完全 β 函数有以下关系表达式:

$$\sum_{j=1}^{n} b(j|n,\theta)=I_{\theta}(i,n-i+1)$$

$$F(i)=1-I_{\theta}(i+1,n-i)=I_{1-\theta}(n-i,i+1)$$

不完全分布的 β 可表示为

$$I_{\xi}(p,q) \triangleq \beta^{-1}(p,q)\int_{0}^{\xi} x^{p-1}(1-x)^{q-1}\mathrm{d}x$$

式中, $\beta(p,q)$ 表示 β 的函数,

$$F(i)=1-\sum_{j=i+1}^{n} b(j|n,\theta)=1-I_{\theta}(i+1,n-i)=I_{1-\theta}(n-i,i+1)$$

$$\begin{aligned}
f'(\theta) &= \sum_{j=i}^{n}\frac{n!}{(j-1)!\ (n-j)!}\theta^{j-1}(1-\theta)^{n-j}-\sum_{j=i}^{n-1}\frac{n!}{j!\ (n-j-1)}\cdot \\
&\quad \theta^{j}(1-\theta)^{n-j-1}-\frac{n!}{(i-1)!\ (n-i)!}\theta^{i-1}(1-\theta)^{n-i} \\
&= \sum_{j=i+1}^{n}\frac{n!}{(j-1)!\ (n-j)!}\theta^{j-1}(1-\theta)^{n-j}- \\
&\quad \sum_{j=i+1}^{n}\frac{n!}{(k-1)!\ (n-k)!}\theta^{k-1}(1-\theta)^{n-k} \\
&= 0
\end{aligned}$$

而且

$$f(\theta)=c$$

式中, c 为常数。

注意到: $f(0)=0$, 函数 $f(\theta)$ 在 $\theta=0$ 连续,即

$$\sum_{j=1}^{n} b(j|n,\theta)=I_{\theta}(i,n-i+1)$$

此外，

$$F(i)=\sum_{j=1}^{n}b(j|n,\theta)=1-\sum_{j=1}^{n}b(j|n,\theta)=1-I_{\theta}(i+1,n-i)$$

将变量 $x=1-y$ 代入以上方程式，得到如下结论：

$$\begin{aligned}I_{\theta}(i+1,n-i)&=\frac{1}{\beta(i+1,n-i)}\int_{0}^{\theta}x^{i}(1-x)^{n-i-1}\mathrm{d}x\\&=\frac{1}{\beta(i+1,n-i)}\int_{1}^{1-\theta}(1-y)^{i}y^{n-i-1}(-\mathrm{d}y)\\&=\frac{1}{\beta(i+1,n-i)}\left[\int_{0}^{1}y^{n-i-1}(1-y)^{i}\mathrm{d}y-\int_{0}^{1-\theta}y^{n-i-1}(1-y)^{i}\mathrm{d}y\right]\\&=1-\frac{1}{\beta(n-i,i+1)}\int_{1}^{1-\theta}y^{n-i-1}(1-y)^{i}\mathrm{d}y\\&=1-I_{1-\theta}(n-i,i+1)\end{aligned}$$

其中，对所有的 n 可到如下表达式：

$$F(i)=1-\sum_{j=i+1}^{n}b(j|n,\theta)=1-I_{\theta}(i+1,n-i)=I_{1-\theta}(n-i,i+1)$$

附录 5　智慧农业感知系统数据分析

一、SPSS 软件仿真代码及结果

1. SPSS 软件仿真代码

```
REGRESSION
/DESCRIPTIVES MEAN STDDEV CORR SIG N
/MISSING LISTWISE
/STATISTICS COEFF OUTS R ANOVA
/CRITERIA=PIN(.05) POUT(.10) CIN(95)
/NOORIGIN
/DEPENDENT @ 1#土壤温度
/METHOD=ENTER 室内CO2浓度 室内光亮度 室内平均湿度 室内1#平均温度
/SCATTERPLOT=(@ 1#土壤温度 ,*ZPRED)
/RESIDUALS DURBIN HISTOGRAM(ZRESID) NORMPROB(ZRESID)
/SAVE PRED COOK LEVER MCIN ZRESID.
```

2. SPSS 软件仿真结果

对于高斯随机变量，其高阶积累量为零，变量信息完全体现在均值与方差上，而且变量的高阶积累量所含的信息对于独立成分分析尤为丰富重要。所以，以下是在数据量特大的条件下，采用高斯分布作为分布模型，得到的仿真结果（附表 5-1～5-9 和附图 5-1～5-3）。

附表 5-1　备注

<table>
<tr><td colspan="2">已创建输出</td><td>31-MAR-2019 01:56:33</td></tr>
<tr><td colspan="2">注释</td><td></td></tr>
<tr><td rowspan="6">输入</td><td>数据</td><td>C:\Users\Sid\Desktop\spss_最终.sav</td></tr>
<tr><td>活动数据集</td><td>数据集 1</td></tr>
<tr><td>过滤器</td><td><无></td></tr>
<tr><td>权重</td><td><无></td></tr>
<tr><td>拆分文件</td><td><无></td></tr>
<tr><td>工作数据文件中的行数</td><td>8 742</td></tr>
<tr><td rowspan="2">缺失值处理</td><td>对缺失的定义</td><td>将用户定义的缺失值视为缺失</td></tr>
<tr><td>使用的个案数</td><td>统计基于那些对于任何所用变量都不具有缺失值的个案</td></tr>
<tr><td>语法</td><td colspan="2">REGRESSION
/ DESCRIPTIVES MEAN STDDEV CORR SIG N
/ MISSING LISTWISE
/ STATISTICS COEFF OUTS R ANOVA
/ CRITERIA=PIN(.05) POUT(.10) CIN(95)
/ NOORIGIN
/ DEPENDENT @ 1#土壤温度
/ METHOD=ENTER 室内 CO_2 浓度 室内光亮度 室内平均湿度 室内 1#平均温度
/ SCATTERPLOT=(@ 1#土壤温度 , * ZPRED)
/ RESIDUALS DURBIN HISTOGRAM(ZRESID) NORMPROB(ZRESID)
/ SAVE PRED COOK LEVER MCIN ZRESID</td></tr>
</table>

续附表 5-1

资源	处理程序时间	00:00:02.39
	耗用时间	00:00:02.00
	所需内存量	4 944 字节
	残差图需要更多内存	632 字节
创建或修改的变量	PRE_3	Unstandardized Predicted Value
	ZRE_3	Standardized Residual
	COO_3	Cook's Distance
	LEV_3	Centered Leverage Value
	LMCI_3	@ 1#土壤温度的 95%平均值置信区间下限
	UMCI_3	@ 1#土壤温度的 95%平均值置信区间上限

附表 5-2 描述统计

变量	平均值	标准偏差	个案数
1#土壤温度	8.846 1	4.109 27	8 742
室内 CO_2 浓度	369.07	9.936	8 742
室内光亮度	1.710 1	2.590 07	8 742
室内平均湿度	67.576 0	13.633 35	8 742
室内 1#平均温度	8.703 5	4.966 69	8 742

附表 5-3 回归分析仿真结果

变量		1#土壤温度	室内 CO_2 浓度	室内光亮度	室内平均湿度
皮尔逊相关性	1#土壤温度	1.000	-0.086	0.258	0.494
	室内 CO_2 浓度	-0.086	1.000	-0.281	0.392
	室内光亮度	0.258	-0.281	1.000	-0.262
	室内平均湿度	0.494	0.392	-0.262	1.000
	室内 1#平均温度	0.952	-0.221	0.428	0.254

续附表 5-3

变量		1#土壤温度	室内 CO_2 浓度	室内光亮度	室内平均湿度
显著性（单尾）	1#土壤温度	—	0.000	0.000	0.000
	室内 CO_2 浓度	0.000	—	0.000	0.000
	室内光亮度	0.000	0.000	—	0.000
	室内平均湿度	0.000	0.000	0.000	—
	室内 1#平均温度	0.000	0.000	0.000	0.000
个案数	1#土壤温度	8 742	8 742	8 742	8 742
	室内 CO_2 浓度	8 742	8 742	8 742	8 742
	室内光亮度	8 742	8 742	8 742	8 742
	室内平均湿度	8 742	8 742	8 742	8 742
	室内 1#平均温度	8 742	8 742	8 742	8 742

附表 5-4　相关性

变量		室内 1#平均温度
皮尔逊相关性	1#土壤温度	0.952
	室内 CO_2 浓度	-0.221
	室内光亮度	0.428
	室内平均湿度	0.254
	室内 1#平均温度	1.000
显著性（单尾）	1#土壤温度	0.000
	室内 CO_2 浓度	0.000
	室内光亮度	0.000
	室内平均湿度	0.000
	室内 1#平均温度	—
个案数	1#土壤温度	8 742
	室内 CO_2 浓度	8 742
	室内光亮度	8 742
	室内平均湿度	8 742
	室内 1#平均温度	8 742

附表 5-5　输入/除去的变量[a]

模型	输入的变量	除去的变量	方法
1	室内 1#平均温度,室内 CO_2 浓度,室内光亮度,室内平均湿度[b]	—	输入

a. 因变量:1#土壤温度;

b. 已输入所请求的所有变量。

附表 5-6　模型摘要[a]

模型	R	R^2	调整后 R^2	标准估算的误差	德宾-沃森
1	0.989[b]	0.978	0.978	0.610 57	0.056

a. 预测变量:(常量),室内 1#平均温度,室内 CO_2 浓度,室内光亮度,室内平均湿度;

b. 因变量:1#土壤温度。

附表 5-7　ANOVA 仿真结果[a]

模型	分析方法	平方和	自由度	均方	F	显著性
1	回归	144 344.299	4	36 086.075	96 797.073	0.000[b]
	残差	3 257.165	8 737	0.373	—	—
	总计	147 601.464	8 741	—	—	—

a. 因变量:1#土壤温度;

b. 预测变量:(常量),室内 1#平均温度,室内 CO_2 浓度,室内光亮度,室内平均湿度。

附表 5-8　系数的仿真结果[a]

模型	变量	未标准化系数		标准化系数	t	显著性
		B	标准误差	Beta		
1	(常量)	-2.988	0.272	—	-10.997	0.000
	室内 CO_2 浓度	0.001	0.001	0.004	1.895	0.058
	室内光亮度	-0.117	0.003	-0.074	-37.969	0.000
	室内平均湿度	0.072	0.001	0.238	117.983	0.000
	室内 1#平均温度	0.765	0.002	0.924	454.090	0.000

a. 因变量:1#土壤温度。

附表 5-9 指标残差的统计分析结果[a]

变量	最小值	最大值	平均值	标准偏差	个案数
预测值	2.997 6	18.680 3	8.846 1	4.063 68	8 742
标准预测值	−1.439	2.420	0.000	1.000	8 742
预测值的标准误差	0.007	0.036	0.014	0.004	8 742
调整后预测值	2.997 6	18.679 5	8.846 1	4.063 63	8 742
残差	−2.194 13	2.503 02	0.000 00	0.610 43	8 742
标准残差	−3.594	4.099	0.000	1.000	8 742
学生化残差	−3.595	4.104	0.000	1.000	8 742
剔除残差	−2.196 29	2.508 26	0.000 02	0.610 80	8 742
学生化剔除残差	−3.598	4.107	0.000	1.000	8 742
马氏距离(D)	0.174	30.198	4.000	3.294	8 742
库克距离	0.000	0.008	0.000	0.000	8 742
居中杠杆值	0.000	0.003	0.000	0.000	8 742

a. 因变量:1#土壤温度。

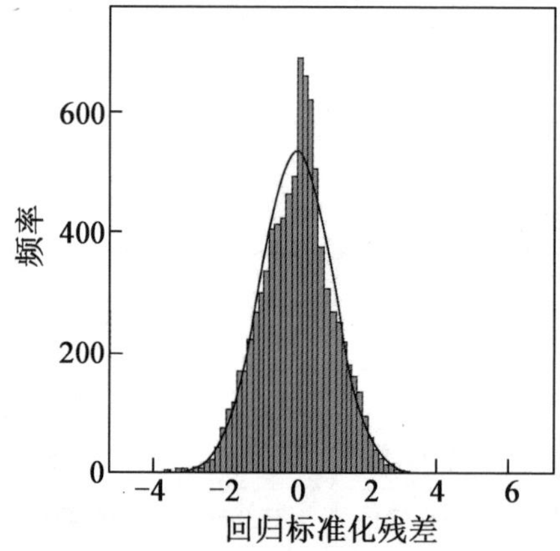

(因变量:1#土壤温度)平均值 = 2.15×10^{-13},标准差 = 1.000,个案数 = 8 742

附图 5-1 误差的频谱

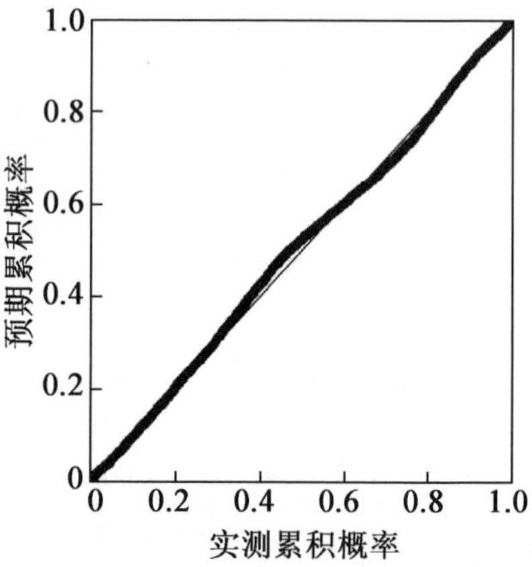

(因变量:1#土壤温度)

附图 5-2 回归标准化残差

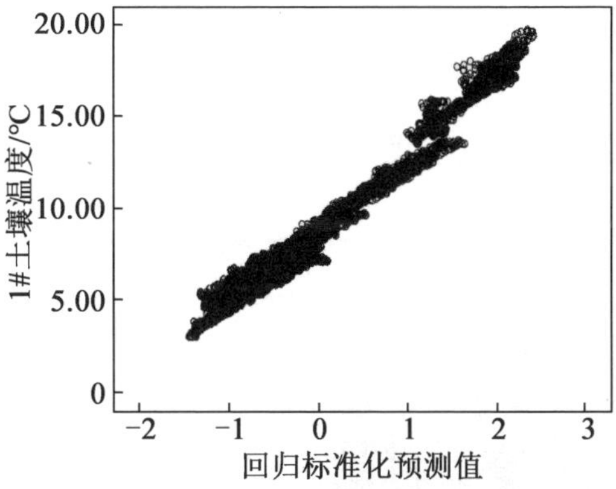

（因变量:1#土壤温度）

图 5-3　土壤温度的散点图

二、室内光亮度与室内 CO_2 浓度仿真代码及结果

1. 室内光亮度与室内 CO_2 浓度的仿真

```
GRAPH
  /SCATTERPLOT(BIVAR)=室内光亮度 WITH 室内 CO2 浓度
  /MISSING=LISTWISE
```

室内光亮度与室内 CO_2 浓度的仿真结果如附表 5-10 和附图 5-4 所示。

附表 5-10　备注

已创建输出		31-MAR-2019 01:23:16
注释		
输入	数据	C:\Users\Sid\Desktop\spss_最终.sav
	活动数据集	数据集 1
	过滤器	<无>
	权重	<无>
	拆分文件	<无>
	工作数据文件中的行数	8 742
语法		GRAPH /SCATTERPLOT(BIVAR)=室内光亮度 WITH 室内 CO_2 浓度 /MISSING=LISTWISE

续附表 5-10

资源	处理程序时间	00:00:01.53
	耗用时间	00:00:01.05

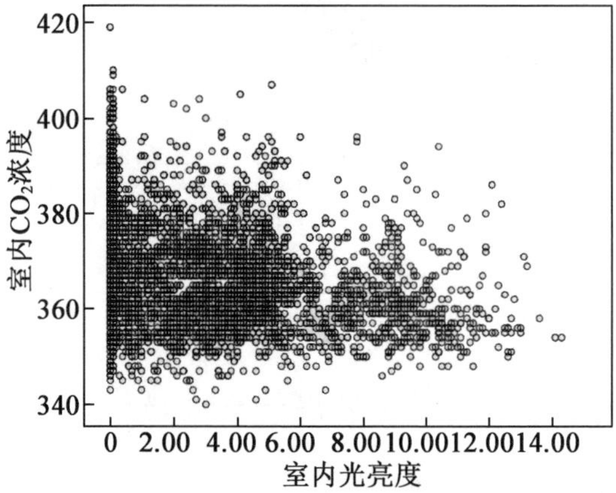

附图 5-4　室内光亮度的仿真

2. 室内光亮度与室内 CO_2 浓度回归分析仿真代码及结果

```
REGRESSION
  /MISSING LISTWISE
  /STATISTICS COEFF OUTS CI(95) R ANOVA CHANGE
  /CRITERIA=PIN(.05) POUT(.10) CIN(95)
  /NOORIGIN
  /DEPENDENT 室内 CO2 浓度
  /METHOD=ENTER 室内光亮度
  /SCATTERPLOT=(室内 CO2 浓度 ,*ZPRED)
  /RESIDUALS HISTOGRAM(ZRESID) NORMPROB(ZRESID)
  /SAVE PRED COOK LEVER MCIN ZRESID.
```

室内光亮度与室内 CO_2 浓度回归分析仿真结果如附表 5-11~5-18 和附图 5-5~5-7 所示。

附表 5-11　回归分析

<table>
<tr><td colspan="2">已创建输出</td><td>31-MAR-2019 01:24:15</td></tr>
<tr><td colspan="2">注释</td><td></td></tr>
<tr><td rowspan="6">输入</td><td>数据</td><td>C:\Users\Sid\Desktop\spss_最终.sav</td></tr>
<tr><td>活动数据集</td><td>数据集 1</td></tr>
<tr><td>过滤器</td><td><无></td></tr>
<tr><td>权重</td><td><无></td></tr>
<tr><td>拆分文件</td><td><无></td></tr>
<tr><td>工作数据文件中的行数</td><td>8 742</td></tr>
<tr><td rowspan="2">缺失值处理</td><td>对缺失的定义</td><td>将用户定义的缺失值视为缺失</td></tr>
<tr><td>使用的个案数</td><td>统计基于那些对于任何所用变量都不具有缺失值的个案</td></tr>
<tr><td>语法</td><td colspan="2">REGRESSION
/ MISSING LISTWISE
/ STATISTICS COEFF OUTS CI(95) R ANOVA CHANGE
/ CRITERIA=PIN(.05) POUT(.10) CIN(95)
/ NOORIGIN
/ DEPENDENT 室内 CO_2 浓度
/ METHOD=ENTER 室内光亮度
/ SCATTERPLOT=(室内 CO_2 浓度, *ZPRED)
/ RESIDUALS HISTOGRAM(ZRESID) NORMPROB(ZRESID)
/ SAVE PRED COOK LEVER MCIN ZRESID</td></tr>
<tr><td rowspan="4">资源</td><td>处理程序时间</td><td>00:00:02.97</td></tr>
<tr><td>耗用时间</td><td>00:00:01.99</td></tr>
<tr><td>所需内存量</td><td>2 880 字节</td></tr>
<tr><td>残差图需要更多内存</td><td>680 字节</td></tr>
<tr><td rowspan="6">创建或修改的变量</td><td>PRE_1</td><td>Unstandardized Predicted Value</td></tr>
<tr><td>ZRE_1</td><td>Standardized Residual</td></tr>
<tr><td>COO_1</td><td>Cook's Distance</td></tr>
<tr><td>LEV_1</td><td>Centered Leverage Value</td></tr>
<tr><td>LMCI_1</td><td>室内 CO_2 浓度的 95%平均值置信区间下限</td></tr>
<tr><td>UMCI_1</td><td>室内 CO_2 浓度的 95%平均值置信区间上限</td></tr>
</table>

附表 5-12　室内光亮度输入/除去的变量[a]

模型	输入的变量	除去的变量	方法
1	室内光亮度[b]	—	输入

a. 因变量:室内 CO_2 浓度;
b. 已输入所请求的所有变量。

附表 5-13　光亮度的统计特性

模型	R	R^2	调整后 R^2	标准估算的误差	更改统计		
					R^2 变化量	F 变化量	自由度 1
1	0.281[a]	0.079	0.079	9.535	0.079	751.347	1

附表 5-14　模型摘要[a]

模型	更改统计	
	自由度 2	显著性 F 变化量
1	8 740	0.000

a. 因变量:室内 CO_2 浓度。

附表 5-15　ANONA 仿真结果[a]

模型	分析方法	平方和	自由度	均方	F	显著性
1	回归	68 314.390	1	68 314.390	751.347	0.000[b]
	残差	794 663.195	8 740	90.923	—	—
	总计	862 977.585	8 741	—	—	—

a. 因变量:室内 CO_2 浓度;
b. 预测变量:(常量),室内光亮度。

附表 5-16　系数的仿真结果

模型	变量	未标准化系数		标准化系数	t	显著性	B 的 95%置信区间
		B	标准误差	Beta			下限
1	(常量)	370.913	0.122	—	3 035.050	0.000	370.673
	室内光亮度	-1.079	0.039	-0.281	-27.411	0.000	-1.157

附表 5-17　系数[a]

模型	变量	B 的 95%置信区间
		上限
1	（常量）	371.153
	室内光亮度	-1.002

a. 因变量:室内 CO_2 浓度。

附表 5-18　指标残差的统计分析结果[a]

变量	最小值	最大值	平均值	标准偏差	个案数
预测值	355.48	370.91	369.07	2.796	8 742
标准预测值	-4.861	0.660	0.000	1.000	8 742
预测值的标准误差	0.102	0.506	0.136	0.049	8 742
调整后预测值	355.48	370.92	369.07	2.796	8 742
残差	-27.913	48.087	0.000	9.535	8 742
标准残差	-2.927	5.043	0.000	1.000	8 742
学生化残差	-2.928	5.043	0.000	1.000	8 742
剔除残差	-27.918	48.095	0.000	9.537	8 742
学生化剔除残差	-2.929	5.051	0.000	1.000	8 742
马氏距离(*D*)	0.000	23.628	1.000	2.163	8 742
库克距离	0.000	0.009	0.000	0.000	8 742
居中杠杆值	0.000	0.003	0.000	0.000	8 742

a. 因变量:室内 CO_2 浓度。

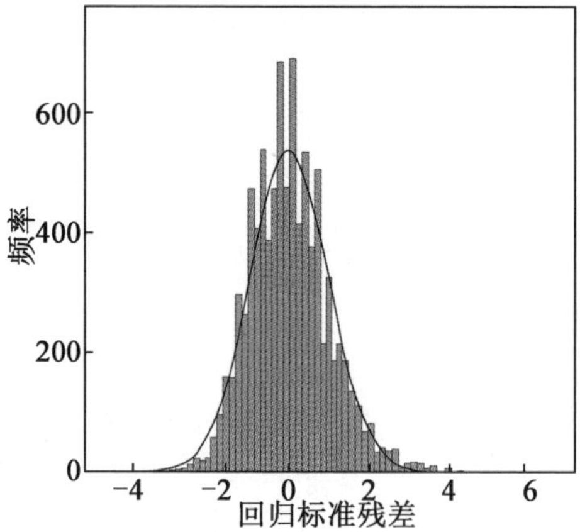

（因变量：室内 CO_2 浓度。平均值 $=6.38\times10^{-15}$，标准差 $=1.000$，个案数 $=8\ 742$）

附图 5-5　室内 CO_2 浓度频谱仿真

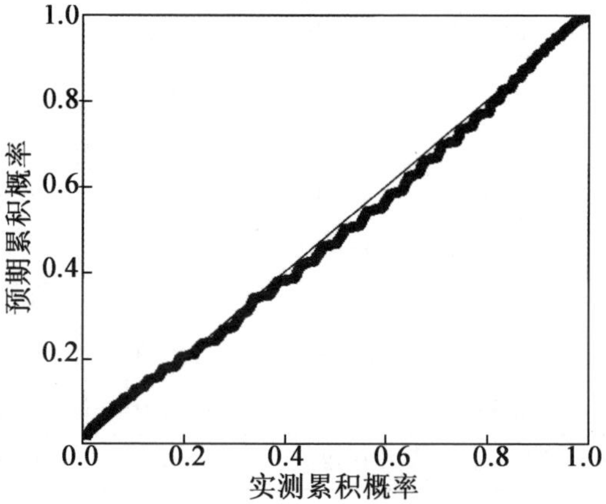

（因变量：室内 CO_2 浓度）

附图 5-6　回归标准化残差

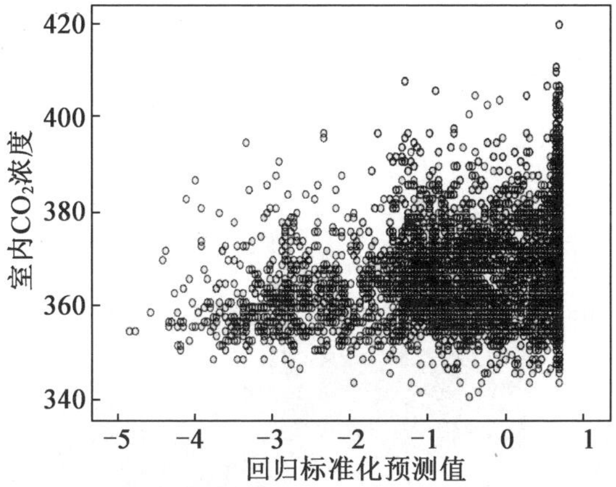

（因变量：室内 CO_2 浓度）

附图 5-7　室内 CO_2 浓度的散点图

三、时间与土壤湿度仿真代码及结果

1. 时间与土壤湿度仿真

```
GRAPH
  /SCATTERPLOT(BIVAR)=时间 WITH 室外湿度
  /MISSING=LISTWISE
```

时间与土壤湿度的仿真结果如附表 5-19 和附图 5-8 所示。

附表 5-19　仿真结果

已创建输出		31-MAR-2019 01:30:10
注释		
输入	数据	C:\Users\Sid\Desktop\spss_最终. sav
	活动数据集	数据集 1
	过滤器	<无>
	权重	<无>
	拆分文件	<无>
	工作数据文件中的行数	8 742
语法	GRAPH /SCATTERPLOT(BIVAR)= 时间 WITH 室外湿度 /MISSING=LISTWISE	

续附表 5-19

资源	处理程序时间	00:00:00.84
	耗用时间	00:00:00.83

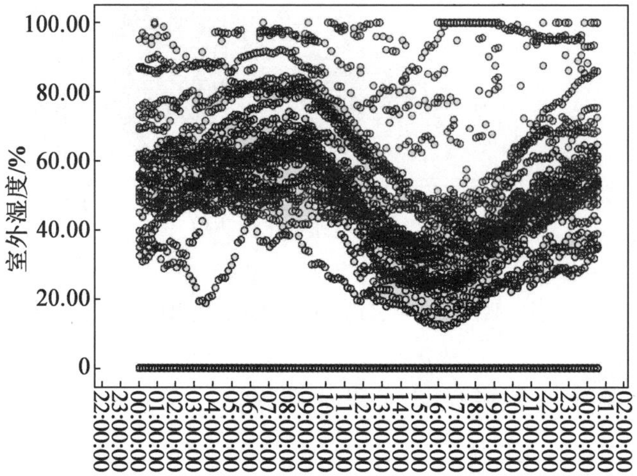

附图 5-8　室外湿度仿真图

2. 时间与土壤湿度回归分析仿真代码及结果

```
REGRESSION
  /MISSING LISTWISE
  /STATISTICS COEFF OUTS CI(95) R ANOVA CHANGE
  /CRITERIA=PIN(.05) POUT(.10) CIN(95)
  /NOORIGIN
  /DEPENDENT 室外湿度
  /METHOD=ENTER 时间
  /SCATTERPLOT=(室外湿度 ,*ZPRED)
  /RESIDUALS HISTOGRAM(ZRESID) NORMPROB(ZRESID)
  /SAVE PRED COOK LEVER MCIN ZRESID
```

时间与土壤湿度回归分析仿真结果如附表 5-20～5-26 和附图 5-9～5-11 所示。

附表 5-20　仿真结果

已创建输出		31-MAR-2019 01:31:21
注释		
输入	数据	C:\Users\Sid\Desktop\spss_最终.sav
	活动数据集	数据集 1
	过滤器	<无>
	权重	<无>
	拆分文件	<无>
	工作数据文件中的行数	8 742
缺失值处理	对缺失的定义	将用户定义的缺失值视为缺失
	使用的个案数	统计基于那些对于任何所用变量都不具有缺失值的个案
语法	REGRESSION /MISSING LISTWISE /STATISTICS COEFF OUTS CI(95) R ANOVA CHANGE /CRITERIA=PIN(.05) POUT(.10) CIN(95) /NOORIGIN /DEPENDENT 室外湿度 /METHOD=ENTER 时间 /SCATTERPLOT=(室外湿度, *ZPRED) /RESIDUALS HISTOGRAM(ZRESID) NORMPROB(ZRESID) /SAVE PRED COOK LEVER MCIN ZRESID	
资源	处理程序时间	00:00:02.22
	耗用时间	00:00:01.93
	所需内存量	3 120 字节
	残差图需要更多内存	680 字节
创建或修改的变量	PRE_2	Unstandardized Predicted Value
	ZRE_2	Standardized Residual
	COO_2	Cook's Distance
	LEV_2	Centered Leverage Value
	LMCI_2	室外湿度的 95%平均值置信区间下限
	UMCI_2	室外湿度的 95%平均值置信区间上限

附表 5-21　时间[a]

模型	输入的变量	除去的变量	方法
1	时间[b]	—	输入

a. 因变量:室外湿度。

b. 已输入所请求的所有变量。

附表 5-22　时间的统计特性

模型	R	R^2	调整后 R^2	标准估算的误差	更改统计		
					R^2 变化量	F 变化量	自由度 1
1	0.120	0.015	0.014	27.719 20	0.015	128.748	1

附表 5-23　模型摘要[a]

模型	更改统计	
	自由度 2	显著性 F 变化量
1	8 740	0.000

a. 因变量:室外湿度。

附表 5-24　ANOVA 仿真结果[a]

模型	分析方法	平方和	自由度	均方	F	显著性
1	回归	98 924.232	1	98 924.232	128.748	0.000[b]
	残差	6 715 415.826	8 740	768.354	—	—
	总计	6 814 340.058	8 741	—	—	—

a. 因变量:室外湿度;

b. 预测变量:(常量),时间。

附表 5-25　系数的仿真结果[a]

模型	变量	未标准化系数		标准化系数	t	显著性	B 的 95%置信区间	
		B	标准误差	Beta			下限	上限
1	(常量)	40.554	0.596	—	68.065	0.000	39.386	41.722
	时间	0.000	0.000	−0.120	−11.347	0.000	0.000	0.000

a. 因变量:室外湿度。

附表 5-26 指标残差的统计分析结果[a]

变量	最小值	最大值	平均值	标准偏差	个案数
预测值	28.805 4	40.554 0	34.689 8	3.364 11	8 742
标准预测值	-1.749	1.743	0.000	1.000	8 742
预测值的标准误差	0.296	0.597	0.409	0.093	8 742
调整后预测值	28.772 3	40.572 8	34.689 6	3.364 52	8 742
残差	-40.554 02	71.194 63	0.000 00	27.717 62	8 742
标准残差	-1.463	2.568	0.000	1.000	8 742
学生化残差	-1.463	2.569	0.000	1.000	8 742
剔除残差	-40.572 77	71.227 71	0.000 17	27.724 08	8 742
学生化剔除残差	-1.463	2.570	0.000	1.000	8 742
马氏距离(*D*)	0.000	3.060	1.000	0.913	8 742
库克距离	0.000	0.002	0.000	0.000	8 742
居中杠杆值	0.000	0.000	0.000	0.000	8 742

a. 因变量:室外湿度。

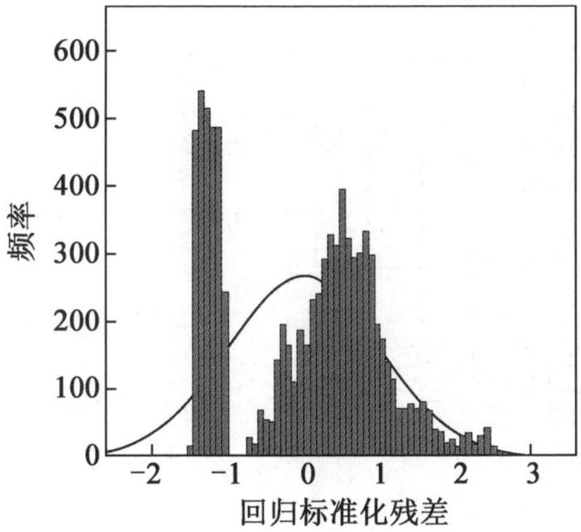

(因变量:室外湿度。平均值 = -1.77×10^{-15},标准差 = 1.000,个案数 = 8 742)

附图 5-9 室外温度频谱的仿真

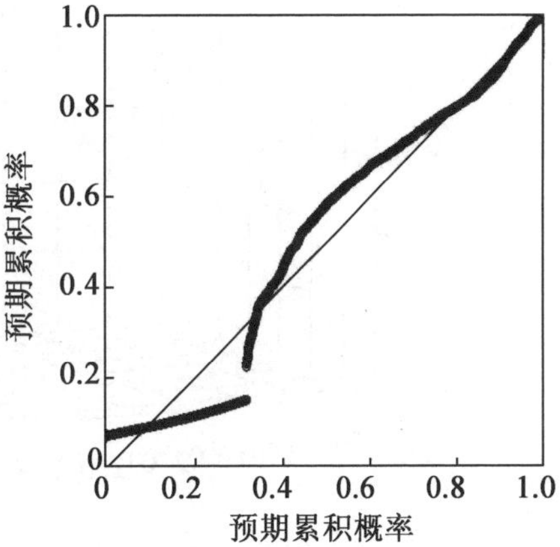

(因变量:室外湿度)

附图 5-10 回归标准化残差

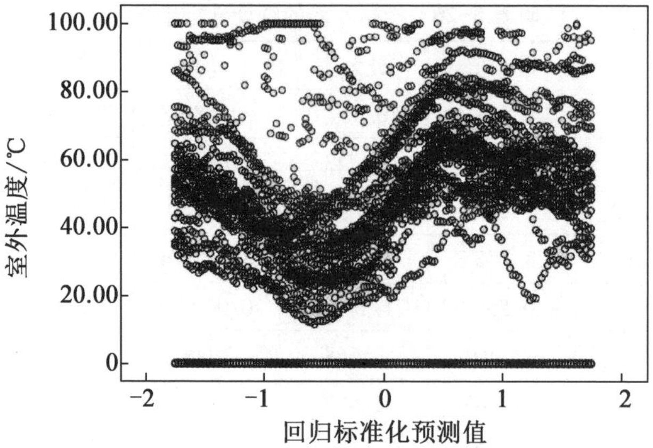

（因变量：室外湿度）

附图 5-11　室外温度的散点图

四、基于神经网络智慧农业超声波水流量计水流量仿真测试结果

温度-流量-神经网络误差散点图如附图 5-12~5-30 所示。

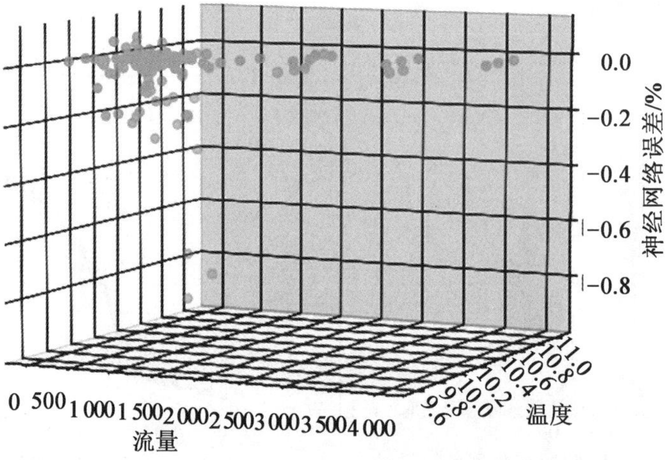

附图 5-12　10 ℃温度-流量-神经网络误差散点图

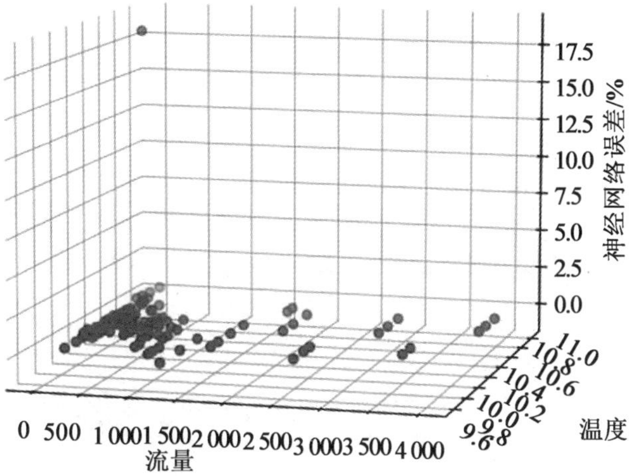

附图 5-13　10 ℃温度-流量-神经网络误差散点图

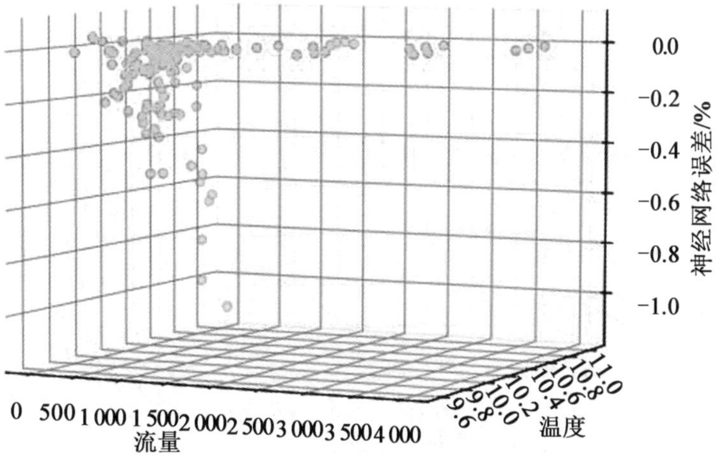

附图 5-14　10 ℃温度-流量-神经网络误差散点图

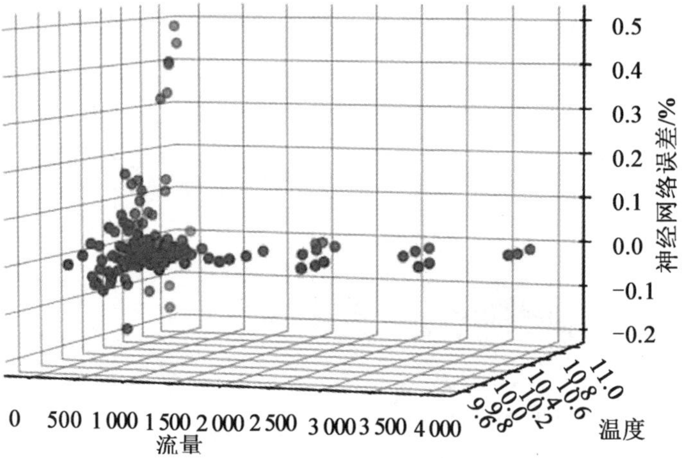

附图 5-15　10 ℃温度-流量-神经网络误差散点图

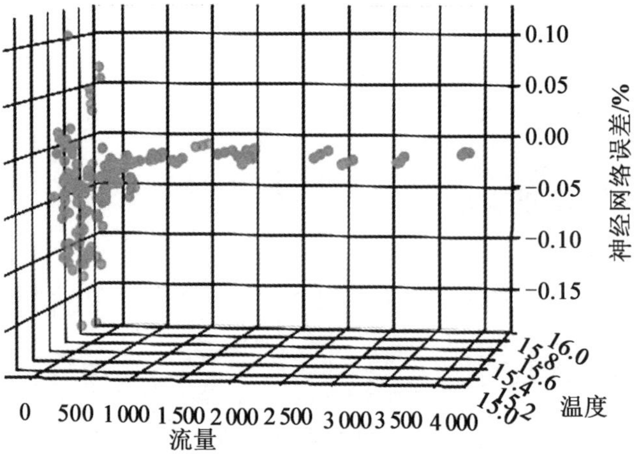

附图 5-16　15 ℃温度-流量-神经网络误差散点图

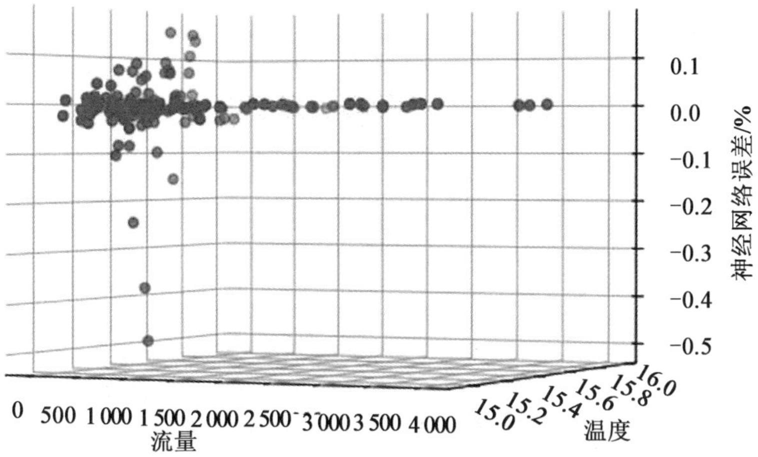

附图 5-17 15 ℃温度-流量-神经网络误差散点图

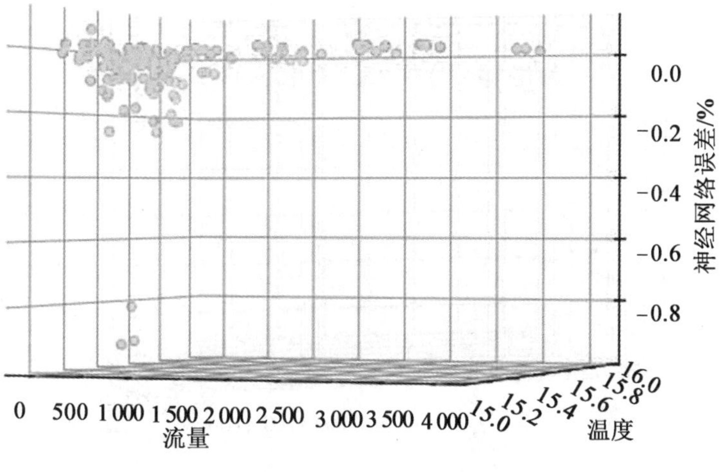

附图 5-18 15 ℃温度-流量-神经网络误差散点图

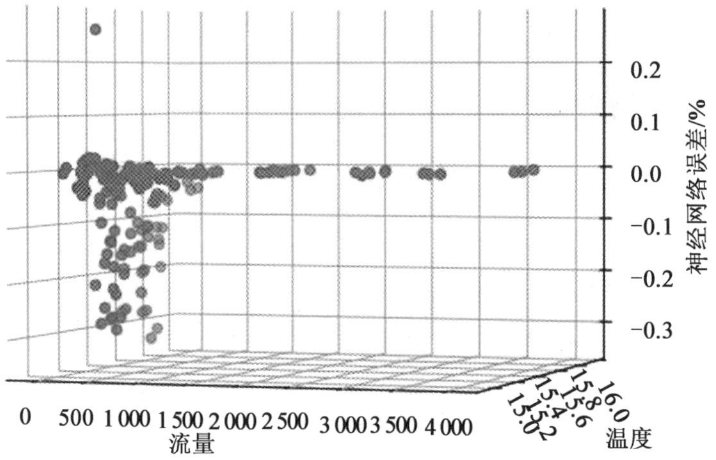

附图 5-19　15 ℃温度-流量-神经网络误差散点图

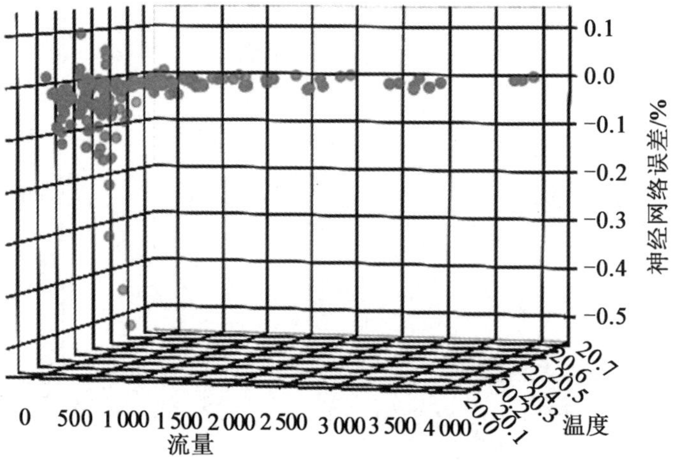

附图 5-20　20 ℃温度-流量-神经网络误差散点图

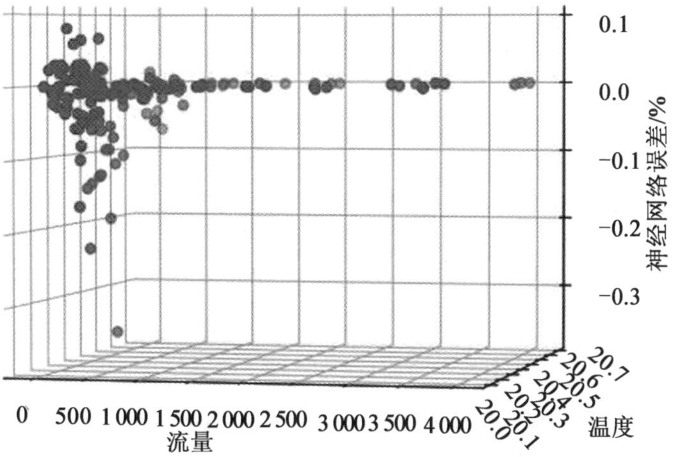

附图 5-21　20 ℃温度-流量-神经网络误差散点图

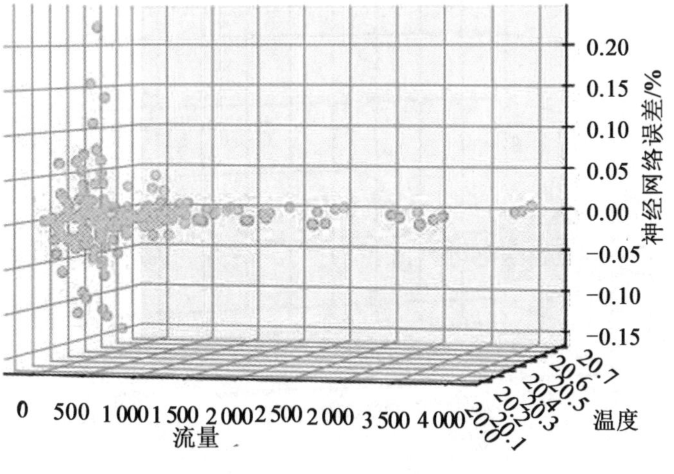

附图 5-22　20 ℃温度-流量-神经网络误差散点图

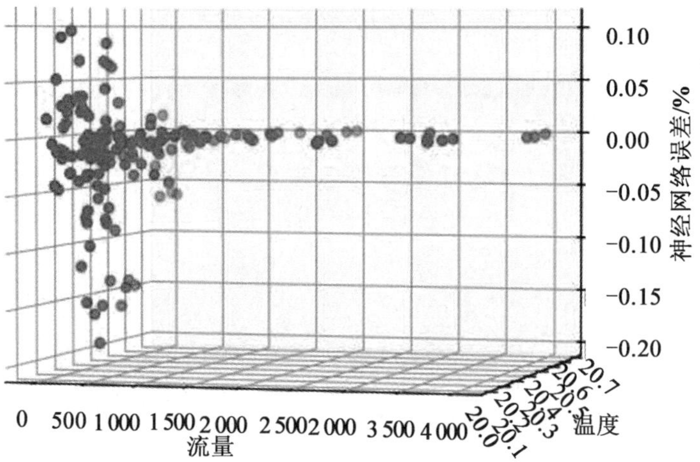

附图 5-23　20 ℃温度-流量-神经网络误差散点图

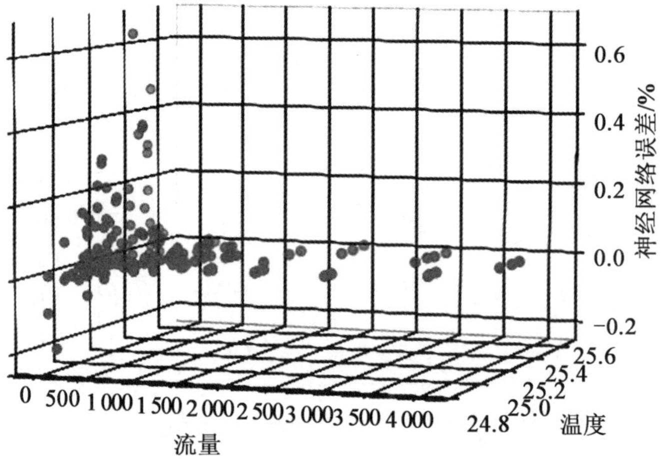

附图 5-24　25 ℃温度-流量-神经网络误差散点图

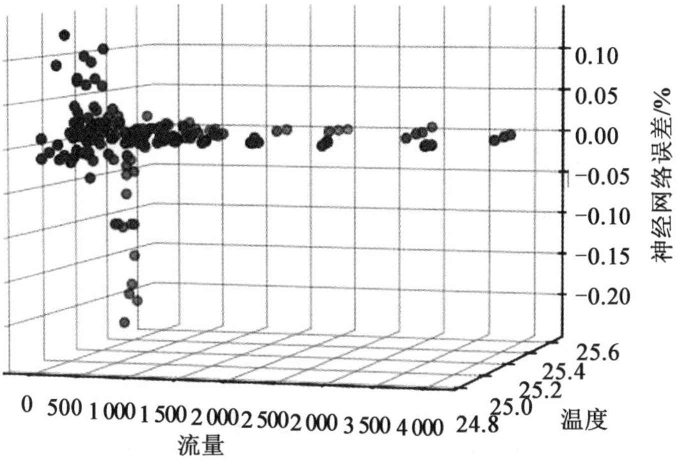

附图 5-25　25 ℃温度-流量-神经网络误差散点图

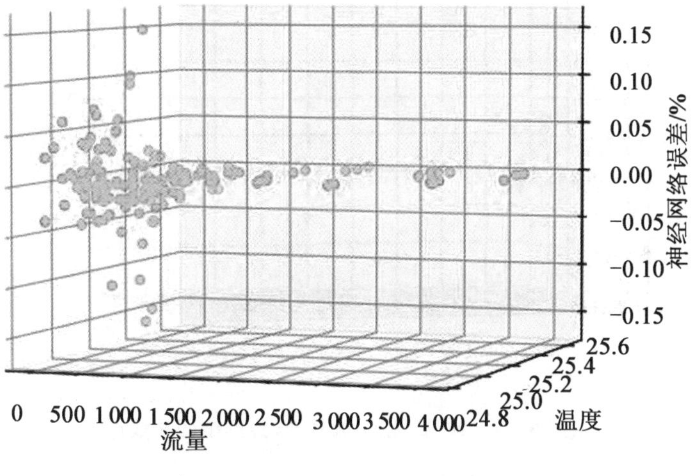

附图 5-26　25 ℃温度-流量-神经网络误差散点图

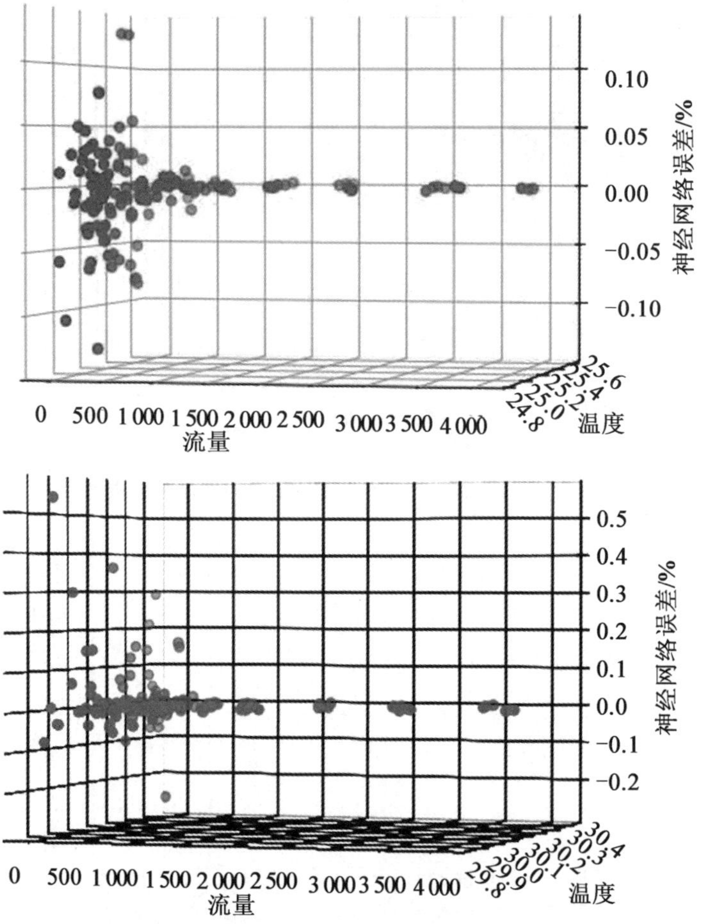

附图 5-27　30 ℃温度-流量-神经网络误差散点图

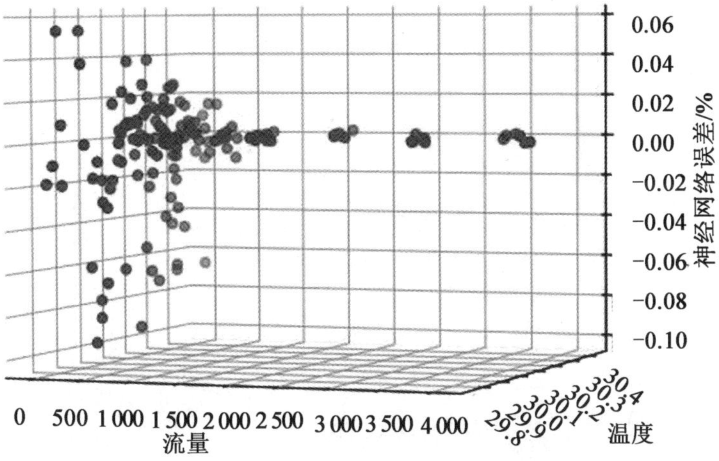

附图 5-28　30 ℃温度-流量-神经网络误差散点图

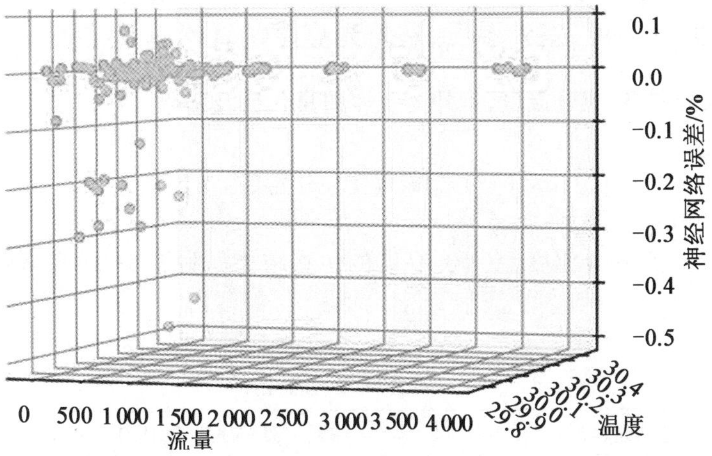

附图 5-29　30 ℃温度-流量-神经网络误差散点图

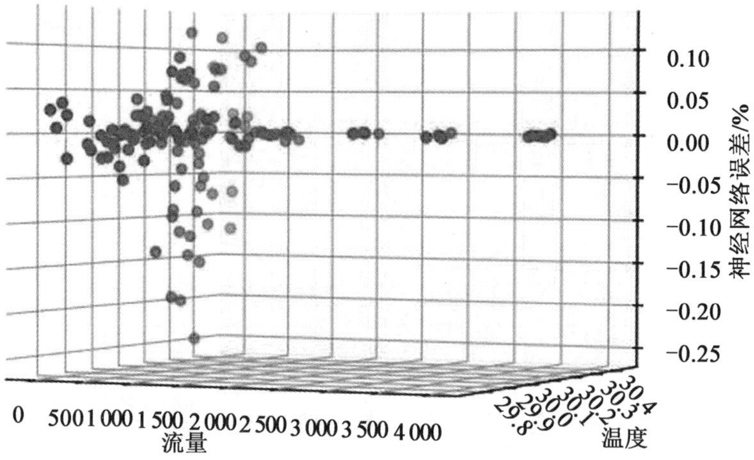

附图 5-30　30 ℃温度-流量-神经网络误差散点图

五、室外湿度、室外温度、室外光亮度仿真代码及结果

1. 室外湿度、室外温度、室外光亮度仿真代码及结果

```
GRAPH
  /SCATTERPLOT(MATRIX)= 室外湿度 室外温度 室外光亮度
  /MISSING=LISTWISE
```

室外湿度、室外温度、室外光亮度的仿真结果如附表 5-27 和附图 5-31 所示。

附表 5-27　备注

已创建输出		31-MAR-2019 02:19:44
注释		
输入	数据	C:\Users\Sid\Desktop\spss_最终. sav
	活动数据集	数据集 1
	过滤器	<无>
	权重	<无>
	拆分文件	<无>
	工作数据文件中的行数	8 742

续附表 5-27

语法	GRAPH /SCATTERPLOT(MATRIX)=室外湿度 室外温度 室外光亮度 /MISSING=LISTWISE	
资源	处理程序时间	00:00:00.78
	耗用时间	00:00:00.72

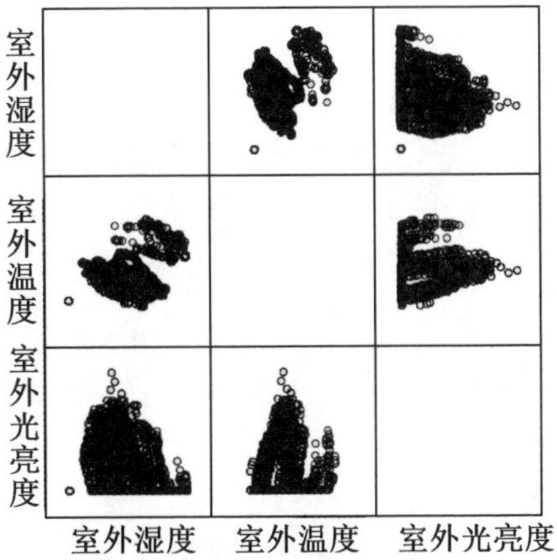

附图 5-31 参数图

2. 室外湿度、室外温度、室外光亮度非线性回归的仿真代码及结果

```
* 非线性回归
MODEL PROGRAM  a=50 b=2 c=0.5 d=0.3
COMPUTE  PRED_=a + b * 室外温度 + c * 室外光亮度 + d * 室外温度 * 室外光亮度
CNLR  室外湿度
  /OUTFILE='C:\Users\Sid\AppData\Local\Temp\spss17976\SPSSFNLR.TMP'
  /PRED PRED_
  /CRITERIA STEPLIMIT 2 ISTEP 1E+20
```

受限非线性回归分析如附表 5-28~5-32 所示。

附表 5-28　备注

已创建输出		31-MAR-2019 02:22:59
注释		
输入	数据	C:\Users\Sid\Desktop\spss_最终. sav
	活动数据集	数据集 1
	过滤器	<无>
	权重	<无>
	拆分文件	<无>
	工作数据文件中的行数	8 742
缺失值处理	对缺失的定义	将用户定义的缺失值视为缺失
	使用的个案数	统计基于那些对于任何所用变量都不具有缺失值的个案。对于在因变量中具有缺失值的个案,将计算预测值
语法	MODEL PROGRAM　a=50 b=2 c=0. 5 d=0. 3 COMPUTE　PRED_=a + b * 室外温度 + c * 室外光亮度 + d * 室外温度 * 室外光亮度 CNLR　室外湿度 /OUTFILE='C:\Users\Sid\AppData\Local\Temp\spss17976\SPSSFNLR. TMP' /PRED PRED_ /CRITERIA STEPLIMIT 2 ISTEP 1E+20	
资源	处理程序时间	00:00:00. 17
	耗用时间	00:00:00. 20
保存的文件	参数估算值文件	C:\Users\Sid\AppData\Local\Temp\spss17976\SPSS-FNLR. TMP

附表 5-29　迭代历史记录[a]

迭代编号[b]	残差平方和	参数			
		a	*b*	*c*	*d*
0. 1	9 923 060. 399	50. 000	2. 000	0. 500	0. 300
1. 1	7 181 220. 024	49. 927	1. 752	0. 379	-0. 655
2. 1	6 647 996. 733	48. 285	-0. 142	0. 397	-0. 242

续附表 5-29

迭代编号[b]	残差平方和	参数			
		a	*b*	*c*	*d*
3.1	3 623 759.983	20.818	4.317	-0.640	-0.325
4.1	3 319 547.395	17.761	4.867	7.579	-1.388
5.1	3 319 547.395	17.761	4.867	7.579	-1.388

a. 运行在 5 次迭代后停止,已找到最优的解,将通过数字计算来确定导数;

b. 主迭代号在小数点左侧显示,次迭代号在小数点右侧显示。

附表 5-30　参数估算值

参数	估算	标准误差	95% 置信区间	
			下限	上限
a	17.761	0.358	17.058	18.463
b	4.867	0.080	4.710	5.024
c	7.579	0.316	6.959	8.199
d	-1.388	0.044	-1.475	-1.301

附表 5-31　参数估算相关性

变参数	*a*	*b*	*c*	*d*
a	1.000	-0.629	-0.291	0.289
b	-0.629	1.000	0.235	-0.433
c	-0.291	0.235	1.000	-0.919
d	0.289	-0.433	-0.919	1.000

附表 5-32　ANOVA 仿真结果[a]

源	平方和	自由度	均方
回归	9 852 246.085	4	2 463 061.521
残差	3 319 547.395	7 374	450.169
修正前总计	13 171 793.480	7 378	—
修正后总计	5 065 487.991	7 377	—

a. 因变量:室外湿度;

R^2 = 1-(残差平方和)/(修正平方和)= 0.345。

六、各参数快速聚类仿真代码及结果

```
QUICK CLUSTER 室外温度 室外湿度 室外光亮度 室内 1#平均温度 室内平均湿度 室内光亮度 室内 CO2 浓度 @ 1#土壤温度 @ 1#土壤湿度
  /MISSING=LISTWISE
  /CRITERIA=CLUSTER(7) MXITER(10) CONVERGE(0)
  /METHOD=KMEANS(UPDATE)
  /SAVE CLUSTER DISTANCE
  /PRINT ID(日期) INITIAL ANOVA
```

快速聚类分析如附表 5-33~5-38 所示。

附表 5-33　备注

已创建输出		01-APR-2019 14:29:47
注释		
输入	数据	C:\Users\Sid\Desktop\spss_最终. sav
	活动数据集	数据集 2
	过滤器	<无>
	权重	<无>
	拆分文件	<无>
	工作数据文件中的行数	8 742
缺失值处理	对缺失的定义	将用户定义的缺失值视为缺失
	使用的个案数	统计基于那些对任何所用聚类变量都没有缺失值的个案
语法	QUICK CLUSTER 室外温度 室外湿度 室外光亮度 室内 1#平均温度 室内平均湿度 室内光亮度 室内 CO_2 浓度 @ 1#土壤温度 @ 1#土壤湿度 /MISSING=LISTWISE /CRITERIA=CLUSTER(7) MXITER(10) CONVERGE(0) /METHOD=KMEANS(UPDATE) /SAVE CLUSTER DISTANCE /PRINT ID(日期) INITIAL ANOVA	
创建或修改的变量	QCL_3	个案聚类编号
	QCL_4	个案距离其分类聚类中心的距离

附表 5-34　初始聚类中心

变量	聚类						
	1	2	3	4	5	6	7
室外温度	-0. 70	0. 00	6. 50	0. 00	11. 30	2. 70	0. 00
室外湿度	62. 70	0. 00	22. 70	0. 00	100. 00	68. 80	0. 00
室外光亮度	0. 00	0. 00	7. 60	0. 00	0. 00	0. 00	0. 00
室内 1#平均温度	1. 60	16. 80	8. 10	12. 80	12. 90	4. 60	20. 90
室内平均湿度	69. 20	93. 40	45. 00	100. 00	99. 90	66. 90	56. 50
室内光亮度	0. 00	0. 10	5. 50	0. 00	0. 10	0. 10	5. 70
室内 CO_2 浓度	419	410	390	363	392	359	348
1#土壤温度	3. 80	17. 20	7. 10	14. 10	14. 20	6. 10	17. 50
1#土壤湿度	14. 90	29. 20	15. 80	26. 90	26. 70	15. 60	28. 70

附表 5-35　迭代历史记录[a]

迭代	聚类中心的变动						
	1	2	3	4	5	6	7
1	44. 378	24. 097	30. 611	11. 511	21. 579	24. 854	29. 273
2	0. 957	1. 319	0. 781	0. 967	1. 426	4. 195	0. 159
3	0. 151	0. 004	0. 212	0. 001	0. 006	1. 056	0. 000
4	6.851×10^{-5}	1.400×10^{-5}	8.401×10^{-5}	2.207×10^{-6}	2.475×10^{-5}	0. 009	8.933×10^{-8}
5	3.114×10^{-8}	4.559×10^{-8}	3.329×10^{-8}	3.334×10^{-9}	1.031×10^{-7}	7.581×10^{-5}	6.712×10^{-11}
6	1.406×10^{-11}	1.483×10^{-10}	1.317×10^{-11}	4.796×10^{-12}	4.297×10^{-10}	6.425×10^{-7}	0. 000
7	2.154×10^{-14}	4.370×10^{-13}	4.441×10^{-15}	0. 000	1.891×10^{-12}	5.445×10^{-9}	0. 000
8	0. 000	0. 000	0. 000	0. 000	8.189×10^{-15}	4.613×10^{-11}	0. 000
9	0. 000	0. 000	0. 000	0. 000	0. 000	3.669×10^{-13}	0. 000
10	0. 000	0. 000	0. 000	0. 000	0. 000	2.668×10^{-14}	0. 000

a. 由于已达到最大迭代执行次数，因此迭代已停止。迭代未能收敛。任何中心的最大绝对坐标变动为 2.665×10^{-14}。当前迭代为 10。初始中心之间的最小距离为 47. 224。

附表 5-36　最终聚类中心

变量	聚类						
	1	2	3	4	5	6	7
室外温度	2.99	0.00	6.79	0.00	10.39	16.23	0.00
室外湿度	56.34	0.00	34.36	0.00	89.27	69.12	0.00
室外光亮度	0.76	0.00	2.77	0.00	0.42	1.88	0.00
室内 1#平均温度	4.52	15.71	7.89	15.54	11.91	17.89	7.60
室内平均湿度	69.53	93.04	54.04	88.99	91.23	74.49	64.08
室内光亮度	0.60	0.57	2.13	1.45	0.97	4.73	2.53
室内 CO_2 浓度	375	386	364	369	375	364	370
1#土壤温度	5.92	16.31	7.21	15.90	13.07	16.63	7.70
1#土壤湿度	15.58	29.08	15.77	28.77	24.82	28.70	18.26

附表 5-37　ANOVA 仿真结果

变量	聚类		误差		F	显著性
	均方	自由度	均方	自由度		
室外温度	13 664.977	6	3.590	7 371	3 806.156	0.000
室外湿度	787 332.814	6	46.329	7 371	16 994.382	0.000
室外光亮度	1 606.543	6	3.619	7 371	443.931	0.000
室内 1#平均温度	18 024.096	6	10.956	7 371	1 645.178	0.000
室内平均湿度	194 558.180	6	46.897	7 371	4 148.595	0.000
室内光亮度	926.767	6	4.512	7 371	205.399	0.000
室内 CO_2 浓度	37 290.025	6	61.654	7 371	604.825	0.000
1#土壤温度	16 101.969	6	5.959	7 371	2 702.216	0.000
1#土壤湿度	29 909.227	6	7.271	7 371	4 113.748	0.000

已选择聚类使不同聚类中个案之间的差异最大化，因此 F 检验只应该用于描述目的。实测显著性水平并未因此进行修正，所以无法解释为针对“聚类平均值相等”这一假设的检验。

附表 5-38　每个聚类中的个案数目

聚类	1	2 425.000
	2	340.000
	3	2 309.000
	4	788.000
	5	239.000
	6	105.000
	7	1 172.000
有效		7 378.000
缺失		1 364.000

七、近似值仿真代码及结果

```
DATASET DECLARE D0.8236647645761918
PROXIMITIES 室外温度 室外湿度 室外光亮度 室内1#平均温度 室内平均湿度 室内光亮度 室内CO2浓度 @1#土壤温度 @1#土壤湿度
  /MATRIX OUT(D0.8236647645761918)
  /VIEW=VARIABLE
  /MEASURE=EUCLID
  /PRINT NONE
  /STANDARDIZE=VARIABLE NONE
```

近似值分析如附表 5-39~5-40 所示。

附表 5-39　备注

已创建输出		01-APR-2019 14:43:09
注释		
输入	数据	C:\Users\Sid\Desktop\spss_最终.sav
	活动数据集	数据集 2
	过滤器	<无>
	权重	<无>
	拆分文件	<无>
	工作数据文件中的行数	8 742

续附表 5-39

<table>
<tr><td rowspan="2">缺失值处理</td><td>对缺失的定义</td><td>将用户定义的缺失值视为缺失</td></tr>
<tr><td>使用的个案数</td><td>统计基于那些对于任何所用变量都不具有缺失值的个案</td></tr>
<tr><td>语法</td><td colspan="2">PROXIMITIES　室外温度 室外湿度 室外光亮度 室内 1#平均温度 室内平均湿度 室内光亮度 室内 CO_2 浓度 @ 1#土壤温度 @ 1#土壤湿度
/MATRIX OUT(D0.8236647645761918)
/VIEW=VARIABLE
/MEASURE=EUCLID
/PRINT NONE
/STANDARDIZE=VARIABLE NONE</td></tr>
<tr><td rowspan="3">资源</td><td>处理程序时间</td><td>00:00:00.02</td></tr>
<tr><td>耗用时间</td><td>00:00:00.02</td></tr>
<tr><td>工作空间字节数</td><td>504</td></tr>
<tr><td>保存的文件</td><td>矩阵文件</td><td>Dataset D0.8236647645761918</td></tr>
</table>

附表 5-40　个案处理摘要[a]

个案					
有效		缺失		总计	
个案数	百分比	个案数	百分比	个案数	百分比
7 378	84.4%	1 364	15.6%	8 742	100.0%

a. 欧氏距离使用中。

八、聚类仿真代码及结果

```
CLUSTER
  /MATRIX IN(D0.8236647645761918)
  /METHOD BAVERAGE
  /PRINT SCHEDULE
  /PLOT DENDROGRAM VICICLE
```

(1)聚类分析如附表 5-41 所示。

附表 5-41　备注

已创建输出		01-APR-2019 14:43:09
注释		
输入	数据	C:\Users\Sid\Desktop\spss_最终. sav
	活动数据集	数据集 2
	过滤器	<无>
	权重	<无>
	拆分文件	<无>
	工作数据文件中的行数	8 742
	矩阵输入	Dataset D0. 8236647645761918
缺失值处理	对缺失的定义	将用户定义的缺失值视为缺失
	使用的个案数	统计基于那些对于任何所用变量都不具有缺失值的个案
语法	/MATRIX IN(D0. 8236647645761918) /METHOD BAVERAGE /PRINT SCHEDULE /PLOT DENDROGRAM VICICLE	
资源	处理程序时间	00:00:01. 34
	耗用时间	00:00:00. 62

(2)平均连接(组间)分析如附表 5-42 和附图 5-32、附图 5-33 所示。

附表 5-42　集中计划

阶段	组合聚类		系数	首次出现聚类的阶段		下一个阶段
	聚类 1	聚类 2		聚类 1	聚类 2	
1	4	8	130. 820	0	0	4
2	3	6	179. 140	0	0	3
3	1	3	380. 616	0	2	4
4	1	4	706. 082	3	1	5
5	1	9	1 272. 807	4	0	6
6	1	2	3 272. 277	5	0	7
7	1	5	5 159. 291	6	0	8
8	1	7	30 311. 933	7	0	0

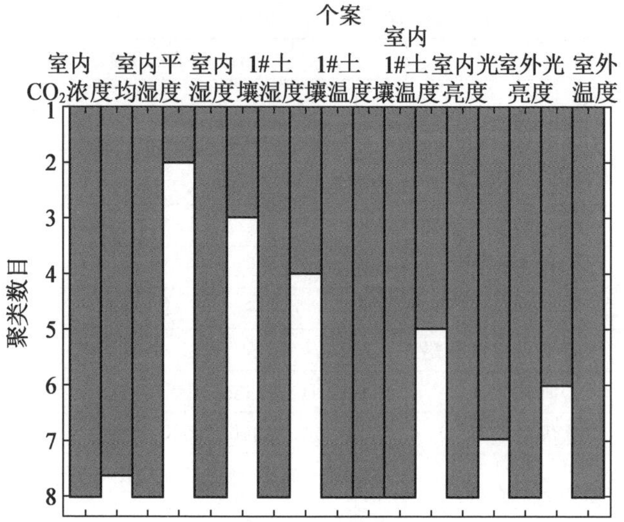

附图 5-32　个案的统计图

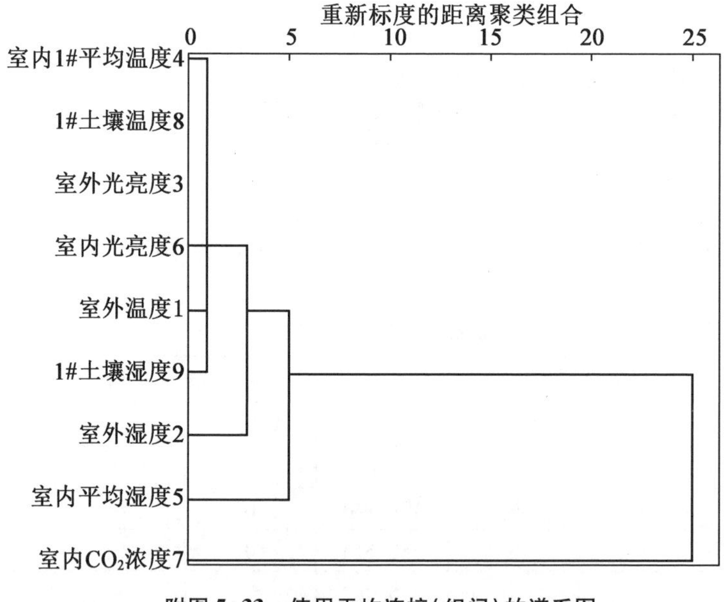

附图 5-33　使用平均连接（组间）的谱系图

室内平均温度首先分别与土壤温度、室外光亮度、室内光亮度、室外温度、土壤湿度聚成一类；其次，与室外湿度聚成一类；再次，将已经聚类的与室内平均湿度聚为一类；最后，与室内 CO_2 浓度聚为一个大类。

九、变量检测仿真代码及结果

```
DATASET ACTIVATE 数据集 6
SAVE OUTFILE='C:\Users\Sid\Documents\11-2.sav'
  /COMPRESSED
DATASET ACTIVATE 数据集 1
DATASET CLOSE 数据集 6
```

```
DESCRIPTIVES VARIABLES=室外温度 室外湿度 室内 1#平均温度 室内平均湿度 室外光亮度 时间 室内 CO2 浓度 @ 1#土壤湿度 @ 1#温度传感器 室内光亮度 @ 1#土壤温度
  /STATISTICS=MEAN SUM STDDEV VARIANCE RANGE MIN MAX SEMEAN KURTOSIS SKEWNESS.
```

时间序列建模描述如附表 5-43~5-46 所示。

附表 5-43 备注

已创建输出		30-MAR-2019 13:25:39
注释		
输入	数据	C:\Users\Sid\Documents\Tencent Files\616899916\FileRecv\spss_最终.sav
	活动数据集	数据集 1
	过滤器	<无>
	权重	<无>
	拆分文件	<无>
	工作数据文件中的行数	8 742
缺失值处理	对缺失的定义	将用户定义的缺失值视为缺失
	使用的个案数	使用了所有非缺失数据
语法	DESCRIPTIVES VARIABLES=室外温度 室外湿度 室内 1#平均温度 室内平均湿度 室外光亮度 时间 室内 CO_2 浓度 @ 1#土壤湿度 @ 1#温度传感器 室内光亮度 @ 1#土壤温度 /STATISTICS=MEAN SUM STDDEV VARIANCE RANGE MIN MAX SEMEAN KURTOSIS SKEWNESS	
资源	处理程序时间	00:00:00.06
	耗用时间	00:00:00.06

附表 5-44　参数统计图

变量	个案数 统计	范围 统计	最小值 统计	最大值 统计	总和 统计	平均值 统计
室外温度	8 742	22.00	-1.50	20.50	36 866.40	4.217 2
室外湿度	8 742	100.00	0.00	100.00	303 258.10	34.689 8
室内 1#平均温度	8 742	22.70	0.30	23.00	76 085.60	8.703 5
室内平均湿度	8 742	61.60	38.60	100.20	590 749.80	67.576 0
室外光亮度	7 378	11.90	0.00	11.90	8 531.50	1.156 3
时间	8 742	23:50:00	0:00:00	23:50:00	* * * * * *	11:53:46
室内 CO_2 浓度	8 742	79	340	419	3 226 385	369.07
1#土壤湿度	8 742	36.60	13.50	50.10	156 791.80	17.935 5
1#温度传感器	8 742	22.70	0.30	23.00	76 085.60	8.703 5
室内光亮度	8 742	14.30	0.00	14.30	14 949.80	1.710 1
1#土壤温度	8 742	16.70	3.00	19.70	77 332.80	8.846 1
有效个案数(成列)	7 378	—	—	—	—	—

附表 5-45　参数统计图

变量	平均值 标准误差	标准差 统计	方差 统计	偏度		峰度 统计
				统计	标准误差	
室外温度	0.046 94	4.388 71	19.261	0.945	0.026	0.330
室外湿度	0.298 62	27.921 02	779.584	0.097	0.026	-1.040
室内 1#平均温度	0.053 12	4.966 69	24.668	0.661	0.026	-0.444
室内平均湿度	0.145 81	13.633 35	185.868	0.387	0.026	-0.349
室外光亮度	0.025 83	2.218 70	4.923	1.767	0.029	1.850
时间	0:04:22	6:49:28	603 586 994.540	0.021	0.026	-1.166
室内 CO_2 浓度	0.106	9.936	98.728	0.469	0.026	0.433
1#土壤湿度	0.057 54	5.379 85	28.943	1.572	0.026	0.736
1#温度传感器	0.053 12	4.966 69	24.668	0.661	0.026	-0.444
室内光亮度	0.027 70	2.590 07	6.708	1.737	0.026	2.679
1#土壤温度	0.043 95	4.109 27	16.886	0.964	0.026	-0.301
有效个案数(成列)	—	—	—	—	—	—

附表 5-46 描述统计

变量	峰度 标准误差
室外温度	0.052
室外湿度	0.052
室内 1#平均温度	0.052
室内平均湿度	0.052
室外光亮度	0.057
时间	0.052
室内 CO_2 浓度	0.052
1#土壤湿度	0.052
1#温度传感器	0.052
室内光亮度	0.052
1#土壤温度	0.052
有效个案数(成列)	—

十、环境监测数据仿真代码及结果

```
EXAMINE VARIABLES=室外温度 室外湿度 室外光亮度 室内 1#平均温度 室内平均湿度 室内光亮度 室内 CO2 浓度 @ 1#土壤温度 @ 1#土壤湿度 @ 1#温度传感器
    /PLOT BOXPLOT HISTOGRAM NPPLOT
    /COMPARE GROUPS
    /MESTIMATORS HUBER(1.339) ANDREW(1.34) HAMPEL(1.7,3.4,8.5) TUKEY(4.685)
    /PERCENTILES(5,10,25,50,75,90,95) HAVERAGE
    /STATISTICS DESCRIPTIVES EXTREME
    /CINTERVAL 95
    /MISSING LISTWISE
    /NOTOTAL
```

(1)对环境监测数据的探索性分析如附表 5-47~5-54 所示。

附表 5-47 备注

<table>
<tr><td colspan="2">已创建输出</td><td>30-MAR-2019 21:10:45</td></tr>
<tr><td colspan="2">注释</td><td></td></tr>
<tr><td rowspan="6">输入</td><td>数据</td><td>C:\Users\Sid\Desktop\spss_最终. sav</td></tr>
<tr><td>活动数据集</td><td>数据集 1</td></tr>
<tr><td>过滤器</td><td><无></td></tr>
<tr><td>权重</td><td><无></td></tr>
<tr><td>拆分文件</td><td><无></td></tr>
<tr><td>工作数据文件中的行数</td><td>8 742</td></tr>
<tr><td rowspan="2">缺失值处理</td><td>对缺失的定义</td><td>将因变量的用户定义缺失值视为缺失</td></tr>
<tr><td>使用的个案数</td><td>统计基于那些对任何所用因变量或因子都没有缺失值的个案</td></tr>
<tr><td>语法</td><td colspan="2">EXAMINE VARIABLES=室外温度 室外湿度 室外光亮度 室内 1#平均温度 室内平均湿度 室内光亮度 室内 CO_2 浓度 @ 1#土壤温度 @ 1#土壤湿度 @ 1#温度传感器
/PLOT BOXPLOT HISTOGRAM NPPLOT
/COMPARE GROUPS
/MESTIMATORS HUBER(1. 339) ANDREW(1. 34) HAMPEL(1. 7,3. 4,8. 5) TUKEY(4. 685)
/PERCENTILES(5,10,25,50,75,90,95) HAVERAGE
/STATISTICS DESCRIPTIVES EXTREME
/CINTERVAL 95
/MISSING LISTWISE
/NOTOTAL</td></tr>
<tr><td rowspan="2">资源</td><td>处理程序时间</td><td>00:00:24. 52</td></tr>
<tr><td>耗用时间</td><td>00:00:25. 07</td></tr>
</table>

附表 5-48　个案处理摘要

变量	个案					
	有效		缺失		总计	
	个案数	百分比/%	个案数	百分比/%	个案数	百分比/%
室外温度	7 378	84.4	1 364	15.6	8 742	100.0
室外湿度	7 378	84.4	1 364	15.6	8 742	100.0
室外光亮度	7 378	84.4	1 364	15.6	8 742	100.0
室内 1#平均温度	7 378	84.4	1 364	15.6	8 742	100.0
室内平均湿度	7 378	84.4	1 364	15.6	8 742	100.0
室内光亮度	7 378	84.4	1 364	15.6	8 742	100.0
室内 CO_2 浓度	7 378	84.4	1 364	15.6	8 742	100.0
1#土壤温度	7 378	84.4	1 364	15.6	8 742	100.0
1#土壤湿度	7 378	84.4	1 364	15.6	8 742	100.0
1#温度传感器	7 378	84.4	1 364	15.6	8 742	100.0

附表 5-49　描述

项目			统计	标准误差
室外温度	平均值		3.678 3	0.044 64
	平均值的 95%置信区间	下限	3.590 8	—
		上限	3.765 8	—
	5% 剪除后平均值		3.336 5	—
	中位数		2.800 0	—
	方差		14.702	—
	标准差		3.834 26	—
	最小值		-1.50	—
	最大值		20.50	—
	全距		22.00	—
	四分位距		6.40	—
	偏度		1.085	0.029
	峰度		1.277	0.057

续附表 5-49

项目			统计	标准误差
室外湿度	平均值		33. 146 8	0. 305 07
	平均值的 95%置信区间	下限	32. 548 8	—
		上限	33. 744 9	—
	5%剪除后平均值		32. 143 5	—
	中位数		37. 600 0	—
	方差		686. 660	—
	标准差		26. 204 19	—
	最小值		0. 00	—
	最大值		100. 00	—
	全距		100. 00	—
	四分位距		53. 10	—
	偏度		0. 054	0. 029
	峰度		-1. 018	0. 057
室外光亮度	平均值		1. 156 3	0. 025 83
	平均值的 95%置信区间	下限	1. 105 7	—
		上限	1. 207 0	—
	5%剪除后平均值		0. 878 3	—
	中位数		0. 000 0	—
	方差		4. 923	—
	标准差		2. 218 70	—
	最小值		0. 00	—
	最大值		11. 90	—
	全距		11. 90	—
	四分位距		0. 90	—
	偏度		1. 767	0. 029
	峰度		1. 850	0. 057
室内 1# 平均温度	平均值		8. 187 4	0. 058 91
	平均值的 95%置信区间	下限	8. 072 0	—
		上限	8. 302 9	—

续附表 5-49

项目			统计	标准误差
室内 1# 平均温度	5%剪除后平均值		7.905 0	—
	中位数		6.800 0	—
	方差		25.606	—
	标准差		5.060 29	—
	最小值		0.30	—
	最大值		23.00	—
	全距		22.70	—
	四分位距		6.30	—
	偏度		0.865	0.029
	峰度		-0.189	0.057
室内平均湿度	平均值		67.752 7	0.166 73
	平均值的 95%置信区间	下限	67.425 9	—
		上限	68.079 5	—
	5%剪除后平均值		67.429 4	—
	中位数		67.300 0	—
	方差		205.101	—
	标准差		14.321 35	—
	最小值		38.60	—
	最大值		100.20	—
	全距		61.60	—
	四分位距		16.70	—
	偏度		0.399	0.029
	峰度		-0.519	0.057
室内光亮度	平均值		1.546 8	0.026 71
	平均值的 95%置信区间	下限	1.494 4	—
		上限	1.599 1	—
	5%剪除后平均值		1.268 7	—
	中位数		0.100 0	—
	方差		5.262	—

续附表 5-49

<table>
<tr><th colspan="3">项目</th><th>统计</th><th>标准误差</th></tr>
<tr><td rowspan="7">室内光亮度</td><td colspan="2">标准差</td><td>2.293 94</td><td>—</td></tr>
<tr><td colspan="2">最小值</td><td>0.00</td><td>—</td></tr>
<tr><td colspan="2">最大值</td><td>14.30</td><td>—</td></tr>
<tr><td colspan="2">全距</td><td>14.30</td><td>—</td></tr>
<tr><td colspan="2">四分位距</td><td>3.00</td><td>—</td></tr>
<tr><td colspan="2">偏度</td><td>1.675</td><td>0.029</td></tr>
<tr><td colspan="2">峰度</td><td>2.750</td><td>0.057</td></tr>
<tr><td rowspan="13">室内 CO_2 浓度</td><td colspan="2">平均值</td><td>370.42</td><td>0.112</td></tr>
<tr><td rowspan="2">平均值的 95%置信区间</td><td>下限</td><td>370.21</td><td>—</td></tr>
<tr><td>上限</td><td>370.64</td><td>—</td></tr>
<tr><td colspan="2">5%剪除后平均值</td><td>370.11</td><td>—</td></tr>
<tr><td colspan="2">中位数</td><td>370.00</td><td>—</td></tr>
<tr><td colspan="2">方差</td><td>91.934</td><td>—</td></tr>
<tr><td colspan="2">标准差</td><td>9.588</td><td>—</td></tr>
<tr><td colspan="2">最小值</td><td>346</td><td>—</td></tr>
<tr><td colspan="2">最大值</td><td>419</td><td>—</td></tr>
<tr><td colspan="2">全距</td><td>73</td><td>—</td></tr>
<tr><td colspan="2">四分位距</td><td>12</td><td>—</td></tr>
<tr><td colspan="2">偏度</td><td>0.525</td><td>0.029</td></tr>
<tr><td colspan="2">峰度</td><td>0.518</td><td>0.057</td></tr>
<tr><td rowspan="9">1#土壤温度</td><td colspan="2">平均值</td><td>8.535 6</td><td>0.050 81</td></tr>
<tr><td rowspan="2">平均值的 95%置信区间</td><td>下限</td><td>8.436 0</td><td>—</td></tr>
<tr><td>上限</td><td>8.635 2</td><td>—</td></tr>
<tr><td colspan="2">5%剪除后平均值</td><td>8.276 8</td><td>—</td></tr>
<tr><td colspan="2">中位数</td><td>6.900 0</td><td>—</td></tr>
<tr><td colspan="2">方差</td><td>19.050</td><td>—</td></tr>
<tr><td colspan="2">标准差</td><td>4.364 67</td><td>—</td></tr>
<tr><td colspan="2">最小值</td><td>3.00</td><td>—</td></tr>
<tr><td colspan="2">最大值</td><td>19.70</td><td>—</td></tr>
</table>

续附表 5-49

项目			统计	标准误差
1#土壤温度	全距		16.70	—
	四分位距		2.90	—
	偏度		1.135	0.029
	峰度		-0.220	0.057
1#土壤湿度	平均值		18.583 3	0.065 44
	平均值的 95%置信区间	下限	18.455 1	—
		上限	18.711 6	—
	5%剪除后平均值		18.152 2	—
	中位数		15.600 0	—
	方差		31.591	—
	标准差		5.620 58	—
	最小值		14.60	—
	最大值		50.10	—
	全距		35.50	—
	四分位距		1.80	—
	偏度		1.331	0.029
	峰度		-0.008	0.057
1#温度传感器	平均值		8.187 4	0.058 91
	平均值的 95%置信区间	下限	8.072 0	—
		上限	8.302 9	—
	5%剪除后平均值		7.905 0	—
	中位数		6.800 0	—
	方差		25.606	—
	标准差		5.060 29	—
	最小值		0.30	—
	最大值		23.00	—
	全距		22.70	—
	四分位距		6.30	—

续附表 5-49

项目		统计	标准误差
1#温度传感器	偏度	0.865	0.029
	峰度	-0.189	0.057

附表 5-50　*M* 估计量[a]

变量	休伯 *M* 估计量[b]	图基双权[c]	汉佩尔 *M* 估计量[d]	安德鲁波[e]
室外温度	3.153 2	3.079 7	3.314 7	3.076 5
室外湿度	33.653 6	33.139 5	32.247 7	33.153 6
室外光亮度	—	—	—	—
室内 1#平均温度	7.082 7	6.536 2	7.192 5	6.520 9
室内平均湿度	66.597 3	65.842 3	66.669 4	65.841 6
室内光亮度	0.164 8	0.058 5	0.064 0	0.058 4
室内 CO_2 浓度	369.92	369.69	369.88	369.68
1#土壤温度	6.955 9	6.312 1	6.443 8	6.312 2
1#土壤湿度	15.654 2	15.452 5	15.471 3	15.452 5
1#温度传感器	7.082 7	6.536 2	7.192 5	6.520 9

a. 由于分布高度集中在中位数周围，因此无法计算某些 *M* 估计量；

b. 加权常量为 1.339；

c. 加权常量为 4.685；

d. 加权常量为 1.700、3.400 和 8.500；

e. 加权常量为 1.340 * pi。

附表 5-51　百分位数 1

变量		百分位数				
		5	10	25	50	75
加权平均（定义 1）	室外温度	0.000 0	0.000 0	0.000 0	2.800 0	6.400 0
	室外湿度	0.000 0	0.000 0	0.000 0	37.600 0	53.100 0
	室外光亮度	0.000 0	0.000 0	0.000 0	0.000 0	0.900 0
	室内 1#平均温度	2.100 0	2.900 0	4.300 0	6.800 0	10.600 0
	室内平均湿度	46.500 0	48.800 0	57.900 0	67.300 0	74.600 0

续附表 5-51

变量		百分位数				
		5	10	25	50	75
加权平均（定义 1）	室内光亮度	0. 000 0	0. 000 0	0. 000 0	0. 100 0	3. 000 0
	室内 CO_2 浓度	356. 00	359. 00	364. 00	370. 00	376. 00
	1#土壤温度	4. 200 0	4. 700 0	5. 700 0	6. 900 0	8. 600 0
	1#土壤湿度	15. 000 0	15. 100 0	15. 300 0	15. 600 0	17. 100 0
	1#温度传感器	2. 100 0	2. 900 0	4. 300 0	6. 800 0	10. 600 0
图基枢纽	室外温度	—	—	0. 000 0	2. 800 0	6. 400 0
	室外湿度	—	—	0. 000 0	37. 600 0	53. 100 0
	室外光亮度	—	—	0. 000 0	0. 000 0	0. 9000
	室内 1#平均温度	—	—	4. 300 0	6. 800 0	10. 600 0
	室内平均湿度	—	—	57. 900 0	67. 300 0	74. 600 0
	室内光亮度	—	—	0. 000 0	0. 100 0	3. 000 0
	室内 CO2 浓度	—	—	364. 00	370. 00	376. 00
	1#土壤温度	—	—	5. 700 0	6. 900 0	8. 600 0
	1#土壤湿度	—	—	15. 300 0	15. 600 0	17. 100 0
	1#温度传感器	—	—	4. 300 0	6. 800 0	10. 600 0

附表 5-52　百分位数 2

变量		百分位数	
		90	95
加权平均（定义 1）	室外温度	8. 700 0	9. 900 0
	室外湿度	63. 200 0	71. 605 0
	室外光亮度	5. 300 0	6. 300 0
	室内 1#平均温度	16. 300 0	18. 000 0
	室内平均湿度	91. 700 0	95. 200 0
	室内光亮度	4. 800 0	5. 700 0
	室内 CO_2 浓度	383. 00	387. 00
	1#土壤温度	16. 600 0	17. 300 0

续附表 5-52

变量		百分位数	
		90	95
加权平均（定义 1）	1#土壤湿度	29.200 0	29.400 0
	1#温度传感器	16.300 0	18.000 0
图基枢纽	室外温度	—	—
	室外湿度	—	—
	室外光亮度	—	—
	室内 1#平均温度	—	—
	室内平均湿度	—	—
	室内光亮度	—	—
	室内 CO_2 浓度	—	—
	1#土壤温度	—	—
	1#土壤湿度	—	—
	1#温度传感器	—	—

附表 5-53　极值

变量			个案号	值
室外温度	最高	1	445	20.50
		2	446	20.50
		3	447	20.50
		4	448	20.40
		5	453	20.00
	最低	1	7 423	-1.50
		2	7 422	-1.50
		3	7 421	-1.50
		4	7 288	-1.50
		5	4 569	-1.50[a]
室外湿度	最高	1	1 601	100.00
		2	1 602	100.00

续附表 5-53

变量			个案号	值
室外湿度	最高	3	1 620	100.00
		4	1 621	100.00
		5	1 622	100.00[b]
	最低	1	8 616	0.00
		2	8 615	0.00
		3	8 614	0.00
		4	8 613	0.00
		5	8 612	0.00[c]
室外光亮度	最高	1	3 519	11.90
		2	6 373	11.90
		3	3 514	11.00
		4	6 368	11.00
		5	3 522	10.20[d]
	最低	1	8 742	0.00
		2	8 741	0.00
		3	8 740	0.00
		4	8 739	0.00
		5	8 738	0.00[c]
室内 1# 平均温度	最高	1	446	23.00
		2	445	22.90
		3	447	22.90
		4	444	22.70
		5	448	22.70[e]
	最低	1	7 428	0.30
		2	7 425	0.30
		3	4 574	0.30
		4	4 571	0.30
		5	7 429	0.40[f]

续附表 5-53

变量			个案号	值
室内平均湿度	最高	1	1 669	100.20
		2	1 670	100.10
		3	1 654	100.00
		4	1 655	100.00
		5	1 656	100.00[b]
	最低	1	6 540	38.60
		2	3 686	38.60
		3	6 539	39.90
		4	3 685	39.90
		5	6 541	40.20[g]
室内光亮度	最高	1	1 293	14.30
		2	1 292	14.10
		3	1 156	13.60
		4	1	13.20
		5	14	12.80
	最低	1	8 742	0.00
		2	8 741	0.00
		3	8 740	0.00
		4	8 739	0.00
		5	8 734	0.00[c]
室内 CO_2 浓度	最高	1	4 419	419
		2	7 273	419
		3	205	410
		4	393	410
		5	3 612	409[h]
	最低	1	8 186	346
		2	5 332	346
		3	8 187	347

续附表 5-53

变量			个案号	值
室内 CO_2 浓度	最低	4	5 333	347
		5	1 169	348[i]
1#土壤温度	最高	1	445	19.70
		2	444	19.60
		3	446	19.60
		4	447	19.60
		5	448	19.60[j]
	最低	1	7 429	3.00
		2	7 428	3.00
		3	7 427	3.00
		4	7 426	3.00
		5	7 425	3.00[k]
1#土壤湿度	最高	1	1 013	50.10
		2	1 014	44.80
		3	1 015	40.80
		4	1 016	38.90
		5	1 017	37.50
	最低	1	7 373	14.60
		2	7 270	14.60
		3	7 268	14.60
		4	7 259	14.60
		5	4 519	14.60[l]
1#温度传感器	最高	1	446	23.00
		2	445	22.90
		3	447	22.90
		4	444	22.70
		5	448	22.70[e]
	最低	1	7 428	0.30
		2	7 425	0.30

续附表 5-53

变量			个案号	值
1#温度传感器	最低	3	4 574	0. 30
		4	4 571	0. 30
		5	7 429	0. 40[f]

a. 在较小极值的表中,仅显示了不完整的个案列表(这些个案的值为-1. 50);
b. 在较大极值的表中,仅显示了不完整的个案列表(这些个案的值为 100. 00);
c. 在较小极值的表中,仅显示了不完整的个案列表(这些个案的值为 0. 00);
d. 在较大极值的表中,仅显示了不完整的个案列表(这些个案的值为 10. 20);
e. 在较大极值的表中,仅显示了不完整的个案列表(这些个案的值为 22. 70);
f. 在较小极值的表中,仅显示了不完整的个案列表(这些个案的值为 0. 40);
g. 在较小极值的表中,仅显示了不完整的个案列表(这些个案的值为 40. 20);
h. 在较大极值的表中,仅显示了不完整的个案列表(这些个案的值为 409);
i. 在较小极值的表中,仅显示了不完整的个案列表(这些个案的值为 348);
j. 在较大极值的表中,仅显示了不完整的个案列表(这些个案的值为 19. 60);
k. 在较小极值的表中,仅显示了不完整的个案列表(这些个案的值为 3. 00);
l. 在较小极值的表中,仅显示了不完整的个案列表(这些个案的值为 14. 60)。

附表 5-54　正态性检验

变量	柯尔莫戈洛夫-斯米诺[a]		
	统计	自由度	显著性
室外温度	0. 156	7 378	0. 000
室外湿度	0. 209	7 378	0. 000
室外光亮度	0. 432	7 378	0. 000
室内 1#平均温度	0. 128	7 378	0. 000
室内平均湿度	0. 069	7 378	0. 000
室内光亮度	0. 311	7 378	0. 000
室内 CO_2 浓度	0. 053	7 378	0. 000
1#土壤温度	0. 267	7 378	0. 000
1#土壤湿度	0. 378	7 378	0. 000
1#温度传感器	0. 128	7 378	0. 000

a. 里利氏显著性修正。

(2)室外温度分析如附图 5-34~5-36 所示。
(3)室外湿度分析如附图 5-37~5-39 所示。
(4)室外光亮度分析如附图 5-40~5-42 所示。
(5)室内 1#平均温度分析如附图 5-43 和附图 5-44 所示。

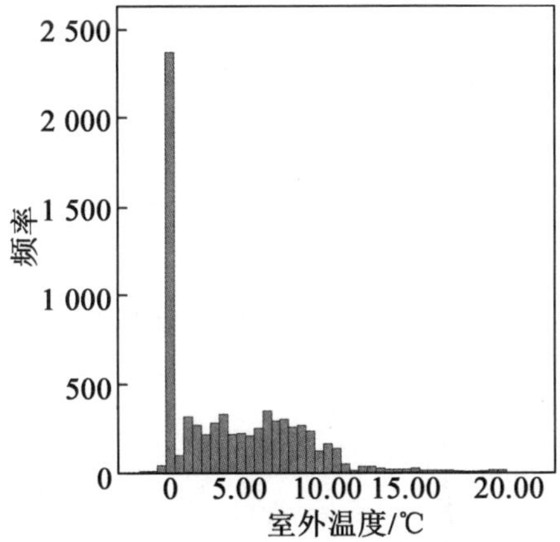

(平均值=3.68,标准差=3.834,个案数=7.378)

附图 5-34　室外温度直方图

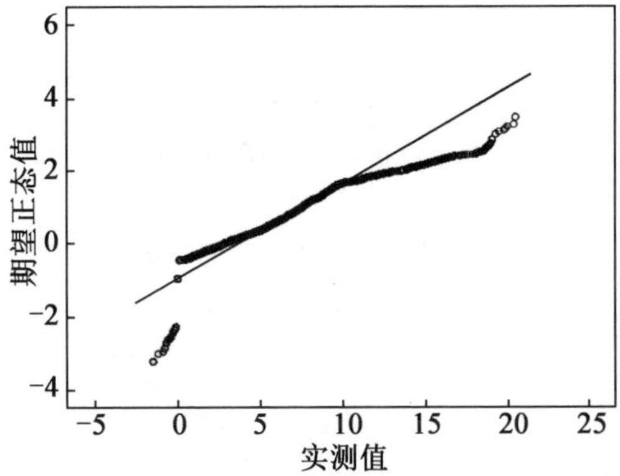

附图 5-35　回归标准化残差

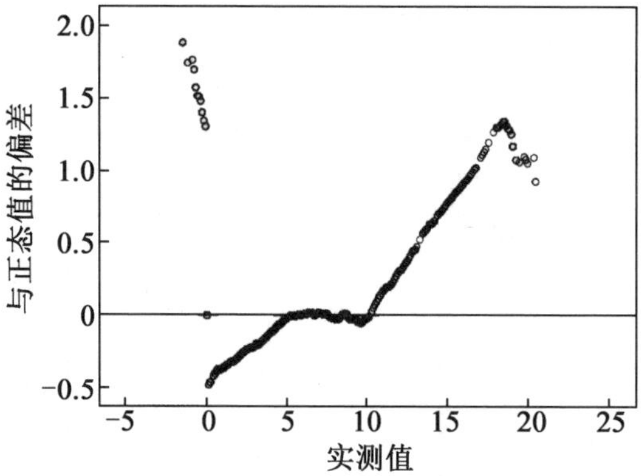

附图 5-36 室外温度的散点图

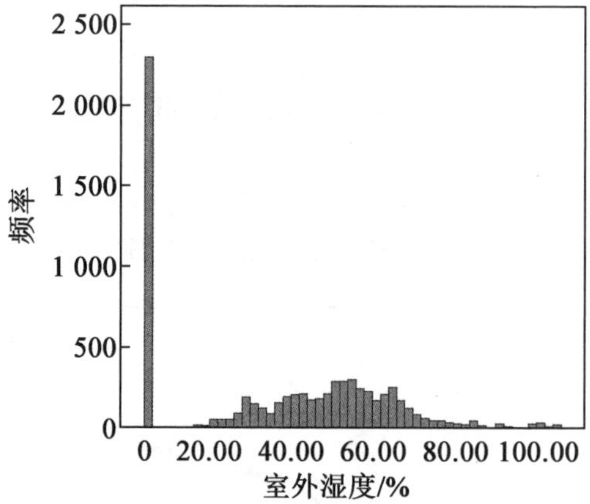

附图 5-37 室外湿度直方图

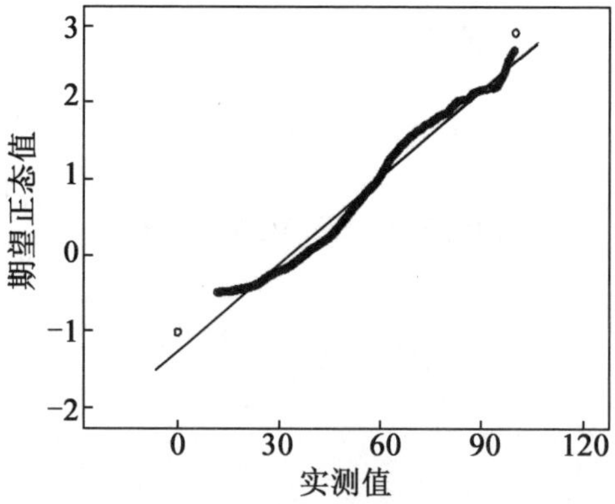

附图 5-38 回归标准化残差

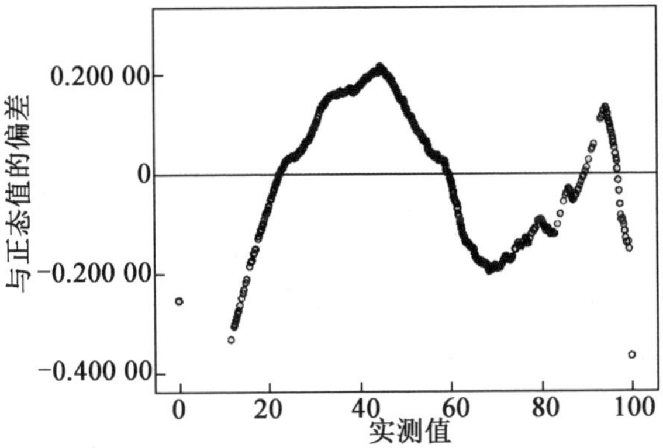

附图 5-39　室外湿度的散点图

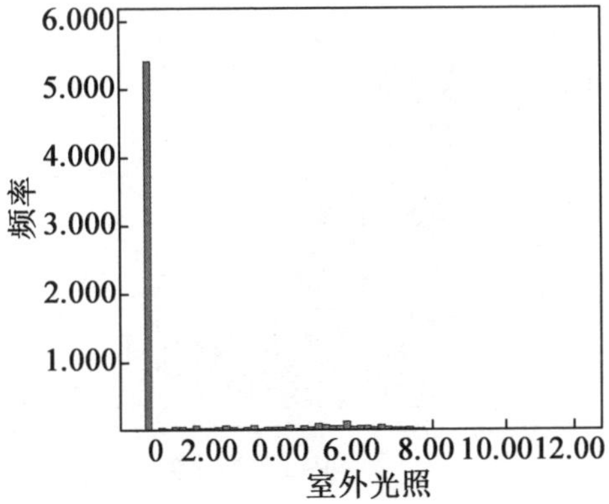

（平均值=1.16，标准差=2.219，个案数=7.378）

附图 5-40　室外光亮度直方图

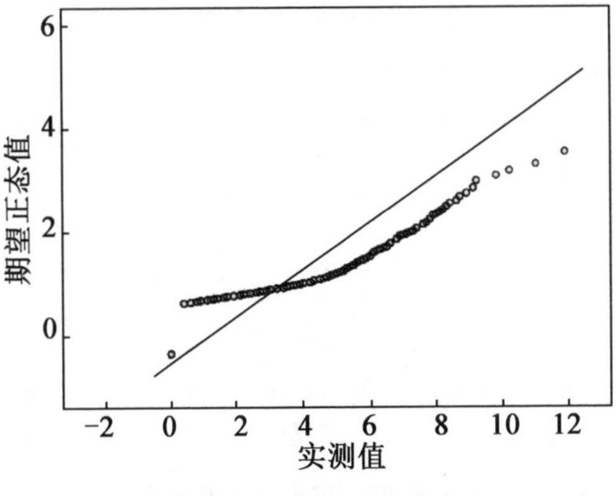

附图 5-41　回归标准化残差

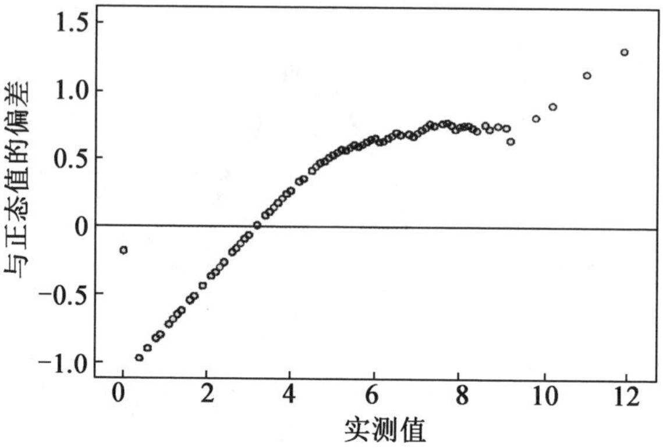

附图 5-42　室外光亮度的散点图

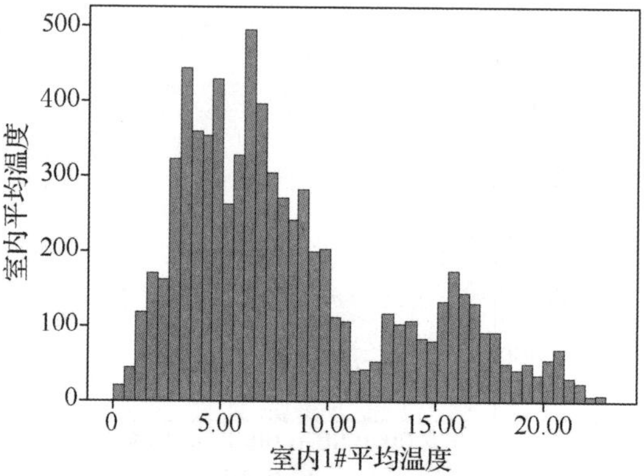

（平均值=8.19,标准差=5.06,个案数=7.378）

附图 5-43　室内平均温度直方图

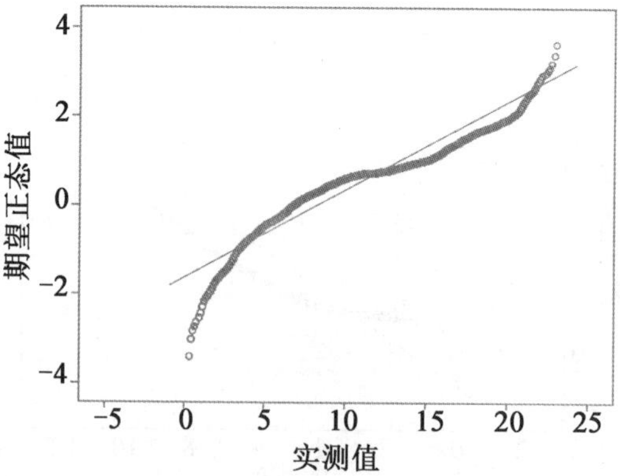

附图 5-44　回归标准化残差

十一、相关性分析仿真代码及结果

```
CORRELATIONS
  /VARIABLES=室内 CO2 浓度 室内光亮度
  /PRINT=TWOTAIL NOSIG
  /STATISTICS DESCRIPTIVES XPROD
  /MISSING=PAIRWISE
```

(1)相关性分析如附表 5-55~5-57 所示。

附表 5-55 备注

已创建输出		31-MAR-2019 00:38:43
注释		
输入	数据	C:\Users\Sid\Desktop\spss_最终. sav
	活动数据集	数据集 1
	过滤器	<无>
	权重	<无>
	拆分文件	<无>
	工作数据文件中的行数	8 742
缺失值处理	对缺失的定义	将用户定义的缺失值视为缺失
	使用的个案数	每对变量的统计都基于所有对于该对变量具有有效数据的个案
语法	CORRELATIONS /VARIABLES=室内 CO_2 浓度 室内光亮度 /PRINT=TWOTAIL NOSIG /STATISTICS DESCRIPTIVES XPROD /MISSING=PAIRWISE	
资源	处理程序时间	00:00:00. 05
	耗用时间	00:00:00. 04

附表 5-56 描述统计

变量	平均值	标准差	个案数
室内 CO_2 浓度	369. 07	9. 936	8 742
室内光亮度	1. 710 1	2. 590 07	8 742

附表 5-57 相关性

变量		室内 CO_2 浓度	室内光亮度
室内 CO_2 浓度	皮尔逊相关性	1	-0.281**
	显著性(双尾)		0.000
	平方和与叉积	862 977.585	-63 291.836
	协方差	98.728	-7.241
	个案数	8 742	8 742
室内光亮度	皮尔逊相关性	-0.281**	1
	显著性(双尾)	0.000	
	平方和与叉积	-63 291.836	58 638.546
	协方差	-7.241	6.708
	个案数	8 742	8 742

** 在 1%水平上(双尾)显著。

```
NONPAR CORR
  /VARIABLES=室内 CO2 浓度 室内光亮度
  /PRINT=BOTH TWOTAIL NOSIG
  /MISSING=PAIRWISE
```

(2)非参数相关性分析如附表 5-58 和附表 5-59 所示。

附表 5-58 备注

已创建输出		31-MAR-2019 00:38:44
注释		
输入	数据	C:\Users\Sid\Desktop\spss_最终.sav
	活动数据集	数据集 1
	过滤器	<无>
	权重	<无>
	拆分文件	<无>
	工作数据文件中的行数	8 742

续附表 5-58

缺失值处理	对缺失的定义	将用户定义的缺失值视为缺失
	使用的个案数	每对变量的统计都基于所有对于该对变量具有有效数据的个案
语法	NONPAR CORR /VARIABLES=室内 CO_2 浓度 室内光亮度 /PRINT=BOTH TWOTAIL NOSIG /MISSING=PAIRWISE	
资源	处理程序时间	00:00:00.36
	耗用时间	00:00:00.51
	允许的个案数	629 145 个案[a]

a. 基于工作空间内存的可用性。

附表 5-59 相关性

变量			室内 CO_2 浓度	室内光亮度
肯德尔 tau_b	室内 CO_2 浓度	相关系数	1.000	-0.198**
		显著性(双尾)	—	0.000
		个案数	8 742	8 742
	室内光亮度	相关系数	-0.198**	1.000
		显著性(双尾)	0.000	—
		个案数	8 742	8 742
斯皮尔曼 Rho	室内 CO_2 浓度	相关系数	1.000	-0.275**
		显著性(双尾)	—	0.000
		个案数	8 742	8 742
	室内光亮度	相关系数	-0.275**	1.000
		显著性(双尾)	0.000	—
		个案数	8 742	8 742

** 在1%水平上(双尾)显著。

附录 6　仿真程序与性能进一步分析

各种误差性能进一步分析:针对以上仿真结果得到的具体数据,需要进行进一步的统计分析。

设 $X_{(1)}$ 与 $X_{(m)}$ 为样本容量 m 样本的最大与最小的次序统计量,其极差 $R_m = X_{(m)} - X_{(1)}$ 的分布函数为

$$F_{R_n}(x) = n\int_{-\infty}^{\infty} [F(y+x) - F(y)]^{m-1} p(y)\mathrm{d}y$$

其中,$F(y)$ 与 $p(y)$ 分别为总体的分布函数与概率密度函数。

此外,设样本中程为 $M=\frac{X_{(1)}+X_{(m)}}{2}$,其样本极差与样本中程的联合分布为

$$p(m,r)=n(n-1)\left[F\left(m+\frac{r}{2}\right)-F\left(m-\frac{r}{2}\right)\right]^{n-2} p\left(m-\frac{r}{2}\right)p\left(m+\frac{r}{2}\right)$$

仿真程序 1

```
function y=EM5()      #定义函数
a=xlsread('C:\Users\ff\Documents\Tencent Files\992793372\FileRecv\环境数据xxx.xlsx');
导入数据:
y1=a(:,2);
y2=a(:,3);
y3=a(:,16);
y4=a(:,4);
y=[y1',y2',y3',y4'];
u1=mean(y1);
u2=mean(y2);
u3=mean(y3);
u4=mean(y4);
sigma1=std(y1);
sigma2=std(y2);
sigma3=std(y3);
sigma4=std(y4);
sigma1f=var(y1);
sigma2f=var(y2);
sigma3f=var(y3);
```

```
sigma4f=var(y4);
sigmaf(1)=var(y);
sigmaf(1)=sigma3f;
u=[u1,u2,u3,u4];
tauf(1)=std(u);
tauf(1)=var(u);
% u=mean(u);

sigma(1)=std(y3);
sigmaf(1)=var(y3);
tauf(1)=var(u);
tau(1)=std(u);
U_final(1)=u1;
Sigma_final(1)=sigma;
Tau_final(1)=tau;
u=u3;

u=64.0000;      #这里为了提高预测精度加入了内插值
sigma(1)=2.2900;
sigmaf(1)=2.29^2;
tauf(1)=3.5600^2;
tau(1)=3.5600;
U_final(1)=64.0000;
Sigma_final(1)=2.2900;
Tau_final(1)=3.5600;

u=23;
sigma(1)=5;
sigmaf(1)=25;
tauf(1)=1;
tau(1)=1;
U_final(1)=23;
Sigma_final(1)=5;
Tau_final(1)=1;
n1=4;
n2=6;
n3=6;
```

```
n4=8;
n=n1+n2+n3+n4;
  #进行迭代:
for ti=1:82     #如果要得到表中的数据,迭代 8 次即可

u1_t=(u/tauf(ti)+n1*u1/sigmaf(ti))/(1/tauf(ti)+n1/sigmaf(ti));
u2_t=(u/tauf(ti)+n2*u2/sigmaf(ti))/(1/tauf(ti)+n2/sigmaf(ti));
u3_t=(u/tauf(ti)+n3*u3/sigmaf(ti))/(1/tauf(ti)+n3/sigmaf(ti));
u4_t=(u/tauf(ti)+n4*u4/sigmaf(ti))/(1/tauf(ti)+n4/sigmaf(ti));

V1_t=1/(1/tauf(ti)+n1/sigmaf(ti));
V2_t=1/(1/tauf(ti)+n2/sigmaf(ti));
V3_t=1/(1/tauf(ti)+n3/sigmaf(ti));
V4_t=1/(1/tauf(ti)+n4/sigmaf(ti));

u_tadd1=(1/4)*(u1_t+u2_t+u3_t+u4_t);
   sigma_tadd1=(((y1(1)-u1_t)^2+V1_t+(y1(2)-u1_t)^2+V1_t+(y1(3)-
u1_t)^2+V1_t+(y1(4)-u1_t)^2+V1_t+(y2(1)-u2_t)^2+V2_t+(y2(2)-u2_t)^2+
V2_t+(y2(3)-u2_t)^2+V2_t+(y2(4)-u2_t)^2+V2_t+(y2(5)-u2_t)^2+V2_t+(y2
(6)-u2_t)^2+V2_t+(y3(1)-u3_t)^2+V3_t+(y3(2)-u3_t)^2+V3_t+(y3(3)-u3_t)
^2+V3_t+(y3(4)-u3_t)^2+V3_t+(y3(5)-u3_t)^2+V3_t+(y3(6)-u3_t)^2+V3_t+
(y4(1)-u4_t)^2+V4_t+(y4(2)-u4_t)^2+V4_t+(y4(3)-u4_t)^2+V4_t+(y4(4)-
u4_t)^2+V4_t+(y4(5)-u4_t)^2+V4_t+(y4(6)-u4_t)^2+V4_t+(y4(7)-u4_t)^2+
V4_t+(y4(8)-u4_t)^2+V4_t)/n)^0.5;
   sigma_tadd11=(y1(1)-u1_t)^2+V1_t+(y1(2)-u1_t)^2+V1_t+(y1(3)-u1_t)^2+
V1_t+(y1(4)-u1_t)^2+V1_t;
   sigma_tadd12=(y2(1)-u2_t)^2+V2_t+(y2(2)-u2_t)^2+V2_t+(y2(3)-u2_t)^2+
V2_t+(y2(4)-u2_t)^2+V2_t+(y2(5)-u2_t)^2+V2_t+(y2(6)-u2_t)^2+V2_t;
   sigma_tadd13=(y3(1)-u3_t)^2+V3_t+(y3(2)-u3_t)^2+V3_t+(y3(3)-u3_t)^2+
V3_t+(y3(4)-u3_t)^2+V3_t+(y3(5)-u3_t)^2+V3_t+(y3(6)-u3_t)^2+V3_t;
   sigma_tadd14=(y4(1)-u4_t)^2+V4_t+(y4(2)-u4_t)^2+V4_t+(y4(3)-u4_t)^2+
V4_t+(y4(4)-u4_t)^2+V4_t+(y4(5)-u4_t)^2+V4_t+(y4(6)-u4_t)^2+V4_t+(y4(7)-
u4_t)^2+V4_t+(y4(8)-u4_t)^2+V4_t;
   sigma_tadd1 = ((sigma_tadd11 + sigma_tadd12 + sigma_tadd13 + sigma_
tadd14)/24)^0.5;

   % tau_tadd1=(((u1_t-u_tadd1)^2+V1_t+(u2_t-u_tadd1)^2+V2_t+(u3_t-u_
```

```
tadd1)^2+V3_t+(u4_t-u_tadd1)^2+V4_t)/(4-1))^0.5;
    tau_tadd1=(((u1-u_tadd1)^2+V1_t+(u2-u_tadd1)^2+V2_t+(u3-u_tadd1)^
2+V3_t+(u4-u_tadd1)^2+V4_t)/(4-1))^0.5;

    U_final(ti+1)=u_tadd1;
    Sigma_final(ti+1)=sigma_tadd1;
    Tau_final(ti+1)=tau_tadd1;

    tauf(ti+1)=tau_tadd1^2;
    sigmaf(ti+1)=sigma_tadd1^2;
    end
    disp(U_final);
    disp(Sigma_final);
    disp(Tau_final);
      #图像生成:
    plot(U_final,'-p')
    hold on;
    plot(Sigma_final,'-+');
    hold on;
    plot(Tau_final,'-o')
    grid on
    legend('数学期望估值','方差的估值','超参数的估值')

    figure(2)
    hold on
    plot(y1);
    plot(y2);
    plot(y3);
    plot(y4);
    legend('室外温度','室外湿度','室内湿度','室外光亮度')

    figure(3)
    yy=-size(a,1)/10:0.01:size(a,1)/10;
    g1=(1/(sqrt(2*pi)*sigma1))*exp(-(yy-u1).^2/(2*sigma1^2));
    g2=(1/(sqrt(2*pi)*sigma2))*exp(-(yy-u2).^2/(2*sigma2^2));
    g3=(1/(sqrt(2*pi)*sigma3))*exp(-(yy-u3).^2/(2*sigma3^2));
    g4=(1/(sqrt(2*pi)*sigma4))*exp(-(yy-u4).^2/(2*sigma4^2));
```

```
hold on
plot(g1)
plot(g2)
plot(g3)
plot(g4)
legend('室外温度分布','室外湿度分布','室内湿度分布','室外光亮度分布')
grid on
  #估算数据之间的相关性:
C12=cov(y1,y2);
r12=C12(1,2)/sqrt(C12(1,1)*C12(2,2))
C13=cov(y1,y3);
r13=C13(1,2)/sqrt(C13(1,1)*C13(2,2))
C14=cov(y1,y4);
r14=C14(1,2)/sqrt(C14(1,1)*C14(2,2))
C23=cov(y2,y3);
r23=C23(1,2)/sqrt(C23(1,1)*C23(2,2))
C24=cov(y2,y4);
r24=C24(1,2)/sqrt(C24(1,1)*C24(2,2))
C34=cov(y3,y4);
r34=C34(1,2)/sqrt(C34(1,1)*C34(2,2))
```

仿真程序 2

深度学习与粒子滤波算法的结合算法:

```
import numpy
import scipy.special
import matplotlib.pyplot as plt
from pylab import mpl

class nerualNetwork:
    #构造函数-输入层节点、隐藏层节点、输出层节点的数量
    def __init__(self, inputnodes, hiddennodes, outputnodes, learningrate):
        #定义输入层、隐藏层、输出层节点数量
        self.inodes = inputnodes
        self.hnodes = hiddennodes
        self.onodes = outputnodes
        '''
```

```
        输入层+一层隐层+输出层,一共三层网络结构
        所以一共两层权重 wih 代表输入层到隐层的权重
        who 代表隐层到输出层的权重
        '''
        #连接权重矩阵,矩阵内部数值是 wij,从输入层节点 i 到下一层节点 j
        #w11 w21
        #w12 W22 etc
        #定义正态分布中心是 0.0,标准差是下一层节点的开根号,最后定义 numpy
数组的形状
        self.wih = numpy.random.normal(0.0, pow(self.hnodes, -0.5),
(self.hnodes,self.inodes))
        self.who = numpy.random.normal(0.0, pow(self.onodes, -0.5),
(self.onodes,self.hnodes))

        #设置学习率
        self.lr = learningrate
        #通过匿名函数定义 Sigmoid,匿名函数是为了封装,方便调用,实际上使用的
是 scipy 的 expit 函数,也就是 sigmoid 函数
        self.activation_function = lambda x:scipy.special.expit(x)
        pass
    #输入训练样本,建立模型--学习给定训练集样本后,优化权重
    def train(self, inputs_list, targets_list):
        #将输入 list 转换成二维向量的形式
        inputs = numpy.array(inputs_list, ndmin=2).T
        targets = numpy.array(targets_list, ndmin=2).T
        #计算隐层的信号
        hidden_inputs = numpy.dot(self.wih, inputs)
        #计算隐层输出
        hidden_outputs = self.activation_function(hidden_inputs)
        #计算最终输出层的输入
        final_inputs = numpy.dot(self.who, hidden_outputs)
        #计算最终输出层的输出
        final_outputs = self.activation_function(final_inputs)
        #计算误差
        output_errors = targets - final_outputs
        hidden_errors = numpy.dot(self.who.T, output_errors)
        #更新输出层与隐层之间的权重
```

```
            self.who += self.lr * numpy.dot((output_errors * final_out-
puts * (1.0-final_outputs)),numpy.transpose(hidden_outputs))
            #更新隐层与输入层之间的权重
            self.wih += self.lr * numpy.dot((hidden_errors * hidden_out-
puts * (1.0-hidden_outputs)),numpy.transpose(inputs))
            pass

        #查询,输入数据,输出结果--给定输入,从输出节点给出答案
        def query(self, inputs_list):
            #将输入列表转换成向量的形式
            inputs = numpy.array(inputs_list, ndmin=2).T
            #计算隐层的信号
            hidden_inputs = numpy.dot(self.wih, inputs)
            #计算隐层输出
            hidden_ouputs = self.activation_function(hidden_inputs)
            #计算最终输出层的输入
            final_inputs = numpy.dot(self.who, hidden_ouputs)
            #计算最终输出层的输出
            final_outputs = self.activation_function(final_inputs)

            return final_outputs


    def test_inference(model):
        #测试 BP 神经网络模型
        #导入测试数据,从 csv 文件中
        test_data_file = open("mnist_dataset/mnist_test.csv", 'r')
        test_data_list = test_data_file.readlines()
        test_data_file.close()
        #print(test_data_list[2])
        #计分卡
        scorecard = []
        for record in test_data_list:
            all_values = record.split(',')
            #记下正确的标签作为正确的答案
            correct_label = int(all_values[0])
            # print(correct_label, "correct_label")
```

```
        inputs = (numpy.asfarray(all_values[1:])/255.0 * 0.99) + 0.01
        #使用网络,将网络的输出记录在 outputs 中
        outputs = model.query(inputs)
        label = numpy.argmax(outputs)
        # print(label, "network's answer")
        if (label == correct_label):
            #如果正确命中 label,score 加 1
            scorecard.append(1)
        else:
            #输出错误 label,score 加 0
            scorecard.append(0)
    # print(scorecard)
    scorecard_array = numpy.asarray(scorecard)
    performance = scorecard_array.sum() /scorecard_array.size
    print(f"performance = {100 * performance}")

    return performance

def test1():
    '''
    实验 1:测试训练过程准确率的变化情况。
    '''
    #输入、输出和隐层节点的数量
    input_nodes = 784
    #二值图像--手写数字,大小为 28 * 28,所有一个样本一共有 784 个输入分量
    hidden_nodes = 38
    output_nodes = 10
    learning_rate = 0.065 #学习率

    #实例化神经网络
    n = nerualNetwork(input_nodes, hidden_nodes, output_nodes, learning_rate)
    #从 csv 文件中导入 mnist 训练数据
    training_data_file = open("mnist_dataset/mnist_train.csv", 'r')
    training_data_list = training_data_file.readlines()
    training_data_file.close()
```

```
    #训练神经网络
    #将所有的训练数据进行训练,train_data_list 中存有所有的训练数据,循环每次读取一个样本,进行训练
    cnt = 0; num = len(training_data_list)
    accuracy = []

    for record in training_data_list:
        #split 通过逗号将数据 list 中的数据分开
        all_values = record.split(',')
        #扫描输入数据并且归一化处理(将输入颜色从 0-255 压缩到 0 到 1,乘 0.99 变成区间 0 到 0.99 内,加上 0.01,变成 0.01 到 1.00)
        inputs = (numpy.asfarray(all_values[1:])/255.0 * 0.99) + 0.01
        #创建期望输出的值,正确标签为 0.99,其余的所有值为 0.01,设定期望输出
        targets = numpy.zeros(output_nodes) + 0.01
        #all_values[0] 是本个样本的标签值
        targets[int(all_values[0])] = 0.99
        n.train(inputs, targets)

        cnt += 1
        if (cnt % 600) == 0: performance = test_inference(n)
        accuracy.append(performance)

    test_time = len(accuracy)
    rounds = [600*(i+1) for i in range(test_time)]
    plt.figure(figsize=(8,4))
    plt.plot(rounds, accuracy, color="red", linewidth=1.8)

    mpl.rcParams['font.sans-serif'] = ['Microsoft YaHei'] # 指定默认字体
    mpl.rcParams['axes.unicode_minus'] = False

    plt.xlabel(u"迭代次数"); plt.ylabel(u"测试准确率")
    plt.grid(); plt.show()

def test2():
    '''
    实验 2:测试准确率与学习率的关系。
    '''
```

```
#输入、输出和隐层节点的数量
input_nodes = 784
#二值图像--手写数字,大小为 28 * 28,所有一个样本一共有 784 个输入分量
hidden_nodes = 38
output_nodes = 10

#实例化神经网络
#从 csv 文件中导入 mnist 训练数据
training_data_file = open("mnist_dataset/mnist_train.csv", 'r')
training_data_list = training_data_file.readlines()
training_data_file.close()

lr_list = [0.01, 0.1, 0.2, 0.3, 0.4, 0.5, 0.6, 0.7, 0.8]
accuracy = []
for learning_rate in lr_list:
    n = nerualNetwork(input_nodes, hidden_nodes, output_nodes,
learning_rate)

    for record in training_data_list:
        #split 通过逗号将数据 list 中的数据分开
        all_values = record.split(',')
        #扫描输入数据并且归一化处理(将输入颜色从 0-255 压缩到 0 到 1,乘
0.99 变成区间 0 到 0.99 内,加上 0.01,变成 0.01 到 1.00)
        inputs = (numpy.asfarray(all_values[1:]) / 255.0 * 0.99) +
0.01
        #创建期望输出的值,正确标签为 0.99,其余的所有值为 0.01,设定期望
输出
        targets = numpy.zeros(output_nodes) + 0.01
        #all_values[0] 是本个样本的标签值
        targets[int(all_values[0])] = 0.99
        n.train(inputs, targets)

    performance = test_inference(n)
    accuracy.append(performance)

plt.figure(figsize=(8,4))
plt.plot(lr_list, accuracy, color="red", linewidth=1, marker=".")
```

```
    mpl.rcParams['font.sans-serif'] = ['Microsoft YaHei'] # 指定默认字体
    mpl.rcParams['axes.unicode_minus'] = False

    plt.xlabel(u"学习率"); plt.ylabel(u"测试准确率")
    plt.grid(); plt.show()

def test3():
    '''
实验 3:测试准确率与隐藏层节点数目的关系。
    '''
    #输入、输出和隐层节点的数量
    input_nodes = 784
    #二值图像--手写数字,大小为 28 * 28,所有一个样本一共有 784 个输入分量
    output_nodes = 10
    learning_rate = 0.1

    #实例化神经网络
    #从 csv 文件中导入 mnist 训练数据
    training_data_file = open("mnist_dataset/mnist_train.csv", 'r')
    training_data_list = training_data_file.readlines()
    training_data_file.close()

    hn_list = [10, 30, 60, 100, 150, 200, 300]
    accuracy = []
    for hidden_nodes in hn_list:
        n = nerualNetwork(input_nodes, hidden_nodes, output_nodes,
learning_rate)

        for record in training_data_list:
            #split 通过逗号将数据 list 中的数据分开
            all_values = record.split(',')
            #扫描输入数据并且归一化处理(将输入颜色从 0-255 压缩到 0 到 1,乘
0.99 变成区间 0 到 0.99 内,加上 0.01,变成 0.01 到 1.00)
            inputs = (numpy.asfarray(all_values[1:])/255.0 * 0.99) +
0.01
            #创建期望输出的值,正确标签为 0.99,其余的所有值为 0.01,设定期望
输出
```

```
            targets = numpy.zeros(output_nodes) + 0.01
            #all_values[0] 是本个样本的标签值
            targets[int(all_values[0])] = 0.99
            n.train(inputs, targets)

        performance = test_inference(n)
        accuracy.append(performance)

    plt.figure(figsize=(8,4))
    plt.plot(hn_list, accuracy, color="red", linewidth=1, marker=".")

    mpl.rcParams['font.sans-serif'] = ['Microsoft YaHei'] #指定默认字体
    mpl.rcParams['axes.unicode_minus'] = False

    plt.xlabel(u"隐藏层节点数目"); plt.ylabel(u"测试准确率")
plt.grid(); plt.show()
```

附录 7　专业术语缩略词表

专业术语缩略词表见附表 7-1。

附表 7-1　专业术语缩略词表

英文缩写	英文名称	汉语名称
AGWN	additive Guassian white noise	加性高斯白噪声
AOA	angle of arrive	到达方向角
ASIRF	auxiliary sampling important resampling filtering	辅助采样滤波算法
CDMA	coded-division multiple-acecess	码分多址
CFTP	come from the past	过去采样算法
CRD	Chinese restaurant district	中国餐馆定理
DAEM	deterministic annealing expectation maximization	确定退火 EM
EKF	extend Kalman filter	扩展卡尔曼滤波器
EM	expectation maximazation	最大期望
FC	fusion center	数据融合中心
GPF	Guassian particle filter	高斯粒子滤波算法
HMM	hidden Markov model	隐形马尔可夫模型

续附表 7-1

英文缩写	英文名称	汉语名称
IS	important sampling	重要采样
JPDA	joint probability data assoiattion	联合概率数据互联
MAP	maximum a posteriori probability	最大后验概率
MCMC	Markov chain Monte Carlo	马尔可夫的蒙特卡洛
MIMO	mutiple input mutiple output	多输入多输出
MMSE	minimum mean square estimation	最小均方误差
MPF	multi-scale particle filter	多尺度粒子滤波
MS	mean shift	均值漂移
N-P	Neyman-Pearson	黎曼-皮尔逊
OFDM	offset frequency modulation model	正交频分复用
ADMM	ADMM(alternating direction method of multiplier)	
SVM	support vector machine	支持向量机
UMAU	uniformly most accurate unbiased	一致最精确无偏
PDH	probability hypothesis density	概率假设密度
PS	perfect sampling	完美采样
q-DAEM	q-parameterized deterministic annealing expectation maximization	q 参数的退火 EM
RPF	regularized particle filter	正则粒子滤波
SAEM	stochastic approxiamtion of expectation maximization	随机逼近的 EM
SIS	sequential important sampling	序列重要采样
SIR	sampling importance resampling	重要性重采样
SMC	sequence Monte Carlo	序贯蒙特卡洛
SVM	support vector machine	支持向量机
TDMC	trans-dimensional Markov chain	超维马尔可夫链
TDOA	time difference of arrive	不同时间到达
UKF	unscented Kalman filter	无迹卡尔曼滤波
UMVUE	uniformly minimum variance unbiased estimate	一致最小方差无偏估计
UPF	unscented particle filter	无迹粒子滤波
WSN	wireless sensor network	无线传感器网络
ZF	zero-force method	迫零方法
LSTM	Long-short time memory	长短时间记忆模型

附录 8　部分彩图

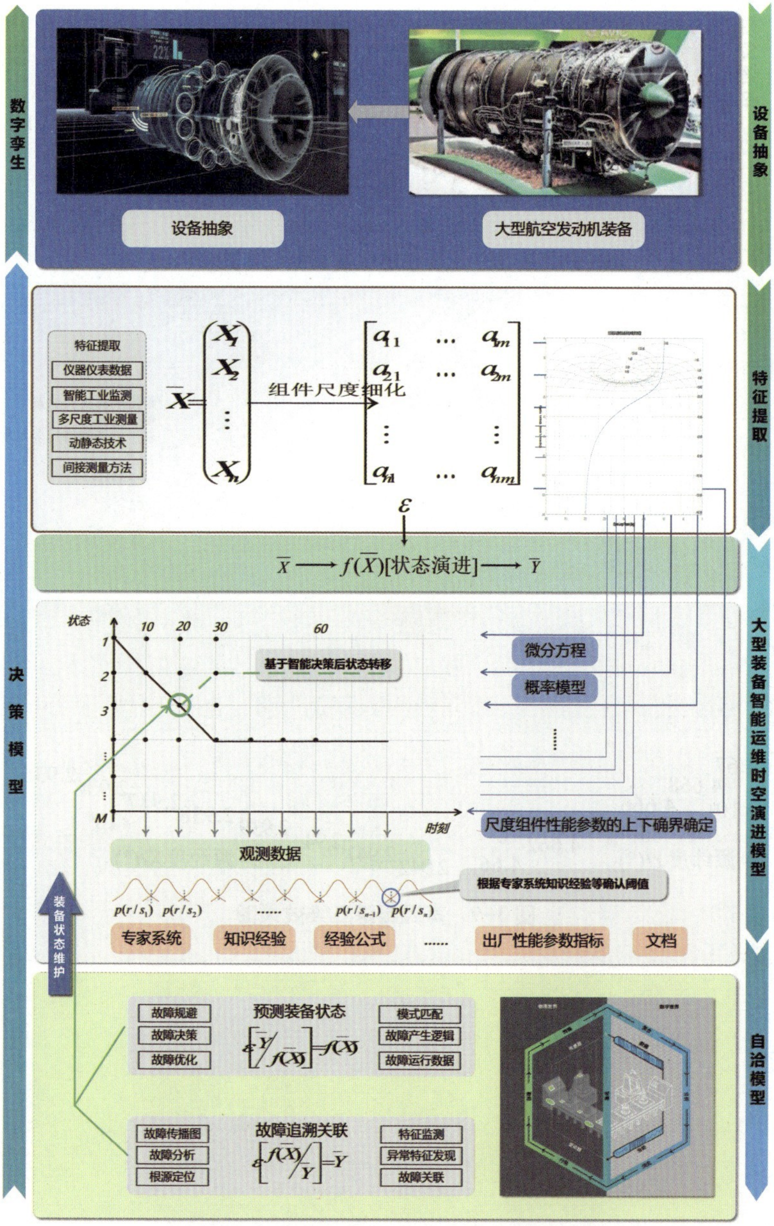

图 1-10　大型设备智能运维管控原理图

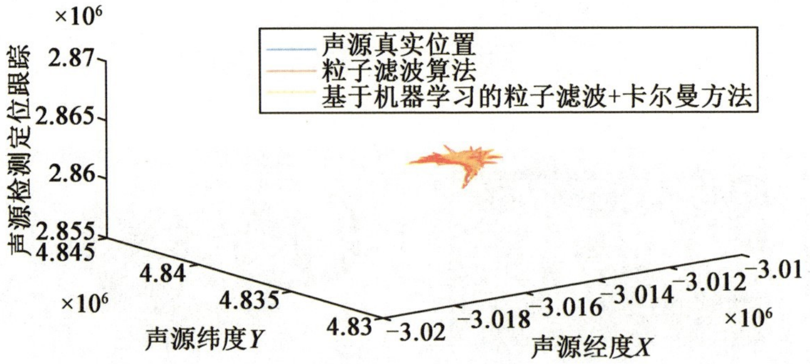

图 3-7 声源定位仿真结果 I

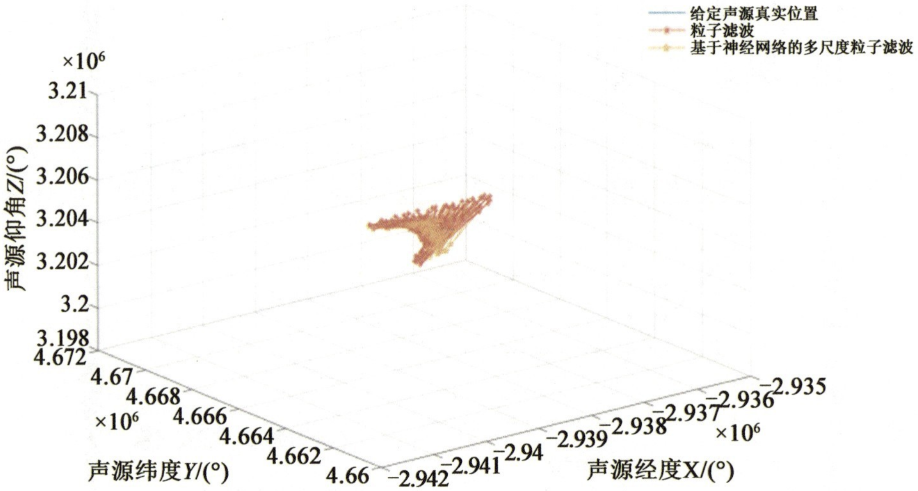

图 3-9 声源跟踪三维效果图

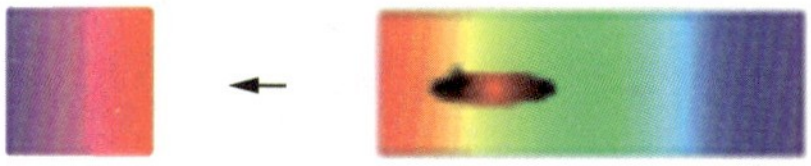

图 6-11　测试结果 1

图 6-12　测试结果 2

图 6-13　测试结果 3

图 6-14　测试结果 4

图 6-15　测试结果 5

图 6-16　测试结果 6

图 6-17　测试结果 7

图 6-18　测试结果 8

图 6-19　测试结果 9

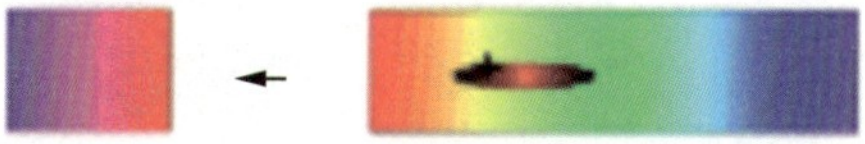

图 6-20　测试结果 10

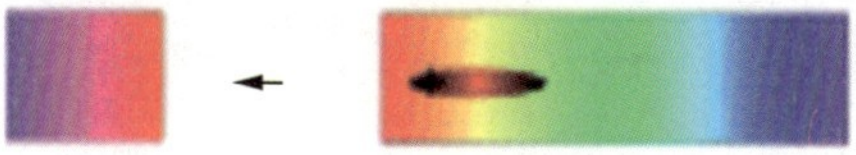

图 6-21　测试结果 11

图 6-22　测试结果 12

图 6-23　测试结果 13

图 6-24　测试结果 14

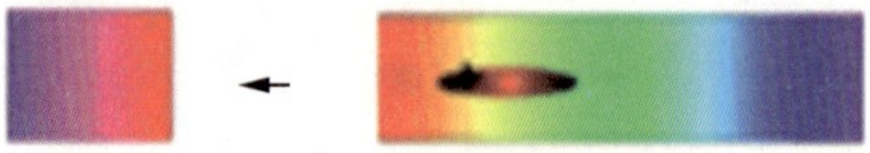

图 6-25　测试结果 15

图 6-26　测试结果 16

图 6-27　测试结果 17

图 6-28　测试结果 18

图 6-29　测试结果 19

图 6-30　测试结果 20

图 6-31　测试结果 21

图 6-32　测试结果 22

图 6-33　测试结果 23

图 6-34　测试结果 24

图 6-35　测试结果 25

图 6-36　测试结果 26

图 6-37　测试结果 27

图 6-38　测试结果 28

图 6-39　测试结果 29

图 6-40　测试结果 30

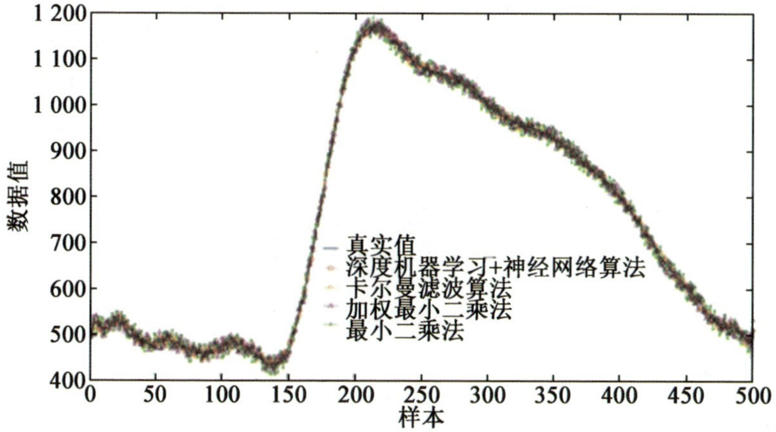

图 7-3　各种算法预测拟合性能比较

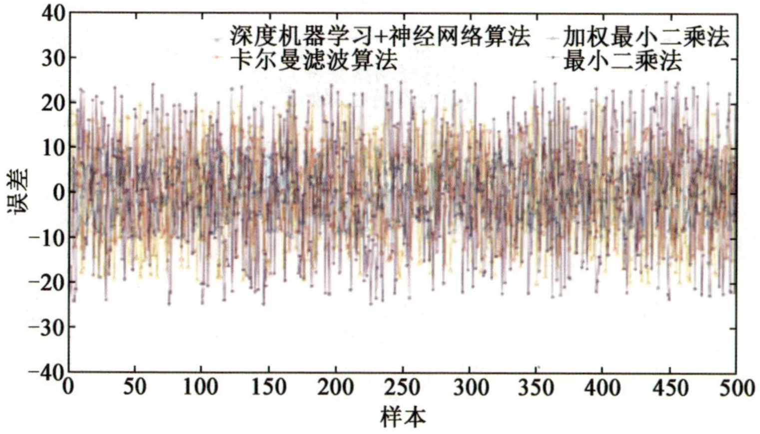

图 7-4　各种算法预测拟合与误差比较

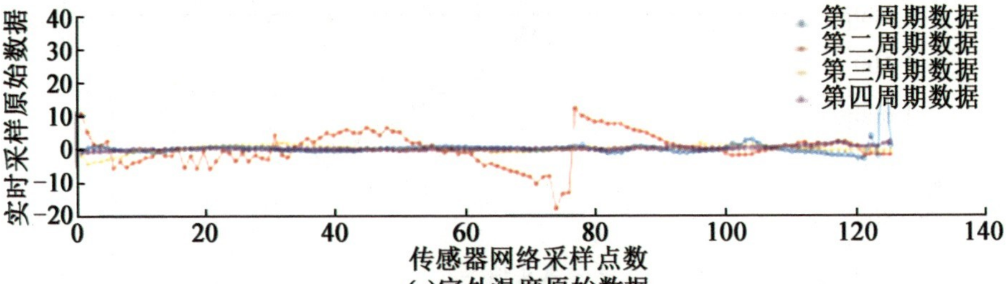

(a)室外温度原始数据

图 7-8　基于 EM 算法的室外温度数据特征参数的提取仿真测试图

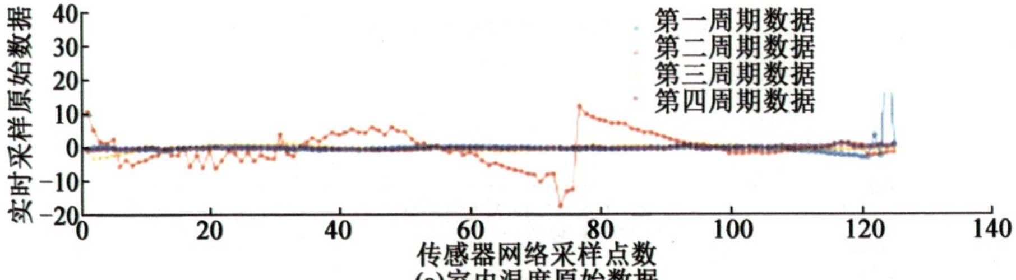

(a)室内温度原始数据

图 7-9　基于 EM 算法的室内温度数据特征参数的提取仿真测试图

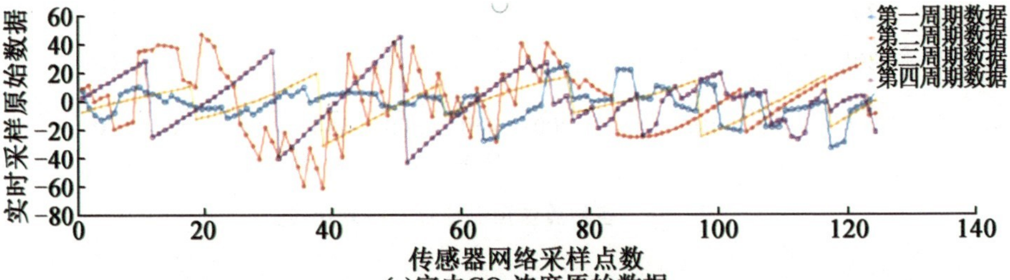

(a)室内CO_2浓度原始数据

图 7-10　基于 EM 算法的室内 CO_2 浓度数据特征参数的提取仿真测试图

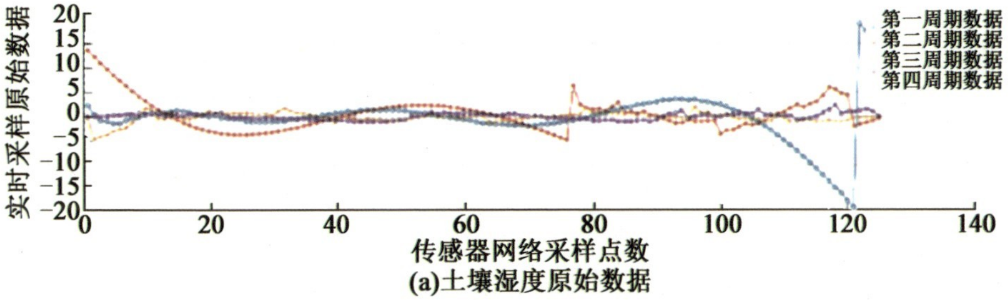

图 7-11　基于 EM 算法的土壤湿度数据特征参数的提取仿真测试图

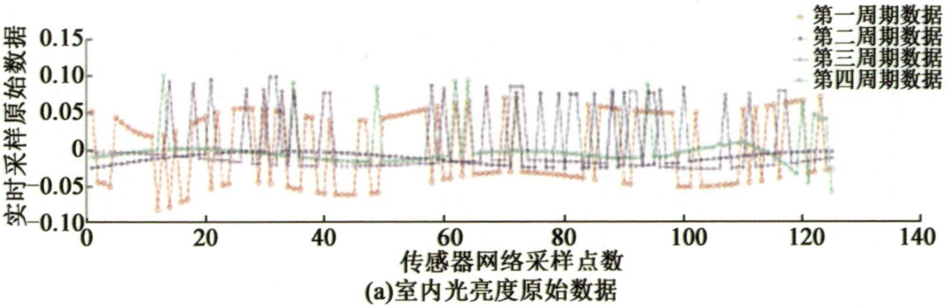

图 7-12　基于 EM 算法的室内光亮度数据特征参数的提取仿真测试图

不是我们不能做，而是客观原因把控不了。通过创业，我体验了人生的另外一种活法。我博士毕业后要是回去当老师可能就没有这些故事了，我现在还算不上成功，感觉还是在路上，过了今天也不知道明天怎么样，不过我始终对未来充满信心。

我现在就想赶快把事情做好，不要辜负了投资人的期望，要踏踏实实地把一个个项目做好，不要丢了哈工大“规格严格，功夫到家”的校训，不能给哈工大丢人。

（文字整理　王彬）